普通高等教育"十四五"系列教材

工程热力学

（第2版）

主　编　鄂加强　赵晓欢　张　彬　刘海力

·北京·

内 容 提 要

工程热力学是研究物质的热力性质、热能与其他能量之间相互转换的一门工程基础理论课程。本教材以基础知识、基本理论以及工程应用为主线，重点阐述了热力学基本概念和工质的热力性质、热力学基本理论以及热力学典型工程应用等内容。在阐明工程热力学基本内容的同时，吸收了当今热工科技的新成果。本教材在加强基础理论学习的同时，注意联系工程实践和学生创新能力的培养。

本教材可作为能源与动力工程，建筑环境与能源应用工程，过程装备与控制工程，安全工程，能源、核工程及化学工程，车辆工程等专业的工程热力学教材，也可供有关工程技术人员以及各高等院校相关领域的教师、研究生参考。

图书在版编目（CIP）数据

工程热力学 / 鄂加强等主编. -- 2版. -- 北京：中国水利水电出版社，2025.7
普通高等教育"十四五"系列教材
ISBN 978-7-5226-2274-3

Ⅰ. ①工… Ⅱ. ①鄂… Ⅲ. ①工程热力学－高等学校－教材 Ⅳ. ①TK123

中国国家版本馆CIP数据核字(2024)第022505号

书　　名	普通高等教育"十四五"系列教材 **工程热力学（第 2 版）** GONGCHENG RELIXUE
作　　者	主编　鄂加强　赵晓欢　张　彬　刘海力
出版发行	中国水利水电出版社 （北京市海淀区玉渊潭南路1号D座　100038） 网址：www.waterpub.com.cn E-mail：sales@mwr.gov.cn 电话：（010）68545888（营销中心）
经　　售	北京科水图书销售有限公司 电话：（010）68545874、63202643 全国各地新华书店和相关出版物销售网点
排　　版	中国水利水电出版社微机排版中心
印　　刷	清淞永业（天津）印刷有限公司
规　　格	184mm×260mm　16开本　17.25印张　420千字
版　　次	2010年4月第1版第1次印刷 2025年7月第2版　2025年7月第1次印刷
印　　数	0001—2000 册
定　　价	**52.00元**

凡购买我社图书，如有缺页、倒页、脱页的，本社营销中心负责调换

版权所有·侵权必究

第 2 版前言

党的二十大报告明确指出，从现在起，中国共产党的中心任务就是团结带领全国各族人民全面建成社会主义现代化强国、实现第二个百年奋斗目标，以中国式现代化全面推进中华民族伟大复兴。报告进一步描绘了分两步走的总的战略安排：从2020年到2035年基本实现社会主义现代化；从2035年到本世纪中叶把我国建成富强民主文明和谐美丽的社会主义现代化强国。

互联网、化学、核科学、宇宙学、新材料、引力波蓬勃发展，在手机上上网、查资料、看电影……人类对自然界的认识达到了前所未有的高度，可是我们向前发展所需的能源之路却很迷茫。能源是人类社会生存发展的重要物质基础，是现代文明的原动力，工业革命的本质就是能源的革命。在踏上全面建成社会主义现代化强国的新征程上，我们需要引导能源与动力领域青年学子从新时代的伟大成就中汲取历史智慧，把握历史规律，激发更加昂扬的奋斗精神，坚定必胜信念，做好实现中华民族伟大复兴的接力者和见证者。

本教材是湖南省教研教改项目"热能与动力工程专业以热动力设备排放污染及控制为特色的创新课程体系构建与实践""大工程观背景下热物理基础课程改革与实践"和湖南大学教研教改项目"基于价值链驱动的能源与动力工程专业课程体系流程再造、重构与实践"的研究成果，是由中国水利水电出版社组织出版的能源与动力工程专业系列教材之一。

本教材第2版仍坚持第1版强调的特色突出的基本框架，即以基础知识、基本理论、工程应用为主线。我们坚持这一特点，是因为：①本教材强调工程热力学基础知识和基本理论的传输，这种框架设计可以摆脱按理想气体与实际气体安排的框架的限制，系统阐述不同层面的工程热力学基础知识和基本理论问题；②把典型热功转换装置作为研究对象，抓住了工程热力学工程应用的核心，有限地实现了基础知识、基本理论、工程应用的工程热力学知识传授技术路线；③基础知识、基本理论、工程应用的基本框架反映了工程热力学300余年的发展过程，并为最新典型热功转换装置的工程应用提供了有效接口；④这种基本框架便于学生从基础知识和基本理论入手，由抽象到具体、由理论到工程应用的渐进式学习。然而，随着近年来燃料电池技术的蓬勃发展，本教材的基本框架也应与时俱进，为此，我们充分吸纳了读者的批评和建议，对教材从以下几个方面进行了修订：

第一，理论更新。新增了化学热力学基础（第7章），新增内容主要包括化学平衡和平衡常数、影响化学平衡的因素分析、离解和离解度，而单元系相平衡条件、热力学第三定律来源于第1版第6章，且化学平衡与平衡移动原理和化学反应方向判据及平衡条件来源于第1版第12章。对第1版的纯物质的热力学一般关系式（第6章）和热力学基本理论在化学过程中的应用（第12章）的部分内容进行调整和更新。新增内容主要包括第13章中的热力学第一定律在化学反应中的应用、热力学第二定律在化学反应中的应用。

第二，资料更新。主要包括对部分例题、习题和思考题的更新。

修订后主要内容包括热力学基础知识、热力学基本理论和热力学典型工程应用等3篇，除绪论外，共13章。第1篇热力学基础知识包括第1章热力学基本概念和第2章工质的热力性质等内容，这些内容是研究与分析热力系统热能和机械能相互转化的必要的前提条件和基础知识。第2篇热力学基本理论主要包括第3章热力学第一定律、第4章工质的热力过程、第5章热力学第二定律、第6章纯物质的热力学一般关系式和第7章化学热力学基础等内容，这些内容是热力过程和热力循环分析研究及计算的工程热力学的理论保障。第3篇热力学典型工程应用则是采用前面两篇所学的知识对与人们生产生活息息相关的能源动力设备与过程进行理论分析与工程应用研究，主要内容包括第8章气体与蒸汽的流动、第9章气体或蒸汽压缩循环、第10章蒸汽动力循环、第11章气体动力循环、第12章制冷循环、第13章热力学基本理论在化学过程中的应用等，这些热力学典型工程应用所对应的热动力设备开发及其高效节能低耗散利用对人类社会的发展有着十分重要的意义。

为帮助学生复习掌握所学的理论知识，本教材各章均有一定数量的例题、思考题和习题。编写时，力求使其有代表性、启发性和灵活性。

本教材的编写分工是：绪论、第1～6章由鄂加强编写与修订，第7～9章由赵晓欢编写与修订，第10～11章由张彬编写与修订，第12～13章由刘海力编写与修订，全书由鄂加强统稿。本教材的编写吸取了兄弟院校同仁们丰富的教学经验与科研成果，并参考了已出版的一些国内外教材的内容，在此一并致谢。

为适应不同专业教学的需要，使教与学能有所取舍，除基本教学内容外，书中还编写了一些在教学上可供选择的部分，这些内容均用"*"号标出。

在讲授本教材过程中，可根据专业培养目标需要选择相应的教学内容。

限于编者学术水平和教学经验，书中错误和不妥之处在所难免，恳请读者及兄弟院校使用本教材的师生批评指正。

编 者
2025 年 2 月

第1版前言

从动力生产、能源节约、环境保护和工业生产过程本身特点来看，工程专业学生应该具备合理用能、节能和环保的意识并懂得其基本的技术，而热物理基础课程的内容是合理用能及节能理论中的最基础与核心的部分。因此，作为介绍热能的有效、合理的利用和转换、传递技术的热物理基础课程，不仅是大工程观下能源动力类专业高等工程教育中的重要理论基础课，而且也是21世纪所有大工程观下工程专业学生的公共理论基础课。

高等工程教育的热物理基础课程和教学是培养具有热物理工程技术的大工程观要求的高等工程人才的唯一途径。因此，热物理基础课程和教学的改革占据着大工程观的重要地位。在大工程观下高等工程技术人才的培养方案中，热力学课程是整个工程专业课程体系的重要的热基础，应首先进行改革，为培养具有热物理工程技术的大工程观的高级工程技术人才打好热学基础。

本教材是湖南省教研教改项目"热能与动力工程专业以热动力设备排放污染及控制为特色的创新课程体系构建与实践"和湖南大学教研教改项目"大工程观背景下热物理基础课程改革与实践"的部分研究成果，是由中国水利水电出版社组织出版的能源与动力工程专业本科系列21世纪高等学校精品规划教材之一。

本教材以基础知识、基本理论和工程应用为主线，主要内容包括热力学知识基础、热力学基本理论和热力学典型工程应用等3篇，除绪论外，共12章。第1篇热力学知识基础包括第1章热力学基本概念和第2章工质的热力性质等内容，这些内容是研究与分析热力系统热能和机械能相互转化的必要的前提条件和知识基础。第2篇热力学基本理论主要包括第3章热力学第一定律、第4章工质的热力过程、第5章热力学第二定律和第6章纯物质的热力学一般关系式等内容，这些内容是热力过程和热力循环分析研究及计算的工程热力学的理论保障。第3篇热力学典型工程应用针对与人们生产生活息息相关的热动力设备进行，主要包括第7章气体或蒸汽压缩循环、第8章蒸汽动力循环、第9章气体动力循环、第10章气体与蒸汽的流动、第11章制冷循环、第

12章热力学基本理论在化学过程的应用等内容，这些热力学典型工程应用所对应的热动力设备开发及其高效节能低耗散利用对人类社会的发展有着十分重要的意义。

为帮助学生复习掌握所学的理论知识，本书各章后均有一定数量的例题、思考题和习题。编写时，力求使其有代表性、启发性和灵活性。

本教材附录来源于所采用的参考书目。书中的名词术语、单位均符合国家标准。

本教材的编写分工是：绪论、第1~6章由鄂加强编写，第7~8章由杨蹈宇编写，第9章和附录由唐文武编写，第10~12章由崔洪江编写，全书由鄂加强统稿。本书的编写吸取了兄弟院校同仁们丰富的教学经验与科研成果，并参考了已出版的一些国内外教材的内容，在此一并致谢。本教材承中南大学博士生导师王汉青教授精心审阅，提出了许多宝贵意见，严格把关，对于提高书稿质量帮助极大，在此表示衷心感谢。

为适应不同专业教学的需要，使教与学能有所取舍，除基本教学内容外，书中还编写了一些在教学上可供选择的部分，这些内容采用"*"号标出。在讲授本教材过程中，可根据专业培养目标需要选择相应的教学内容。

限于编者学术水平和教学经验，书中难免存在错误和不妥之处，恳请读者及使用本书的兄弟院校师生批评指正。

编 者

2009 年 10 月

目录

第 2 版前言

第 1 版前言

绪论 ·· 1
  0.1 能源及其热能利用 ·· 1
  0.2 热力学发展简史 ·· 2
  0.3 工程热力学的主要内容及研究方法 ·· 3

第 1 篇 热力学基础知识

第 1 章 热力学基本概念 ·· 5
  1.1 热力系统定义和分类 ·· 5
  1.2 热能与机械能的转换 ·· 7
  1.3 热力系统基本状态参数及其计量 ·· 8
  1.4 热力学能、焓和熵的概念 ·· 13
  1.5 热力系统状态 ·· 14
  1.6 热力过程 ·· 16
  1.7 热力循环 ·· 21
  思考题 ·· 24
  习题 ·· 25

第 2 章 工质的热力性质 ·· 27
  2.1 工质基本概述 ·· 27
  2.2 理想气体热力性质 ·· 28
  2.3 实际气体热力性质 ·· 37
  2.4 实际气体工质——水蒸气的热力性质 ··· 43
  2.5 湿空气的热力性质 ·· 51
  2.6 制冷剂的热力性质 ·· 59
  思考题 ·· 60
  习题 ·· 61

第 2 篇 热力学基本理论

第 3 章 热力学第一定律 … 63
- 3.1 热力学第一定律的实质 … 63
- 3.2 总储存能 … 64
- 3.3 热力系统与环境之间传递的能量 … 64
- 3.4 热力学第一定律解析式 … 67
- 3.5 开口系统能量方程 … 70
- 3.6 理想气体热力学能、焓和熵的变化量计算 … 74
- 3.7 稳态稳流能量方程的应用 … 77
- 思考题 … 80
- 习题 … 81

第 4 章 工质的热力过程 … 84
- 4.1 分析热力过程的目的及一般步骤 … 84
- 4.2 典型可逆热力过程分析 … 85
- 4.3 可逆多变热力过程分析 … 93
- 4.4 湿空气热力过程分析 … 98
- 4.5 水蒸气的基本过程 … 103
- 4.6 非稳态流动热力过程 … 105
- 思考题 … 107
- 习题 … 109

第 5 章 热力学第二定律 … 113
- 5.1 热力学第二定律的实质和表述 … 113
- 5.2 可逆循环分析及其热效率 … 116
- 5.3 卡诺定理 … 119
- 5.4 熵、热过程方向的判据 … 121
- 5.5 熵增原理 … 125
- 5.6 熵方程 … 132
- 5.7 㶲和㷻 … 136
- 5.8 㶲分析与㶲平衡方程 … 142
- 思考题 … 147
- 习题 … 148

第 6 章 纯物质的热力学一般关系式 … 152
- 6.1 麦克斯韦关系和热系数 … 152
- 6.2 熵、热力学能和焓的一般关系式 … 156
- 6.3 比热容的一般关系式 … 157

*6.4　克劳修斯-克拉贝隆方程和饱和蒸汽压方程 ………………………………………… 160
　　思考题 …………………………………………………………………………………… 162
　　习题 ……………………………………………………………………………………… 162

第7章　化学热力学基础　164

7.1　单元系相平衡条件 …………………………………………………………………… 164
7.2　化学平衡与平衡移动原理 …………………………………………………………… 166
7.3　化学反应方向判据及平衡条件 ……………………………………………………… 167
7.4　化学平衡和平衡常数 ………………………………………………………………… 170
7.5　影响化学平衡的因素分析 …………………………………………………………… 173
7.6　离解和离解度 ………………………………………………………………………… 175
7.7　热力学第三定律 ……………………………………………………………………… 176
　　思考题 …………………………………………………………………………………… 179
　　习题 ……………………………………………………………………………………… 179

第3篇　热力学典型工程应用

第8章　气体与蒸汽的流动　181

8.1　稳定流动基本概念和方程 …………………………………………………………… 181
8.2　滞止参数 ……………………………………………………………………………… 183
8.3　喷管的计算 …………………………………………………………………………… 183
8.4　绝热节流 ……………………………………………………………………………… 189
*8.5　有摩阻的绝热流动 …………………………………………………………………… 190
　　思考题 …………………………………………………………………………………… 191
　　习题 ……………………………………………………………………………………… 191

第9章　气体或蒸汽压缩循环　192

9.1　活塞式气体压缩循环 ………………………………………………………………… 192
9.2　叶轮式气体压缩循环 ………………………………………………………………… 198
9.3　气体压缩效率 ………………………………………………………………………… 199
　　思考题 …………………………………………………………………………………… 201
　　习题 ……………………………………………………………………………………… 201

第10章　蒸汽动力循环　203

10.1　朗肯循环 ……………………………………………………………………………… 203
10.2　再热循环 ……………………………………………………………………………… 208
10.3　回热循环 ……………………………………………………………………………… 209
10.4　热电合供循环 ………………………………………………………………………… 213
　　思考题 …………………………………………………………………………………… 215
　　习题 ……………………………………………………………………………………… 215

第 11 章　气体动力循环　217
- 11.1　气体动力循环概述　217
- 11.2　活塞式内燃机实际循环的简化　218
- 11.3　活塞式内燃机的理想循环　220
- 11.4　燃气轮机装置循环　225
- 思考题　231
- 习题　232

第 12 章　制冷循环　234
- 12.1　逆向卡诺循环　234
- 12.2　空气压缩式制冷循环　234
- 12.3　蒸汽压缩式制冷循环　237
- 12.4　蒸汽喷射制冷循环　239
- 12.5　热泵循环　240
- 思考题　240
- 习题　241

第 13 章　热力学基本理论在化学过程中的应用　242
- 13.1　概述　242
- 13.2　热力学第一定律在有化学反应中的应用　243
- 13.3　绝热理论燃烧温度　246
- 13.4　热力学第二定律在化学反应中的应用　247
- 思考题　249
- 习题　249

附录　251
- 附表 1　饱和水与饱和水蒸气表（按温度排列）　251
- 附表 2　饱和水与饱和水蒸气表（按压力排列）　252
- 附表 3　未饱和水与过热蒸汽表　255
- 附表 4　在 0.1MPa 时的饱和空气状态参数表　260
- 附表 5　压力单位换算　262
- 附表 6　功、能和热量的换算　262

参考文献　263

绪 论

0.1 能源及其热能利用

能源是指用来产生各种有效能量的物质资源。能源是人类赖以生存和发展所必需的燃料和动力来源，是人类社会发展生产和提高生活水平不可缺少的重要物质基础，同时，人类开发利用能源的广度和深度也与人类社会的发展史密切相连。例如，20世纪50年代以来世界各国的国民经济发展表明，各工业发达国家能源消费量的增加与国民生产总值的增加呈正比关系，因此能源消费水平在一定程度上能够反映社会生产力的发展水平。

如图0.1所示，自然界中可被人们利用的能源主要有煤、石油、天然气等矿物燃料的化学能，以及风能、水能、太阳能、地热能、核能等。其中风能和水能是自然界以机械能形式提供的能量，其他则主要以热能形式或者转换为热能形式供人们利用，可见能量的利用过程实质上是能量的传递和转换过程。据统计，全世界经热能形式而被利用的能源平均超过85%，而我国则超过90%，因此热能的开发及其利用对人类社会的发展有着十分重要的意义。

热能利用的基本形式通常包括：①热能直接利用，如在冶金、化工、造纸、食品、硅酸盐等工业和生活上的应用；②热能间接利用，即把热能转化成机械能或电能，为人类社会的各方面提供动力等。18世纪中叶以后，蒸汽机的发明实现了热能大规模、经济地转换成机械能，引起了第一次工业革命，使手工作坊式生产走向大规模的工业生产，对人类改造自然以及现代工业生产水平、现代科学技术水平和人们生活水平提高发挥了重大作用。

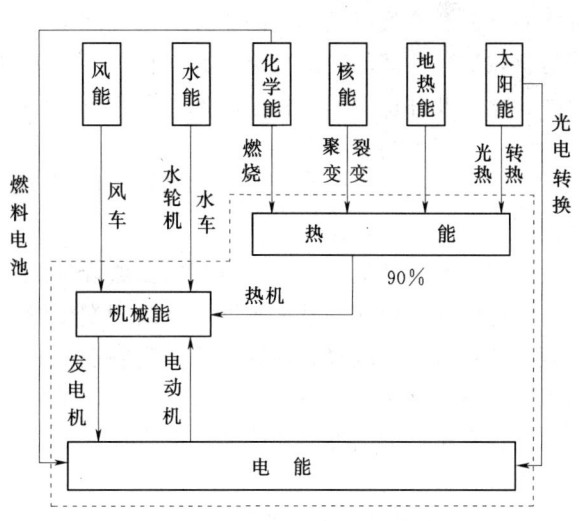

图0.1 能源转换利用的关系

在当今科技条件下，利用得最多的能源是燃料的化学能。通过燃烧，燃料的化学能转换成热能，再将热能转换成机械能或电能供人们使用。然而热能间接利用存在着热能转换为机械能或电能过程中的有效程度的问题。如在热力发电厂中最简单的热能动力装置的热能有效利用率只有25%左右，即使是当代最先进的大型蒸汽动力装置的热能有效利用率也只稍超过40%。目前正在研究的大型热能动力装置如能按照理想工况运转，有可能使热能的有效利用率提高到60%左右（燃气蒸汽联合循环）。再如交通运输中的汽车、火车（蒸汽机车或内燃机车）、飞机和轮船，热能有效利用率更低。这些热能动力装置排放到大气中的废气中不但含有大量的废热，而且还带有大量的有害物质，对人类赖以生存的环境造成了很大的污染。因此，如何在热能动力装置中提高热能有效利用率并消除污染，是摆在热能与动力科技工作者面前的首要任务。1954年，世界上第一座试验核电站——奥布宁斯克核电站在苏联建成，1957年美国民用核电站——希平港核电站建成投产，这为人类和平利用核能开辟了广阔的道路。20世纪60年代以来，人们开始把原子能内部蕴藏的巨大能量通过裂变反应释放出来，加以和平利用。截至2024年6月，世界上已有包括中国在内的近33个国家和436台核电机组。到2024年，我国核电运行装机容量为11313万kW，在建5505万kW。此外，人们也在努力地把地热能、太阳能等转化为动力，供人们利用。考虑到热能通过热能动力装置转换为机械能的效率较低，因此，人们一直在寻求使热能或燃料化学能直接转换为电能的方法，如磁流体发电、燃料电池、太阳能电池等。

能源的开发利用一方面可为人类社会的发展提供必需的能量，但另一方面也造成自然环境的破坏和污染，如粉尘、温室效应、酸雨、核废料辐射等对地球的生态系统造成了严重威胁。因此，开发可再生能源和高效节能环保热动力装置，在满足人类社会能量需求的同时而又不破坏或少破坏自然环境，实现地球可持续发展，为子孙后代留下良好的生存空间是一个世界性的问题。

热力学是一门研究物质的热力性质、能量与能量之间传递和转换以及能量与物质性质之间普遍关系的科学。工程热力学是从工程的角度出发，研究物质的热力性质、能量与能量之间传递和转换以及热能的直接利用等问题，它着重研究的是热能与其他形式能量（主要是机械能）之间的转换规律及其工程应用。掌握工程热力学的基本原理，必将为能源、动力、化工及环境工程等领域的深入研究打下坚实的基础。

0.2 热力学发展简史

热现象是人类最早广泛接触到的自然现象之一。传说中远古时代燧人氏的钻木取火就是机械能转换为热能，是木头温度升高而发生燃烧的事例。人类对于热的利用和认识经历了漫长的岁月，从取暖、烧饭、冶金到制造一些金属工具和兵器，历史上劳动人民有过许多发明创造。由于历代王朝的封建统治阻碍了生产力的发展，因此劳动人民的发明创造很少用来促进生产力的发展和改善人民生活，更不可能由此发展成为系统的理论，促进技术向前迈进。

直到18世纪初，在欧洲，由于煤矿开采、航海、纺织等产业的发展，产生了对热机的巨大需求，才使热学的发展得到积极推动。1766年，波尔宗诺夫（Polzunov）发明了最早出现于煤矿的原始蒸汽机，用以带动水泵从煤井中抽水。1784年，瓦特（Watt）对当时的原始蒸汽机做了重大改进，且成功研制了应用高于大气压的蒸汽和配有独立凝汽器的单缸蒸汽机，提高了蒸汽机的热效率。此后，蒸汽机为纺织、冶金、交通等行业广泛采用，使生产力有了很大的提高。蒸汽机的发明、改进及其应用在一定程度上刺激和推动了热学的理论研究，促成了热力学的建立与发展。1824年，卡诺（Carnot）提出了卡诺定理和卡诺循环，指出热机必须工作于不同温度的热源之间，并提出了热机最高效率的概念，这在本质上已阐明了热力学第二定律的基本内容。但是，卡诺用当时流行的热质说作为其理论的依据，因而虽然他的结论是正确的，但证明过程却是错误的。1850—1851年间，在卡诺所做工作的基础上，克劳修斯（Clausius）和开尔文（Kelvin）先后独立地从热量传递和热转变成功的角度提出了热力学第二定律，指明了热过程的方向性。

在热质说流行的年代，一些研究者用实验事实驳斥了其错误，但由于没有找到热功转换的数量关系，他们的工作没有受到重视。1842年，迈耶（Mayer）提出了能量守恒原理，认为热是能量的一种形式，可以与机械能相互转换。1850年，焦耳（Joule）在他的关于热功相当实验的总结论文中，以各种精确的实验结果使能量守恒与转换定律（即热力学第一定律）得到了充分的证实。能量守恒与转换定律是19世纪物理学的最重要发现。1851年，汤姆逊（Thomson）把能量这一概念引入热力学。

热力学第一定律的建立宣告第一类永动机（即不消耗能量就能输出功的永动机）是不可能实现的。热力学第二定律则使制造第二类永动机（只从一个热源吸热而全部转化为功的永动机）的梦想破灭。这两个定律奠定了热力学的理论基础。

热力学理论促进了热动力装置的不断改进与发展，而人类生产实践又不断为热力学理论发展提供新的驱动力。1912年，能斯特（Nernst）根据低温下化学反应的大量实验事实归纳出热力学第三定律（即绝对零度不能达到原理），这使经典热力学理论更趋完善。1942年，凯南（Keenan）在热力学基础上提出有效能的概念，使人类对能源利用和节能的认识又上了一个台阶。近代能量转换新技术，如等离子发电、燃料电池等及1974年人们确定了作为常用制冷剂的氯氟烃物质CFC和含氢氯氟烃物质HCFC与南极臭氧层空洞的联系等，向热力学提出了新的课题。总之，热力学理论将在不断解决新课题中发展。

0.3 工程热力学的主要内容及研究方法

工程热力学的研究内容主要是能量转换，特别是热能转化成机械能的规律和方法，以及提高转化效率的途径，以此来提高能源利用的经济性。本书以基础知识、基本理论和工程应用为主线，主要内容包括以下几个方面：

（1）热力学基础知识。主要包括热力系的基本概念（热力系的定义和分类，热力系状态和热力系过程，热力系常用的状态参数和测量方法，焓、熵的概念和状态方程）和工质的热力性质（工质的基本概念、理想气体性质、实际气体性质）等内容，这些基础知识是研究与分析热力系统热能和机械能相互转化的必要的前提条件。

（2）热力学基本理论。主要包括热力学第一定律（热力系之间的相互作用、热力学第一定律解析式、稳定流动能量方程的应用）、热力学第二定律（可逆过程和不可逆过程、孤立系统的熵增原理、有效能和有效能的分析、热机和热力学第二定律的局限性）、热力学第三定律、理想气体的热力过程（四种基本热力过程的分析和多变过程）、纯物质的热力学一般关系式以及热力学化学基础等内容，这些基本理论是热力过程和热力循环的分析研究及计算的工程热力学的理论保障。

（3）热力学典型工程应用。主要包括气体与蒸汽的流动（稳定流动基本概念和方程、定熵流动、滞止参数、喷管的计算、绝热节流、混合流动、有摩阻的绝热流动）、气体与蒸汽的压缩（理想活塞式压气机、活塞式压气机余隙的影响、多级压缩与级间冷却和压气机的效率）、蒸汽动力循环（水蒸气的定压发生过程、朗肯循环、蒸汽参数对循环热效率的影响和再热循环和回热循环）、气体动力循环（汽油机实际工况与理想工况、柴油机实际工况与理想工况、燃气轮装置定压加热循环、活塞式热气发动机及其理想循环）、制冷循环（逆向卡诺循环、压缩制冷循环、蒸汽喷射制冷循环、热泵供热循环）、热力学基本理论在化学过程的应用（化学反应中热力学第一定律应用、化学反应中热力学第二定律应用）等内容，是热力学基本理论在工程应用的重要实例。

热力学的研究方法有宏观研究方法和微观研究方法两种。应用宏观研究方法研究的热力学叫作宏观热力学（也叫经典热力学）。应用微观研究方法研究的热力学称为微观热力学（也称统计热力学）。所谓宏观热力学是指以热力学第一定律、热力学第二定律等基本定律为热力过程和热力循环的分析研究及计算基础，针对具体热力学问题采用抽象、概括、理想化和简化的方法，建立热力学模型，并得到若干重要结论。由于热力学基本定律的可靠性和普适性，所以应用热力学宏观研究方法可以得到可靠的结果。但由于宏观研究方法不考虑物质分子和原子的微观结构，也不考虑微粒的运动规律，故宏观热力学理论并不能解释热现象的本质及其内在原因。而气体分子运动学说和统计热力学认为，大量气体分子的杂乱运动服从统计法则和概率法则，因此，可以应用统计法则和概率法则从微观角度对热力学问题进行研究。所谓微观热力学是指从物质是由大量分子和原子等粒子所组成的事实出发，将宏观性质作为在一定宏观条件下大量分子和原子的相应微观量的统计平均值，利用量子力学和统计方法，将大量粒子在一定宏观条件下一切可能的微观运动状态予以统计平均，来阐明物质的宏观特性，并导出热力学基本规律，因而微观热力学能阐明热现象的本质，解释"涨落"现象。在对分子结构作出模型假设后，利用统计热力学方法还可对这种物质的具体热力学性质作出预测。但统计热力学也有局限性，因为对分子微观结构的假设只能是近似的，因此尽管运用了繁复的数学运算，但所求得的理论结果往往不够精确。

工程热力学主要应用热力学的宏观方法，但有时也引用气体分子运动理论和统计热力学的基本观点及研究成果。随着现代计算机技术和信息技术的飞速发展，计算机和信息技术越来越多地被引入工程热力学的研究中，成为一种强有力的工具。

要学好工程热力学，必须要注意以下问题：①掌握工程热力学课程目的与任务，即研究热能转化为机械能的规律、方法以及怎样提高转化效率和热能利用的经济性；②在深刻理解基本概念的基础上运用抽象简化的方法得出各种具体热力学问题的本质，并应用热力学基本定理和基本方法对各种具体热力学问题进行分析研究；③必须重视习题、实验等环节，通过它们可以培养抽象、分析问题的能力，加深对基本概念的理解。

第 1 篇 热力学基础知识

热力学基本概念主要包括热力系统定义和分类，热能与机械能的转换，热力系统基本状态参数及其计量，热力学能、焓和熵的概念，热力系统状态，热力过程，热力循环等，为热力系热能和机械能相互转化研究与分析提供了必要的前提条件。然而，热能和机械能相互转化时的能量的传递（吸热或者放热）与转换（做功）不仅与工质的状态变化过程有关，而且还与工质本身的热力性质有密切关系，因此，研究与分析热力系统的能量的传递与转换，还必须掌握常用工质的热力性质。

热力学基本概念和工质的热力性质是热力学基本理论及其工程应用的知识基础。

第 1 章 热力学基本概念

1.1 热力系统定义和分类

1.1.1 热力系统定义

分析任何事物均需选择一定的研究对象，如力学中研究物体运动时总是取分离体一样，工程热力学中也常把研究对象从周围物体中分割出来，研究它与周围物体之间的能量和物质的传递。这种被人为分割出来作为热力学分析对象的有限物质系统叫作热力系统，周围物体统称环境，热力系统和环境之间的分界面叫作边界，其关系如图1.1所示。热力系统和环境之间的关系是相对的，当以图1.1中的环境为待研究对象时，此时环境被称为热力系统，而图1.1中的热力系统被称为环境。此外，不管是热力系统还是环境，都可以包含若干个子热力系统。

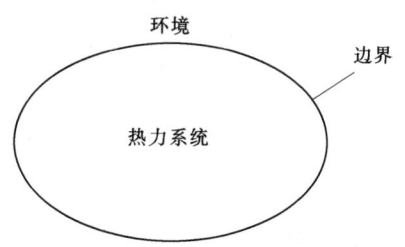

图1.1 热力系统、边界和环境关系图

热力系统和环境之间的边界可以是固定不动的，也可以是有位移和变形的。如图1.2所示，当取发动机气缸中的工质（燃气）作为热力系统时，工质和气缸壁之间的边界是固定不动的，但工质和活塞之间的边界却可以移动而不断改变位置。此外，热力系统和环境之间的边界可以是固定的或者是运动的，也可以是实际存在的或者假想。如图1.3所示，当取汽轮机中的工质（水蒸气）作为热力系统时，工质和汽轮机之间存在着实际的边界，而进口前后或出口前后的工质之间却无实际的边界，此处可人为地设想一个边界把系统中的工质和环境分割开来。

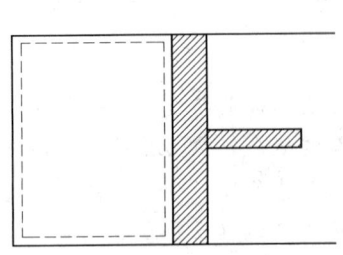

图 1.2　边界为固定的或运动的

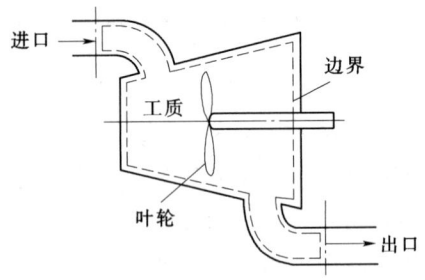

图 1.3　边界为实际存在的或者假想的

1.1.2　热力系统分类

根据热力系统和环境之间能量和物质交换的不同情况，可将热力系统分为各种不同的类型。

（1）闭口系统。当热力系统和环境之间只有能量交换而无物质交换，则该热力系统被称为闭口系统。由于闭口系统内的质量保持恒定不变，所以闭口系统又叫作控制质量。

（2）开口系统。当热力系统和环境之间不仅有能量交换而且有物质交换，则该热力系统被称为开口系统。开口系统中的能量和质量都可以变化，但这种变化通常是在某一划定的空间范围内进行的，所以开口系统又叫作控制容积或控制体。

（3）绝热系统。当热力系统和环境之间无热量交换时，则该热力系统被称为绝热系统。

（4）孤立系统。当热力系统和环境之间既无能量交换又无物质交换时，该系统被称为孤立系统。孤立系统的一切相互作用都发生在系统内部。

热力系统的选取具有人为性特征，可根据研究问题的实际情况而定，以能给解决问题带来方便为原则。如图 1.4 所示，当选取 1 为热力系统时，1 和环境中的子系统 2 有物质交换，和环境中的子系统 3 有热量交换，和环境中的子系统 4 有功量交换，因此，1 为开口系统。当选取 1＋2 为热力系统时，1＋2 和环境之间无物质交换，和环境中的子系统 3 有热量交换，和环境中的子系统 4 有功量交换，因此，1＋2 为闭口系统。当选取 1＋2＋3 为热力系统时，1＋2＋3 和环境之间既无物质交

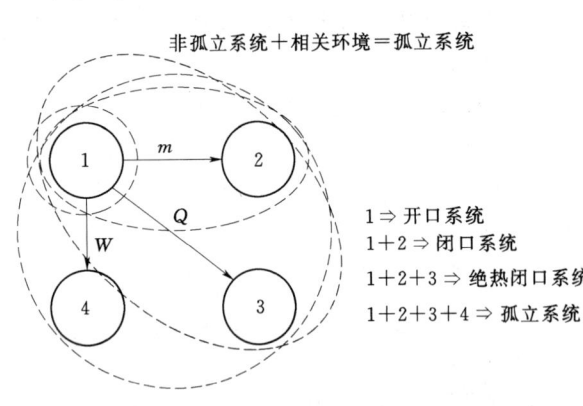

图 1.4　热力系统选取的人为性

换，也无热量交换，但和环境中的子系统 4 有功量交换，因此，1＋2＋3 为绝热闭口系统。当选取 1＋2＋3＋4 为热力系统时，1＋2＋3＋4 和环境之间既无物质交换，也无热量交换和功量交换，因此，1＋2＋3＋4 为孤立系统。可见，非孤立系统和相关环境结合在一起，就构成孤立系统。

在热动力工程中,最常见的热力系统是由可压缩流体(如空气、燃气、水蒸气等)构成的。因此,根据热力系统内部状况还可以划分为:

(1) 可压缩系统。由可压缩流体组成的系统。

(2) 简单可压缩系统。与环境之间在忽略摩擦阻力情况下的功交换只有体积变化功(膨胀功或压缩功)一种形式,则该热力系统称为简单可压缩系统。

(3) 均匀系统。由单相组成的内部各部分化学成分和物理性质都均匀一致的系统。

(4) 非均匀系统。由两个或两个以上的相所组成的内部各部分化学成分和物理性质不均匀一致的系统。

(5) 单元系统。一种均匀的和化学成分不变的物质组成的系统。

(6) 多元系统。由两种或两种以上物质组成的系统。

(7) 单相系。系统中工质的物理性质、化学性质都均匀一致的系统称为单相系。

(8) 复相系。由两个相以上组成的系统称为复相系,如固、液、气组成的三相系统。

一般而言,工程热力学讨论的大部分系统都是简单可压缩系统。

1.2 热能与机械能的转换

目前,热动力工程所利用的热源物质主要是煤、石油、天然气等矿物燃料。所谓热能动力装置(简称热机),是指从燃料燃烧中得到热能,并利用热能得到动力的整套设备(包括辅助设备)。一般的,热能动力装置可分为燃气动力装置和蒸汽动力装置两大类。

1.2.1 燃气动力装置

以活塞式发动机为例,分析说明燃气动力装置中热能与机械能的转换情况。如图1.5所示,活塞式发动机主要包括气缸、活塞、曲轴、连杆、飞轮、进气阀和排气阀等。燃料和空气的混合物在气缸中燃烧,释放出大量热能,使燃气的温度、压力大大高于周围介质的温度和压力而具备做功的能力。燃气在发动机气缸中膨胀做功,推动活塞,从而使得燃气的能量通过连杆传给装在发动机曲轴上的飞轮,转变成飞轮的动能,而飞轮的转动带动曲轴,并通过机械轴向外输出机械功,同时完成活塞的逆向运动,排出废气,为下一轮进气做好准备,如此周而复始。于是,每经过一定的时间间隔,燃料和空气即被送入气缸中,并在其中燃烧、膨胀,推动活塞做功。这样,活塞不断地往复运动,曲轴则连续回转,而飞轮则将所得到的能量一部分作为带动活塞逆向运动所需的能量,其余部分作为传递给工作机械加以利用。此外,排出的废气把一部分燃料化学能转换来的热能排向大气环境。

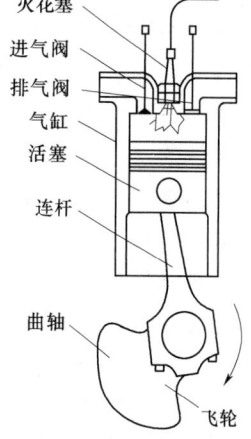

图 1.5 活塞式发动机示意图

1.2.2 蒸汽动力装置

以燃煤电站锅炉为例,分析说明蒸汽动力装置中热能与机械能的转换过程。燃煤电站锅炉系统简图如图1.6所示,这是由锅炉、过热器、汽轮机、冷凝器、水泵等组成的一套

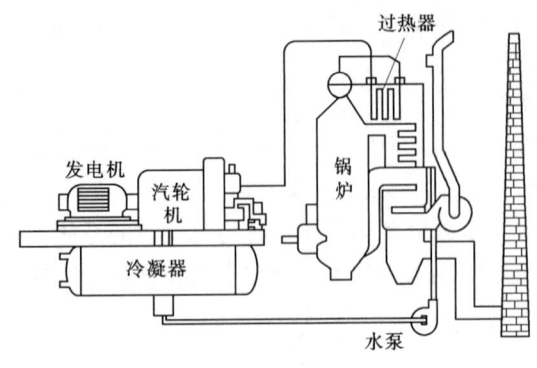

图 1.6 燃煤电站锅炉系统简图

热力设备。煤粉在锅炉炉膛中燃烧，使化学能转变为热能，锅炉沸水管内的水吸热后变为蒸汽，并且在过热器内过热，成为过热蒸汽，它的温度、压力比环境介质（空气）的温度及压力高，具有做功的能力；当过热蒸汽被导入汽轮机后，先通过喷管膨胀，速度增大（该热力过程中热能转变成动能），于是具有一定动能的蒸汽推动汽轮机叶片，使轴转动做功。做功后的乏汽从汽轮机进入冷凝器，被冷却水冷凝成水，并由水泵加压后送入锅炉加热，如此周而复始。通过锅炉、汽轮机、冷凝器等不断把煤粉中的化学能转变而来的一部分热能转变为功，其余部分热能则排向环境介质。

1.2.3 热能动力装置的本质

从上述两种热机的工作情况可以看出，活塞式发动机和燃煤电站锅炉构造不同，其工作特性也不相同。例如，活塞式发动机的工质（燃气）燃烧、膨胀、压缩和排气都发生在同一气缸内，且燃气的膨胀过程发生在燃气无宏观运动的状况下；而燃煤电站锅炉中工质（蒸汽）的吸热、膨胀、冷凝等过程分别发生在不同的设备中，尽管进入喷管时蒸汽速度较低（20～50m/s），但经过喷管充分膨胀后冲出喷管时蒸汽的速度却可达到很高（500～1200m/s），因此蒸汽的膨胀过程是发生在有宏观运动的状况下。当然，其他型式的热机可能还有其他的构造以及相应的工作特性，但总体看来，不管哪一种热能动力装置，总是用某种媒介物质（即工质）从某个热源获取热能，从而具备做功能力并将所得到的一部分热能对机器做功，其余部分热能则排向环境介质。因此，工程热力学不深入研究各种热机的具体结构和各自的特性，而是抽取所有热机的共同问题进行探讨。

综上所述，对于任何一种热能动力装置而言，吸热、膨胀做功、排热都是共同的，也是本质性的。因此，可把实现热能和机械能相互转化的媒介物质叫作工质；把工质从中吸取热能的物系叫作高温热源（或称热源）；把接受工质排出热能的物系叫作低温热源（或称冷源）。当然，高温热源和低温热源可以是恒温的，也可以是变温的。如利用燃气轮机的高温排气作为高温热源向余热锅炉供热，使余热锅炉中的水升温，由于高温热源的热容量不是无穷大，故而高温热源（燃气轮机的排气）的温度不断下降，是变温热源。又如用环境大气作低温热源，由于其热容量非常大，故可以认为是恒温热源。

因此，热能动力装置的工作过程可概括为：工质自高温热源吸热，将其中一部分转化为机械能而做功，并把余下部分传给低温热源。

1.3 热力系统基本状态参数及其计量

热能动力装置中的工质必须通过吸热、膨胀、压缩、排热等过程才能完成将热能转化为机械能的工作，其物理特性随时在变化，或者说，工质的宏观物理状况随时在变化。因此,把工质在热力变化过程中的某一瞬间所呈现的宏观物理状况称为工质的热力学状态(简称状态)。工质的状态常用一些宏观物理量来描述,这些用来描述工质所处状态的宏观物理量称为状态参数,如温度 T、压力 p、体积 V 等状态参数可反映大量分子运动的宏观平均效果。

工程热力学只从总体上研究工质所处的状态及其变化规律,而不从微观角度研究个别粒子的行为和特性,故可以只采用宏观量对工质所处的状态进行描述。工质的热力学状态参数的全部或一部分发生变化,则表明工质所处的状态发生了变化。因此,工质的状态变化也必然可由参数的变化进行表征。状态参数一旦完全确定,工质的状态也就确定了,因而状态参数是热力系统状态的单值函数。工质状态变化时,初、终状态参数的变化值仅取决于初、终状态,而与如何达到这一状态的途径无关。状态参数的数学特征为点函数,其微元差是全微分,且全微分沿闭合路线的积分等于 0。

热力设备中的工作过程常用的状态参数有压力 p、温度 T、体积 V(或比容 v)、热力学能 U(以前称为内能)、焓 H、熵 S、㶲 E_x、自由能 F 和自由焓 G,其中压力 p、温度 T 及体积 V 可直接用仪器测量,使用最多,被称为基本状态参数,其余状态参数可根据基本状态参数通过间接计算得到。

1.3.1 温度及其计量

1. 热力学第零定律

实践表明,若令高温物体和低温物体相互接触,它们之间将发生能量交换,净能量将从高温物体流向低温物体。在不受环境影响的条件下,两物体会同时发生变化:高温物体逐渐变冷,低温物体逐渐变热。经过一段时间后,它们达到相同的冷热状况(即所谓的热平衡状态),这时两物体之间不再有净能量交换。

如图 1.7 所示,当热力系统 B 分别与热力系统 A 和热力系统 C 接触均处于热平衡时,热力系统 A 和热力系统 C 也一定能满足热平衡。因此,热力学第零定律可以表述为:如果两个热力系统分别与第三个热力系统处于热平衡,则两个系统彼此必然处于热平衡。从该定律可以推论,热力系必然具备某种宏观性质:当各热力系统的这一性质不同时,它们若相互接触,其间将有净能量传递;

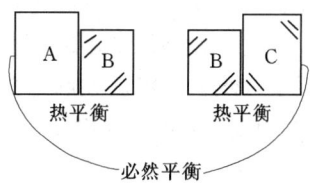

图 1.7 热力学第零定律示意图

当这一性质相同时,它们之间达到热平衡。而表示这一宏观性质的物理量则被称为温度。由此可知,温度是描述平衡热力系冷热程度的物理量。因此,热力学第零定律不仅给出了温度的定义,而且也为温度测量奠定了理论基础。

2. 温度计量

温度的微观概念表示物质内部大量分子热运动的激烈程度。对于理想气体,物理学中导出了热力学温度与大量分子平移运动平均动能的关系式,即

$$\frac{m\bar{c}^2}{2}=BT \tag{1.1}$$

其中

$$B=1.5\kappa$$

式中：m 为一个分子的质量，kg；$\bar{c}$ 为分子移动的均方根速度，m/s；T 为热力学温度，K；κ 为波尔兹曼常数，$\kappa=(1.380058\pm0.000012)\times10^{-23}$J/K。

两个物体接触时，通过接触面上分子的碰撞进行动能交换，能量从平均动能较大的一方（即较高温物体）传到了平均动能较小的一方（即较低温物体）。这种微观的功能交换就是不同温度的两个物体间的热量传递，其传递方向总是由高温物体传向低温物体，传递过程将持续不断进行到两物体的温度相等时为止。

一般的，测量温度的仪器（参考热力系统）往往被称为温度计，它具有随温度不同而有显著的变化的某个特性（如体积受热而膨胀、金属丝电阻受热而增减等）。当被测热力系统与温度计处于热平衡时，被测热力系统就具有温度计某特性变化所表示温度的高低程度。

为给温度确定数值，还应建立温标（即温度数值标定）。例如摄氏温标规定：在一个标准大气压下纯水的冰点是 0℃，沸点是 100℃，而其他温度的数值由作为温度标志的物理量（金属丝电阻等）的线性函数来确定。

国际上规定热力学温标作为测量温度的最基本温标，它是根据热力学第二定律的基本原理制定的，与测温物质的特性无关，可以成为度量温度的标准。热力学温标的温度单位是开尔文，单位符号为 K。把水的三相点的温度，即水的固相、液相、气相平衡共存状态的温度作为单一基准点，并规定为 273.16K。因此，热力学温度单位 1K 是水的三相点温度的 1/273.16。

1960 年，国际计量大会通过决议，规定摄氏温度由热力学温度移动零点来获得，即

$$t=T-273.15 \tag{1.2}$$

式中：t 为摄氏温度，℃；T 为热力学温度，K。

这样规定的摄氏温标称为热力学摄氏温标。由式（1.2）可知，摄氏温标和热力学温标并无实质差异，而仅仅只是零点的取值不同。

由于热力学温度不能直接测定，所以国际上建立了一种既实施方便又使得所测温度尽可能接近热力学温度的新型温标，这种温标称为国际实用温标。目前，全世界范围内采用"1990 年国际温标（ITS—90）"。我国自 1991 年 7 月 1 日起施行"1990 年国际温标（ITS—90）"。

1990 年国际温标同时定义了国际开尔文温度（符号为 T_{90}）和国际摄氏温度（符号为 t_{90}）。T_{90} 和 t_{90} 之间的关系与 T 和 t 一样。为计算方便，本书以后省略 T_{90} 和 t_{90} 的脚注。

1.3.2 压力及其计量

通常用垂直作用于容器壁面单位面积上的力表示压力（也称压强）的大小，这种压力称为气体的绝对压力。分子运动学说把理想气体的压力看作是大量气体分子撞击器壁的平均结果。

测量工质压力的仪器往往被称为压力计。由于压力计的测压元件处于某种环境压力的作用下，因此压力计所测得的压力是工质的真实压力（或称绝对压力）与环境介质压力之差，叫作表压力或真空度，随地理位置及气候条件等因素而变化。

下面以大气环境中的 U 形管压力计为例，说明工质的绝对压力 p 与大气压力 p_b 及表压力 p_e 或真空度 p_v 的关系。

如图 1.8（a）所示，当工质的绝对压力 p 大于大气压力 p_b 时，绝对压力 p 与大气压

第1章 热力学基本概念

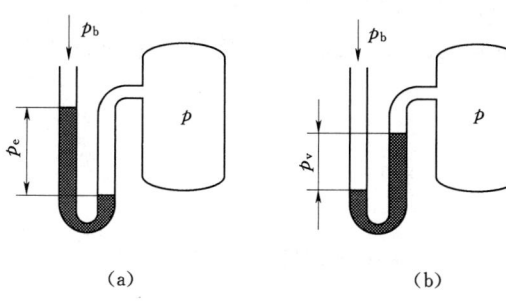

图1.8 绝对压力
(a) 表压力；(b) 真空度

力 p_b 满足关系式：

$$p = p_b + p_e \quad (1.3)$$

式中：p_e 为测得的差数，称为表压力。

如图1.8（b）所示，当工质的绝对压力 p 小于大气压力 p_b 时，绝对压力 p 与大气压力 p_b 满足关系式：

$$p = p_b - p_v \quad (1.4)$$

式中：p_v 为测得的差数，称为真空度。此时测量压力的仪器也叫真空计。

绝对压力 p、表压力 p_e、真空度 p_v 和大气压力 p_b 之间的关系如图1.9所示。

由于大气压力 p_b 是地面以上空气柱的重量所引起的，可采用气压计进行测定，它随纬度、高度和气候条件而有些变化。即使工质的绝对压力不变，工质的表压力和真空度仍有可能变化。在用压力计进行热工测量时，必须同时用气压计测定当时当地的大气压力 p_b，才能得到工质的实际压力。若绝对压力很大，则可把大气压力 p_b 视为常数。

因此，表压力 p_e 或真空度 p_v 不能作为工质状态参数，只有绝对压力 p 才是状态参数。在本书中，如没有注明表压力或真空度，都应理解为绝对压力。

国际上规定压力计量单位为帕斯卡（简称"帕"），符号为 Pa，即 $1Pa = 1N/m^2$，也就是说 1Pa 等于 $1m^2$ 的面积上作用 1N 的力。

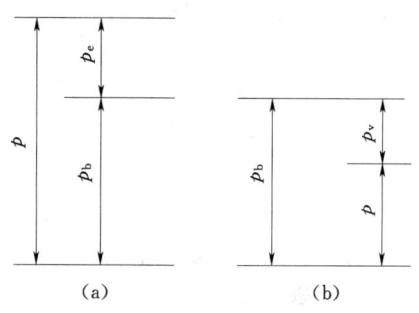

图1.9 绝对压力、表压力、真空度
和大气压力间的关系
(a) $p > p_b$；(b) $p < p_b$

工程上，因帕斯卡的单位太小，常采用 MPa（兆帕），$1MPa = 10^6 Pa$。巴（bar）、标准大气压（atm，也称物理大气压）、工程大气压（at）、毫米汞柱（mmHg）和毫米水柱（mmH_2O）与帕斯卡之间的互换关系见表1.1。

表1.1　　　　　　　工程上各压力单位与帕斯卡之间的互换关系

单位	Pa	bar	atm	at	mmHg	mmH_2O
Pa	1	1×10^{-5}	0.986923×10^{-5}	0.101972×10^{-4}	7.50062×10^{-3}	0.1019712
bar	1×10^5	1	0.986923	1.01972	750.062	10197.2
atm	101325	1.01325	1	1.03323	760	10332.3
at	98066.5	0.980665	0.967841	1	735.559	1×10^4
mmHg	133.322	133.322×10^{-5}	1.31579×10^{-3}	1.35951×10^{-3}	1	13.5951
mmH_2O	9.80665	9.80665×10^{-5}	9.07841×10^{-5}	1×10^{-4}	735.559×10^{-4}	1

【例 1.1】 某热电厂新蒸汽的表压力为 10MPa，凝汽器的真空度为 94620Pa，送风机表压力为 145mmHg，当时气压计读数为 755mmHg。试问以 Pa 为单位的绝对压力为多少？

解：大气压力为
$$p_b = 755 \times 133.322 = 100658 \text{(Pa)}$$

新蒸汽的绝对压力为
$$p_1 = p_b + p_e = 100658 + 10000000 = 10100658 \text{(Pa)}$$

凝汽器的绝对压力为
$$p_2 = p_b - p_v = 100658 - 94620 = 6038 \text{(Pa)}$$

送风机的绝对压力为
$$p_3 = p_b + p_e = 100660 + 145 \times 133.322 \approx 119992 \text{(Pa)}$$

【例 1.2】 如图 1.10 所示，已知大气压力 $p_b = 101325\text{Pa}$，U 形管内汞柱高度差 $H = 300\text{mm}$，压力表 B 读数为 0.0543MPa，求：A 室压力 p_A 及压力表 A 的读数。

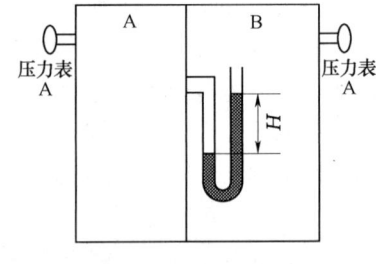

图 1.10　例 1.2 附图

解：由于题设条件没有指明压力表 B 读数是表压力还是真空度，且其读数又小于大气压力 p_b，故两种情况都有可能。

(1) 当压力表 B 读数为表压力 p_{eB} 时：
$$p_B = p_b + p_{eB} = 101325 + 0.0543 \times 10^6 = 155625 \text{(Pa)}$$
$$p_A = \rho_{Hg} g H + p_B = 300 \times 133.322 + 155625 \approx 195622 \text{(Pa)}$$
$$p_{eA} = p_A - p_b = 195622 - 101325 = 94297 \text{(Pa)}$$

(2) 当压力表 B 读数为真空度 p_{vB} 时：
$$p_B = p_b - p_{vB} = 101325 - 0.0543 \times 10^6 = 47025 \text{(Pa)}$$
$$p_A = \rho_{Hg} g H + p_B = 300 \times 133.322 + 47025 \approx 87022 \text{(Pa)}$$
$$p_{vA} = p_b - p_A = 101325 - 87022 = 14303 \text{(Pa)}$$

1.3.3　比容及其计量

单位质量物质所占的体积称为比容，即
$$v = V/m \tag{1.5}$$

式中：v 为比容，m^3/kg；m 为物质的质量，kg；V 为物质的体积，m^3。

单位体积物质的质量，称为密度，单位为 kg/m^3。密度用符号 ρ 表示，即
$$\rho = m/V \tag{1.6}$$

显然，v 与 ρ 互成倒数，因此它们不是互相独立的参数，可以任意选用其中之一，工程热力学中通常用 v 作为独立状态参数。

1.3.4　强度性参数和广延性参数

描述热力系统状态特性的各种参数，按其与物质数量的关系，可分为强度性参数和广延性参数两类。

(1) 强度性参数。热力系统中单元体的参数值（如压力 p、温度 T 等）与整个热力

系统的参数值相同，与质量无关，不具有可加性。当强度性参数不相等时，热力系统与环境之间便会发生能量的传递；如存在温差，则发生热量的传递；如存在压差，则发生功的传递。可见强度性参数在热力工程中起着推动力作用，故又被称为广义力或势。一切实际热力过程都是在某种势差推动下进行的。

（2）广延性参数。整个系统的广延性参数（如质量 m、体积 V、热力学能 U、焓 H 和熵 S 等）等于各单元体该广延性参数值之和，具有可加性。在热力过程中，广延性参数的变化起着类似力学中位移的作用，故又被称为广义位移。如热力系统与环境之间传递热量必然引起热力系统熵的变化，热力系统对外膨胀做功必然引起体积增加。

但广延性参数的比参数（如比容 v、比热力学能 u、比焓 h 和比熵 s），即单位质量工质的体积 V、热力学能 U、焓 H 和熵 S，又具有强度量的性质，不具有可加性。通常，热力系统的广延性参数用大写字母表示，其比参数用小写字母表示。

1.4 热力学能、焓和熵的概念

1.4.1 热力学能

能量是物质运动的度量，物质处于不同的运动形态，相应地就有各种不同的能量。对于宏观运动的物体，动能取决于物体宏观运动的速度，位能取决于物体在外力场中所处的位置，它们都是因为物体宏观运动而具有的能量，都属机械能。对于宏观静止的物体，其内部的分子、原子等微粒不停地做热运动。由气体分子运动学理论以及能量按自由度均分原理和量子理论可知，气体分子不断地做不规则的平移运动所具有的动能是温度的函数，多原子分子的旋转运动和振动运动所具有的能量也是温度的函数。总之，这种因无规则热运动而具有的内动能是温度的函数。此外，由于分子间有相互作用力存在，因此分子还具有内位能，它决定于气体的比容和温度。内动能、内位能及维持一定分子结构的化学能和原子核内部的原子能，以及电磁场作用下的电磁能等一起构成所谓的热力学能。在无化学反应、无原子核反应和无电磁场作用的热力过程中，化学能、原子能和电磁能都不变化，可以不加以考虑，因此，热力学能的变化只是内动能和内位能的变化。

国际上规定热力学能用符号 U 表示，其法定计量单位是焦耳，用符号 J 表示。1kg 物质的热力学能称为比热力学能，用符号 u 表示，比热力学能的单位是 J/kg。

根据分子运动学理论，当热力状态确定时，分子具有确定的均方根速度和平均距离，也具有确定的热力学能，与达到这一热力状态的路径无关。因此，热力学能是热力状态的单值函数，且是状态参数。

由于气体的热力状态可由两个独立状态参数决定，所以热力学能一定是两个独立状态参数的函数，如

$$u=f(T,v), u=f(T,p), u=f(p,v) \tag{1.7}$$

1.4.2 焓

在热力系统有关热工计算中，经常有 $U+pV$ 出现，为简化起见，把 $U+pV$ 定义为焓，用符号 H 表示，即

$$H=U+pV \tag{1.8}$$

1kg 工质的焓称为比焓，用 h 表示，即

$$h = u + pv \tag{1.9}$$

从式（1.7）、式（1.8）中可以看出，焓是一个状态参数，其法定计量单位是焦耳，用符号 J 表示，比焓的单位符号为 J/kg。在任意平衡状态下，u、p 和 v 都具有确定值，因而比焓 h 也具有确定值，与达到这一状态的路径无关。从式（1.7）可知，u 可以表示成 p 和 v 的函数，所以

$$h = u + pv = f(p, v) \tag{1.10}$$

因此，比焓也可以表示成另外两个基本状态参数的函数，即

$$h = f(p, T), \quad h = f(T, v) \tag{1.11}$$

同样还有

$$\Delta h_{1-a-2} = \Delta h_{1-b-2} = \int_1^2 \mathrm{d}h = h_2 - h_1 \tag{1.12}$$

和

$$\oint \mathrm{d}h = 0 \tag{1.13}$$

1.4.3 熵

熵的概念最初是由克劳修斯在 19 世纪中叶建立的。对于初学者而言，熵一直是一个较抽象并难以通俗表达的物理概念。熵参数可以从热力学理论的数学分析中导出。正如状态参数焓一样，比熵变也可用数学式进行定义，即

$$\mathrm{d}s = \frac{\delta q_{\mathrm{rev}}}{T} \tag{1.14}$$

式中：δq_{rev} 为 1kg 工质在微元可逆过程中与热源交换的热量，下标"rev"表示可逆过程；T 为微元可逆过程中传热时工质的热力学温度；$\mathrm{d}s$ 为微元可逆过程中 1kg 工质的熵变，称为比熵变。

熵是一个状态参数，热力系统的总熵用 S 表示，其单位符号为 J/K，热力系统的比熵用 s 表示，单位符号为 J/(kg·K)。在任意平衡状态下，比熵 s 具有确定值，与达到这一状态的路径无关。

1.5 热力系统状态

1.5.1 平衡状态

采用状态参数描述热力系统状态特性，只有在平衡状态下才有可能，否则热力系统各部分状态不同就不可能用确定的状态参数值描述整个热力系统的状态特性。

倘若组成热力系统的各部分之间没有热量的传递，系统就处于热的平衡；各部分之间没有相对位移，系统就处于力的平衡。

一个热力系统在不受环境影响（重力场除外）的条件下，如果其状态参数不随时间变化，同时热力系统内外建立了热和力的平衡，则该热力系统处于热和力的平衡状态，简称平衡状态。如果热力系统内还存在化学反应，则尚应包括化学平衡。

处于热力平衡状态的热力系统，只要不受环境影响（重力场除外），其状态就不会随

时间改变，平衡也不会自发地破坏；处于不平衡状态的系统，由于各部分之间的传热和位移，其状态将随时间而改变，改变的结果一定使传热和位移逐渐减弱，直至完全停止。因此，不平衡状态的热力系统，在没有环境影响（重力场除外）下总会自发地趋于平衡状态。

相反的，若热力系统受到环境影响（重力场除外），则不能保持平衡状态。例如，热力系统和环境之间因温差（热不平衡势）而产生的热量交换，因压差（力不平衡势）而产生的功的交换，都会破坏热力系统原来的平衡状态。热力系统和环境之间相互作用的最终结果必然是热不平衡势和力不平衡势消失，热力系统和环境共同达到一个新的平衡状态。

由此可见，当热力系统内或热力系统与环境之间不存在一切不平衡的作用时，热力系统无宏观变化，并处于平衡状态。如不考虑重力场影响，处于热力平衡状态下的气体（或液体）内部性质是均匀一致的，各处的温度、压力、比容等状态参数都相同。如果考虑重力场影响，那么处于热力平衡状态下的气体（尤其是液体）中的压力和密度将沿高度而有所差别，但如果高度不大，则这种差别通常可以略去不计。

对于处于热力平衡状态下的气液两相并存的热力系统，气相的密度和液相的密度不同，所以热力系统处于热力平衡状态并不一定是均匀的。换句话说，均匀是相对于空间，平衡是相对于时间，均匀并非热力系统处于平衡状态的必要条件。工程热力学通常只研究平衡状态。如未特别注明，本教材一律把平衡状态下单相物系视为均匀的，且单相物系中各处的状态参数都相同。

1.5.2 热力系统状态公理

描述热力系统特性的众多状态参数之间存在内在联系，当某些状态参数确定后，热力系统平衡状态便完全确定，所有其他状态参数也随之确定。例如，对于导热性能很好的刚性容器中的某种气体，当环境温度从 T_1 降低为 T_2 时，其压力也由 p_1 下降到 p_2，其他状态参数的变化（如 Δu、Δh、Δs 等）也可以完全被确定。那么，在一定的限定条件下，确定热力系统平衡状态的独立参数究竟需要多少个呢？实践经验表明，对于纯物质热力系统，与环境发生任何一种形式的能量传递都会引起热力系统状态的变化，且各种能量传递形式可单独进行，也可同时进行；当消除一种不平衡势差时，热力系统某一方面达到平衡，也就消除一种能量传递方式，因此，归纳出的热力系统状态公理可表示为

$$N = n + 1 \tag{1.15}$$

式中：N 为纯物质热力系统平衡状态的独立参数数目；n 为传递可逆功的形式数目（如容积变化功、电功、拉伸功、表面张力功等）；1 为能量传递中的热量传递数目。

例如，对除热量传递外只有膨胀功（容积功）传递的简单可压缩热力系统，$n=1$，于是确定简单可压缩热力系统平衡状态的独立参数数目 $N=1+1=2$；对于绝热简单可压缩系统，$N=1+0=1$。

若热力系统两个状态相同，则其所有状态参数均一一对应相等；相反，若热力系统所有状态参数均对应相等，则该热力系统的两个状态相同。对于简单可压缩热力系统而言，只要两个独立状态参数对应相同，即可判定简单可压缩热力系统两个状态相同。这意味着，只要有两个独立的状态参数即可确定简单可压缩热力系统的平衡状态，所有其他状态参数均可表示为这两个独立状态参数的函数。

1.5.3 热力系统状态方程式

根据热力系统状态公理,当纯物质简单可压缩热力系统处于平衡状态时,各部分具有相同的压力、温度和比容等基本状态参数,且这3个基本状态参数服从一定关系式,即

$$\left.\begin{array}{l} T=T(p,v) \\ p=p(T,v) \\ v=v(p,T) \end{array}\right\} \tag{1.16}$$

也可写作隐函数形式:

$$F=F(p,v,T) \tag{1.17}$$

这种表示工质处于平衡状态时压力、温度和比容等基本状态参数之间制约关系的函数表达式被称为状态方程式。

1.5.4 热力状态坐标图

既然简单可压缩热力系统平衡状态可由两个任意独立的状态参数确定,所以由任意两个独立的状态参数所组成的平面坐标图上的任意一点,都相应于简单可压缩热力系统的某一确定的平衡状态。同样,简单可压缩热力系统每一平衡状态总可在这样的坐标图上用一点来表示。这种由热力系状态参数所组成的坐标图称作热力状态坐标图。常用的这类坐标图有压容 p-v 图和温熵 T-s 图等,如图

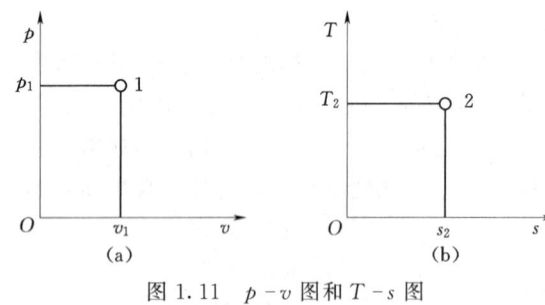

图 1.11 p-v 图和 T-s 图

1.11 所示。例如,具有压力 p_1 和比容 v_1 的气体,它所处的热力平衡状态可用 p-v 图上点 1 来表示;若热力系统温度为 T_2,比熵是 s_2,则该热力系统平衡状态可用 T-s 图上点 2 来表示。显然,只有平衡状态才能用热力状态坐标图上的一点来表示,不平衡状态时因热力系统各部分的物理量一般不相同,在热力状态坐标图上无法表示。此外,p-v 图上任意一点都可在 T-s 图找到确定的对应点,T-s 图上任意一点也同样可在 p-v 图上找到确定的对应点。

1.6 热 力 过 程

热力系统与环境在传递能量的同时,工质的热力状态必然发生变化。如电站锅炉炉膛中高温烟气将热量传给锅筒中的水(或者水蒸气)后,烟气温度将降低;利用打气筒给自行车充气时,由于打气筒中空气接受环境对其做功而温度升高,致使打气筒壁面发烫。因此,热力系统从某一热力状态过渡到另一热力状态所经历的全部状态变化被称为热力过程。由于实际热力过程是在势差推动下进行的,并存在摩擦阻力(耗散效应)等影响,过程十分复杂,热力系统热工计算具有很大的困难性。为此,在平衡状态概念的基础上,可将热力过程理想化为准静态过程和可逆过程。

1.6.1 准静态过程

尽管热力系统处于平衡状态时可用一组确切的参数(压力、温度)描述,但平衡状态

是死态，没有能量交换。而当热力系统和环境之间具有能量交换时，由于存在热的不平衡势和力的不平衡势，必然会促使热力系统向新的状态变化，其状态变化的实际过程相当复杂，并且是不平衡的，无法用一组确切的参数（压力、温度）描述。

若热力过程进行得相对缓慢，偏离平衡状态无穷小，工质在平衡被破坏后自动恢复平衡所需的时间（即所谓弛豫时间）很短，有足够的时间来恢复平衡，那么这样的热力过程被称为准静态过程（或准平衡过程）。相对弛豫时间来说，准静态过程是进行的无限缓慢的过程。尽管准静态过程理论上应无限缓慢，但在工程上只要满足：

$$\frac{\tau_1}{\tau_0} \gg 1 \tag{1.18}$$

式中：τ_1 为破坏平衡所需时间（外部作用时间），s；τ_0 为恢复平衡所需时间（弛豫时间），s。

对于准静态过程而言，在热力系统状态变化的每一瞬间，热力系统都可以视为处于平衡状态。也就是说，热力系统内部的压力和温度随时都是均匀一致的，即随时都可以处于内部平衡状态。因此，准静态过程既是平衡又是变化，既可以用状态参数描述又可进行热功转换。当然准静态过程是一种理想化的过程，实际过程只能接近准静态过程。

【例 1.3】 已知活塞式发动机 5000r/min，曲柄每转 2 冲程，每冲程位移 0.3m，气缸内气体平均温度 $T=2000$K。假设声速 $a=\sqrt{kR_gT}$ ［其中 k 为理想气体绝热指数，且 $k=1.4$；R_g 为理想气体质量气体常数，且 $R_g=287$J/（kg·K）］，试判断该活塞式发动机工作过程能否视为准静态过程。

解：活塞运动速度 $c_f=5000\times 2\times 0.3/60=50$m/s；压力波恢复平衡速度可以按声速处理，压力波恢复平衡速度 $a=\sqrt{kR_gT}=\sqrt{1.4\times 287\times 2000}=896.4374$m/s；在一定的位移 Δx 下，$\tau_1=\Delta x/50$，$\tau_0=\Delta x/896.4374$，则 $\tau_1/\tau_0=17.9287\gg 1$，该活塞式发动机的工作过程为准静态过程。

因此，活塞式发动机在工作状况下可视为准静态过程。

一般地，工程上的热力过程都可认为是准静态过程。

1.6.2 可逆过程

在如图 1.12 所示的装置中，热力系统沿 $A—1—2—3—4—5—B$ 进行准静态膨胀过程，同时自热源 T 吸热。因在准静态过程中热力系统随时都和环境保持热与力的平衡，热源与热力系统的温度是随时相等的（或只相差一个无限小量），热力系统对环境的作用力与环境的反抗力也是随时相等的（或者相差一个无限小量），若不存在摩擦阻力，则过

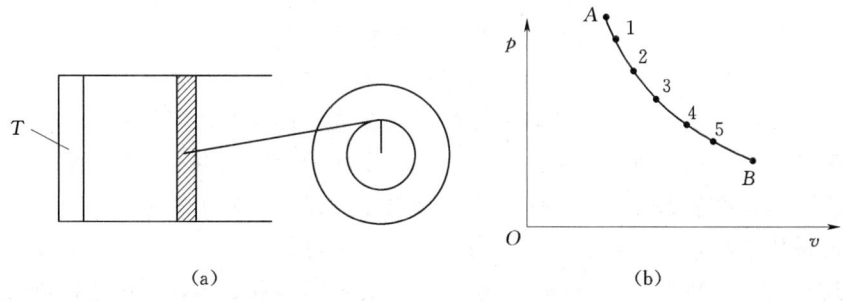

图 1.12 准静态膨胀过程图

程就随时可以无条件逆向进行，使外力压缩工质同时向热源 T 放热。若过程是不平衡的，则当进行膨胀过程时，热力系统对环境的作用力一定大于环境的反抗力，这时环境的反抗力不能压缩工质无条件逆向进行。同样，当工质温度高过自身的热源吸热时，当然不再能让温度较低的工质向同一热源放热而使过程逆向进行。

在分析热力系统与环境传递能量的实际效果时，只考虑热力系统内部状态变化过程是不够的。在准静态膨胀过程中，若存在摩擦阻力，工质膨胀功的一部分用来克服摩擦阻力而耗散转变为热（由摩擦阻力等造成机械功转变成热的现象称为耗散效应，类似的耗散现象还有电热效应等）；工质膨胀功的另一部分通过活塞、连杆系统传递给飞轮，以动能形态储存在飞轮中；除二者之外所剩余部分工质膨胀功用于抵消活塞外侧大气压力所做的功，这部分能量通过活塞的移动流入大气环境。此时若利用飞轮的动能来推动活塞逆行，将工质沿 $B—5—4—3—2—1—A$ 压缩，由于活塞逆行时大气通过活塞对工质做功与前述排斥大气耗功相等，故压缩过程工质消耗功恰与膨胀过程气体做功相等。此外，在压缩过程中工质向热源所排放热量也恰与膨胀时所吸收热量相等。因此，当工质可以回复到原来状态，且机器与热源也都回复到原来状态，亦即热力系统及热力过程所牵涉的环境全部都恢复原来状态而不留下任何变化。

当完成了某一热力过程后，如果能使热力系统沿相同的路径逆行而回复到原来状态，并使相互作用中所涉及的环境亦回复到原来状态，而不留下任何痕迹，则该热力过程被称为可逆过程。不满足上述条件的热力过程为不可逆过程。

热力系统进行了一个不平衡过程后必将产生一些不可回复的痕迹。例如热能自高温热源转移到低温热源和机械能转化为热能等，虽然可以使热能自低温热源返回高温热源，也可使热能转化成机械能，但必须付出一定的代价，或者说不可能使热力过程所涉及的热力系统和环境全部都回复到原来状态。所以，不平衡热力过程必定是不可逆过程。

此外，存在耗散效应（如机械摩擦或工质内摩擦）的热力过程也是不可逆的。因为无论在正向和逆向过程中都会因摩擦阻力而消耗机械功并转化为热量，而这部分热量却不可能不花任何代价重新转变为机械功，这就会留下不可逆回复的痕迹。

因此，对于一个可逆过程来说，它首先应是准静态过程，同时还应满足热的和力的平衡条件以及在热力过程中不应有任何耗散效应的条件。准静态过程和可逆过程的区别在于，准静态过程的条件仅限于热力系统内部的平衡，不必考虑环境中机械摩擦阻力，准静态过程进行时可能发生能量耗散；而可逆过程则是分析热力系统与环境作用所产生的总效果，不仅要求热力系统内部的平衡，而且要求热力系统与环境的作用可以无条件地可逆回复，过程进行时不存在任何能量耗散。可见，无耗散效应的准静态过程才是可逆过程，可用状态参数图上的连续实线表示，而准静态过程是可逆过程的必要条件。

实际热力设备中所进行的一切热力过程都或多或少存在着各种不可逆因素，因此实际热力过程都是不可逆的。研究实际热力过程就是要尽量设法减少不可逆因素，使其尽可能地接近可逆过程。准静态过程是实际过程的理想化过程，但并非最优过程，可逆过程却是实际过程的最优过程，是一切热力设备内过程力求接近的目标。

可逆过程的功与热完全可用热力系统内工质的状态参数表达，可不考虑热力系统与环境的复杂关系，易分析，因此，研究可逆过程在理论上有着十分重要的意义。

1.6.3 过程功和热量

1. 可逆过程的膨胀功

力学中把力和力方向上位移的乘积定义为力所做的功,因此,同样可以对功进行热力学定义:若在力 F 作用下热力系统发生微小位移 $\mathrm{d}x$,则力 F 所做的微小功量为

$$\delta W = F\mathrm{d}x \tag{1.19}$$

式中:δW 为微小功量,并不表示全微分。

热力学中约定,热力系统对环境做功取为正,而环境对热力系统做功取为负。在我国法定计量单位中,功的单位为焦耳,用符号 J 表示。热力系统同环境交换的功,除容积变化功外,还有其他的形式。为了使功的定义具有更普遍的意义,热力学中功的定义是:功是热力系统以宏观运动通过边界而传递的能量,且其全部效果可表现为举起重物。这里"举起重物"是指热力过程产生的效果相当于举起重物,并不要求真的举起重物。显然,由于功是热力系统通过边界与环境交换的能量,与热力系统本身所具有的宏观运动动能和宏观位能不同。

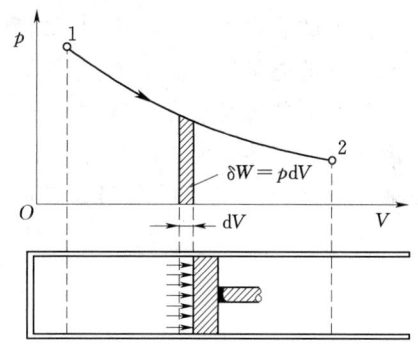

图 1.13 可逆过程的膨胀功

下面讨论热力系统中工质在可逆过程中所做的功。设有质量为 m 的气体工质在气缸中进行可逆膨胀,其变化过程由图 1.13 中连续曲线 1—2 表示。由于过程是可逆的,所以工质施加在活塞上的力 F 与环境作用在活塞上的各种反力之总和只相差一无穷小量。按照功的热力学定义,工质推动活塞移动距离 $\mathrm{d}x$ 时,反抗斥力所做的膨胀功为

$$\delta W = F\mathrm{d}x = pA\mathrm{d}x = p\mathrm{d}V \tag{1.20}$$

式中:A 为活塞截面积;$\mathrm{d}V$ 为工质体积微元变化量。

工质从状态 1 到状态 2 的膨胀过程中所做的膨胀功为

$$W_{12} = \int_1^2 p\mathrm{d}V \tag{1.21}$$

如已知可逆的膨胀过程 1—2 的方程式 $p=f(v)$,即可由积分求得膨胀功的数值。膨胀功 W_{12} 在 p-V 图上可用过程线与坐标轴围成的面积来表示,因此 p-V 图也叫示功图。

如果工质是 1kg,则所做的功为

$$\delta w = p\mathrm{d}v \tag{1.22}$$

$$w_{12} = \int_1^2 p\mathrm{d}v \tag{1.23}$$

若热力过程依反向 2→1 进行时,同样可得

$$w_{21} = \int_2^1 p\mathrm{d}v \tag{1.24}$$

此时由于 $\mathrm{d}v$ 为负值,故所得的功也是负值。

由以上分析可知,功的数值不仅决定于工质的初态和终态,而且还和热力过程的中间途径有关。从状态 1 膨胀到状态 2,可以经过不同的途径,所做的功也是不同的。因此,

功不是状态参数,是过程量,不能表示为状态参数的函数。δW 不是微小增量"d",故 δW 的积分不可表示为

$$\int_1^2 \delta W \neq W_2 - W_1 \quad (1.25)$$

膨胀功或压缩功都是通过工质体积的变化而与环境交换的功,因此统称为容积变化功。从功的计算式可看出,容积变化功只与工质的压力和容积的变化量有关,而同形状无关,只要被界面包围的工质容积发生变化,同时热力过程又是可逆的,则在边界上克服外力所做的功都可用式(1.22)及式(1.24)进行计算。

2. 过程热量

热量的热力学定义:热力系统和环境之间在温度的推动下,以微观无序运动方式通过边界传递的能量。

热量的单位是焦耳,单位符号为 J,工程上常用 kJ(千焦)。工程热力学中约定,热力系统吸热,热量为正;热力系统放热,热量为负。并采用大写字母 Q 和小写字母 q 分别表示质量为 m 的工质及 1kg 工质在热力过程中与环境交换的热量。

由熵的定义可知,在可逆过程中热力系统与环境交换的热量可表示为

$$\delta q = T ds \quad (1.26)$$

$$q_{12} = \int_1^2 T ds \quad (1.27)$$

由膨胀功 W_{12} 在 p-V 图上可用过程线与坐标轴围成的面积表示可知,可逆过程热量 q_{12} 在 T-s 图上可用过程线与坐标轴围成的面积表示,如图 1.14 所示。

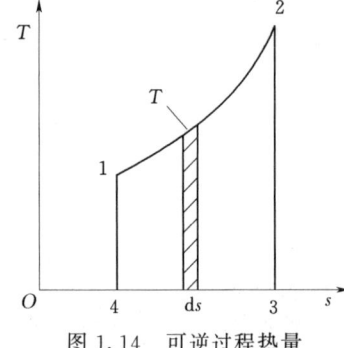

图 1.14 可逆过程热量

从对功和热量的热力学定义可以看出,热量和功都是过程量,且都是能量传递的量度。只有在能量传递的热力过程中才有所谓的功和热量,没有能量的传递过程也就没有功和热量。说热力系统在某一状态下有多少功或多少热量,显然是毫无意义的、错误的,因为功和热量都不是状态参数。

但功和热量又有不同之处:①功传递由压力差推动,比容变化是做功标志,热量传递由温差推动,比熵变化是热量传递的标志;②功是有规则的宏观运动能量的传递,在做功过程中往往伴随着能量形态的转化,热量则是大量微观粒子杂乱热运动的能量的传递,热量传递过程中不出现能量形态转化;③功转变为热量是无条件的,而热量转变为功是有条件的和有限度的。

【例 1.4】 有一橡皮气球,当其内部压力 $p_1=0.1$MPa(和大气压相同)时自由状态,其容积 $V_1=0.3\text{m}^3$。当气球受太阳照射而气体受热时,其容积膨胀 1 倍而压力 $p_2=0.15$MPa。设气球压力的增加和容积的增加成正比,且无任何耗散效应,试求:

(1) 该膨胀过程的 $p=f(V)$ 表达式。

(2) 该过程中气体做的功 W。

(3) 用于克服橡皮气球弹力所做的功 W_F。

解：气球因受太阳照射而升温比较缓慢，气球压力的增加和容积的增加成正比，且无任何耗散效应，故可将其视为可逆过程，所以问题关键在于求出 $p=f(V)$ 表达式。

(1) 根据题设，令 $\mathrm{d}p/\mathrm{d}V=\alpha$，则积分后可得

$$p=\alpha V+C \qquad ①$$

将 $p_1=0.1\mathrm{MPa}$，$V_1=0.3\mathrm{m}^3$，$p_2=0.15\mathrm{MPa}$，$V_2=0.6\mathrm{m}^3$ 代入式①，可得

$$\alpha=1.67\times10^5\mathrm{Pa/m}^3, \quad C=0.5\times10^5\mathrm{Pa}$$

因此

$$p=1.67\times10^5V+0.5\times10^5(\mathrm{Pa})$$

(2) 由于该过程为可逆过程，则该过程中气体做的功 W 满足：

$$W=\int_1^2 p\mathrm{d}V=0.5\times1.67\times10^5(V_2^2-V_1^2)+0.5\times10^5(V_2-V_1)$$
$$=0.5\times1.67\times10^5\times(0.6^2-0.3^2)+0.5\times10^5\times(0.6-0.3)$$
$$\approx 37.5(\mathrm{kJ})$$

(3) 在气球因受太阳照射而升温膨胀过程中，气球内部压力 pA（A 为气球内表面积）和橡皮气球弹力 F 以及作用在橡皮气球外表面的大气压力 p_0A（A 为气球外表面积）维持平衡，则气体做的功 W、大气压力做的功 W_{p0} 和橡皮气球弹力所做的功 W_F 满足：

$$W=W_{p0}+W_F \qquad ②$$

因为

$$W_{p0}=p_0(V_2-V_1)=0.1\times10^6\times(0.6-0.3)=30(\mathrm{kJ})$$

则

$$W_F=W-W_{p0}=37.5-30=7.5(\mathrm{kJ})$$

1.7 热 力 循 环

实用的热能动力装置必须能连续不断地做功。为此，热力系统在经历了一系列状态变化过程后，必须能回到原来的状态。如图1.6所示的蒸汽动力装置，水在电站锅炉锅筒中吸热变成高温高压水蒸气后通入汽轮机膨胀做功，做功后的乏汽又在冷凝器中凝结成水，最后被水泵压缩升压，重新进入电站锅炉锅筒中。作为工质的水和水蒸气在经过若干热力过程后又重新回到原来状态，这一系列热力过程的综合被称为热力循环，简称循环。工质完成循环后恢复其原来的状态，就有可能按相同的热力过程不断重复运行而连续不断地做功。当然，蒸汽动力装置也可以不用冷凝器，把乏汽直接排入大气环境，而另外从自然界取水供入电站锅炉锅筒中，尽管这种情况下工质在蒸汽动力装置内虽未完成热力循环，但乏汽排入大气环境后要被冷凝成环境温度和环境压力的水，其状态和补充给电站锅炉锅筒中的水相同，从热力学的观点来看，工质仍完成了热力循环，只是有一部分过程在大气环境中进行。图1.5所示的燃气动力装置也是如此，工质在燃气动力装置内虽未完成热力循环，但排出的废气在大气环境中也一定会改变其状态，最后回到与吸入气缸的新气相同的状态。

全部由可逆过程组成的热力循环称为可逆循环；若热力循环中有部分过程或全部过程

是不可逆的,则该循环为不可逆循环。在状态参数的平面坐标图上,可逆循环的全部过程构成一闭合曲线。

根据热力循环效果及进行方向的不同,可以把热力循环分为沿顺时针方向的正循环和沿逆时针方向的逆循环。热能转化为机械能的热力循环叫正循环,它向环境输出功;将热量从低温热源传给高温热源的热力循环叫逆循环,一般来讲逆循环必然消耗外功。

普遍接受的热力循环经济性指标的原则性定义是

$$经济性指标 = \frac{收益}{付出的代价} \tag{1.28}$$

1.7.1 正循环

正循环主要应用于热能动力装置中,也叫热动力循环。下面以图1.15所示的1kg工质在封闭气缸内进行一个任意的可逆正循环为例说明正循环的性质。

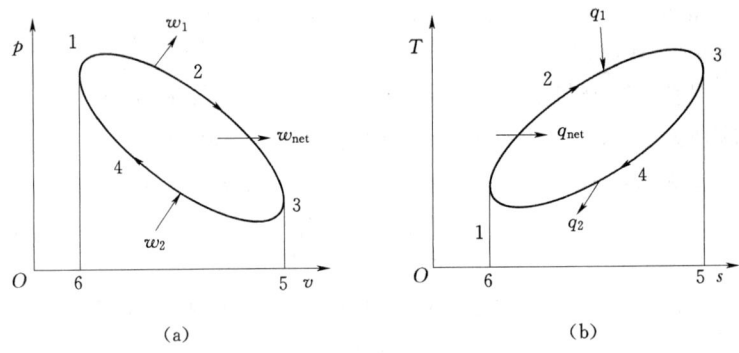

图 1.15 正循环
(a) p-v 图;(b) T-s 图

在图1.15 (a) 中,1—2—3为膨胀过程,过程功 w_1 以面积123561表示。3—4—1为压缩过程,该过程消耗的功 w_2 以面积341653表示。工质完成一个循环后对外做出的净功称循环功,以 w_{net} 表示。显然,循环功等于膨胀做出的功 w_1 减去压缩消耗的功 $|w_2|$,在 p-v 图上循环功等于循环曲线包围的面积,即面积12341。因此,循环功 w_{net} 就是工质沿一个热力循环过程所做功的代数和,写成数学式为

$$w_{net} = \oint \delta w \tag{1.29}$$

工质完成一个正循环后对外输出正的净功,所以膨胀过程线位置高于压缩过程线,膨胀功数值上大于压缩功。为此,可使工质在膨胀过程开始前,或在膨胀过程中,与高温热源接触,从中吸入热量;而在压缩过程开始前,或在压缩过程中,工质与低温热源接触,放出热量。这样,就保证了在相同体积时膨胀过程的温度较压缩过程高,使得膨胀过程压力比压缩过程高,做到膨胀过程线位于压缩过程线之上。现今使用的热能动力装置,工质往往在膨胀前加热,压缩前放热,正是这个道理。

在同一循环的图1.15 (b) 中,1—2—3为工质从高温热源吸热的过程,所吸热量 q_1 以面积123561表示;3—4—1为工质向低温热源放热过程,放出的热量 q_2 以面积341653表示。若以 q_{net} 表示该热力循环的净热量,则在图1.15 (b) 上 q_{net} 可用热力循环过程线

包围的面积 12341 表示。显然，热力循环的净热量等于循环过程中工质与高温热源及低温热源换热量的代数和，即

$$q_{\text{net}} = q_1 - |q_2| = \oint \delta q \tag{1.30}$$

正循环的经济性可用热效率 η_t 来衡量，由于正循环的收益是循环功 w_{net}，付出的代价是工质吸热量 q_1，故

$$\eta_t = \frac{w_{\text{net}}}{q_1} \tag{1.31}$$

热效率 η_t 越大，即吸入同样的热量 q_1 时得到的循环功 w_{net} 越多，表明热力循环的经济性越好。式（1.31）是分析、计算热力循环热效率的最基本的公式，普遍适用于各种类型的热动力循环（包括可逆循环或不可逆循环）。

1.7.2 逆循环

逆循环主要应用于制冷装置和热泵。制冷装置中，功源（如电动机）供给一定的机械能，使低温冷藏库或冰箱中的热量排向温度较高的大气环境。热泵则消耗机械能把低温热源（如室外大气中的热量）输向温度较高的室内，使室内空气获得热量以维持较高的温度。两种装置用途不同，但热力学原理相同，均是在循环中消耗机械能（或其他能量），把热量从低温热源传向高温热源。

如图 1.16（a）所示，工质沿 1—4—3 膨胀到状态 3，然后从较高的压缩线 3—2—1 压缩回复到状态 1，这时压缩过程消耗的功 $|w_1|$ 大于膨胀过程做出的功 w_2，故需由大气环境向工质输入功，其数值为循环功 $|w_{\text{net}}| = |w_1| - w_2$，即图 1.16（a）上封闭曲线包围的面积 12341。在图 1.16（b）中，同一循环的吸热过程为 1—4—3，放热过程为 3—2—1。工质从低温热源吸热 q_2，向高温热源放热 $|q_1|$，其差值为循环的净热量 $|q_{\text{net}}| = |q_1| - q_2$，即图 1.16（b）上封闭曲线包围的面积 12341。

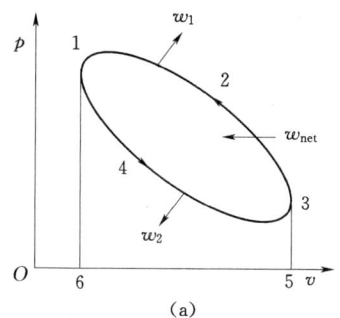
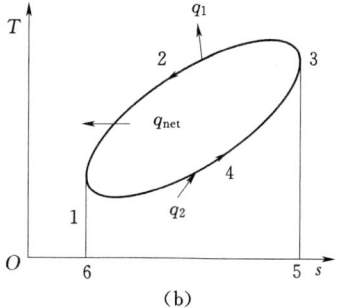

图 1.16 逆循环
(a) p-v 图；(b) T-s 图

逆循环时，工质在吸热前可先进行膨胀降温过程（如绝热膨胀），使工质的温度降低到能自低温热源吸取热量；而在放热过程前，进行压缩升温过程（如绝热压缩），使其温度升高到能向高温热源放热。

制冷循环和热泵循环的用途不同，其收益也不同，故其经济性指标也不同，分别采用

制冷系数 ε_R 和热泵系数（也称制热系数）ε_H 表示，即

$$\varepsilon_R = \frac{q_2}{|w_{net}|} = \frac{q_2}{|q_1| - q_2} \quad (1.32)$$

$$\varepsilon_H = \frac{|q_1|}{|w_{net}|} = \frac{|q_1|}{|q_1| - q_2} \quad (1.33)$$

与热效率 η_t 一样，制冷系数 ε_R 和热泵系数（也称制热系数）ε_H 越大，表明逆循环经济性越好。

【例 1.5】 压缩空气驱动的升降工作台示意如图 1.17 所示。由储气罐来的压缩空气经阀门调节气体的压力后送入气缸，在压缩空气的推动下活塞上升举起工作台。已知活塞面积 $A=0.02m^2$，活塞及工作台重 $G=5000N$。活塞上升 300mm 后开始和弹簧相接触，继续上升时将压缩弹簧。设弹簧常数 $k_t=10N/mm$。若气缸内气体的表压力 $p_e=0.3MPa$ 时停止供气，试求在举升过程中气体所做的功 W（设环境压力 $p_b=1atm$）。

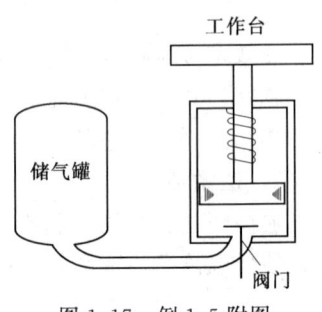

图 1.17 例 1.5 附图

解：设活塞上升距离为 x，停止供气时热力系统内部力 F 和外部受力 F_w 达到力平衡，数值上有

$$F = F_w \quad ①$$
$$F = pA = (p_e + p_b)A \quad ②$$
$$F_w = G + F_{弹} + p_b A \quad ③$$

因此，联立式①～式③，可得

$$F_{弹} = F - G - p_b A = 6000 + 0.02 p_b - 5000 - 0.02 p_b = 1000(N)$$

则弹簧压缩长度 Δx 为

$$\Delta x = F_{弹}/k_t = 1000/10000 = 0.1(m)$$

活塞上升的距离 x 为

$$x = 0.3 + 0.1 = 0.4(m)$$

整个过程中气体所做的功 W 为

$$\begin{aligned}
W &= -W_{外} = -(p_b \Delta V + W_u + W_G) \\
&= -[-p_b A x - 0.5 k_t (\Delta x)^2 + G \times (-x)] \\
&= 101325 \times 0.02 \times 0.4 + 0.5 \times 10000 \times 0.1^2 + 5000 \times 0.4 \\
&= 810.60 + 50 + 2000 \\
&= 2860.6(J)
\end{aligned}$$

思 考 题

1.1 温度为 100℃的热源，非常缓慢地把热量加给处于平衡状态下的 0℃的冰水混合物，试问：①冰水混合物经历的是准静态过程吗？②加热过程是否可逆？

1.2 热力学中讨论平衡状态有什么意义？外界条件变化时系统有无达到平衡的可能？

在外界条件不变时，系统是否一定处于平衡状态？

1.3 何谓准静态过程？实现准静态过程的条件是什么？热力学中引入了准静态平衡后为什么还要引入可逆过程？其意义是什么？

1.4 当热力系统内的温度和压力等状态参数均匀一致时，称为热力系统处于均匀状态。试分析均匀状态和平衡状态是否相同？

1.5 试判断下列过程是否为可逆过程：①对刚性容器内的水加热使其在恒温下蒸发；②对刚性容器内的水采用搅拌器搅拌做功使其在恒温下蒸发；③对刚性容器中的空气缓慢加热使其从70℃升温到110℃；④一定质量的氧气在隔热性能很好的气缸和活塞组成的系统中被无摩擦地慢慢压缩；⑤100℃的蒸汽流与25℃的水流绝热混合过程；⑥锅炉中的水蒸气定压发生过程（温度、压力保持不变）；⑦高压气体突然膨胀为低压气体；⑧汽油发动机气缸中的热燃气随活塞迅速移动而膨胀；⑨在气缸水上面有无摩擦的活塞，缓慢地对水加热使之蒸发的过程。

1.6 某容器中气体压力估计在3MPa左右，现只有两支最大刻度为2MPa的压力表。试问，能否用来测定容器中气体的压力？如能，请说明理由和思路。

1.7 将铁棒一端浸入冰水混合物中，另一端浸入沸水中，经过一段时间，铁棒各点温度保持恒定，是否能够判断铁棒处于平衡状态？为什么？

1.8 促使热力系统状态变化的原因是什么？请举例说明。

1.9 热量与功的异同是什么？

1.10 华氏温标规定，在1atm下纯水的冰点是32℉，汽点是212℉（℉是华氏温标单位的符号）。若用摄氏温度计与华氏温度计测量同一个物体，有人认为这两种温度计的读数不可能出现数值相同的情况，你认为对吗？为什么？

习　　题

1.1 比赛所用的篮球应符合如下的标准：$p_g=60.0$kPa，$V=7794.6$cm^3。假定大气压力为101kPa，并假定比赛是在下列三种气温条件下进行：①10℃；②20℃；③35℃，如果在室温为25℃的条件下对篮球进行充气，试计算上述三种气温条件下的比赛用球，它们的充气压力（表压力）及球内的空气量各为多少？

1.2 在环境压力为1atm下采用压力表对直径为1m的球形刚性容器内的气体压力进行测量，其读数为500mmHg，求容器内绝对压力（以Pa表示）和容器外表面的受力（以N表示）。

1.3 容器中的表压力$p_e=600$mmHg，气压计上水银柱高度为760mm，求容器中绝对压力（以Pa表示）。如果容器中绝对压力不变，而气压计上水银柱高度为755mm，求此时压力表上的读数（以Pa表示）。

1.4 用斜管压力计测量锅炉尾部烟道中的真空度（习题1.4图），管子的倾斜角$\alpha=30°$，压力计中使用密度$\rho=1.0\times10^3$kg/m^{3}的水，斜管中液柱长$l=250$mm。当地大气

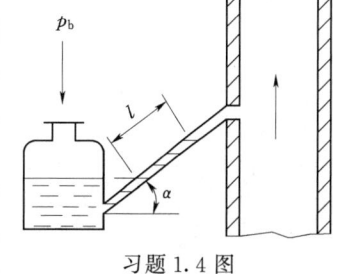

习题1.4图

压 $p_b=755\text{mmHg}$,求尾部烟道中烟气的真空度(以 mmH_2O 表示)及绝对压力(用 Pa 表示)。

1.5 气缸中封有空气,初态为 $p_1=0.2\text{MPa}$,$V_1=0.8\text{m}^3$,缓慢无摩擦压缩到 $V_2=0.4\text{m}^3$,试分别求以下过程中环境对气体做出的膨胀功:①过程中 $pV=$常数;②过程中 $pV^2=$常数;③过程中气体按 $p=(0.6-0.5V)\times 10^6\text{Pa}$ 压缩到 $V_\text{m}=0.6\text{m}^3$,再维持压力不变,压缩到 $V_2=0.4\text{m}^3$。

1.6 测得某汽油机气缸内燃气的压力与气缸容积的对应值,见习题 1.6 表,求在该过程中燃气膨胀所做的功。

习题 1.6 表

p/MPa	1.665	1.069	0.724	0.500	0.396	0.317	0.245	0.193	0.103
V/cm^3	114.71	163.87	245.81	327.74	409.68	491.61	5736.55	655.48	704.64

1.7 有一绝对真空的钢瓶,当阀门打开时,在大气压力 $p_b=1.013\times 10^5\text{Pa}$ 的作用下,有容积为 0.5m^3 的空气输入钢瓶,求大气对输入钢瓶的空气所做的功。

1.8 把压力为 700kPa,温度为 5℃ 的空气装于 0.5m^3 的容器中,加热容器中的空气,使温度升至 115℃。在这个过程中,空气由一小洞漏出,使压力保持在 700kPa,试求热传递量。

1.9 一蒸汽动力厂,锅炉的蒸汽产量 $m_D=45\text{kg/s}$,输出功率 $P=60000\text{kW}$,全厂耗煤 $m_G=5.5\text{kg/s}$,煤的发热量 $q_L=3\times 10^4\text{kJ/kg}$。蒸汽在锅炉中的吸热量 $q=2800\text{kJ/kg}$。求:①该动力厂的热效率 η_t;②锅炉的效率 η_B(蒸汽总吸热量/煤的总发热量)。

1.10 据统计资料,某蒸汽动力厂平均每生产 $1\text{kW}\cdot\text{h}$ 电耗标煤 0.385kg。若使用的煤的发热量为 $3\times 10^4\text{kJ/kg}$,试求蒸汽动力厂平均热效率 η_t。

1.11 某房间冬季通过墙壁和窗户向外散热 36000kJ/h,房内有 4 只 60W 的电灯照明,其他家电耗电约 100W。为维持房间内温度不变,房主采用制热系数为 4.3 的空调来制热,你认为至少应该采用多大功率的空调?

第 2 章 工质的热力性质

所谓工质就是可实现热能和机械能相互转化的媒介物质。在热能和机械能相互转化的热力过程中，能量的传递（吸热或者放热）与转化（做功）不仅与工质的状态变化过程有关，而且还与工质本身的热力性质有密切关系，因为不同的工质即使处于相同的变化条件，其能量的传递与转化的本领并不相同。因此，研究热力系统能量的传递与转换，还必须掌握常用工质的热力性质。研究工质的热力性质，主要研究工质在一定状态下三个基本状态参数之间的关系和比热容与基本状态参数之间的关系，为热力学能、焓与熵的关系式建立及其计算奠定有力的基础。

2.1 工质基本概述

在热能与机械能相互转化的热力过程中，只能通过工质膨胀做功（或者被压缩而消耗功）实现，采用的工质应具有显著的胀缩能力，即其容积随温度、压力能有较大的变化。纯物质的三相中只有气态具有这一特性，因而在热力设备中，常用的工质是气态物质，而气态物质根据离液态的远近，工程上习惯将其分为气体和蒸汽两类。

数目巨大的气态物质分子持续不断地做无规则的热运动，其运动在任何一个方向上都没有显著的优势，在宏观上表现为各向同性，压力各处各向相同，密度一致。由于自然界中的气体分子本身具有一定容积，分子之间存在相互作用力，分子在两次碰撞之间进行的运动为非直线运动，故很难精确描述和确定其复杂运动，为研究问题方便，必须对自然界中的真实气体进行简化处理，从而引出了理想气体概念。

理想气体是一种经过科学抽象的假想气体模型，其气体分子是一些弹性的、不占有容积的质点，分子相互之间没有作用力（引力和斥力）。因此，理想气体分子的运动规律可被极大地简化为：分子两次碰撞之间进行的运动为无动能损失的弹性碰撞直线运动。利用理想气体不但可定性地分析理想气体某些热力学现象，而且可定量地导出状态参数间存在的简单函数关系，然后根据具体情况加以实验修正，就可以接近于实际气体的计算。因此，这种假想是必要的和有利的。

一般地说，处于高温、低压状态的气体密度小、比容大。当气体分子本身容积远小于其活动空间（即分子间平均距离很远），致使分子间作用力极其微弱时就很接近理想气体，也就是说当气体分子处于远离液态的稀薄状态时就很接近理想气体。因此，理想气体是气体压力 $p \rightarrow 0$、比容 $v \rightarrow \infty$ 时的极限状态。由于氢气（H_2）、氦（He）、氖（Ne）、氩（Ar）、氧气（O_2）、氮气（N_2）、一氧化碳（CO）等临界温度低的单原子或双原子气体在压力不太高、温度不太低时均远离液态，接近理想气体假设条件，故工程中常用的氢气（H_2）、氧气（O_2）、氮气（N_2）、一氧化碳（CO）等及其混合空气、燃气、烟气等工质，在通常使用的温度、压力下都可作为理想气体处理,误差一般都在工程计算允许的精度范围之内。如空气在室温下、压力达 10MPa 时,按理想气体状态方程计算的比容误差在 1.0% 左右。

一般地说,处于压力较高、温度较低状态的气体密度大、比容小,不同时符合理想气体两点假设条件,这样的气态物质称为实际气体。如制冷装置的工质——氟利昂蒸汽、氨蒸汽等,蒸汽动力机械中采用的工质——水蒸气,这类物质的临界温度较高,蒸汽在通常的工作温度和压力下离液态不远,不能看作理想气体。通常,蒸汽的比容较气体小得多,分子本身容积不容忽略,分子间的内聚力随距离减小而急剧增大。从而导致实际气体性质非常复杂,参数之间为极其繁复的函数关系,要采用较繁复关系式才能表达,故往往需要借助于计算机或利用为各种蒸汽专门编制的图或表才能进行工质的热工计算。

必须指出的是,燃气、大气中含有的少量水蒸气和烟气中含有的水蒸气和二氧化碳等,因分子浓度低,所占分压力很小,在这些混合物的温度不太低时仍可视为理想气体来进行研究。总之,实际气体能否作为理想气体计算取决于准确度的要求。

2.2 理想气体热力性质

2.2.1 理想气体状态方程

1. 理想气体状态方程式导出

根据分子运动论,对理想气体分子运动物理模型,利用统计方法可得出气体的压力表示式为

$$p = \frac{2}{3} n \frac{m\bar{c}^2}{2} = n\kappa T \tag{2.1}$$

式中:n 为 1m³ 容积内的分子数;m 为一个分子的质量,kg;$\bar{c}$ 为分子移动的均方根速度,m/s;κ 为波尔兹曼常数,J/K。

式 (2.1) 两边各乘以比容 v,可得

$$pv = n v \kappa T \tag{2.2}$$

即

$$pv = R_g T \tag{2.3}$$

式中:p 为气体的绝对压力,Pa;v 为气体的比容,m³/kg;R_g 为质量气体常数,$R_g = n'\kappa$,J/(kg·K),其中 $n' = nv$,为 1kg 质量的气体所具有的分子数,每一种气体都有确定的值;T 为气体的热力学温度,K。

式 (2.3) 表示理想气体在任一平衡状态时 p、v、T 之间关系的方程式称为理想气体状态方程式,或称克拉贝龙(Clapeyron)方程。

显然,质量气体常数 R_g 是一个只与气体种类有关而与所处状态无关的物理量。

在式 (2.3) 两边各乘以理想气体的总质量 m,可得理想气体的状态方程式为

$$pV = mR_g T \tag{2.4}$$

式中:V 为理想气体的所占容积,m³。

同理,在式 (2.3) 两边各乘以理想气体千摩尔质量 M,即

第 2 章 工质的热力性质

$$pMv = MR_g T \tag{2.5}$$

整理可得 1kmol 物质的量的理想气体的状态方程式为

$$pV_0 = R_0 T \tag{2.6}$$

式中：V_0 为理想气体的摩尔容积，$V_0 = Mv$，$m^3/kmol$；R_0 为通用气体常数（或摩尔气体常数），$R_0 = MR_g$，$J/(kmol \cdot K)$。

显然，通用气体常数 R_0 是一个与气体种类以及所处状态均无关的物理量，是一个特定的常数。

以 n kmol 物质的量表示的理想气体的状态方程式为

$$pV_M = nR_0 T \tag{2.7}$$

式中：V_M 为 n kmol 理想气体的所占容积，m^3；n 为理想气体的摩尔数，$n = m/M$，kmol。

2. 通用气体常数

由式（2.6）可知，$V_0 = R_0 T/p$，根据阿伏伽德罗（Avogadro）定律，当 $p_1 = p_2$、$T_1 = T_2$ 时，则 $V_{01} = V_{02}$，即 1kmol 的各理想气体在同温和同压下占有的容积相等。

实验证明，通用气体常数 R_0 的数值可取任意理想气体在任意状态下的参数确定，如在 $p_1 = 101325$Pa、温度 $T_1 = 273$K 的标准状态下，1kmol 的各理想气体占有的容积 $V_0 = 22.4 m^3$，则可得出通用气体常数 R_0 的数值为

$$R_0 = \frac{p_0 V_0}{T_0} = \frac{101325 \times 22.4}{273} \approx 8.314 [kJ/(kmol \cdot K)]$$

已知通用气体常数及气体的分子量，即可求得质量气体常数 R_g 为

$$R_g = \frac{R_0}{M} = \frac{8.314}{M} \tag{2.8}$$

例如空气的摩尔质量 $M = 28.97 \times 10^{-3}$ kg/mol，故其质量气体常数 $R_g \approx 0.287$ kJ/(kg·K)。

【例 2.1】 某人从煤气表上读得煤气消耗量 $V_1 = 68.37 m^3$，使用期间煤气表的平均表压力 $p_e = 44$ mmH$_2$O，平均温度 $T_1 = 290$K，此时大气平均压力 $p_b = 751.4$ mmHg，求消耗了多少标准立方米（Nm^3）的煤气。

解：在使用工况下，煤气压力 $p_1 = p_b + p_e = 751.4 \times 133.3 + 44 \times 9.8 = 100592.82$ (Pa)；由于压力较低，故煤气可作理想气体。在标准状态下，被消耗煤气的压力 $p_2 = 101325$Pa、温度 $T_2 = 273$K，被消耗煤气的容积为 V_2，则根据质量守恒定律，有

$$m = \frac{p_2 V_2}{R_g T_2} = \frac{p_1 V_1}{R_g T_1} \quad ①$$

由式①变形可得

$$V_2 = \frac{p_1 T_2}{p_2 T_1} V_1 \quad ②$$

将 $p_1 = 100592.82$Pa、$V_1 = 68.37 m^3$、$T_1 = 290$K、$p_2 = 101325$Pa 和 $T_2 = 273$K 代入式②，可得标准状态下被消耗煤气的容积为 $V_2 = 63.90 m^3$。

2.2.2 理想气体的比热容

1. 比热容的定义

为计算理想气体状态变化过程中的吸热量（或放热量）以及理想气体的热力学能、焓和熵，引入比热容的概念。向热力系统加热（或提取热）使之温度升高（或降低）1K所需的热量称为热容，以 C 表示，即

$$C = \frac{\delta Q}{dT} \tag{2.9}$$

式（2.9）为某温度 T 时热容的确切值，称为真实热容，其单位为 J/K。热容的大小取决于：①工质的数量；②工质的性质（种类）；③加热方式（过程）；④工质所处的状态。

工质单位质量的热容量称为该工质的质量热容（简称比热容），用 c 表示，$c = C/m$，单位为 J/(kg·K)，则其定义式为

$$c = \frac{\delta q}{dT}$$

或

$$c = \frac{\delta q}{dt} \tag{2.10}$$

1mol物质的热容称为摩尔热容，单位为 J/(mol·K)，以符号 C_M 表示。热工计算中，尤其在有化学反应或相变反应时，用摩尔热容更方便。标准状态下 1m³ 物质的热容称为容积热容，单位为 J/(m³·K)，以 C' 表示。三者之间的关系为

$$C_M = Mc = 0.022414 C' \tag{2.11}$$

2. 比热容与过程特性的关系

热量是过程量，因而比热容也和过程特性有关，不同的热力过程，比热容也不相同。在热力设备中，工质往往是在接近压力不变或容积不变的条件下吸热或放热的，因此定压过程和定容过程的比热容最常用，它们分别称为定压比热容（或称质量定压比热容）和定容比热容（或称质量定容比热容），分别以 c_p 和 c_v 表示。

（1）定容比热容。如图2.1所示，工质吸热是容积不变的条件下进行的，加入的热量全部用来增加气体的热力学能，使气体的温度升高。所以，在定容条件下，单位物量的气体，温度变化1K所吸收（或放出）的热量，称为该气体的定容比热容，即

$$c_v = \frac{\delta q_v}{dT} \tag{2.12}$$

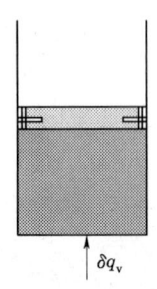

图 2.1 定容加热

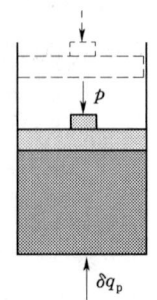

图 2.2 定压加热

(2) 定压比热容。如图 2.2 所示，工质吸热是压力不变的条件下进行的，加入的热量部分用来增加气体的热力学能，使气体的温度升高，部分用于推动活塞升高而对外膨胀做功。所以，在定压条件下，单位物量的气体，温度变化 1K 所吸收（或放出）的热量，称为该气体的定压比热容，即

$$c_p = \frac{\delta q_p}{dT} \tag{2.13}$$

(3) 定容比热容和定压比热容关系。从图 2.1、图 2.2 可知，等量气体升高相同的温度，定压过程吸收的热量多于定容过程吸收的热量，因此，定压比热容始终大于定容比热容，其关系如下：

设 1kg 理想气体，温度升高 dT，定容过程吸收的热量 $\delta q_v = c_v dT$，定压过程吸收的热量 $\delta q_p = c_p dT$，二者之差为

$$\delta q_p - \delta q_v = [p\,dv]_p = d(pv)_p \tag{2.14}$$

将 $\delta q_p = c_p dT$，$\delta q_v = c_v dT$，$d(pv)_p = R_g dT$ 代入式（2.14）可得

$$c_p - c_v = R_g \tag{2.15}$$

式（2.15）被称为迈耶公式，适用于理想气体。当工质一定时 R_g 是恒大于 0 的常数，而 c_v 不易测准，故通常实验测定 c_p，再由式（2.15）确定 c_v。

若式（2.15）两边同时乘以摩尔质量 M，则式（2.15）可变形为

$$Mc_p - Mc_v = MR_g = R_0 \tag{2.16}$$

在工程热力学中，除 c_p 和 c_v 之差外，c_p 和 c_v 之比值也是一个重要数据。令 $k = c_p/c_v$，称为绝热指数（或比热容比），它在热力学理论研究和热工计算方面是一重要参数，永远大于 1，且也是温度的函数。对于理想气体，k、c_p 和 c_v 之间的关系为

$$c_v = \frac{1}{k-1} R_g \tag{2.17}$$

$$c_p = \frac{k}{k-1} R_g \tag{2.18}$$

对于固体和液体而言，因其热膨胀性很小，可以认为 $c_p = c_v$。

3. 比热容与温度的关系

实验证明，气体的比热容是温度、压力的函数，即 $c = f(T, p)$。而理想气体的定容比热容 c_v 和定压比热容 c_p 只是温度的函数，即 $c = f(T)$ [或 $c = f(t)$]。实验表明：理想气体的比热容是温度的复杂函数，随着温度的升高而增大。通常 c 可近似表达为

$$c = a_0 + a_1 T + a_2 T^2 + a_3 T^3 + \cdots \tag{2.19}$$

或

$$c = b_0 + b_1 t + b_2 t^2 + b_3 t^3 + \cdots \tag{2.20}$$

其中，a_0、a_1、a_2、a_3（或 b_0、b_1、b_2、b_3）等系数均由实验值通过拟合（如最小二乘法

拟合）得出。其值随气体种类而异，可从热物性表中查得。

图 2.3 中的 AE 线是比热容随温度而变化的曲线。将式（2.20）代入式（2.10），得

$$\delta q = c \, dt$$

或

$$q = \int_{t_1}^{t_2} c \, dt$$

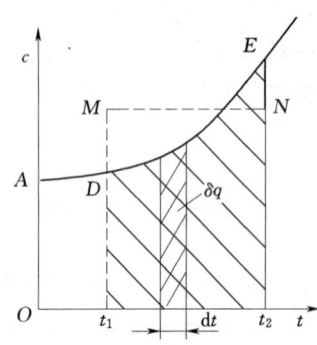

图 2.3 比热容随温度的变化关系

由此可以计算温度由 t_1 升高到 t_2 时的过程加热量 q 等于图 2.3 中的面积 $t_1DEt_2t_1$。这样的积分运算烦琐，不适合工程应用。若在图 2.3 中用一个以 $\overline{t_1t_2}$ 为底的矩形，令其面积等于面积 $t_1DEt_2t_1$，则

$$q = \int_{t_1}^{t_2} c \, dt = 面积\, t_1DEt_2t_1 = 面积\, t_1MNt_2t_1$$
$$= \overline{t_1M}(t_2 - t_1) = \overline{c}\,_{t_1}^{t_2}(t_2 - t_1) \tag{2.21}$$

式中：$\overline{t_1M}$ 为矩形的高度，表示在 $t_1 \sim t_2$ 的范围内的平均比热容 $\overline{c}\,_{t_1}^{t_2}$。

工程应用上，常将平均比热容编制成表，供直接查取。但由于 $\overline{c}\,_{t_1}^{t_2}$ 的上下限温度 $t_1 \sim t_2$ 都要变化，数据繁多，制表困难。

由图 2.3 可知，面积 $t_1DEt_2t_1$ 等于面积 $OAEt_2O$ 与面积 $OADt_1O$ 之差，而后两个面积表示从 0℃ 加热到对应温度 t_2 或 t_1 所需要的热量，因此

$$q = 面积\, OAEt_2O - 面积\, OADt_1O$$
$$= \overline{c}\,_0^{t_2}(t_2 - 0) - \overline{c}\,_0^{t_1}(t_1 - 0) = \overline{c}\,_0^{t_2} t_2 - \overline{c}\,_0^{t_1} t_1 \tag{2.22}$$

联立式（2.21）和式（2.22），可得

$$\overline{c}\,_{t_1}^{t_2} = \frac{\overline{c}\,_0^{t_2} t_2 - \overline{c}\,_0^{t_1} t_1}{t_2 - t_1} \tag{2.23}$$

式中：$\overline{c}\,_0^{t_1}$、$\overline{c}\,_0^{t_2}$ 分别为温度自 0 到 t_1 和 0 到 t_2 的平均比热容值。

过程热量可按式（2.22）计算。这种平均比热容的起始温度同为 0℃，对于同种气体的而言，$\overline{c}\,_0^t$ 只取决于终态温度 t，从而简化了制表。热工手册及其有关书籍中均附有 $0 \sim t$ 的平均比热容表。

在一些实际热力过程中，有时只需按比热容与温度成直线关系近似式 $c = a + bt$ 计算。这时热量表达式为

$$q = \int_{t_1}^{t_2} c \, dt = \int_{t_1}^{t_2}(a + bt)\,dt = a(t_2 - t_1) + \frac{b}{2}(t_2^2 - t_1^2) = \left[a + \frac{b}{2}(t_2 + t_1)\right](t_2 - t_1)$$
$$\tag{2.24}$$

由式（2.24）可得出 $t_1 \sim t_2$ 之间的平均比热容为

$$\overline{c}\,_{t_1}^{t_2} = a + 0.5b\,(t_2 + t_1) \tag{2.25}$$

按比热容与温度成直线关系求 $t_1 \sim t_2$ 之间的平均比热容 $\overline{c}\,_{t_1}^{t_2}$ 时，只需将 $(t_2 + t_1)/2$ 代入

$c=a+bt$ 即可。

4. 比热容与气体性质的关系

根据气体分子运动学说的比热理论，气体的比热容取决于气体分子结构的复杂程度，分子结构越复杂，比热容越大。理想气体的比热容只与种类有关，而与温度无关，分子中原子数相同的理想气体其摩尔热容都相等。对于一定的理想气体，其比热容为一定值。

工程上，当理想气体温度在室温附近，温度变化范围不大或者计算精确度要求不太高时，可将比热容近似作为定值处理，通常称为定值比热容。

由分子运动理论可知，对于分子运动的自由度为 i 的 1md 理想气体而言，其热力学能 $U_M=iR_0T/2$。由于容积不变的条件下工质吸热的热量全部用来增加气体的热力学能，则

$$C_{vM}=\delta Q_v/dT=dU_M/dT=iR_0/2 \tag{2.26}$$

则由此得出理想气体的摩尔定压热容 C_{pM} 和绝热指数 k 分别为

$$C_{pM}=C_{vM}+R_0=(i+2)R_0/2 \tag{2.27}$$

$$k=(i+2)/i \tag{2.28}$$

式中：i 为理想气体分子运动的自由度。

单原子理想气体分子只有空间 3 个方向的平移运动，$i=3$；双原子理想气体分子除平移运动外，尚有绕垂直于原子联线的 2 个轴的转动，故 $i=5$；对于多原子理想气体分子，除平移运动以及绕垂直于原子联线的 2 个轴的转动外，尚有内部的振动，故 $i=7$。

实验表明，单原子气体 Ar、He、Ne 的 C_{pM}/R_0 和 k 几乎不随温度变化，其理论值与实测值一致。双原子气体空气、N_2、H_2 只有在常温（300~500K）时，C_{pM}/R_0 为 3.5 左右，k 接近 1.4，低温或高温时都有显著的偏差，不能维持定值。经典热力学解释为：沿着 2 个粒子连线方向，原子可能出现振动，组成分子的两个原子相互间存在作用力（尽管分子间作用力可忽略），原子的位置和速度决定了振动能量，高温时有更多的分子参与振动，所以实测值比理论值高且随温度上升偏差增大；而低温时分子转动可能"停息"，因而实际值要低。经典的比热容理论无法考虑振动动能，高温时气体有更多的分子具有较高的振动量子态。总之，组成分子的原子数越多，温度越高，由于未能计及振动能量造成的误差也越大，量子力学已经给出了更为精确的分子运动模型，能给以更为严密的解释。

考虑上述原因后对多原子气体做了适当的修正，推荐的定值摩尔热容和绝热指数列于表 2.1，以便定性分析某些热力学问题。

表 2.1　　理想气体的定值摩尔热容和绝热指数 [$R_0=8.3145J/(mol·K)$]

参　数	单原子气体($i=3$)	双原子气体($i=5$)	多原子气体($i=6$)
$C_{vM}/[J/(mol·K)]$	$3×R_0/2$	$5×R_0/2$	$7×R_0/2$
$C_{pM}/[J/(mol·K)]$	$5×R_0/2$	$7×R_0/2$	$9×R_0/2$
$k=C_{pM}/C_{vM}$	1.67	1.40	1.29

2.2.3　理想气体混合物性质

热力工程中应用的工质大都是由几种气体组成的混合物。如空气由 N_2、O_2 及少量

CO_2 和惰性气体组成，成分几乎稳定；热力发动机、燃气轮机装置中的燃气，主要成分有 N_2、CO_2、H_2O、O_2，有时还有少量的 CO、SO_2 等。这些混合气体中各组成部分之间无化学反应，是均匀的气体混合物。混合气体的热力学性质取决于各组成气体的热力学性质及成分。若各组成气体全部处于理想气体状态，则其混合物也具有理想气体的一切特性。混合气体也遵循状态方程式 $pV_M = nR_0T$。混合气体的成分通常可用化学分析方法测定。混合物的成分是指各组成的含量占总量的百分数，依计量单位不同有 3 种表示方法，即质量成分 $g_i = m_i/m$、摩尔成分 $x_i = n_i/n$ 和容积成分 $\alpha_i = V_i/V$。

1. 混合气体分容积和道尔顿分压定律

设有温度为 T、压力为 p 以及物质的量为 n 的理想气体混合物，占有容积 V，质量为 m，理想气体混合物的状态方程式为 $pV = nR_0T$。

混合气体分压力是假定混合气体组成气体单独存在，并且具有与混合气体相同温度及容积时的压力，用 p_i 表示，如图 2.4 所示。对每一组分都可写出状态方程（如第 i 组分）为 $p_iV = n_iR_0T$，将各组成气体的状态方程相加，即 $V\sum p_i = R_0T\sum n_i$。

由于混合气体的分子总数等于各组分的分子数之和，因而混合气体的物质的量等于各组成气体物质的量之和，即 $n = \sum n_i$，可得

$$p = \sum p_i \tag{2.29}$$

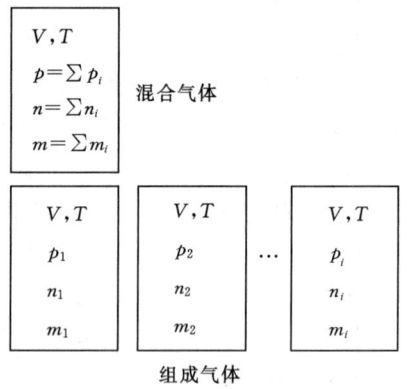

图 2.4 理想气体的分压力

式（2.29）表明，混合气体的总压力 p 等于各组成气体分压力 p_i 之和。1801 年，道尔顿（Dalton）用实验证实了该结论，故称为道尔顿分压定律。此外，还可得出

$$x_i = p_i/p = n_i/n, \quad p_i = x_i p \tag{2.30}$$

式（2.30）表明，理想气体混合物各组分的分压力等于其摩尔成分与总压力的乘积。该式用于已知各组分的摩尔成分时的分压力计算。

2. 混合气体分容积和阿密盖特分容积定律

各组成气体都处于与混合物相同的温度 T、压力 p 下，各自单独占据的容积 V_i 称为分容积，如图 2.5 所示。

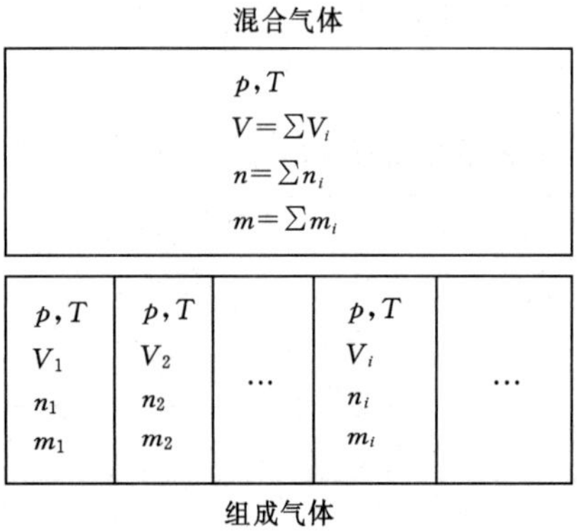

对第 i 种组分写出状态方程式为 $pV_i = n_iR_0T$，对各组成气体相加，得出 $p\sum V_i = R_0T\sum n_i$，可得

$$V = \sum V_i \tag{2.31}$$

式（2.31）表明，理想气体的分容积之和等于混合气体的总容积，这一结论称为阿密盖特（Amagat）分容积定律。

图 2.5 理想气体的分容积

显然，只有当各组成气体的分子不具有容积、分子间不存在作用力时，各组成气体对容器壁面的撞击效果才如同单独存在于容器时的一样，因此道尔顿分压定律和阿密盖特分容积定律只适用于理想

气体状态。

3. 混合气体的折合分子量和折合质量气体常数

混合气体中各种单一气体的分子,由于杂乱无章的热运动而处于均匀混合状态。可以设想存在一种单一气体,其物质的量和总质量恰与混合气体的物质的量和总质量相同,这种假拟单一气体的分子量和质量气体常数就是混合气体的平均分子量和平均质量气体常数,也称折合分子量和折合质量气体常数。

由于该设想的单一气体质量等于混合气体中各组成气体质量的总和,即 $m=\sum m_i$,或写作 $nM_{eq}=\sum n_i m_i$,其中 n、M_{eq} 分别为混合气体的物质的量和折合分子量,n_i、m_i 分别为第 i 种组成气体的物质的量和分子量,从而得出混合气体折合分子量为

$$M_{eq}=\frac{\sum n_i m_i}{n}=\sum x_i M_i \tag{2.32}$$

相应的折合质量气体常数 R_{geq} 可由式(2.33)确定,即

$$R_{geq}=\frac{R_0}{M_{eq}} \tag{2.33}$$

4. g_i、x_i、α_i 的换算关系

以容积成分 α_i 表示混合气体的成分是普遍采用的一种方法,如烟气、燃气等混合气体的成分分析往往以容积成分表示。而化学反应或相变过程用摩尔成分 x_i 更为方便,但由于 $V_i/V=n_i/n$,即 $x_i=\alpha_i$,可见,容积成分与摩尔成分相同,故混合气体成分的 3 种表示法,实质上只有质量成分 g_i 和摩尔成分 x_i 两种,它们之间存在如下换算关系:

$$x_i=\frac{n_i}{n}=\frac{m_i/M_i}{m/M_{eq}}=\frac{M_{eq}}{M_i}g_i$$

因为 $M_i R_{gi}=M_{eq}R_{geq}=R_0$,则

$$x_i=\frac{R_{gi}}{R_{geq}}g_i \tag{2.34}$$

对式(2.34)求和,有

$$\sum x_i=\frac{\sum R_{gi}g_i}{R_{geq}} \tag{2.35}$$

因为 $\sum x_i=1$,故混合气体折合质量气体常数 R_{geq} 的表达式为

$$R_{geq}=\sum R_{gi}g_i \tag{2.36}$$

若已知组成气体的质量成分 g_i 和质量气体常数 R_{gi},则混合气体的折合质量气体常数 R_{geq} 可直接由式(2.36)计算;若已知组成气体的摩尔成分 x_i 及分子量 M_i,则混合气体的折合分子量 M_{eq} 直接由式(2.32)计算。

5. 混合气体的比热容、热力学能、焓和熵

(1) 比热容。根据比热容的定义,混合气体的比热容是 1kg 混合气体的温度升高 1K 所需的热量。1kg 中有 g_i kg 的第 i 种组分。因而,混合气体的质量比热容、摩尔比热容和容积比热容分别为

$$c=\sum g_i c_i \tag{2.37}$$

$$C_M=\sum x_i C_{Mi} \tag{2.38}$$

$$C' = \sum a_i C_i' \tag{2.39}$$

式中：c_i、C_{Mi}、C_i'分别为第i种组成气体的质量比热容、摩尔比热容和容积比热容。

混合气体的c、C_M、C'之间仍适合式（2.11）所表示的关系。混合气体的定压比热容和定容比热容之间的关系也遵循迈耶公式。

(2) 热力学能和焓。理想气体混合物的分子满足理想气体的两点假设，各组成气体分子的运动不因存在其他气体而受影响，混合气体的热力学能、焓和熵都是广延参数，具有可加性，因而混合气体的比热力学能u等于各组成气体比热力学能u_i之和，即

$$u = \sum u_i \tag{2.40}$$

混合气体的比热力学能u和摩尔热力学能U_M分别为

$$u = \frac{U}{m} = \frac{\sum m_i u_i}{m} = \sum g_i u_i \tag{2.41}$$

$$U_M = \frac{U}{n} = \frac{\sum n_i U_{Mi}}{n} = \sum x_i U_{Mi} \tag{2.42}$$

同样，混合气体的总焓H、比焓h和摩尔焓H_M分别为

$$H = \sum H_i \tag{2.43}$$

$$h = \sum g_i h_i \tag{2.44}$$

$$H_M = \sum x_i H_{Mi} \tag{2.45}$$

同时，各组成气体都是理想气体，温度T相同，所以混合气体的比热力学能和比焓也是温度T的单值的数，即$u = f_u(T)$和$h = f_h(T)$。

(3) 熵。同理，理想气体混合物中各组成气体分子处于互不干扰的情况，各组成气体的熵相当于温度T下单独处在容积V中的熵值。这时压力为分压力p_i，故$s_i = f(T, p_i)$，并且混合物的熵S等于各组成气体熵S_i的总和，即

$$S = \sum S_i \tag{2.46}$$

1kg 混合气体的熵s可表示为

$$s = \sum g_i s_i \tag{2.47}$$

式中：g_i、s_i分别为组成气体的质量成分及比熵值。

【例 2.2】 已知质量气体常数分别为R_{g1}、R_{g2}的二元理想气体混合物在温度TK，压力pPa 时的密度ρkg/m³，试确定该二元理想气体混合物的质量成分g_i。

解： 根据理想气体状态方程$pv = R_g T$以及$\sum g_i = 1$，则二元理想气体混合物的折合质量气体常数R_{geq}分别可表示为

$$R_{geq} = p/(\rho T) \qquad ①$$

$$R_{geq} = \sum g_i R_{gi} = g_1 R_{g1} + g_2 R_{g2} = (1 - g_2) R_{g1} + g_2 R_{g2} \qquad ②$$

联立式①、式②，求解可得

$$g_1 = \frac{R_{geq} - R_{g2}}{R_{g1} - R_{g2}} = \frac{p/(\rho T) - R_{g2}}{R_{g1} - R_{g2}}$$

$$g_2 = \frac{R_{geq} - R_{g1}}{R_{g2} - R_{g1}} = \frac{p(\rho T) - R_{g1}}{R_{g2} - R_{g1}}$$

2.3 实际气体热力性质

研究热力过程或热力循环的能量关系时，必须确定工质各种热力参数的值。由于形式简单、计算方便的理想气体的状态方程、比热容及其他参数的各种关系式不能用来确定如水蒸气、氨蒸气等实际气体的各种热力参数；此外，只有 p、v、T 和 c_p 等值可由实验测定，而 u、h、s 等值无法测量，必须借助于它们与可测量参数的热力学一般关系式（第 6 章内容）并通过计算而得到。在工程热力学中，可以根据比热容的实验研究，结合状态参数之间的微分普遍关系式，建立实际气体的状态方程式，这种方法对于揭示各种热力参数间的内在联系，促进工质热力性质的理论研究与实验测试都具有重要意义。

本节仅限于讨论可用两个独立变量描述的平衡、均匀、简单可压缩纯物质，并论述实际气体的一般特性以及研究实际气体的一般方法。

2.3.1 实际气体状态方程建立的必要性

按照理想气体状态方程式，在给定温度下，一定质量的理想气体，$pv=$ 常数（或 $pV=$ 常数）而与压力无关。实际气体则或多或少有偏差，即在定温下，pv 与压力有关，且 $pv \neq$ 常数。按照理想气体的状态方程 $pv=R_g T$，可得出 $pv/(R_g T)=1$。对于理想气体而言，比值 $pv/(R_g T)$ 是常数，在 $pv/(R_g T)$ - p 图上应该是一条 $pv/(R_g T)$ 值为 1 的水平线。但图 2.6 显示的实验结果表明，实际气体并不符合这样的规律，尤其在高压低温下偏差更大。

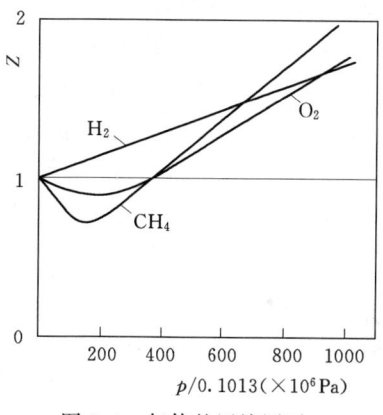

图 2.6 气体的压缩因子

实际气体的这种偏离通常采用压缩因子（或压缩系数）Z 表示，即

$$Z=\frac{pv}{R_g T}=\frac{pV_M}{R_0 T} \quad \text{或} \quad pV_M=ZR_0 T \tag{2.48}$$

显然，理想气体的压缩因子 Z 恒等于 1。而实际气体的压缩因子 Z 可大于 1，也可小于 1。Z 值偏离 1 的大小，反映了实际气体对理想气体性质偏离的程度。Z 值的大小不仅与气体的种类有关，而且同种气体 Z 值还随压力和温度而变化。因而，Z 是状态的函数。为了便于理解压缩因子 Z 的物理意义，将式（2.48）改写为

$$Z=\frac{pv}{R_g T}=\frac{v}{R_g T/p}=\frac{v}{v_\text{Ideal}} \tag{2.49}$$

式中：v 为实际气体在 p、T 时的比容；v_Ideal 为在相同的 p、T 下把实际气体当作理想气体时计算的比容。

因而，压缩因子 Z 即为温度、压力相同时的实际气体比容与理想气体比容之比。若 $Z>1$，说明实际气体较之理想气体更难压缩；反之，若 $Z<1$，则说明实际气体可压缩性大。所以，压缩因子 Z 可从可压缩性的大小来描述实际气体对理想气体的偏离程度。

理想气体状态方程用于实际气体所产生的偏差，其原因主要在于理想气体模型中忽略了气体分子间的作用力和气体分子所占据的容积。如在一定温度下，当气体被压缩，分子间的平均距离缩短时，分子间引力的影响增大，气体的容积在分子引力作用下要比不考虑引力时小。因此，在一定温度下，当分子引力主要作用时，大多数实际气体的压缩因子 Z 随着压力的增大而减小；但随着压缩的进一步进行，气体压力增大，分子间距离进一步缩小，分子间斥力影响逐渐增大，分子本身占有的容积使分子自由活动空间减小的影响也不容再忽视，此时实际气体的压缩因子 $Z>1$。极高压力时气体 Z 值将大于 1，而且 Z 值随压力的增大而增大。

通过以上定性分析可以得知，只有在高温低压状态下，实际气体性质和理想气体性质才相近；实际气体是否能作为理想气体处理，不仅与气体的种类有关，而且与气体所处状态有关。由于 $pv=R_gT$ 不能准确反映实际气体 p、v、T 之间的关系，故必须对其进行修正和改进，或通过其他途径建立实际气体状态方程。

2.3.2 实际气体状态方程

100 多年来，人们从理论分析的方法、经验或半经验半理论的方法导出了成百上千个实际气体状态方程式，这些实际气体状态方程式往往是准确度高时适用范围较小，或者通用性强时则准确度差，寻求准确而又适用性强的实际气体状态方程式目前仍在继续进行。

1. 范德瓦尔（Vander Waals）方程

（1）范德瓦尔方程建立。在各种实际气体的状态方程中，一个形式简单而又有理论考虑的实际气体状态方程就是范德瓦尔方程。1873 年，范德瓦尔针对理想气体的两个假定，对 1kg 理想气体的状态方程进行修正，提出了范德瓦尔状态方程，即

$$\left(p+\frac{a}{v^2}\right)(v-b)=R_gT \quad 或 \quad p=\frac{R_gT}{v-b}-\frac{a}{v^2} \tag{2.50}$$

其中，a、b 为与气体种类有关的正常数，称为范德瓦尔常数，可根据实验数据确定，也可由理论计算求得；a/v^2 为内压力。

范德瓦尔考虑到气体分子具有一定的容积，所以用分子自由活动的空间 $v-b$ 来取代理想气体状态方程中的容积；此外，考虑到气体分子间引力作用将使作用于器壁的压力减小，而压力的减小与单位时间内单位壁面面积碰撞的分子数与吸引这些分子的其他分子数成正比，即压力的减小正比于气体密度的平方（即比容平方的倒数成正比）。由于气体对容器壁面所施加的压力要比理想气体的小，用内压力 a/v^2 来修正压力项。

（2）范德瓦尔方程分析。将范德瓦尔方程按 v 的降幂次排列，可写成

$$pv^3-(bp+R_gT)v^2+av-ab=0 \tag{2.51}$$

式（2.51）表明，在不同的压力 p 和温度 T 下，式（2.51）的根 v 可以有 3 个不等的实根、3 个相等的实根、1 个实根和 2 个虚根三种情况。

为揭示上述现象，物理学家安宅斯采用 CO_2 进行实验研究，其实验设备大致如图 2.7 所示。气缸活塞机构放在恒温容器内，气缸为透明的，内盛 CO_2，气体的容积可借量尺测定，压力和温度可由压力表和温度计读出。实验中每次压缩 CO_2 时保持温度不变，不过不同次的实验所保持的温度不同。实验结果如图 2.8 所示。

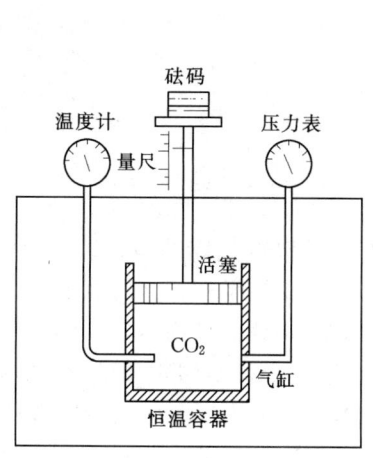

图 2.7 CO_2 的等温线实验设备

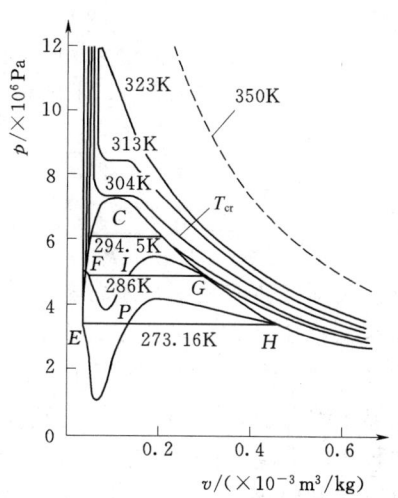

图 2.8 CO_2 的等温线

从图 2.8 可以看出，当温度低于临界温度 T_{cr}（304K）时，定温线中间有一段是水平线，为 CO_2 凝结成液体的过程，在点 H、G 等处开始凝结，到点 E、F 等处则凝结完毕。当温度等于 304K 时等温线上不再有水平线段，而在 C 处有一转折点。点 C 也是开始凝结的各点连接线和凝结终了各点连接线的交点。这两条连接线分别称为饱和液体线和干饱和蒸汽线。点 C 的状态称为临界状态，临界状态工质的压力、温度和比容等分别称为临界压力 p_{cr}、临界温度 T_{cr} 和临界比容 v_{cr}。通过临界点 C 的等温线称为临界等温线。当温度大于临界温度时，等温线中不再有水平段，意味着压力再高，CO_2 也不能被液化。

从图 2.8 还可看出，当温度高于临界温度 T_{cr} 时，对于每一个 p，只有一个 v 值，即只有 1 个实根；当温度低于临界温度 T_{cr} 时，与 1 个压力值对应的有 3 个 v 值，其中最小值是饱和液线上的饱和液的比容，最大值为干饱和蒸汽线上的饱和蒸汽的比容。由于图 2.8 中点 P、I 是违反稳定平衡态判据的，因此是不可能的，故而中间的那个 v 值没有意义。当温度等于临界温度 T_{cr} 时，3 个实根合并为一个，即相对于 p_{cr}，v 有 3 个相等的实根。在温度远高于临界温度 T_{cr} 的区域范德瓦尔方程与实验结果符合较好，但在较低压力和较低温度时范德瓦尔方程与实验结果符合得不好。

（3）临界参数和范德瓦尔常数。临界等温线在临界点处有一拐点，其压力对比容的一阶偏导数和二阶偏导数均为 0，即

$$\left(\frac{\partial p}{\partial v}\right)_{T_{cr}}=0 \tag{2.52}$$

$$\left(\frac{\partial^2 p}{\partial v^2}\right)_{T_{cr}}=0 \tag{2.53}$$

将范德瓦尔方程式（2.50）求导后代入式（2.52）、式（2.53）可得

$$\left(\frac{\partial p}{\partial v}\right)_{T_{cr}}=\frac{R_g T_{cr}}{(v_{cr}-b)^3}-\frac{2a}{v_{cr}^3}=0 \tag{2.54}$$

$$\left(\frac{\partial^2 p}{\partial v^2}\right)_{T_{cr}} = \frac{2R_g T_{cr}}{(v_{cr}-b)^3} - \frac{6a}{v_{cr}^4} = 0 \tag{2.55}$$

联立式 (2.54)、式 (2.55)，求解得

$$p_{cr} = \frac{a}{27b^2}, \quad T_{cr} = \frac{8a}{27R_g b}, \quad v_{cr} = 3b \tag{2.56}$$

$$a = \frac{27}{64} \frac{(R_g T_{cr})^2}{p_{cr}}, \quad b = \frac{R_g T_{cr}}{8 p_{cr}}, \quad R_g = \frac{8}{3} \frac{p_{cr} v_{cr}}{T_{cr}} \tag{2.57}$$

所以，实际气体的范德瓦尔常数 a 和 b 除了可以根据气体的 p、v、T 的实验数据用曲线拟合法确定外，还可由实测的临界压力 p_{cr} 和临界温度 T_{cr} 的值由式 (2.57) 计算。将式 (2.56) 代入临界压缩因子 Z_{cr} 表达式可知，不论何种物质，其临界状态的压缩因子即临界压缩因子 $Z_{cr} = p_{cr} v_{cr}/(R_g T_{cr}) = 3/8$。事实上，不同物质的 Z_{cr} 值并不相同，对于大多数物质来说，它们小于 3/8，一般在 0.23～0.29 的范围内，所以范德瓦尔方程用于临界区或其附近是有较大误差的，而按式 (2.57) 计算的 a、b 值也是近似的。可见，范德瓦尔方程虽可以较好地定性描述实际气体的基本特性，但是在定量上不够准确，不宜作为定量计算的基础。后人在此基础上提出了许多种派生的状态方程，其中一些有很大的使用价值。表 2.2 列出了一些物质的临界参数和由实验数据拟合得出的范德瓦尔常数。

表 2.2　　　　　　　　　　一些物质的临界参数和范德瓦尔常数

物质	T_{cr}/K	p_{cr}/MPa	v_{Mcr}/(kmol/m^3)	Z_{cr}	a/(MPa·m^6/kmol)	b/(m^3/kmol)
空气	132.4	3.77	0.08290	0.284	0.13580	0.03640
一氧化碳	133.0	3.50	0.09280	0.294	0.14630	0.03940
正丁烷	425.2	3.80	0.25700	0.274	0.38000	0.11960
氟利昂 12	385.0	4.01	0.21400	0.270	1.07800	0.09980
甲烷	190.7	4.64	0.09910	0.290	0.22850	0.04270
氮	126.2	3.39	0.08970	0.291	0.13610	0.03850
乙烷	305.4	4.88	0.22100	0.273	0.55750	0.06500
丙烷	370.0	4.27	0.19500	0.276	0.93150	0.09000
二氧化硫	431.0	7.87	0.12400	0.268	0.68370	0.05680
二氧化碳	304.2	7.38	0.09418	0.275	0.36568	0.04284

(4) 对比状态定律。实际气体的状态方程包含有与物质固有性质有关的常数，这些常数需根据该物质的 p、v、T 实验数据进行曲线拟合才能得到。如果能消除这样的物性常数，使方程具备普遍性，将对既没有足够的 p、v、T 实验数据，又没有状态方程中所固有的常数数据的物质的热力性质计算带来很大方便。

对多种气体实验数据的分析显示，接近各自的临界点时所有气体都显示出相似的性质，因此，可采用 3 个无量纲的相对数（称为对比参数），即对比压力 $p_r = p/p_{cr}$、对比

温度 $T_r=T/T_{cr}$、对比比容 $v_r=v/v_{cr}$ 来代替压力 p、温度 T 和比容 v 的绝对值，并导出普遍化的实际气体状态方程。

下面以范德瓦尔方程为例说明对比状态定律。将对比参数代入范德瓦尔方程，并考虑用临界参数表示物性常数 a 和 b 的关系，可导得

$$\left(p_r+\frac{3}{v_r^2}\right)(3v_r-1)=8T_r \tag{2.58}$$

式（2.58）称为范德瓦尔对比状态方程。由于方程中没有任何与物质固有特性有关的常数，所以是通用的状态方程式，适用于任意符合范德瓦尔方程的物质。由于范德瓦尔方程本身的近似性，也就决定了范德瓦尔对比状态方程也仅是个近似方程，特别在低压时不能适用。从范德瓦尔对比状态方程可以得出，p_r、T_r 和 v_r 中任意两个对比参数就可以确定第 3 个对比参数。若两种或者几种工质有两个对比参数相同，则第 3 个对比参数必定相同，这就是所谓的对比状态定律。这也说明满足同一个对比状态方程的各种工质，其热力性质是相近的。数学上，对比状态定律可以表示为

$$f(p_r,T_r,v_r)=0 \tag{2.59}$$

式（2.59）虽然是根据二常数的范德瓦尔方程导出的，但可以推广到一般的实际气体的状态方程。对不同气体的实验研究表明，对比状态定律并不是十分精确的，但大致是正确的。若采用实际气体的摩尔容积 V_M 与气体在临界状态时作理想气体计算的摩尔容积 V_{Mcr} 之比 $V_{Mr}=V_M/V_{Mcr}$ 代替对比比容 v_r，则能提高计算精度并可使方程应用于低压区。

（5）通用压缩因子图。用压缩因子 Z 修正实际气体的非理想性，既可以保留理想气体状态方程的基本形式，又可以取得满意的结果。但是，因为 Z 值不仅随气体种类而且随其状态（p，T）而异，故每种气体应有不同的 $Z=f(p,T)$ 曲线。

由压缩因子 Z 和临界压缩因子 Z_{cr} 的定义可得

$$\frac{Z}{Z_{cr}}=\frac{pv/(R_gT)}{p_{cr}v_{cr}/(R_gT_{cr})}=\frac{p_rv_r}{T_r} \tag{2.60}$$

根据对比状态定律，式（2.60）可改写成

$$Z=f_1(p_r,T_r,Z_{cr}) \tag{2.61}$$

若 Z_{cr} 取一定值，则可进一步简化为

$$Z=f_2(p_r,T_r) \tag{2.62}$$

式（2.61）、式（2.62）为编制通用压缩因子图提供了理论基础，取大多数气体临界压缩因子 Z_{cr} 的平均值 $Z_{cr}=0.27$ 绘制的通用压缩因子图如图 2.9 所示。这种图的精度虽然比范德瓦尔方程高，但仍是近似的，为提高其计算精度，引入了第三参数，如临界压缩因子 Z_{cr} 和偏心因子 w，感兴趣的读者可参阅有关文献。

2. 其他实际气体状态方程

（1）R-K 方程。1949 年里德立（Redlich）和匡（Kwong）在范德瓦尔方程的基础上提出的含 2 个常数的 R-K 方程，它仍然保留了比容的 3 次方程的简单形式，但通过对内压力项 a/v^2 的修正，使精度有较大提高。由于应用简便，对于气液相平衡和混合物的计算十分成功，在化学工程中曾得到较为广泛的应用，其表达形式为

$$p=\frac{R_gT}{v-b}-\frac{a}{T^{0.5}v(v+b)} \tag{2.63}$$

式中：a、b 为各种物质的固有的常数，可从 p、v、T 的实验数据拟合求得，缺乏这些数据时也可由式（2.59）采用临界参数求取其近似值，即

$$a=\frac{0.42748R_g^2 T_{cr}^{2.5}}{p_{cr}}, \quad b=\frac{0.08664RT_{cr}}{p_{cr}} \tag{2.64}$$

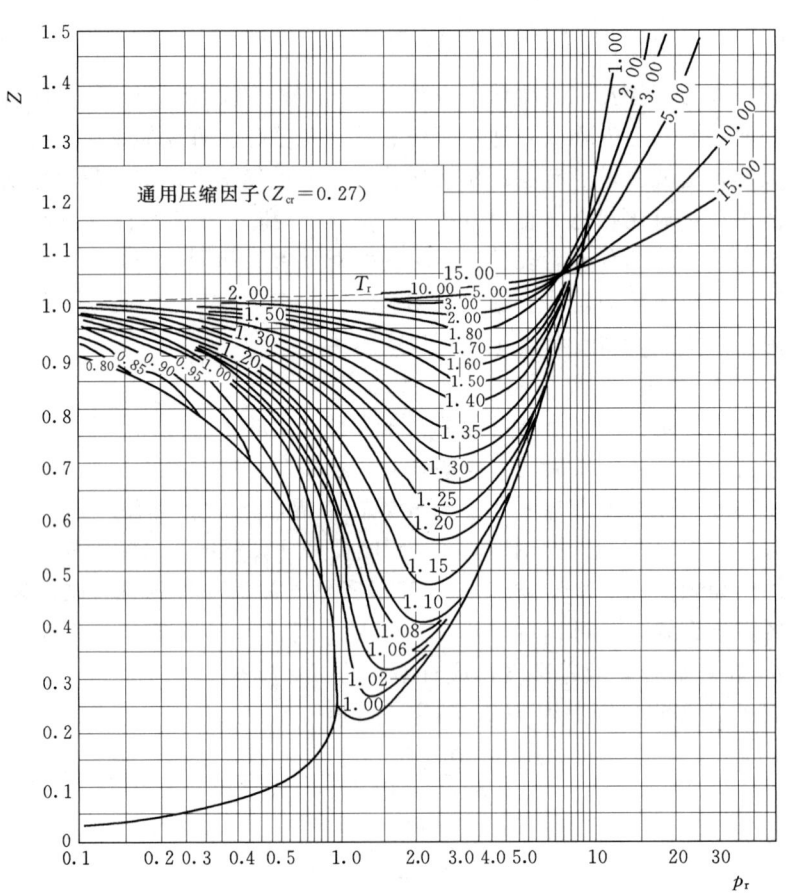

图 2.9　通用压缩因子图

1972 年出现了对 R-K 方程进行修正的 R-K-S 方程；1976 年又出现了 P-R 方程。这些方程拓展了 R-K 方程的适用范围。在二常数方程不断发展的同时，半经验的多常数状态方程也不断出现，如 1940 年由 Benedict-Webb-Rubin 提出的 B-W-R 方程；1955 年由马丁（Martin）和侯虞均提出，1959 年由马丁（Martin）及 1981 年由侯虞均进一步完善的 M-H 方程。B-W-R 方程有 8 个经验常数，对于烃类气体有较高的准确度。M-H 方程的 M-H59 型方程有 11 个常数，对烃类气体，对强极性的水和 NH$_3$、氟利昂制冷剂有较高的准确度。M-H59 型方程被国际制冷学会选定作为制冷剂热力性质计算的状态方程。M-H81 型方程基本保持了 M-H55 型方程在气相区的精度，并将其适用范围扩展到液相。

（2）维里方程。1901 年，奥里斯（Onnes）提出以比容 v 和压力 p 的幂级数形式表达的状态方程（称为维里方程），即

$$Z=\frac{pv}{R_g T}=1+\frac{B}{v}+\frac{C}{v^2}+\frac{D}{v^3}+\cdots \tag{2.65}$$

$$Z=\frac{pv}{R_g T}=1+B'p+C'p^2+D'p^3+\cdots \tag{2.66}$$

式中：B、C、D 和 B'、C'、D' 等都是温度的函数，分别称为第二、第三、第四维里系数。

比较式（2.65）和式（2.66），可得到两套维里系数之间的关系为

$$B'=\frac{B}{R_g T},\ C'=\frac{C-B^2}{(R_g T)^2},\ D'=\frac{D+2B^3-3BC}{(R_g T)^3} \tag{2.67}$$

两套维里系数之间的关系仅对无穷级数形式的式（2.65）和式（2.66）才严格成立。

用统计力学方法可导出维里系数，并能赋予维里系数明确的物理意义：第二维里系数表示气体两个分子相互作用的效应，第三维里系数表示 3 个分子的相互作用等。实际上高级维里系数的运算是十分困难的（目前除了简单的钢球模型外，还只能算到第三维里系数），通常维里系数由实验测定。维里方程的另一个特点是维里方程的函数形式有很大的适应性，便于实验数据整理，截取不同项数可满足不同精度要求。例如，在低压下，只要截取式（2.65）和式（2.66）的前两项，就能取得较满意的精度，即

$$Z=1+\frac{B}{v} \quad 或 \quad Z=1+B'p=1+\frac{Bp}{R_g T}$$

对于温度低于临界温度的水蒸气，其压力不高于 1.5MPa 时，上述方程都能很好地提供 p、v、T 的关系。当密度 ρ 大于临界密度 ρ_{cr} 的一半时，上述截取前两项的方程不再适用，这时可截取前三项。一般讲，在 $0.5\rho_{cr}<\rho<\rho_{cr}$ 时，截取三项的维里方程具有很好的精度。由于迄今为止对第三维里系数以上的那些系数掌握甚少，因此超过三项的维里方程很少被应用。维里方程在高密度区的精度不高，但由于具有理论基础，适应性广，很有发展前途。前面提到的 B-W-R 方程、M-H 方程都是在它的基础上改进得到的。

【例 2.3】 已知甲烷（CH_4）的临界点参数为：$p_{cr}=4.64$MPa，$T_{cr}=190.7$K，试利用通用压缩因子，确定温度 $T=100$℃、压力 $p=4.0$MPa 时甲烷的比容 v，并和理想气体状态方程式计算得到的数值进行比较，计算后者的误差。

解：甲烷（CH_4）在 $T=100$℃、$p=4.0$MPa 时的对比参数为

$$p_r=p/p_{cr}=4.0/4.64=0.862;\ T_r=T/T_{cr}=373/190.7=1.96$$

由通用压缩因子图可查得：$Z=0.985$。再通过查表得甲烷（CH_4）的质量气体常数 $R_g=518.3$J/(kg·K)，则甲烷的比容 v 为

$$v=ZR_g T/p=0.985\times 518.3\times 373/4000000=0.0476(m^3/kg)$$

若按理想气体处理，则

$$v'=R_g T/p=518.3\times 373/4000000=0.0483(m^3/kg)$$

其相对误差为

$$\xi=(v'-v)/v=(0.0483-0.0476)/0.0483=0.0145=1.45\%$$

2.4 实际气体工质——水蒸气的热力性质

水蒸气具有容易获得、热力参数适宜和不会污染环境等优点，因此，自 1766 年波尔

宗诺夫发明了以水蒸气为工质的原始蒸汽机以来，至今仍然是热力系统中广泛应用的主要工质。因在热力系统中用作工质的水蒸气距液态不远，工作过程中常有集态的变化，故不宜作理想气体处理。工程计算中，水和水蒸气的热力参数可以采用查取有关水蒸气的热力性质图表或者借助计算机对水蒸气的物性及过程做高精度的计算。

此外，制冷用的工质（如氨、氟利昂等蒸汽），燃气工程中的液化石油气（如丙烷、丁烷等），其热力性质与水蒸气的性质及物态变化规律基本是类似的，仅是物态变化时参数不同而已。因此，充分掌握水蒸气的热力性质及过程的讨论对其他物质的蒸汽的热力性质熟悉有普遍的指导意义。

2.4.1 水的相变和相图

自然界中大多数纯物质（如水、制冷剂中的氨、氟利昂、二氧化碳等）都以三种聚集态存在：固相、液相和气相。下面以水为例来分析纯物质的三态变化。

在一定压力下，对冰加热，冰逐渐被加热至融点温度，融化为液态水，在全部融化之前保持融点温度不变，此过程称为融解过程。对水继续加热升温至沸点温度，开始汽化，直至全部变为水蒸气，温度始终不变；再进一步加热，温度逐渐升高变为过热水蒸气，其变化过程如图 2.10 所示。

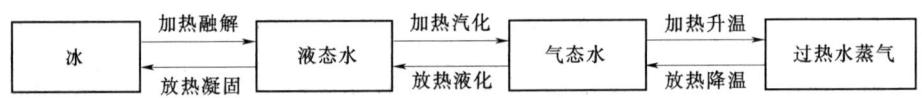

图 2.10 水的三态变化过程示意图

众所周知，水由液态转变为气态的现象称为汽化，汽化包括蒸发（在水表面进行的汽化现象）和沸腾（在水表面和内部同时进行的强烈汽化现象）两种情况。相反，水由气态转变为液态的过程称为凝固，凝固是汽化的反过程。液态水分子和气体分子一样，都处于紊乱的热运动中。如图 2.11 所示，液态水放置于一个能承受相当大的压力的容器内时，在水表面附近随时有动能较大的水分子克服表面张力飞散到上面空间，同时也有液面上空间内的蒸汽分子碰撞回到液面，凝成液态水。液态水的温度越高，分子运动越剧烈，水表面附近动能较大的分子挣脱水面变成水蒸气的分子数越多。如果容器空间没有其他气体，当容器空间中水蒸气分子逐渐增多，液面上蒸汽压力也将逐渐增大，

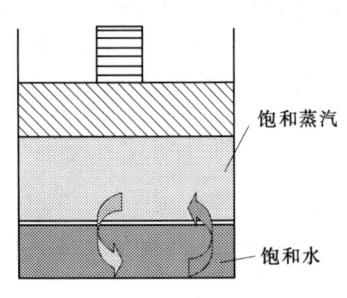

图 2.11 饱和状态

水蒸气的压力越高，密度越大，水蒸气的分子与液面碰撞越频繁，变为水分子的水蒸气分子数也越多。到一定状态时，这两种方向相反的过程就会达到动态平衡。此时，两种过程仍在不断进行，但宏观结果是状态不再改变。这种液态水和蒸汽处于动态平衡的状态称为饱和状态。处于饱和状态的蒸汽称为饱和蒸汽，液态水称为饱和水。此时，汽、液的温度相同，称为饱和温度，用 T_s 表示；蒸汽的压力称为饱和压力，用 p_s 表示。饱和蒸汽的特点是在一定容积中不能再含有更多的蒸汽，即蒸汽压力与密度为对应温度下的最大值。

若温度升高后并维持一定值，则汽化速度加快，空间内蒸汽密度亦将增加。当增加到

某一确定数值时,在液态水和蒸汽间又建立起新的动态平衡,此时蒸汽压力对应于新的温度下的饱和压力。对一定温度的液态水减压,也可使水达到饱和状态,因此,对高温热水网路,必须采取定压装置,以防止系统内局部发生减压而沸腾汽化。这时,汽化所需能量由液态水本身的热力学能供给,因此液态水的温度要降低,但仍满足饱和压力与饱和温度的对应关系。

在图 2.12 所示纯物质的 p-t 图(相图)中,A 为三相点,C 为临界点,AD、AB 和 AC 分别为气固相平衡曲线(升华曲线)、液固相平衡曲线(融解曲线)和气液相平衡曲线(汽化曲线)。对于凝固时体积缩小的物质(如 CO_2),融解曲线斜率为正[图 2.12 (b)]。对于凝固时体积增大的物质(如水),融解曲线斜率为负[图 2.12 (a)],表明压力升高时,融点降低,因此,北方冬天采用冰刀滑冰时,冰刀与冰面接触,在很小作用面上受到很大的压力,使水的凝固点降低、冰被融化为水而产生润滑作用而使冰刀滑动。所有纯物质的气化曲线斜率均为正,说明其饱和压力随饱和温度升高而增大。若在低于三相点的压力下对水定压加热、则当冰的温度升高时将由固态直接变为气态,这个过程称为升华,相反,由气态直接变为固态称为凝华。所有纯物质的升华曲线斜率均为正,说明其升华压力随升华温度升高而增大。秋冬之交的霜冻就是典型的凝华现象。

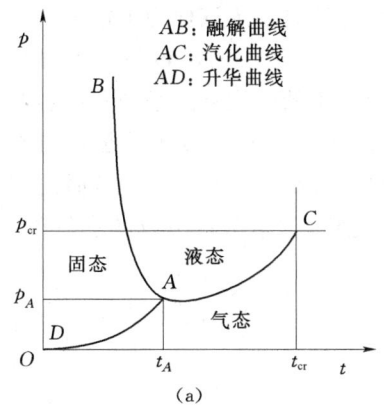 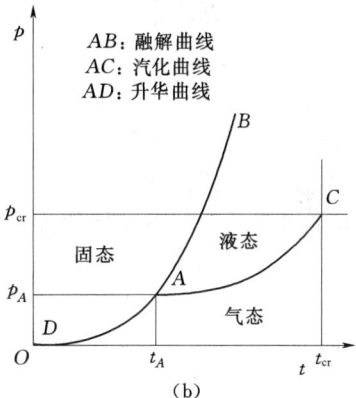

图 2.12 纯物质的 p-t 图
(a) 凝固时体积膨胀;(b) 凝固时体积缩小

当压力降低时,AB 与 AC 两线逐渐接近,并交于 A 点。A 点是固、液、气三态共存的状态,叫作三相态。三相态是汽液共存曲线的最低点也称三相点。每种物质的三相点的压力和温度是定值。例如,H_2O:$p_A=611.7$Pa,$t_A=0.01$℃;H_2:$p_A=719.4$Pa,$t_A=-259.4$℃;O_2:$p_A=12534$Pa,$t_A=-210$℃。

2.4.2 水的定压加热汽化过程

工程上所用的水蒸气通常是水定压沸腾汽化而产生的。为形象化起见,假设水是在汽缸内进行定压加热,其原理如图 2.13 所示。

设汽缸内有 1kg、0.01℃ 的纯水,通过增减活塞上重物可使水处在指定压力下定压吸热。当水温低于饱和温度时称为未饱和水(或称过冷水)。对未饱和水加热,水温逐渐升高,水的比容稍有增大。当水温达到压力 p 对应的饱和温度 t_s 时,水成为饱和水。水在定压下

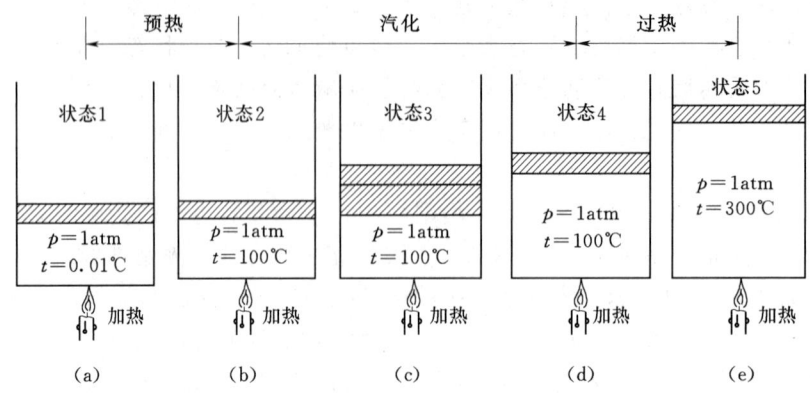

图 2.13 水的定压汽化原理
(a) 未饱和水；(b) 饱和水；(c) 湿蒸汽；(d) 干饱和蒸汽；(e) 过热蒸汽

从未饱和状态加热到饱和状态称为预热阶段，所需的热量称为液体热，用 q_1 表示。

对达饱和温度的水继续加热，水开始沸腾汽化。这时，饱和压力不变，饱和温度也不变。这种蒸汽和水的混合物称为湿饱和蒸汽（简称湿蒸汽）。随着加热过程的继续进行，水逐渐减少，蒸汽逐渐增多，直至水全部变成蒸汽，这时的蒸汽称为干饱和蒸汽（简称饱和蒸汽）。在由饱和水定压加热为干饱和蒸汽的过程中，工质的比容随蒸汽增多而迅速增大，但汽、液温度不变，所吸收的热量转变为蒸汽分子的内位能的增加及比容的增加而对外做出的膨胀功。这一热量即为汽化潜热 r。饱和蒸汽等压冷凝放出的热量与同温下的汽化潜热相等。对饱和蒸汽继续定压加热，蒸汽温度将升高，比容增大，这时的蒸汽称为过热蒸汽，其温度超过饱和温度之值称为过热度。过热过程中蒸汽吸收的热量称为过热热，用 $q_{\sup}$ 表示。

上述由过冷水定压加热为过热蒸汽的过程在 p-v 及 T-s 图上可用 $a_0 a' a'' a$ 表示，如图 2.14 和图 2.15 所示。

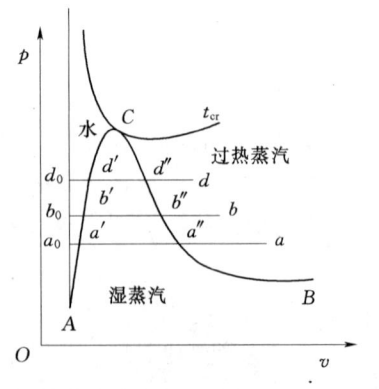

图 2.14 水定压汽化过程的 p-v 图

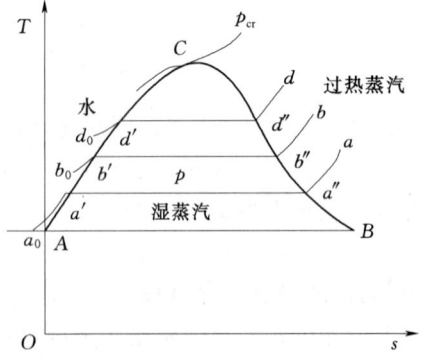

图 2.15 水定压汽化过程的 T-s 图

改变压力 p 可得类似上述的汽化过程 $b_0 b' b'' b$、$d_0 d' d'' d$ 等，如图 2.14 和图 2.15 中各相应线段所示。

液态水的比容随温度升高而明显增大,但随压力增大,变化不显著。所以,在 $p-v$ 图上 0.01℃时各种压力下的水的状态点 a_0、b_0、d_0 等几乎在一条垂直线上,而饱和水的状态点 a'、b'、d' 等的比容因其相应的饱和温度 t_s 的增大而逐渐增大。点 a''、b''、d'' 等为干饱和蒸汽状态,压力对蒸汽容积的影响比温度大,所以虽然饱和温度随压力增大而升高,但 $v''-v'$ 随压力的增大而减少。$a'-a''$、$b'-b''$、$d'-d''$ 等之间各状态点均为湿蒸汽,点 a、b、d 等为过热蒸汽。当压力升高到 22.064MPa 时(图 2.14 中的点 C),$t_s=373.99℃$,$v'=v''=0.003106\text{m}^3/\text{kg}$,此时饱和水和饱和蒸汽已不再有分别,此点称为水的临界点,其压力、温度和比容分别称为临界压力、临界温度、临界比容,分别用 p_{cr}、t_{cr} 和 v_{cr} 表示。当 $t>t_{cr}$ 时,不论压力多大,再也不能使蒸汽液化。

连接不同压力下的饱和水的状态点 a'、b'、d'…得曲线 AC,称为饱和水线(或称下界限线)。连接干饱和蒸汽的状态点 a''、b''、d''…得曲线 BC,称为饱和蒸汽线(或称上界限线)。两曲线汇合于临界点 C,并将 $p-v$ 图分成 3 个区域:饱和水线左侧为未饱和水(或过冷水),饱和蒸汽线右侧为过热蒸汽,而在两界限线之间则为水、汽共存的湿饱和蒸汽(湿蒸汽)。湿蒸汽的成分用干度 x 表示,即在 1kg 湿蒸汽中含有 $x$kg 的饱和蒸汽,而余下的 $(1-x)$ kg 则为饱和水。

由于水的压缩性很小,压缩后升温极微,所以在 $T-s$ 图(图 2.15)上的定压加热线与下界限线很接近,作图时可以近似认为两线重合。水受热膨胀的影响大于压缩的影响,故饱和水线向右方倾斜。温度和压力升高时,v' 和 s' 都增大。对于蒸汽,受热膨胀的影响小于压缩的影响,故饱和蒸汽线向左上方倾斜,表示 p_s 升高时 v'' 和 s'' 均减小。所以,随饱和压力 p_s 和饱和温度 t_s 的升高,汽化过程的 $s''-s'$ 逐渐减小,汽化潜热也逐渐减小,到临界点时为零。液体热随着饱和压力和饱和温度的增大而逐渐增大。

因此水的加热汽化过程在 $p-v$ 图和 $T-s$ 图上可归纳为:①3 个区域:过冷水区域、湿蒸汽区域和过热蒸汽区域;②2 条线:饱和水线和饱和蒸汽线;③5 个状态:过冷水、饱和水、湿饱和蒸汽、干饱和蒸汽和过热蒸汽。

2.4.3 水和水蒸气的状态参数

在热力工程计算中,水和水蒸气的状态参数 p、v、t、h、s 等均能从水蒸气图表中查得,如果要知道热力学能 u,可按公式 $u=h-pv$ 计算得到。

1. 零点的规定

水及水蒸气的 h、s、u 在热工计算中不必求其绝对值,而仅需求其增加或减少的数值,故可规定一任意起点。根据国际水蒸气会议的规定,选定水的三相点,即 273.16K(即 0.01℃)的液相水作为基准点,规定在该点状态下的液相水的热力学能 u 和熵 s 为零,即对于 $t_0=0.01℃$、$p_0=611.659\text{Pa}$ 的饱和水,其参数为

$u'_0=0\text{kJ/kg}$;$s'_0=0\text{kJ/(kg·K)}$;$v'_0=0.00100021\text{m}^3/\text{kg}$;$h'_0=u'_0+p_0v'_0=0.6117\text{J/kg}\approx 0$

2. 温度为 0.01℃、压力为 p 的过冷水

忽略水的压缩性,可认为水的比容不变,所以 $v_0\approx 0.001\text{m}^3/\text{kg}$,故在压缩过程中 $w\approx 0$;又因为温度不变,比容不变,则热力学能也不变,即 $u_0=u'_0=0$,所以熵也未变,$s_0\approx s'_0=0$;而 $h_0=u_0+p_0v_0$,当压力不高时,$h_0\approx 0$。

3. 温度为 t_s、压力为 p_s 的饱和水

水的饱和压力 p_s （单位为 MPa）和饱和温度 t_s （单位为℃）可采用式（2.68）表示为

$$t_s = 178.4 \sqrt[4]{p_s} - 0.6 p_s \tag{2.68}$$

当 0.01℃ 的水在定压 p_s 下加热至 t_s 的饱和水，所加入的热量（液体热）q_1 相当于图 2.15 中加热线 a_0—a' 下面的面积，且随着压力的升高而增大。

$$q_1 = \int_{273.16}^{T_s} c_p \, dT$$

如果把水的定压比热容 c_p 当作定值，则 $q_1 \approx c_p t_s$。当水的温度小于 100℃ 时，它的平均比热容 $c_p \approx 4.1868 \text{kJ/(kg·K)}$。此时：

$$h' = h'_0 + q_1 \approx 4.1868 t_s \quad (\text{kJ/kg}) \tag{2.69}$$

$$s' = \int_{273.16}^{T_s} c_p \frac{dT}{T} = 4.1868 \ln \frac{T_s}{273.16} \quad (\text{kJ/kg}) \tag{2.70}$$

在压力与温度较高时，水的定压比热容 c_p 变化较大，且 h'_0 也不能再认为是零，故不能用式（2.69）、式（2.70）计算 q_1 和 s'。

4. 湿蒸汽

当汽化已经开始而尚未完毕时，部分为水，部分为蒸汽，此时温度 t 为对应于 p_s 的饱和温度，即 $t = t_s$。因湿蒸汽的压力 p_s 和温度 t_s 具有一定的函数关系，不是相互独立的参数，故此时仅知 p_s 及 t_s 不能决定其状态，必须另有一个独立参数才能决定其状态，通常采用干度 x，也可以是其他的湿饱和状态参数，如 h_x、s_x、v_x 中的任何一个。

干度 x 是一定湿蒸汽中所含干饱和蒸汽的质量与湿蒸汽总质量之比，即

$$x = \frac{干饱和蒸汽的质量}{湿蒸汽总质量} \tag{2.71}$$

干度 x 是湿蒸汽的特有参数（显然 $0 < x < 1$），可用来确定湿蒸汽的比容 v_x、焓 h_x、比热力学能 u_x 和熵 s_x 等湿饱和状态参数。

$$v_x = xv'' + (1-x)v' \tag{2.72}$$

当 p 不太大（其时 $v' \ll v''$）、x 不太小时，$(1-x)v' \ll xv''$，所以

$$v_x = xv'' \tag{2.73}$$

$$h_x = xh'' + (1-x)h' \text{ 或 } h_x = h' + xr \tag{2.74}$$

$$s_x = xs'' + (1-x)s' \text{ 或 } s_x = s' + xr/T_s \tag{2.75}$$

$$u_x = h_x - pv_x \tag{2.76}$$

显然，湿蒸汽的比容 v_x、焓 h_x、比热力学能 u_x 和熵 s_x 均介于饱和水和饱和蒸汽各相应参数之间，即 $v' < v_x < v''$，$h' < h_x < h''$，$u' < u_x < u''$，$s' < s_x < s''$，根据式（2.71）～式（2.76）可算出 x 值。

5. 干饱和蒸汽

加热饱和水使其全部汽化为压力为 p、温度为 t_s 的干饱和蒸汽，其各参数以 v''、h''、s''、u'' 表示。汽化过程中加入的热量（汽化潜热）r 可用图 2.14 中过程线 a'—a'' 下面的面积表示，即

$$r = T_s(s'' - s') = h'' - h' = (u'' - u') + p(v'' - v') \tag{2.77}$$

式中：$u''-u'$ 为用于增加热力学能的热量；$p(v''-v')$ 为汽化时比容增大用以做膨胀功的热量。

干饱和蒸汽的比焓 h'' 为饱和水比焓 h' 和汽化潜热 r 之和，即
$$h''=h'+r \tag{2.78}$$

其中，h' 随 t_s 及 p 的增大而增大，r 则随 t_s 及 p 的增大而减少。h'' 初时增大，约至压力为 3.0MPa 时达到最大值。图 2.16 表示在不同压力 p 下 h'' 如何分配为 h' 及 r 两部分的情况。

干饱和蒸汽的比热力学能 $u''=h''-pv''$，因为汽化过程中温度保持不变，加入的热量为 r，所以干饱和蒸汽的比熵 $s''=s'+r/T_s$。

6. 过热蒸汽

当饱和蒸汽继续在定压下加热时，温度开始升高，超过 t_s 而成为过热蒸汽。其超过 t_s 之值称为过热度，即 $\Delta t=t-t_s$。过热热量可表示为
$$q_{\sup}=\int_{T_s}^{T} c_p \mathrm{d}T \tag{2.79}$$

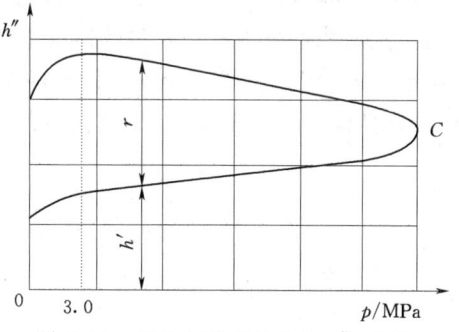

图 2.16 干饱和蒸汽的比焓 h'' 与饱和水比焓 h'、汽化潜热 r 的关系

因过热蒸汽的 c_p 是 p、t 的复杂函数，在一定的温度 t 下，过热蒸汽的 c_p 随 p 递增；在一定压力 p 下，过热蒸汽的 c_p 随 t 递减。特别是由饱和状态开始过热的阶段，由于大颗粒分子的分解，c_p 较大，衰减也很快；减小到某一最小值后，随 t 的升高 c_p 稍微回升；当温度很高时，尤其是低压下，过热蒸汽接近理想气体，p 对 c_p 的影响逐渐减小，并趋于一致，故式（2.79）不宜用于工程计算。

过热蒸汽的焓 $h=h''+q_{\sup}$，其比熵为
$$s=\int_{273.16}^{T_s} c\frac{\mathrm{d}T}{T}+\frac{r}{T_s}+\int_{T_s}^{T} c_p \frac{\mathrm{d}T}{T} \tag{2.80}$$

式中：c 为水的比热容；c_p 为过热蒸汽的比定压热容。同样，式（2.80）也不宜用于工程计算。

一定压力 p 下的过热蒸汽，其 t、v、h、s 和 u 均大于同压力下饱和蒸汽的相应参数 t_s、v''、h''、s'' 和 u''。

2.4.4 水蒸气表和图

在分析计算蒸汽过程和循环时，必须知道蒸汽的物性参数。由于蒸汽的状态方程极为复杂，不切合工程计算。为此，在 1963 年召开的第六届国际水和水蒸气性质会议上成立了国际公式化委员会（International Formulation Committee，IFC），规定了水的三相点的液相水的热力学能和熵值为零，该委员会先后发表了"工业用 1967 年 IFC 公式"和"科学用 1968 年 IFC 公式"，且可以采用计算机进行精确计算。现在各国使用的水和水蒸气图表就是根据这些公式计算而编制的。

1. 水蒸气表

水蒸气表一般有三种：①按温度排列的饱和水和干饱和蒸汽表，依次列出各个不同温度下的 p_s、v'、v''、h'、h''、r、s'、s''；②按压力排列的饱和水和干饱和蒸汽表，依次列出各

个不同温度下的 t_s、v'、v''、h'、h''、r、s'、s''；③按压力温度排列的未饱和水和过热蒸汽，以压力和温度为独立变数，列出未饱和水和过热蒸汽的 v、h、s。三种水蒸气表中均未列出 u，需按 $u=h-pv$ 计算而得。三种水蒸气表的整套数据见附录附表1、附表2和附表3。

2. $T-s$ 图

水蒸气的 $T-s$ 图如图2.17所示。图2.17中示出界限曲线将全图划分成湿区（曲线中间部分）和过热区（曲线右上部分）。此外还有定干度线（$x=$定值）和定压线（在湿区就是定温线，呈水平；在过热区向右上斜），在详图上还有定容（$v=$定值）线和定热力学能（$u=$定值）线，故可据任意两个已知状态参数求得其他各参数，焓值则按 $u=h-pv$ 计算得到。可见 $T-s$ 图在进行热力循环分析时能发挥重要的作用。

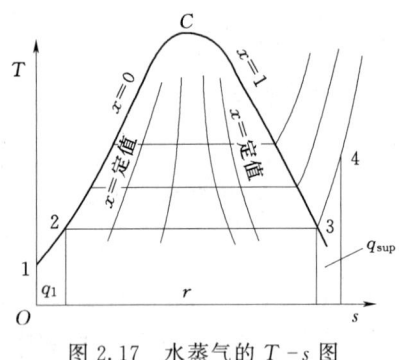

图 2.17 水蒸气的 $T-s$ 图

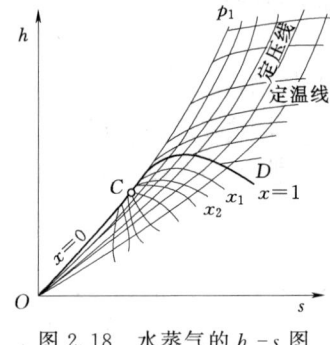

图 2.18 水蒸气的 $h-s$ 图

3. $h-s$ 图

由于热量和功在 $T-s$ 图上均以面积表示，故而进行数值计算时有其不便之处。而 $h-s$ 图因可以用线段长度表示热量和功而得到广泛应用。$h-s$ 图也称莫里尔图，是德国人莫里尔在1904年首先绘制的。其示意图见图2.18。图2.18中 $O-C-D$ 线为界限曲线，其上为过热蒸汽区，其下为湿蒸汽区。在湿蒸汽区有定压线和定干度线，在过热蒸汽区有定压线和定温线。定压线在湿蒸汽区为倾斜直线，因斜率 $(\partial h/\partial s)_p=T$，湿蒸汽区定压即定温，$T$ 不变，故斜率不变而为直线。进入过热区后，定压加热时温度将要升高，故其斜率亦逐渐增加。在交界处平滑过渡，此处曲线与直线的斜率相等，直线恰为曲线之切线。定温线在接近饱和区处向右上倾斜，表明在定温下压力降低时 h 将增加，这说明蒸汽的 h 不仅是 T 的函数，而且与 p 或 v 有关；当向右远离湿蒸汽区后，即过热度增加时逐渐平坦（上斜减少），最后接近水平线。这说明过热度高时，水蒸气的性质趋近于理想气体，它的焓值决定于 T，而与 p 的关系减小。

工程计算用的详图中定容线用红线标出，以便识别。利用这种图能求得全部参数，比较方便，但缺点是不易读出精确数值。在要求高度精确的计算中，以查表为宜。图的优点是方便，表的优点是精确。对于水和 x 值较小的湿蒸汽，工程上用途较小，需要时可查表。

【例 2.4】 容积为 0.6m^3 的密闭容器内盛有压力为 3.6bar 的干饱和蒸汽，问蒸汽的质量为多少？若对蒸汽进行冷却，当压力降低到 2.0bar 时，问蒸汽的干度为多少？冷却过程中由蒸汽向外传出的热量为多少？

解： $p_1=3.6\text{bar}$ 时，查以按压力排列的饱和水和干饱和蒸汽表可得

$$v_1''=0.51056\text{m}^3/\text{kg}, \quad h_1''=2733.8\text{kJ/kg}$$

故蒸汽质量为

$$m=V/v_1''=1.1752\text{kg}$$

$p_2=2.0\text{bar}$ 时，查以按压力排列的饱和水和干饱和蒸汽表可得

$v_2'=0.0010608\text{m}^3/\text{kg}$, $v_2''=0.88592\text{m}^3/\text{kg}$；$h_2'=504.7\text{kJ/kg}$, $h_2''=2706.9\text{kJ/kg}$

在冷却过程中，湿蒸汽的容积和质量不变，故冷却前干饱和蒸汽的比容 v_1'' 等于冷却后湿蒸汽的比容 v_{x2}，即 $v_1''=v_{x2}$ [或 $v_1''=(1-x_2)v_2'+x_2v_2''$]，则

$$x_2=(v_1''-v_2')/(v_2''-v_2')=(0.51056-0.0010608)/(0.88592-0.0010608)=0.5758$$

故可得

$$h_{x2}=(1-x_2)h_2'+x_2h_2''=(1-0.5758)\times504.7+0.5758\times2706.9=1772.7(\text{kJ/kg})$$

取蒸汽为闭口系统，则蒸汽满足闭口系统能量方程 $q=\Delta u+w$，由于是定容放热过程，故 $w=0$，所以 $q=\Delta u=u_2-u_1$。

由于 $u=h-pv$，故冷却过程中 1kg 湿蒸汽向外传出的热量 q 为

$$q=(h_{x2}-p_2v_{x2})-(h_1''-p_1v_1'')$$
$$=(1772.7-2.0\times10^2\times0.51056)-(2733.8-3.6\times10^2\times0.51056)$$
$$=-879.4(\text{kJ/kg})$$

故冷却过程中湿蒸汽向外传出的热量为

$$Q=mq=1.1752\times(-879.4)=-1033.5(\text{kJ})$$

2.5 湿空气的热力性质

湿空气是一种混合气体，是干空气和水蒸气的混合物。一般的，干空气是指完全不含水蒸气的空气，因其组成成分通常是一定的，可以当作一种"单一气体"。

自然界中江河湖海里的水要蒸发汽化，因此大气中总是含有一些水蒸气。一般情况下，大气中水蒸气的含量及变化都较小，可近似作为干空气来计算。但某些场合如干燥装置、采暖通风、室内调温调湿以及冷却塔等设备中，为使空气达到一定的温度和湿度，以符合生产工艺和生活上的要求，不能忽略空气中的水蒸气。因此，有必要对湿空气的热力性质、参数的确定、湿空气的工程应用计算等做专门研究。

干燥、采暖、空调、冷却塔等工程中通常都是采用环境大气，其水蒸气的分压力很低（0.003～0.004MPa），一般处于过热状态，因此湿空气可视为理想气体混合物。

此外，为湿空气热力性质分析及其以后工程计算方便，可假设：①湿空气中水蒸气凝聚成的液相水或固相冰中，不含有空气；②干空气的存在不影响水蒸气与凝聚相的相平衡，相平衡温度为水蒸气分压力所对应的饱和温度。

为了描述方便，分别以下标"a""v""s"表示干空气、水蒸气和饱和水蒸气的参数，而无下标时则为湿空气参数。

2.5.1 未饱和湿空气和饱和湿空气

根据理想气体的分压力定律，湿空气总压力等于干空气分压力 p_a 和水蒸气分压力 p_v

之和，即 $p=p_a+p_v$。如果湿空气来自环境大气，其压力即为大气压力 p_b，则

$$p_b=p_a+p_v \tag{2.81}$$

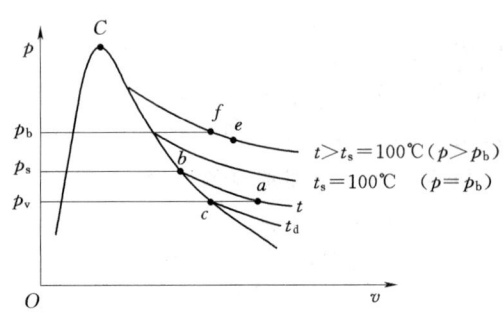

图 2.19 湿空气中水蒸气状态的 p-v 图

湿空气中的水蒸气，由于其分压力不同（主要由含量不同引起的）以及温度不同，可处于过热状态或饱和状态，因而干空气和过热水蒸气组成的是未饱和湿空气，而干空气和饱和水蒸气组成的是饱和湿空气。温度为 t 的湿空气，当水蒸气的分压力 p_v 低于对应于 t 的饱和压力 p_s 时，水蒸气处于过热状态，如图 2.19 中点 a 所示。这时，水蒸气的密度 ρ_v 小于饱和蒸汽的密度 $\rho''=f(t)$，即 $\rho_v<\rho''$ 或 $v_v>v''$。

如果湿空气保持温度不变，而水蒸气含量增加，则水蒸气的分压力增大，其状态点将沿着定温线向左上方（p-v 图上）变化，当分压力增大到 $p_s(t)$，如图 2.19 中点 b 时，水蒸气达到饱和状态。饱和湿空气吸收水蒸气的能力已达到极限，若再向它加入水蒸气，将凝结为水滴从中析出，这时水蒸气的分压力和密度是该温度下可能有的最大值，即 $p_v=p_s(t)$，$\rho=\rho''$，p_s 和 ρ'' 按温度 t 在饱和水蒸气图表上查得。

未饱和湿空气也可通过另一途径达到饱和，如果湿空气内水蒸气的含量保持一定，即分压力 p_v 不变而温度逐渐降低，状态点将沿着定压冷却线 $a—c$ 与饱和蒸汽线相交于 c，也可达到饱和状态，继续冷却就会结露。点 c 温度即为对应于 p_v 的饱和温度，称为露点温度（简称露点），用 t_d 表示。显然 $t_d=f(p_v)$，可在附表所列饱和水蒸气表上由 p_v 值查得。

露点温度是在一定的 p_v 下（指不与水和湿物料相接触的情况）未饱和湿空气冷却达到饱和湿空气，即将结出露珠时的温度，可用湿度计或露点仪测量，测得 t_d 相当于测定了 p_v。达到露点后继续冷却，部分水蒸气就会凝结成水滴析出，在湿空气中的水蒸气状态，将沿着饱和蒸汽线变化，这时温度降低，分压力也随之降低，即为析湿过程。因此，在冬季采暖季节，房屋建筑外墙内表面的温度必须高于室内湿空气的露点温度，否则，外墙内表面会产生蒸汽凝结现象。

在干燥过程中，空气的温度往往超过大气压力 p_b 所对应的水蒸气饱和温度 $t_s=f(p_b)$。例如 $p_b=101325$Pa 时，水蒸气所能达到的饱和温度最高为 100℃。当湿空气处于图 2.19 中的 e 点时，其温度 $t'>100$℃，水蒸气分压力不可能达到对应于温度 t' 的饱和压力，因为此时的饱和压力将超过大气压力 p_b。所以水蒸气的分压力最多只能达到点 f，此时水蒸气分压力 p_v 已等于大气压力 p_b，而干空气分压力 p_a 则等于零。实际上，湿空气作为混合气体，水蒸气分压力不可能等于 p_b，但在湿空气的计算中，有时需要这一极限概念。

2.5.2 相对湿度和含湿量

(1) 湿空气的相对湿度。湿空气中水蒸气的分压力 p_v 与同一温度、同样总压力 p 的饱和湿空气中水蒸气分压力 p_s 的比值，称为相对湿度，以 φ 表示，则

$$\varphi = \frac{p_v}{p_s} \approx \frac{\rho_v}{\rho''} \quad (p_s \leqslant p) \tag{2.82}$$

可见 φ 值介于 0 和 1 之间。不论温度如何，φ 的大小直接反映了湿空气的吸湿能力，同时，它也反映出湿空气中水蒸气含量接近饱和的程度，故又称饱和度。φ 越小表示湿空气离饱和湿空气越远，即空气越干燥，吸取水蒸气的能力越强，当 $\varphi=0$ 时即为干空气；反之，φ 越大空气越潮湿，吸取水蒸气的能力也越差，当 $\varphi=1$ 时 $p_v=p_s$，即为饱和湿空气。当计算 φ 值时，式（2.82）中的饱和蒸汽压 p_s 既可由水蒸气图表查出，也可由以下经验公式计算（误差不超过 $\pm 0.15\%$），即

$$p_s = \frac{2}{15}\exp\left(18.95916 - \frac{3991.11}{t+233.84}\right) \tag{2.83}$$

式中：t 为湿空气的温度，℃；p_s 为水蒸气的饱和压力，kPa。

当作为干燥介质的湿空气被加热到相当高的温度时，p_s 可能大于总压力 p。实际上，湿空气中水蒸气的分压力至多等于总压力，所以这时 φ 定义为

$$\varphi = \frac{p_v}{p} \quad (p_s > p) \tag{2.84}$$

（2）湿空气的含湿量。以湿空气为工作介质的干燥、吸湿等过程中，干空气作为载热体或载湿体，它的质量或质量流量是恒定的，发生变化的只是湿空气中水蒸气的质量。因此，湿空气的一些状态参数，如湿空气的含湿量、焓、气体常数、比容、比热容等，都是以单位质量干空气为基准的，这样可方便计算。定义 1kg 干空气所含有的水蒸气的质量为含湿量（又称比湿度），以 d 表示，则

$$d = \frac{m_v}{m_a} = \frac{M_v n_v}{M_a n_a} \tag{2.85}$$

式中：n_v 和 n_a 分别为湿空气中水蒸气和干空气的物质的量，mol；M_v、M_a 分别为水蒸气和干空气的摩尔质量，$M_v = 18.016 \times 10^{-3}$ kg/mol，$M_a = 28.97 \times 10^{-3}$ kg/mol。

由分压力定律可知，理想气体混合物中各组元的摩尔数之比等于分压力之比，且 $p_a = p - p_v$，所以

$$d = 0.622 \frac{p_v}{p_a} = 0.622 \frac{p_v}{p - p_v} \tag{2.86}$$

可见，总压力 p 一定时，湿空气的含湿量 d 只取决于水蒸气的分压力 p_v，并且随着 p_v 的升降而增减，即 $d = f(p_v)$。若将式（2.82）变形表达式 $p_v = \varphi p_s$ 代入式（2.86），则

$$d = 0.622 \frac{\varphi p_s}{p - \varphi p_s} \tag{2.87}$$

因 $p_s = f(t)$，所以总压力 p 一定时，湿空气的含湿量取决于 φ 和 t，即 $d = f(\varphi, t)$。

（3）湿空气的焓。湿空气的焓是指含有 1kg 干空气的湿空气的焓值，它等于 1kg 干空气的焓和 d kg 水蒸气的焓之总和，以 h 表示，即

$$h = \frac{H}{m_a} = \frac{m_a h_a + m_v h_v}{m_a} = h_a + d h_v \tag{2.88}$$

湿空气的焓值以 0℃ 时的干空气和 0℃ 时的饱和水为基准点，单位是 kJ/kg(a)。

若温度变化的范围不大（通常不超过 100℃），干空气的比定压热容 $c_{pa} = 1.005$ kJ/

(kg·K)，则干空气的比焓为

$$h_a = c_{pa} t = 1.005t \tag{2.89}$$

水蒸气的比焓可采用足够精确的经验公式表示为

$$h_v = 2501 + 1.86t \tag{2.90}$$

式中：2501 为 0℃时饱和水蒸气的焓的数值，而常温低压下水蒸气的平均比定压热容为 1.86kJ/(kg·K)。

将式 (2.89)、式 (2.90) 代入式 (2.88)，可得

$$h = 1.005t + d(2501 + 1.86t) \tag{2.91}$$

式中：d 的单位为 kg（水蒸气）/kg（干空气）。

显然，可由水蒸气图表中查得水蒸气比焓 h_v 的精确值，但工程计算中通常以温度为 t 的饱和水蒸气焓 h'' 代替，即取 $h_v \approx h''(t)$，温度不太高时误差极微（$t=100$℃时误差不超过 0.3%）。

（4）湿空气的比容。1kg 干空气和 d kg 水蒸气组成的湿空气，其比容 v 为

$$v = (1+d) \frac{R_g(t+273)}{p} \tag{2.92}$$

其中 $R_g = \sum g_i R_{gi} = (R_{ga} + dR_{gv})/(1+d) = (287 + 461d)/(1+d)$

式中：R_g 为湿空气的气体常数。

（5）湿空气的绝热饱和温度。图 2.20 为一绝热饱和冷却塔，由下部送入的未饱和的湿空气（参数为 t_1、d_1、h_1）与由顶部喷淋而下的大量的水逆向而行在填料层中接触，因为空气尚未饱和，水分不断汽化进入湿空气。又因绝热饱和冷却塔是绝热的，水分汽化所需的潜热只能来自空气的显热，致使过程中空气温度逐渐降低，含湿量逐渐增大，水分汽化潜热又被蒸汽带回了空气，所以湿空气的焓值几乎不变。因此，该过程看作等焓增湿降温过程。如果有足够长的接触时间，最终湿空气将达到饱和，其温度不再下降。此稳定状态的温度称为初始状态湿空气的绝热饱和温度 t_{ws}，是湿空气状态参数之一。绝热饱和器的循环水温和补充水温也应保持 t_{ws}。

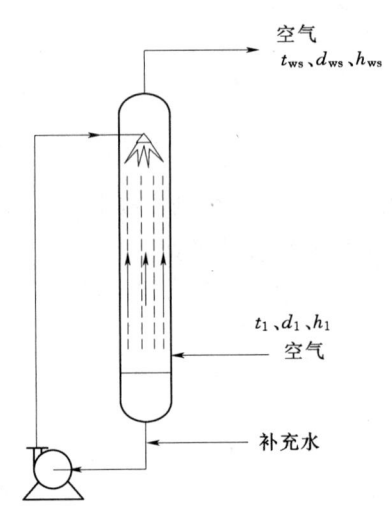

图 2.20 绝热饱和冷却塔

由能量守恒原理，湿空气进入容器的焓值 H_1 加上补充水焓值 H_{av} 等于湿空气达绝热饱和状态的焓值 H_{ws}，即

$$H_1 + H_{av} = H_{ws} \tag{2.93}$$

或

$$h_1 + (d_{ws} - d_1) h_{av} = h_{ws} \tag{2.94}$$

其中

$$h_1 = h_{a1} + d_1 h_{v1}, \quad h_{ws} = h_{as} + d_{ws} h_{vs}$$

式中：d_{ws} 为绝热饱和湿空气的含湿量。

考虑到 $r(t_{as})=h_{vs}-h_{ws}$，则 $h_{v1}-h_{ws}=h_{v1}-h_{vs}+h_{vs}-h_{ws}=c_{pa}(t_1-t_{ws})+r(t_{ws})$。将这些关系代入式（2.94），经整理可得

$$d_1=\frac{h_{as}-h_{a1}+d_{ws}r(t_{ws})}{c_{pv}(t_1-t_{ws})+r(t_{ws})} \tag{2.95}$$

将干空气比焓差 $h_{as}-h_{a1}=c_{pa}(t_{ws}-t_1)=1.005(t_{ws}-t_1)$、水蒸气平均质量、平均比定压热容 $c_{pv}=1.86\text{kJ}/(\text{kg}\cdot\text{K})$ 代入式（2.95），可得

$$d_1=\frac{1.005(t_{ws}-t_1)+d_{ws}r(t_{ws})}{1.86(t_1-t_{ws})+r(t_{ws})} \tag{2.96}$$

由于 $p_{vs}=p_s(t_{ws})$，故

$$d_{ws}=0.622\frac{p_{vs}}{p-p_{vs}}=0.622\frac{p_s(t_{ws})}{p-p_s(t_{ws})} \tag{2.97}$$

因此，若已知 t_{ws}，可查表得出 $p_s(t_{ws})$，进而求得 d_{ws}。同时查出汽化潜热 $r(t_{ws})$，一起代入式（2.96）后确定湿空气的含湿量 d_1。

H_{av} 相对于 H_1、H_2 小得多，可忽略不计，则绝热饱和过程近似等焓，即 $H_1 \approx H_{ws}$，或 $h_{a1}+d_1h_{v1}=h_{as}+d_{ws}h_{vs}$。因湿空气可当作理想气体混合物，其比定压热容 $c_p=(c_{pa}+dc_{pv})/(1+d)$，由于 d 很小，所以，$c_p \approx (c_{pa}+dc_{pv})$。考虑到 $h_{as}-h_{a1}=c_{pa}(t_{ws}-t_1)$，$h_v=c_{pv}t+r(t_0)(t_0=0℃)$，以及 d_1 和 d_{ws} 都很小，近似有 $c_p \approx (c_{pa}+d_1c_{pv}) \approx (c_{pa}+d_{ws}c_{pv})$，故整理后可得 t_{ws} 的近似式为

$$t_{ws}=t_1-\frac{r(t_0)}{c_p}(d_{ws}-d_1) \tag{2.98}$$

显然，对未饱和湿空气而言，有 $t_d < t_{ws} < t_1$；而对于饱和湿空气而言，有 $t_d=t_{ws}=t_1$。

式（2.98）表明，总压力 p 一定时，t_{ws} 仅是 t_1、d_1 的函数。绝热饱和温度 t_{ws} 与湿球温度 t_w 数值上极为相近，实际应用时可以 t_w 代替 t_{ws}。

2.5.3 湿球温度

一般的，可采用干球温度计和湿球温度计对湿空气的相对湿度 φ 和含湿量 d 进行简便测定。干球温度计即普通温度计，测出的是湿空气的真实温度 t。温度计的感温球上包裹有浸在水中的湿纱布，称为湿球温度计，见图 2.21。当大量的未饱和湿空气流吹过暴露在空气中的湿纱布表面时，开始时湿纱布中水分温度与主体湿空气温度相同。由于湿空气未饱和，湿纱布中水分汽化，通过汽膜向空气流扩散。汽化需要的热量来自水分本身，使水分温度下降。但水分温度低于湿空气流温度时，热量将由空气传给湿纱布中的水分，传热速率随着两者温差增大而提高，直到空气向湿纱布单位时间传递的热量等于单位时间内湿纱布表面水分汽化所需热量时，湿纱布中的水温保持恒

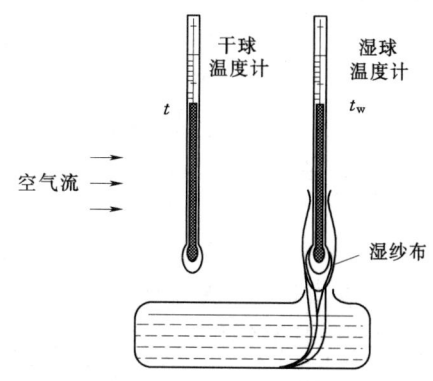

图 2.21 干球温度计和湿球温度计

定不变，达到平衡，湿球温度计指示的正是平衡时湿纱布中水分的温度。由于这一温度取决于周围湿空气的温度 t 和含湿量 d，故称为湿空气的湿球温度，以 t_w 表示。湿空气的 d 越小，湿纱布中的水分汽化越快，汽化所需热量越大，湿球温度越低。相反，若湿空气已达饱和状态，则湿球温度与干球温度相等。

由于干湿球温度计受风速及测量环境的影响，在相同的空气状态下，可能会出现不同的湿球温度的数值。为此，应防止干球温度计和湿球温度计与周围环境之间的辐射换热，以及保证 4m/s 以上的风速。这样测得的 t_w 值才能非常接近绝热饱和温度 t_{ws} 的值，否则就会产生较大的误差。

最后可得湿球加湿过程中的热平衡关系式为

$$h_1+(d_2-d_1)c_p t_w=h_2 \tag{2.99}$$

式中：h_1 为湿空气的焓；d_1 为湿空气含湿量；h_2 为湿球纱布表面饱和空气层的焓；d_2 为湿球纱布表面饱和空气层的含湿量；t_w 为湿球纱布表面饱和空气层的湿球温度。

由于湿纱布上水分蒸发的数量只有几克（对 1kg 干空气所吸收的水蒸气而言），而湿球温度计的读数 t_w 又比较低，再乘上 10^{-3} 之后，式（2.99）中等号左边第二项的值是很小的，在一般的通风空调工程中可以忽略不计。因此，式（2.99）可简化为

$$h_1=h_2 \tag{2.100}$$

从式（2.100）可知，湿空气在加湿过程中，湿空气的焓不变，是一个等焓过程，即在达到热平衡时，湿纱布水分的蒸发所需的潜热完全来自空气，最后这部分潜热又由水蒸气带回到空气中去了，所以对湿空气来说，在不考虑蒸发掉的水本身焓值的情况下，可以近似地认为焓不变。

2.5.4 湿空气的焓湿图

在一定的总压力 p 下，湿空气的状态可用 T、φ、d、p_v、T_d、T_w 等不同参数表示，其中只有两个是独立变量。根据两个独立参数用解析法确定其他参数，从而对湿空气的热力过程进行分析计算，虽然较为繁复，但为利用计算机进行工程计算提供了依据。

目前工程计算仍大量采用线图，线图法虽精度略差，但比解析法简捷方便。常用的线图有焓湿图（h-d 图）、温湿图（t-d 图）、焓温图（h-t 图）等，本书限于篇幅只介绍 h-d 图。

(1) 湿空气的 h-d 图。h-d 图是根据式（2.87）和式（2.98）绘制而成的，如图 2.22 所示。

图 2.22 以 1kg 干空气量的湿空气为基准，其温度范围为 $-30\sim 70$℃，总压力 $p=0.1013$MPa。为使图面开阔清晰，h 与 d 坐标轴之间成 135°的夹角，在纵坐标轴上标出零点，即 $h=0$、$d=0$。故纵坐标轴即为 $d=0$ 的等含湿量线，该纵坐标轴上的读数也是干空气的焓值。在确定坐标轴的比例后，就可以绘制一系列与纵坐标轴平行的等含湿量线，以及与纵轴成 135°的夹角一系列等焓线。在实用中，为避免图面过长，可取一水平线来代替 d 轴，如图 2.22 所示。h-d 图由下列 5 种线群组成：

1) 等含湿量线（等 d 线）。等 d 线是一组平行于纵坐标的直线群。露点 t_d 是湿空气冷却到 $\varphi=100\%$ 时的温度。因此，含湿量 d 相同、状态不同的湿空气具有相同的露点。

2) 等焓线（等 h 线）。等 h 线是一组与横坐标轴成 135°的平行直线。绝热增湿过程

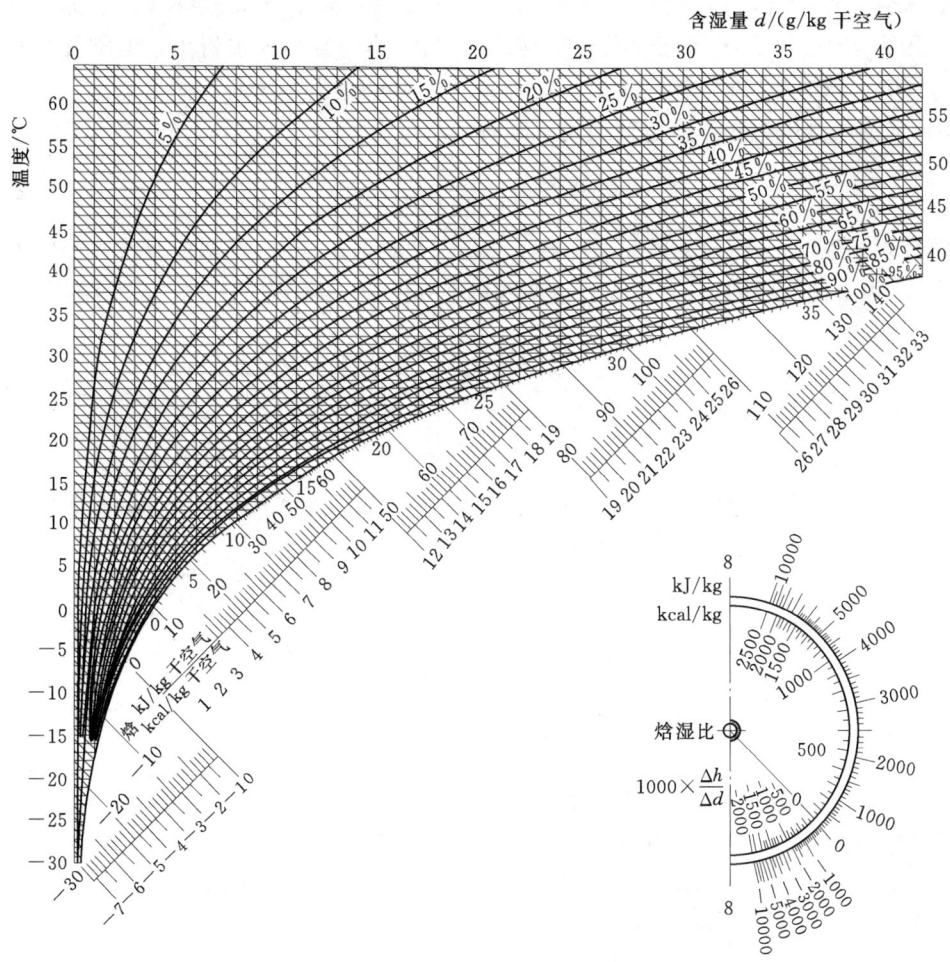

图 2.22 湿空气的 h-d 图

近似为等 h 过程,湿空气的湿球温度 t_w(近似等于绝热饱和温度 t_{ws})是沿等 h 线冷却到 $\varphi=100\%$ 时的温度。因此,焓值相同、状态不同的湿空气具有相同的湿球温度。

3) 等温线(等 t 线)。由式(2.91)可知,当湿空气的干球温度 t 为定值时,h 和 d 间成直线变化关系。t 不同时斜率不同。因此,等 t 线是一组互不平行的直线,t 越高,则等 t 线斜率越大。

4) 等相对湿度线(等 φ 线)。等 φ 线是一组上凸形的曲线。由式(2.87)可知,总压力 p 一定时,$\varphi=f(d,t)$。h-d 图都是在一定的总压力 p 下绘制的,水蒸气的分压力最大也不可能超过 p。当湿空气温度等于或高于 100℃ 时,φ 定义为 p_v/p,即 $p_v=\varphi p$。式(2.87)将成为

$$d=0.622\times\frac{\varphi p}{p-\varphi p}=0.622\times\frac{\varphi}{1-\varphi} \tag{2.101}$$

这时,等 φ 线就是等 d 线,所以各等 φ 线与 $t=100℃$ 的等温线相交后,向上折与等 d 线重合,如图 2.23 所示。$\varphi=100\%$ 的等 φ 线称为临界线。它将 h-d 图分成两部分。

上部是未饱和湿空气，$\varphi<100\%$；$\varphi=100\%$ 曲线上的各点是饱和湿空气。下部没有实际意义。因为达到 $\varphi=100\%$ 时已经饱和，再冷却则水蒸气凝结为水析出，湿空气本身仍保持 $\varphi=100\%$。$\varphi=0$，即干空气状态，这时 $d=0$，所以它和纵坐标线重合。

5）水蒸气分压力线。重新整理式（2.87）后可得

$$p_v = \frac{pd}{0.622+d} \tag{2.102}$$

据此可绘制 p_v-d 的关系曲线。当 $d \ll 0.622$ 时，p_v 与 d 近似成直线关系，所以图 2.23 中 d 很小的那段的 p_v 为直线。该曲线画在 $\varphi=100\%$ 等湿线下方，p_v 的单位为 kPa。

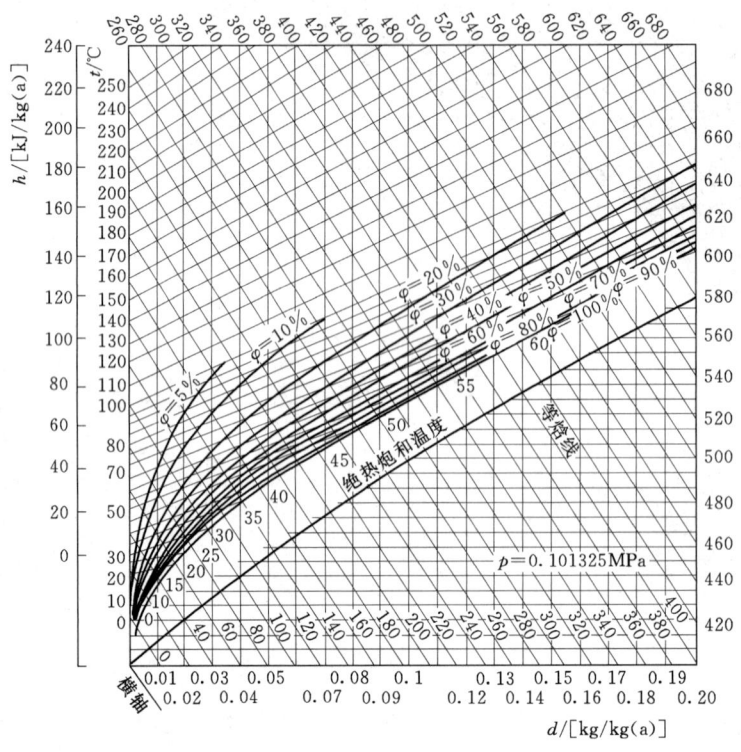

图 2.23 湿空气的 h-d 图

最后还应指出，h-d 图都是在一定总压力 p 下制作的，不同的总压力线图不同。实际总压力与其相差不大时仍可用该图计算。若总压差别较大，则需对 h-d 图上查得的参数进行修正，具体方法可查阅有关资料。

（2）h-d 图的应用。根据湿空气的两个独立状态参数，可在 h-d 图上确定其他参数。并非所有参数都是独立的，例如 t_d 与 d、p_v 和 d、t_d 与 p_v 或 t_w 与 h 都不是彼此独立的，它们在同一等 d 线或等 h 线上，因此在 h-d 图上无法用它们确定湿空气的状态。

可以确定状态的两个独立参数通常有：干球温度 t 和相对湿度 φ、干球温度 t 和含湿量 d、干球温度 t 和湿球温度 t_w、露点 t_d 和焓 h 等。在 h-d 图上由此确定了状态点后，其他状态参数也可读出。

【例 2.5】一容积 $V=2\text{m}^3$ 的容器内盛有 $p=0.1\text{MPa}$、$t=20\text{℃}$ 的湿空气，已知该湿

空气的比焓 $h=57.9$kJ/kg，20℃时饱和水蒸气压力 $p_s=2337$Pa，干空气的质量气体常数 $R_{ga}=0.287$ kJ/(kg·K)，求容器中湿空气的相对湿度 φ、水蒸气质量 m_v 和总焓 H。

解：因为 1kg 干空气的湿空气的比焓 $h=1.005t+d(2501+1.86t)$，由题设条件可知饱和湿空气的含湿量 d 为

$$d=(h-1.005t)/(2501+1.86t)=(57.9-1.005\times 20)/(2501+1.86\times 20)$$
$$=0.0149[\text{kg/kg(a)}]$$

由 $d=0.622\varphi p_s/(p-\varphi p_s)$ 可得

$$\varphi=dp/[(0.622+d)p_s]=0.0149\times 10^5/[(0.622+0.0149)\times 2337]=100\%$$

又因为 $d=m_v/m_a$，其中 $m_a=p_aV/(R_{ga}T)$，则

$$m_a=p_aV/(R_{ga}T)=(10^5-2337)\times 2/(287\times 293)=2.32(\text{kg})$$
$$m_v=dm_a=0.0149\times 2.32=0.035(\text{kg})$$

又湿空气的比焓通常是以 1kg 干空气为计算基准，即 $h=h_a+m_vh_v/m_a$，则容器中湿空气的总焓 H 为

$$H=m_ah=2.32\times 57.9=134.328(\text{kJ})$$

2.6 制冷剂的热力性质

压缩蒸汽制冷循环具有单位工质制冷量大、制冷系数更接近于同温限的逆向卡诺循环等优点，因此得到了广泛应用。由于实际装置的运行和性能与制冷剂的性质密切相关，因此在热力性质和环境保护等方面对制冷剂提出了要求。对制冷剂的热力性质的主要要求如下：①对应于装置的工作温度（蒸发温度、冷凝温度），要有适中的压力；若蒸发压力过低，密封容易出问题；冷凝压力过高，冷凝系统材料的耐压强度提高，增加了成本，也对焊接等工艺提出了更高要求；②在工作温度下汽化潜热要大，使单位质量工质具备较大的制冷能力；③临界温度应高于环境温度，使冷凝过程能更多地利用定温排热；④制冷剂在 $T\text{-}s$ 图上的上下界限线要陡峭，以便使冷凝过程更加接近定温放热过程，并可减少节流引起的制冷能力下降；⑤工质的三相点温度要低于制冷循环的下限温度，以免造成凝固阻塞；⑥蒸汽的比容要小，工质的传热特性要好，以使装置更紧凑。

此外，还要求制冷剂溶油性好，化学性质稳定，与金属材料及压缩机中的密封材料等有良好的相容性，安全无毒，价格低廉等。

常用的制冷剂有氨（NH_3）和多种商品名叫氟利昂的氯氟烃和含氢氯氟烃等。氨是一种良好的制冷剂，对应于制冷温度范围有合适的压力，汽化潜热大，制冷能力较强，价格低廉，对环境破坏小，但有较大的毒性，对铜有腐蚀性，具有气味，应用场合受到一定限制。氟利昂类制冷剂汽化时吸热能力适中，性能稳定，能够满足不同温度范围对制冷剂的要求，由于其优异的使用性能，应用尤为广泛，例如 CFC12（R12）、CFC11（R11）和 HCFC22（R2）等曾分别作为家用冰箱、汽车空调和热泵型空调的重要制冷剂。

但是，20世纪70年代美国科学家 Molina 和 Rowland 首先发现，由于 CFC 和 HCFC 类物质相当稳定，进入大气后能逐渐穿越大气对流层而进入同温层，在紫外线的照射下，CFC 和 HCFC 类物质中的氯游离成氯离子 Cl^-，与臭氧发生连锁反应，使臭氧浓度急剧减小。南极上空臭氧层已出现巨大空洞，且呈蔓延之势。臭氧层阻挡了太阳辐射中的紫外线，臭氧层变薄甚至出现大面积空洞，将大大削弱对紫外线的吸收能力，使大量紫外线直接照射到地球表面，导致人体免疫功能降低，皮肤癌增加并使农、畜、水产品减产，破坏原有的生态平衡。此外，地球上空大量积聚 CFC 和 HCFC 类物质还加剧了温室效应。因此，虽然 CFC 和 HCFC 类物质有优异的热力性能，但是必须限制进而禁止使用。我国政府于1992年8月起正式成为保护臭氧层的《蒙特利尔协定书》的缔约国。按照该协定书的规定，我国在2010年前禁止使用与生产 CFC 类物质。因此，加速开发 CFC 和 HCFC 的替代物是放在科技工作者前的紧迫任务。

作为替代物，首先必须满足环境保护方面的要求，而且也应该满足前述对制冷剂的热力性质及其他方面的要求。考虑到不可能抛弃现有的冰箱、空调等设备，因此替代物的热物理性质越接近被替代的 CFC 和 HCFC 物质越好，以实现现有设备顺利改用新工质。研究和试验表明，HCFC134a 很有希望成为 CFC12 的替代物的新工质。它是一种含氢的氟代烃物质，由于不含氯原子，因而不会破坏臭氧层，温室效应也仅为 CFC12 的30%左右。它的正常沸点和蒸汽压曲线与 CFC12 十分接近，热性能也接近 CFC12。其他有关性能也较为有利，有希望在中温制冷与空调系统，如家用冰箱、汽车空调等设备中成功替代 CFC12。为了使并代工质的性质更完善，常采用两种甚至多种纯物质的混合物作为制冷剂，有关这方面的论述请参阅有关专业文献。

特别是由于现今常用的制冷工质如氟利昂12等对臭氧层的破坏作用被认识后，人们对可能作为替代工质的物性的研究，包括其 p、v、T 之间关系的研究给予极大关注，并且不断取得新的进展。

思 考 题

2.1 何谓理想气体？其实际意义何在？通用气体常数 R_0 和质量气体常数 R_g 有何不同？

2.2 混合气体处于平衡状态时，各组成气体的温度是否相同，分压力是否相同？

2.3 按 $(du/dT)_v$ 及 $(dh/dT)_p$ 和按 $(\delta q/dT)_v$ 及 $(\delta q/dT)_p$ 定义定容比热容和定压比热容，两者有什么共同点和不同点？

2.4 混合气体中某组成气体的摩尔质量小于混合气体的摩尔质量，问该组成气体在混合气体中的质量成分是否一定小于容积成分，为什么？

2.5 实际气体与理想气体性质差异的原因是什么？在什么条件下可以把实际气体视为理想气体？压缩因子 Z 的物理意义是什么？能否将压缩因子 Z 视为常数来处理？

2.6 水的临界状态究竟是怎样一种状态？

2.7 北方冬天为什么可以利用冰刀在真冰上进行滑冰？与大人相比，小孩滑冰时为什么要吃力一些？

2.8 饱和蒸汽的焓值是否随压力和温度的升高而不断增大？过热蒸汽的焓值呢？

2.9 冬天刮风阴天，气温为2℃，相对湿度为50%，在室外晾晒的湿衣服会出现什么现象？为什么？

2.10 有人说，相对湿度表示湿空气吸收水蒸气的能力，所以相对湿度相同时在不同温度下湿空气的吸湿能力是相同的，这种说法是否正确？说明理由。

2.11 湿空气的露点能否等于湿球温度？能否大于湿球温度？为什么说未饱和空气中的水蒸气处于过热状态？

2.12 同一地点的大气压是否恒定？对于同一地点而言，晴天的大气压是否比阴雨天要大？冬天的大气压比夏天要大？为什么？

2.13 为什么说热力学湿球温度是湿空气的状态参数，而湿球温度计测得的温度值不是湿空气的状态参数？

2.14 湿空气和湿蒸汽有什么不同？饱和湿空气和饱和湿蒸汽有什么不同？

2.15 当高温下湿空气中水蒸气分压力 p_w 大于大气压力 p_b 时，能否采用 $\varphi = p_w/p_s$ 计算湿空气的相对湿度？

2.16 制冷过程中对制冷剂有何基本要求？一般常用的制冷剂有哪几种？

习　题

2.1 已知氧气的摩尔质量为 $M=32\times10^{-3}$ kg/mol，试求：①氧气的质量气体常数 R_g；②标准状态下氧气的比容 v_0 和密度 ρ_0；③标准状态下 1m³ 氧气的质量 m_0；④ $p=$ 1atm，$T=800$K 时氧气的比容 v 和密度 ρ；⑤上述3种状态下的摩尔体积 V_m。

2.2 空气压缩机每分钟从大气中吸入温度 $T_b=290$K、压力等于当地大气压力 $p_b=$ 1atm 的空气 0.5m³，充入体积 $V=1.6$m³ 的储气罐中。储气罐中原有空气的温度 $T_1=$ 300K，表压力 $p_e=0.6$atm，问经过多长时间储气罐中的气体压力才能提高到 $p_2=7$atm、温度 $T_2=340$K？

2.3 喷射农药的压缩喷雾器的结构如习题 2.3 图所示，喷射器 A 的容积为 7.5L，装入药液后，药液上方体积为 1.5L，关闭阀门 K，用打气筒 B 每次打进 10^5Pa 的空气 250cm³。求：①要使药液上方气体的压强为 5×10^5Pa，打气筒活塞应打几次？②当 A 中有 5 $\times10^5$Pa 的空气后，打开阀门 K 喷射药液，直到没有药液再能喷射出来为止，问此时喷射器 A 内还剩余多少药液？

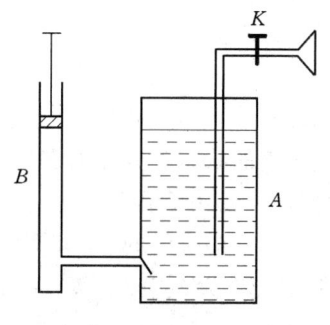

习题 2.3 图

2.4 混合气体中 CO_2、N_2、O_2 的摩尔成分分别为 $x_1=0.35$、$x_2=0.45$、$x_3=0.2$，混合气体温度 $T=$ 330K，压力 $p_2=1.4$bar。试求：①混合气体容积 $V=5$m³ 的混合气体的质量；②混合气体在标准状态下的体积。

2.5 从工业炉出来的烟气（质量 $m_1=45$kg）和空气（质量 $m_2=55$kg）的混合气

体，已知烟气中 CO_2、N_2、O_2、H_2O 的质量成分为 $g_{y1}=14\%$、$g_{y2}=76\%$、$g_{y3}=4\%$、$g_{y4}=5\%$，空气中 N_2、O_2 的质量成分为 $g_{k1}=77\%$、$g_{k2}=23\%$。混合后气体压力 $p=2\text{bar}$，试求混合气体的：①质量成分；②折合气体常数；③折合分子量；④摩尔成分；⑤各组成气体的分压力。

2.6 试推导范德瓦尔气体在可逆定温膨胀时的做功表达式。

2.7 容积为 0.45m^3 的容器内充满氮气，压力为 18MPa，温度为 290K，试利用理想气体状态方程、范德瓦尔方程、通用压缩因子图、R-K 方程计算容积中氮气的质量。

2.8 试用理想气体状态方程和压缩因子图分别求压力为 5MPa、温度为 450℃ 的水蒸气的比容，并比较计算结果的误差。已知此状态时水蒸气的比容是 $0.063291\text{m}^3/\text{kg}$。

2.9 已知水蒸气的压力 $p=5\text{bar}$、比容 $v=0.4\text{m}^3/\text{kg}$，问这是不是过热蒸汽？如果不是，那么是饱和蒸汽还是湿蒸汽？用水蒸气表求出其他参数。

2.10 一容器其容积 $V=0.15\text{m}^3$，其中装有压力 $p_1=7.5\text{bar}$ 的干饱和蒸汽，当容器的压力降至 $p_2=4.0\text{bar}$ 时，求容器的饱和水及干饱和蒸汽的质量及容积各是多少？

2.11 利用蒸汽图表，填充习题 2.11 表中的空格。

习题 2.11 表

项目	p/MPa	t/℃	h/(kJ/kg)	s/[kJ/(kg·K)]	x	过热度/℃
1	3.00					266
2	0.50	392				
3		360				126
4	0.02				0.90	

2.12 质量为 1kg 的饱和水装在一刚性容器内，其压力为 1atm，饱和温度为 100℃。若将水加热至 120℃，求下列情况容器内水的终态压力 p_2：①容器的容积未发生变化；②容器的容积增大 1%。

2.13 设大气压力 $p_b=1\text{bar}$，温度 $t=30℃$，相对湿度 $\varphi=75\%$，试用饱和空气状态参数表确定湿空气的 p_v、t_d、d、h。

2.14 压气机将室外的洁净空气（$p_1=0.1\text{MPa}$，$t_1=20℃$，相对湿度 $\varphi_1=60\%$）充入高压氧舱，最终舱内空气压力 $p_2=0.3\text{MPa}$，试确定氧舱内空气的状态参数相对湿度 φ_2、温度 t_2、露点温度 t_{2d}、湿球温度 t_{2w} 和含湿量 d_2。

2.15 湿空气的 $t=35℃$，$t_d=25℃$，试求下列情况的 φ 和 d：①大气压力 $p_{b1}=1.0133\times10^5\text{Pa}$；②在海拔 2500m 处大气压力 $p_{b2}=0.75\times10^5\text{Pa}$。

2.16 湿空气中水蒸气的状态分别如习题 2.16 图中 1、2、3 所示，试比较 3 种状态下湿空气的下列参数的大小：①含湿量 d；②相对湿度 φ；③比焓 h。

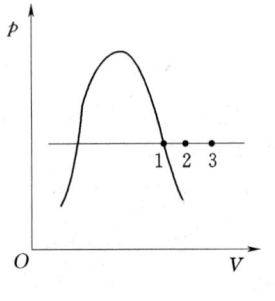

习题 2.16 图

第 2 篇 热力学基本理论

热力学四大规律（热力学第零定律、热力学第一定律、热力学第二定律和热力学第三定律）是人类最伟大的科学发现之一；热力学第零定律说明了温度的定义和温度的测量方法，为体系温度测量提供了基本依据；热力学第一定律阐述了热力系统能量守恒原理，为确定热工过程中热力系统与环境进行能量交换时的各种形态能量的数量守恒关系提供了坚实的理论基础。尽管热力学第一定律揭示了能量在转换与传递过程中数量守恒的客观规律，但却未能表明能量传递或转化时的方向、条件和限度，只有同时满足热力学第一定律和热力学第二定律的热力过程才能实现；热力学第三定律（即能斯特热定理）有效地解决了热力系统中平衡常数的计算问题和许多热动力工业生产难题。没有这四大定律的知识，很多工程技术和发明就不会诞生。

然而，工程上实施热能与机械能间的相互转换，或使工质达到预期的状态，通常总是通过工质的吸热、膨胀、放热、压缩等一些热力状态变化过程实现的，这自然离不开对工质基本热力过程性能、效率分析与评价。热力学一般关系式是研究物质热力性质不可缺少的理论基础。

此外，热力工程中一些常用的气体工质在工况下与理想气体的热力性质有较大的偏差，可根据热力学第一定律和热力学第二定律以及某些状态参数定义式，导出表达各种热力学参数间关系的热力学一般关系式，为研究物质热力性质提供了不可缺少的理论基础。

总之，热力学第零定律、热力学第一定律、热力学第二定律和热力学第三定律、工质基本热力过程理论以及纯物质的热力学一般关系式共同构成了热力学基本理论，它与第 1 篇热力学基础知识相结合后，为热力学基本理论的工程应用奠定了坚实的理论基础。

第 3 章 热力学第一定律

3.1 热力学第一定律的实质

自然界无数实际表明，自然界中的一切物质都具有能量，能量不可能被创造，也不可能被消灭，只能从一种形态转变为另一种形态，或者从一个系统转移到另一个系统，且其能量的总量保持不变。

热力学第一定律是能量守恒与转换定律在热工过程中的应用。根据热力学第一定律，可以确定热工过程中热力系统与环境进行能量交换时的各种形态能量的数量守恒关系。

在工程热力学的范围内，主要考虑的是热能和机械能之间的相互转换与守恒，故热力学第一定律可表述为"热是能量的一种，机械能转变为热能，或热能转变为机械能，其比值是一定的"，或"热可以变为功，功也可变为热。一定量的热消失时必产生相应量的功；消耗一定量的功时必出现与之对应的一定量的热"。

热力学第一定律是人类在长期的生产斗争和科学实验中积累的丰富经验的总结，它不能用数学或其他的理论来证明，但第一类永动机迄今仍未制造成功以及由第一定律所得出的一切推论都与实际经验相符合等事实，可以充分说明它的正确性。

3.2 总 储 存 能

除热力学能 U 外，工质的总能量还包含工质在参考坐标系中作为一个整体，因有宏观运动速度而具有的动能 E_k，因有不同高度而具有的位能 E_p。热力学能 U 称为内部储存能，动能 E_k 和位能 E_p 则称为外部储存能。热力学能和机械能是不同形式的能量，但是可以同时储存在热力系统内，因此，可把内部储存能和外部储存能的总和（即热力学能与宏观运动动能及位能的总和）叫作工质的总储存能（简称总能）。若总能用 E 表示，则

$$E = U + E_k + E_p \tag{3.1}$$

因式（3.1）中各项均为点函数，故其变化量可表示为

$$dE = dU + dE_k + dE_p \tag{3.2}$$

或

$$\Delta E = \Delta U + \Delta E_k + \Delta E_p \tag{3.3}$$

若工质的质量为 m，速度为 c_f，在重力场中的高度为 z，则宏观动能 $E_k = mc_f^2/2$，重力位能 $E_p = mgz$。

因此，工质的总储存能可表示为

$$E = U + \frac{1}{2}mc_f^2 + mgz \tag{3.4}$$

1kg 工质的总能即比总储存能 e，可表示为

$$e = u + \frac{1}{2}c_f^2 + gz \tag{3.5}$$

对于没有宏观运动且高度为零的热力系统，热力系统总储存能就等于热力学能，即

$$E = U$$

或

$$e = u \tag{3.6}$$

3.3 热力系统与环境之间传递的能量

热力系统与环境之间传递能量是指热力系统与环境热力源（热源、功源、质源）或与其他有关物体之间进行的能量传递。

3.3.1 热量

由第 1 章中热量的热力学定义可知，热量实际传递过程必须有温差的作用，当热力系统与环境之间达到热平衡时，热力系与环境的热量传递随之停止，再也觉察不到有热量通过边界。热量一旦通过边界传入（或传出）热力系统，就变成热力系统（或环境）总储存能的一部分，即热力学能，有时习惯上称为热能。显然，热量与热力学能（或热能）之间有原则的区别，热量是与过程特性有关的过程量，而热力学能（或热能）是取决于热力状态的状态量。因此，不能说热力系统具有多少热量，而只能说热力系统具有多少能量。

有关可逆过程热量的计算已在第 1.6.3 节中详细叙述过。

3.3.2 功量

在热力学中，由于环境功源有各种不同形式，如电、磁、机械装置等，相应的功包括电功、磁功、机械拉伸功、弹性变形功、表面张力功和膨胀功、轴功等。工程热力学主要研究热能与机械能的转换，而膨胀功是热能转换为功的必要途径。另外，热工设备的机械功往往通过机械轴传递，因此，目前情况下工程热力学最感兴趣的是膨胀功和轴功。

1. 膨胀功（也称容积功）

所谓膨胀功就是热力系统在压力差作用下因工质容积发生变化而传递的机械功。无论是闭口系统还是开口系统，热量转换为功量，工质容积都要膨胀，当然也就有膨胀功。闭口系统膨胀功通过热力系统边界传递，而开口系统的膨胀功则是下面即将介绍的技术功的一部分，可通过其他形式（如轴）传递。

热力系统容积变化是做膨胀功的必要条件，膨胀过程容积变化 $\Delta v > 0$，$w > 0$；压缩过程容积变化 $\Delta v < 0$，$w < 0$；对定容过程 $\Delta v = 0$，$w = 0$。但是必须指出，工质膨胀过程也不一定有功的输出，例如，采用隔板将绝热刚性容器分为两部分，一部分存有气体，另一部分为绝对真空，当抽去隔板后，气体做绝热自由膨胀，压力降低，比容增大，但没有功的输出。这是典型的不可逆过程。因此，容积变化不是做膨胀功的充分必要条件，只是必要条件。做膨胀功除工质的容积变化外，还应当有功的传递和接收。

膨胀功也是与热力过程特性有关的过程量，一旦过程结束，热力系边界之间功量的传递就停止。有关可逆过程膨胀功的计算已在第 1.6.3 节中详细叙述过。但必须注意的是，由于刚性密闭容器中的工质不能膨胀，热量不可能自动地转换为机械功，因此，刚性闭口系统不能向环境输出膨胀功。

2. 轴功

热力系统通过机械轴与环境之间传递的机械功称为轴功。在图 3.1 所示的闭口系统中，环境功源向刚性绝热闭口系统输入轴功 W_s。该轴功通过耗散效应转换成热量，被该闭口系统吸收，从而增加其热力学能。但必须注意的是，由于刚性密闭容器中的工质不能膨胀，热量不可能自动地转换为机械功，因此，刚性闭口系统不能向环境输出膨胀功。

工程上许多动力机械（如汽轮机、内燃机、燃气

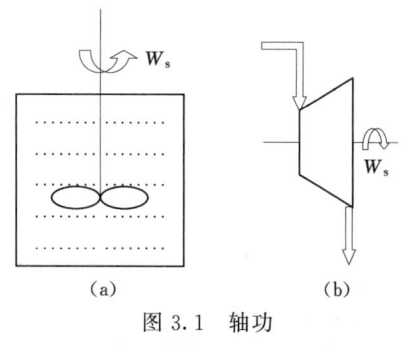

图 3.1 轴功
(a) 闭口系统；(b) 开口系统

轮机、风机、压气机等）都靠机械轴传递机械功，如图3.1所示的开口系统与环境之间传递的轴功 W_s（输入或输出）。

轴功可来源于能量的转换，如汽轮机中热能转换为机械能，也可能是机械能的直接传递，如水轮机、风车等。通常规定热力系统输出轴功为正功，输入轴功为负功，其符号采用 W_s（单位质量工质的轴功）表示。

3. 随物质流传递的能量

开口系统与环境随物质流传递的能量包括：①流动工质本身具有的总储存能 E（包括热力学能 U、宏观动能 E_k 与重力位能 E_p）；②流动功（或推动功）W_f。

流动工质本身具有的热力学能 U、宏观动能 E_k 与重力位能 E_p 是随工质流进或流出控制体而带入或带出控制体。而流动功（或推动功）W_f 则是为推动流体通过控制体界面而传递的机械功，是维持流体正常流动所必须传递的能量。对开口系统进行功的计算时需要考虑这种功的。

如图3.2所示的工质经管道进入气缸的过程中，设工质移动过程中工质的状态参数不变，工质作用在面积为 A 的活塞上的力为 pA，工质流入气缸时推动活塞向上移动了距离 Δl，则状态参数不变的工质流入气缸移动过程推动活塞移动所做的功叫推动功，可表示为

$$pA\Delta l = pV = mpv \tag{3.7}$$

式中：m 为进入气缸的工质质量。

由于做推动功时工质的状态没有改变，其热力学能当然也不可能改变，故做推动功的能量显然是其他处来的，工质在移动位置时总是从后向前获得推动功，并对前面工质做出推动功，即使没有活塞存在时也完全一样，这时工质所起的作用只是单纯地运输能量，像传输带一样。需要强调的是，推动功只有在工质移动位置时才起作用。例如对于汽轮机，蒸汽进入汽轮机所传递的推动功来源于锅筒中的水定压吸热汽化过程中的膨胀功。锅筒中不断汽化得到的水蒸气即是进入汽轮机蒸汽的外部功源。

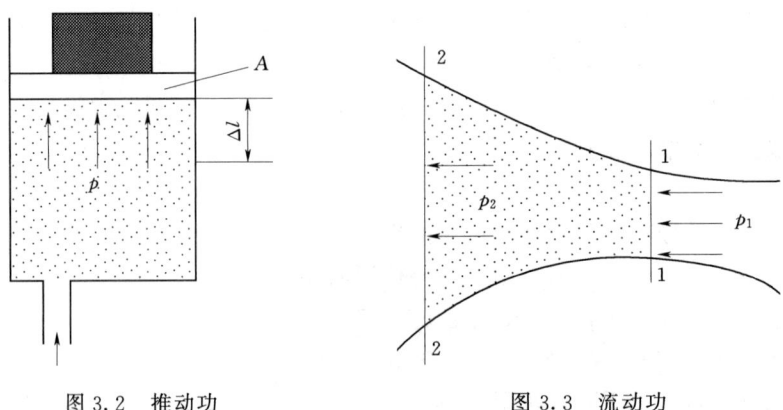

图 3.2　推动功　　　　图 3.3　流动功

下面进一步考察开口系统和环境之间功的交换。如图3.3所示，取燃气轮机为一开口系统，当1kg工质从截面1—1流入该热力系统时，工质带入热力系统的推动功为 $p_1 v_1$，

工质在热力系统中进行膨胀，由状态 1 膨胀到状态 2，做膨胀功 w，然后从截面 2—2 流出，带出热力系统的推动功为 p_2v_2。推动功差 $\Delta(pv)=p_2v_2-p_1v_1$ 是热力系统维持工质流动所需的功（称为流动功）。故而，在不考虑工质的动能及位能变化时，开口系统与环境交换的功量是膨胀功 w 与流动功 $(p_2v_2-p_1v_1)$ 之差 $w-(p_2v_2-p_1v_1)$；若考虑工质的动能及位能变化，则还应计入动能差及位能差。

按照第 1.4 节中焓的定义，$h=u+pv$ 的合并出现并不是偶然的。u 是 1kg 工质的热力学能，是储存于 1kg 工质内部的能量；pv 是 1kg 工质的推动功，即 1kg 工质移动时所传输的能量。当 1kg 工质通过一定的界面流入热力系统时，储存于它内部的热力学能当然随着也带进了系统，同时还把从外部功源获得的推动功 pv 带进了系统，因此热力系统中因引进 1kg 工质而获得的总能量是热力学能与推动功之和 $u+pv$。在热力设备中，工质总是不断地从一处流到另一处，随着工质的移动而转移的能量不等于热力学能而等于焓，故在热力工程的计算中焓有更广泛的应用。对于不流动工质，因 pv 不是流动功，h 只是一个复合状态参数，没有明确的物理意义。

在各种方式的能量传递过程中，往往是在工质膨胀做功时实现热能向机械能的转化。机械能转化为热能的过程虽然还可以由摩擦、碰撞等来完成，但只有通过对工质压缩做功的转化过程才有可能是可逆的，所以热能和机械能的可逆转换总是与工质的膨胀和压缩联系在一起。

3.4 热力学第一定律解析式

热力学第一定律的能量方程式就是热力系统变化过程中的能量平衡方程式，是分析状态变化过程的根本方程式。它可以从系统在状态变化过程中各项能量的变化和它们的总量守恒这一原则推出。把热力学第一定律的原则应用于热力系统中的能量变化时可写成如下形式：

热力系统中总储存能增量＝进入热力系统的能量－离开热力系统的能量 (3.8)

式（3.8）是热力系统能量平衡的基本表达式，任何热力系统、任何热力过程均可据此原则建立其能量平衡式。对于闭口系统，进入和离开系统的能量只包括热量和做功两项；对于开口系统，因有物质进出分界面，所以进入热力系统的能量和离开热力系统的能量除以上两项外，还有随同物质带进、带出热力系统的能量。由于这些区别，热力学第一定律应用于不同热力系统时，可得到不同的能量方程。

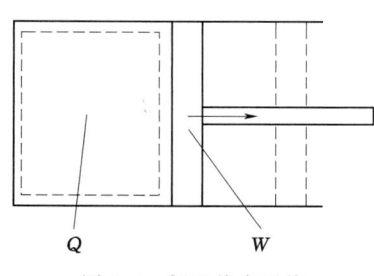

图 3.4 闭口热力系统

现以如图 3.4 所示的发动机气缸-活塞空间内的工质为热力系统，由于过程中没有工质越过边界，所以这是个闭口系统。考察其在状态变化过程中和环境（热源和机器设备）的能量交换，从而导出热力学第一定律的基本能量方程式，即闭口系统能量方程式。

当工质从环境吸入热量 Q 后，从状态 1 变化到状态 2，并对环境做功 W。若工质的宏观动能和位能的变化可忽略不计，则工质（系统）储存能的增加即为热力学能的增加

ΔU。于是根据式（3.8）可得

$$Q - W = \Delta U = U_2 - U_1 \tag{3.9}$$

或

$$Q = \Delta U + W$$

式中：U_2 和 U_1 分别为热力系统在状态 2 和状态 1 的热力学能。

式（3.9）是热力学第一定律应用于闭口系统而得的能量方程式，是最基本的能量方程式，称为热力学第一定律解析式。它表明，加给工质的热量一部分用于增加工质的热力学能，储存于工质内部，余下的一部分以做功的方式传递至环境。在状态变化过程中，转化为机械能的部分为 $Q - \Delta U$。

对于一个微元过程，热力学第一定律解析式的微分形式为

$$\delta Q = \mathrm{d}U + \delta W \tag{3.10}$$

对于 1kg 工质，则有

$$q = \Delta u + w \tag{3.11}$$

及

$$\delta q = \mathrm{d}u + \delta w \tag{3.12}$$

式（3.10）~式（3.12）直接从能量守恒与转化的普遍原理得出，没作任何假定，因此它对闭口系统是普遍适用的，同时它也适用于可逆过程和不可逆过程。对工质性质也没有限制，无论是理想气体还是实际气体，甚至是液体都适用。为确定工质初态和终态热力学能的值，要求工质初态和终态是平衡状态。

热力学第一定律解析式中热量 Q、热力学能变量 ΔU 和功 W 都是代数值，可正可负。热力系统吸热时 Q 为正，热力系统放热时 Q 为负；热力系统对外做功时 W 为正，热力系统接受环境做功时 W 为负；热力系统的热力学能增大时 ΔU 为正，热力系统的热力学能减小时 ΔU 为负。

对于可逆过程，$\delta W = p\,\mathrm{d}V$，所以：

$$\delta Q = \mathrm{d}U + p\,\mathrm{d}V, Q = \Delta U + \int_1^2 p\,\mathrm{d}V \tag{3.13}$$

或

$$\delta q = \mathrm{d}u + p\,\mathrm{d}v, q = \Delta u + \int_1^2 p\,\mathrm{d}v \tag{3.14}$$

对于循环，有 $\oint \delta Q = \oint \mathrm{d}U + \oint \delta W$，完成一个循环后，工质恢复到原来状态，热力学能是状态参数，所以是 $\oint \mathrm{d}U = 0$，则有

$$\oint \delta Q = \oint \delta W \tag{3.15}$$

由式（3.15）可以得知，循环工作的热力发动机向外界不断地输出机械功必须要消耗一定的热能，不消耗能量而能够不断地对外做功的机器（所谓第一类型永动机）是不可能制造出来的。因此，闭口系统完成一个循环后，它在循环中与环境交换的净热量等于与环境交换的净功量。用 Q_{net} 和 W_{net} 分别表示循环净热量和净功量，则有

$$Q_{\text{net}} = W_{\text{net}} \tag{3.16}$$

或

$$q_{\text{net}} = w_{\text{net}} \tag{3.17}$$

【例 3.1】 带有活塞运动气缸，活塞面积为 A，初容积为 V_1 的气缸中充满压力为 p_1、温度为 T_1 的理想气体，与活塞相连的弹簧，其弹性系数为 k_t，初始时处于自然状态。如对气体加热，压力升高到 p_2。求气体对外做功量及吸收热量。设气体比热 c_v 及气体常数 R_g 为已知，且热力学能变化 $\Delta u = mc_v(T_2 - T_1)$，其中 m 为气体质量，T_2 为气体终态温度。

解： 取气缸中气体为热力系统，其环境包括大气、弹簧及热源。

(1) 热力系统对外做功量 W 包括对弹簧做功及克服大气压力 p_0 做功。

设活塞移动距离为 Δx，由力的平衡，有

初态：

$$\text{弹簧力 } F = 0, \quad p_1 = p_0$$

终态：

$$p_2 A = k_t \Delta x + p_0 A$$

因此，可得

$$\Delta x = \frac{(p_2 - p_0)A}{k_t}$$

对弹簧做功：

$$W_1 = \frac{k_t (\Delta x)^2}{2}$$

克服大气压力做功：

$$W_2 = p_0 A \Delta x$$

热力系统对外做功：

$$W = \frac{k_t (\Delta x)^2}{2} + p_0 A \Delta x$$

(2) 气体吸收热量 Q。按照理想气体状态方程，设气缸中气体质量为 m，则气缸中气体初态温度 $T_1 = p_1 V_1 / (mR_g)$，终态温度 $T_2 = p_2 V_2 / (mR_g) = p_2 (V_1 + A\Delta x)/(mR_g)$；热力系统的热力学能变化 $\Delta U = mc_v(T_2 - T_1) = c_v [p_2(V_1 + A\Delta x) - p_1 V_1] / R_g$。

根据闭口系统能量方程 $Q = \Delta U + W$，则气体吸收热量 Q 为

$$Q = c_v \frac{p_2(V_1 + A\Delta x) - p_1 V_1}{R_g}$$
$$+ \frac{k_t (\Delta x)^2}{2} + p_0 A \Delta x$$

【例 3.2】 如图 3.5 所示，气缸内充以空气，活塞及负载 195kg，缸壁充分导热，取走 100kg 负载，待平衡后，求：① 活塞上升的高度 Δh；② 气体在此过程中和环境交换的热量 Q。

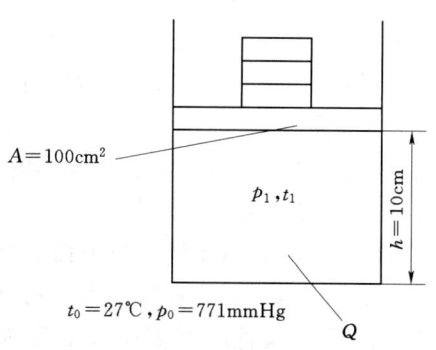

图 3.5 例 3.2 附图

解: 取缸内气体为一闭口热力系统,突然取走 100kg 负载,气体失去平衡,振荡后最终建立新的平衡。虽不计摩擦,但由于非准静态,故过程不可逆,但仍可应用热力学第一定律解析式。

(1) 首先计算状态 1 及状态 2 的参数:

$$p_1 = p_0 + F_1/A = 771 \times 133.32 + 195 \times 9.81/0.01 = 2.941 \times 10^5 (\text{Pa})$$

$$V_1 = h \times A = 0.1 \times 0.01 = 10^{-3} (\text{m}^2)$$

$$p_2 = p_0 + F_2/A = 771 \times 133.32 + 95 \times 9.81/0.01 = 1.960 \times 10^5 (\text{Pa})$$

$$V_2 = (h + \Delta h) \times A = (0.1 + \Delta h) \times 0.01$$

由于缸壁充分导热,有 $T_1 = T_2$,且过程中质量 $m = pV/(R_g T)$ 不变,则有 $p_1 V_1 = p_2 V_2$,即 $V_2 = p_1 V_1 / p_2$,其中 $V_2 = (0.1 + \Delta h) \times 0.01$,$p_1 V_1 / p_2 = 2.941 \times 10^5 \times 10^{-3} / (1.960 \times 10^5)$,解之可得

$$\Delta h = 0.05 \text{m}$$

(2) 由于空气可以视为理想气体,当缸壁充分导热而满足 $T_1 = T_2$ 时,则气体的热力学能也保持不变,即 $\Delta U = U_2 - U_1 = 0$。

根据闭口系统能量方程 $Q = \Delta U + W$,则气体吸收热量 $Q = W$。由于该过程不可逆,则不能利用膨胀功 W 的定义式求解。考虑到活塞向上移动了 0.05m,因此热力系统克服外力 F_e 做功 W_F 与膨胀功 W 大小相等,因此膨胀功 W 可利用热力系统克服外力做功 W_F 表示,即

$$W = W_F = F_e \Delta h = (p_0 A + F_2) \Delta h = 1.960 \times 10^5 \times 0.01 \times 0.05 = 98 (\text{J})$$

3.5 开口系统能量方程

在汽轮机、压气机、风机、锅炉、换热器及空调机等实际热力设备中实施的能量转换过程常常是很复杂的,在工作过程中都有工质循环不断地流进、流出,完成不同的热力过程,实现能量转换,因此这些实际热力设备都是开口系统,通常选取控制体积(也可以采用控制质量)方法进行分析。

工质在设备内流动,其热力状态参数及流速在不同的截面上是不同的。即使在同一截面上,各点的参数也不一定相同。但由于工质分子热运动的影响,同一截面上各点的温度及压力差别不大,可近似地看作是均匀的。因其他热力参数都是 p、T 的函数,故也可近似认为相同。为简便起见,常取截面上各点流速的平均值为该截面的流速,即认为同一截面上各点有相同的流速。

3.5.1 平衡态流动能量方程

图 3.6 是一开口系统能量平衡示意图。在 $d\tau$ 时间内进行一个微元过程:质量为 δm_{in}(体积为 dV_{in})的微元工质流入进口截面;质量为 δm_{out}(体积为 dV_{out})的微元工质流出出口截面;同时控制体积从环

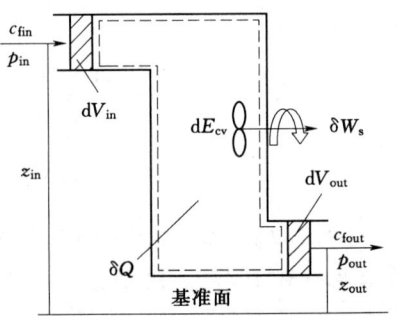

图 3.6 开口系统能量平衡

境接受热量 δQ，对向外传出的轴功 δW_s。完成该微元过程后控制体积内工质质量增加了 dm，控制体积的总能量增加了 dE_{cv}。

考察该微元过程中的能量平衡：

进入控制体积的能量为 $dE_{in} + p_{in}dV_{in} + \delta Q$。

离开控制体积的能量为 $dE_{out} + p_{out}dV_{out} + \delta W_s$。

控制体积的储存能增量为 dE_{cv}。

其中 dE_{in}、dE_{out} 分别是微元过程中工质带进和带出系统的总能，$dE_{in} = d(U_{in} + E_{kin} + E_{pin})$、$dE_{out} = d(U_{out} + E_{kout} + E_{pout})$；$dE_{cv}$ 是控制体积内总储存能的增量，$dE_{cv} = d(U + E_k + E_p)_{cv}$；$p_{in}dV_{in}$ 和 $p_{out}dV_{out}$ 分别是微元工质流入流出控制体积的推动功。于是据式（3.8）有

$$(dE_{in} + p_{in}dV_{in} + \delta Q) - (dE_{out} + p_{out}dV_{out} + \delta W_s) = dE_{cv} \tag{3.18}$$

整理后可得

$$\delta Q = dE_{cv} - (dE_{in} + p_{in}dV_{in}) + (dE_{out} + p_{out}dV_{out}) + \delta W_s \tag{3.19}$$

考虑到 $E = me$ 和 $V = mv$，且 $h = u + pv$，则式（3.19）可改写为

$$\delta Q = dE_{cv} + \left(h_{out} + \frac{c_{fout}^2}{2} + gz_{out}\right)\delta m_{out} - \left(h_{in} + \frac{c_{fin}^2}{2} + gz_{in}\right)\delta m_{in} + \delta W_s \tag{3.20}$$

如果流进、流出控制体积的工质各有若干股，则式（3.20）可表示为

$$\delta Q = dE_{cv} + \Sigma\left(h + \frac{c_f^2}{2} + gz\right)_{out}\delta m_{out} - \Sigma\left(h + \frac{c_f^2}{2} + gz\right)_{in}\delta m_{in} + \delta W_s \tag{3.21}$$

若考虑单位时间内的控制体积能量关系，则仅需在式（3.21）两边均除以 $d\tau$。令 $\Phi = \delta Q/d\tau$ 表示单位时间内的热流量，$\dot{m}_{in} = \delta m_{in}/d\tau$ 表示单位时间内流入的质量流量，$\dot{m}_{out} = \delta m_{in}/d\tau$ 表示单位时间内流出的质量流量，以及 $P_s = \delta W_s/d\tau$ 表示单位时间内的输出轴功率。于是：

$$\Phi = \frac{dE_{cv}}{d\tau} + \Sigma\left(h + \frac{c_f^2}{2} + gz\right)_{out}\dot{m}_{out} - \Sigma\left(h + \frac{c_f^2}{2} + gz\right)_{in}\dot{m}_{in} + P_s \tag{3.22}$$

式（3.20）~式（3.22）为开口系统能量方程的一般表达式。

【例 3.3】 真空容器，因密封不严环境空气逐渐渗漏入容器内，最终使容器内的温度、压力和环境相同，并分别为 $T_0 = 27°C$ 及 $p_0 = 101325Pa$。设容器的容积 $V_0 = 0.1m^3$，且容器中温度始终保持不变，试求过程中容器和环境交换的热量。

解： 方法一：以容器内空间中的物质为控制容积，则根据开口系统能量方程，有

$$\delta Q = dE_{cv} + \left(h_{out} + \frac{c_{fout}^2}{2} + gz_{out}\right)\delta m_{out} - \left(h_{in} + \frac{c_{fin}^2}{2} + gz_{in}\right)\delta m_{in} + \delta W_s$$

由题意，动能、位能无变化，则 $dE_{cv} = dU = d(mu)$

该流动过程中，$h_{in} = p_{in}v_{in} + u_{in}$，$\delta m_{in} = dm$，$\delta m_{out} = 0$，$\delta W_s = 0$。由于环境空气漏入容器过程容器中温度始终保持不变，则环境空气的比热力学能和漏入容器后的空气的比热力学能相等，且为定值，故有

$$\delta Q = d(mu) - h_{in}dm = mdu_{in} + u_{in}dm - h_{in}dm = 0 - p_{in}v_{in}dm = -d(p_0V_{in})$$

因此

$$Q=-(p_0V_0-0)=-101325\times0.1=-10.1325(\text{kJ})$$

即过程中容器向环境放出的热量为 10.1325kJ。

方法二：以大气这一固定的物质为控制质量，则空气进行的是定温膨胀过程：$\Delta U=0$。

由热力学第一定律得

$$Q=\Delta U+W=W=p_0(V_2-V_1)=p_0\Delta V=10.1325(\text{kJ})$$

即大气环境吸热，吸热量为 10.1325kJ。大气环境的吸热量来自过程中容器向环境放热，且大小相等，故容器向环境放热量为 10.1325kJ。

方法三：按照能量方程的一般形式，有

进入系统的能量－离开系统的能量＝系统储存能量的增加

$$Q+h_{\text{in}}m_{\text{in}}-0=m_{\text{in}}u_{\text{in}}$$

该流动过程中，$h_{\text{in}}=p_{\text{in}}v_{\text{in}}+u_{\text{in}}$，则

$$Q=m_{\text{in}}u_{\text{in}}-h_{\text{in}}m_{\text{in}}=-m_{\text{in}}p_{\text{in}}v_{\text{in}}=-p_{\text{in}}V_{\text{in}}=-p_0V_0=-101325\times0.1$$
$$=-10.1325(\text{kJ})$$

即过程中容器向环境放出的热量为 10.1325kJ。

【例 3.4】 有一储气罐，设其内部为真空，现连接于输气管道进行充气。已知输气管内气体状态始终保持稳定，其焓为 h。若经过 $\Delta\tau$ 时间的充气后，储气罐内气体质量达到 m_0，而气体内能达到 U_0。试证明：当充气过程中气体的流动动能和重力位能可不计时，$U_0=m_0h_0$。

证明： 以储气罐（开口系统）为研究对象，其能量方程为

$$\delta Q=\text{d}U-h_{\text{in}}\text{d}m_{\text{in}}+\delta W_s$$

据题意可得：$\delta W_s=0$，$\delta Q=0$，$h_{\text{in}}=h=$常数，积分后有

$$\int_0^{\Delta\tau}\text{d}U=\int_0^{\Delta\tau}h_{\text{in}}\text{d}m_{\text{in}}$$

则

$$U_0-0=h_0(m_0-0)$$

即

$$U_0=h_0m_0$$

证毕。

3.5.2 稳定流动能量方程

若流动过程中开口系统内部及其边界上各点工质的热力参数及运动参数都不随时间而发生变化，这种流动过程称为稳定流动过程。反之，则为不稳定流动或瞬变流动过程。当热力设备在不变的工况下工作时，工质的流动可视为稳定流动过程；当其在启动、加速等变工况下工作时，工质的流动属于不稳定流动过程。一般，设计热力设备时均按稳定流动过程计算。下面从开口系统能量方程的一般表达式导出稳定流动能量方程式。

因为稳定流动时热力系统任何截面上工质的一切参数都不随时间而变，因此稳定流动的必要条件可表示为

$$\text{d}E_{\text{cv}}/\text{d}\tau=0,\quad \sum\dot{m}_{\text{in}}=\sum\dot{m}_{\text{out}} \tag{3.23}$$

如图 3.6 所示，在只有单股流体进出时，有 $\dot{m}_{\text{in}}=\dot{m}_{\text{out}}=\dot{m}=$常数，整理式（3.22）

可得

$$q = \Delta h + \frac{(\Delta c_f)^2}{2} + g\Delta z + w_s \tag{3.24}$$

或写成微量形式：

$$\delta q = dh + \frac{(dc_f)^2}{2} + g dz + \delta w_s \tag{3.25}$$

式中：q 和 w_s 分别为 1kg 工质进入热力系统后，热力系统从环境吸入的热量和向环境输出的轴功。

当流入质量为 m 的流体时，稳定流动能量方程可表示为

$$Q = \Delta H + \frac{m(\Delta c_f)^2}{2} + mg\Delta z + W_s \tag{3.26}$$

或写成微量形式：

$$\delta Q = dH + \frac{m(dc_f)^2}{2} + mg dz + \delta W_s \tag{3.27}$$

式（3.24）～式（3.27）为不同形式的稳定流动能量方程式，它们是根据能量守恒与转换定律导出的，除流动必须稳定外无任何附加条件，故而不论热力系统内部如何改变，有无扰动或摩擦，均能应用，是工程上常用的基本公式之一。

由式（3.24）可得

$$q - \Delta u = \frac{(\Delta c_f)^2}{2} + g\Delta z + \Delta(pv) + w_s \tag{3.28}$$

式（3.28）等号右边由 4 项组成，第 1 项 $(\Delta c_f)^2/2$ 和第 2 项 $g\Delta z$ 是工质机械能的变化；第 3 项 $\Delta(pv)$ 是维持工质流动所需的流动功；第 4 项 w_s 是工质向环境输出的轴功。这 4 项均源于工质在状态变化过程中通过膨胀而将热能转变成的机械能。等式左边是工质在过程中的容积变化功。因此式（3.28）说明，工质在状态变化过程中从热能转变而来的机械能总等于膨胀功。由于机械能可全部转变为功，所以 $(\Delta c_f)^2/2$、$g\Delta z$ 及 w_s 之和是技术上可资利用的功，称为技术功，用 w_t 表示，即

$$w_t = \frac{(\Delta c_f)^2}{2} + g\Delta z + w_s \tag{3.29}$$

由式（3.28）并考虑到 $q - \Delta u = w$，则

$$w_t = w - \Delta(pv) = w - (p_2 v_2 - p_1 v_1) \tag{3.30}$$

对可逆过程，有

$$\begin{aligned} w_t &= \int_1^2 p dv + p_1 v_1 - p_2 v_2 \\ &= \int_1^2 p dv - \int_1^2 d(pv) = \int_1^2 -v dp \end{aligned} \tag{3.31}$$

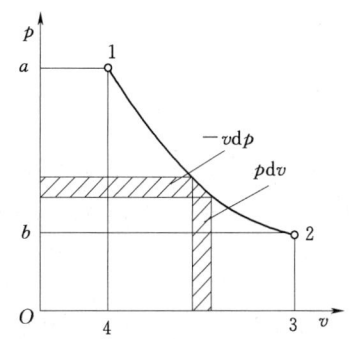

图 3.7 技术功的表示

式中，$-vdp$ 可用图 3.7 中画斜线的微元面积表示，$\int_1^2 -vdp$ 则可用面积 $a-1-2-b-a$ 表示，$\int_1^2 p dv$ 则可用面积 $4-1-2-3-4$ 表示。

在微元过程中，则

$$\delta w_t = -v\mathrm{d}p \tag{3.32}$$

由式（3.32）可见，若 $\mathrm{d}p$ 为负，即过程中工质压力降低，则技术功为正，此时工质对机器做功；反之机器对工质做功。蒸汽轮机、燃气轮机属于前一种情况，活塞式压气机和叶轮式压气机属于后一种情况。

引进技术功概念后，稳定流动能量方程式（3.24）可写为

$$q = \Delta h + w_t \tag{3.33}$$

对于质量为 m 的工质，则

$$Q = \Delta H + W_t \tag{3.34}$$

对于微元过程，有

$$\delta q = \mathrm{d}h + \delta w_t \tag{3.35}$$

$$\delta Q = \mathrm{d}H + \delta W_t \tag{3.36}$$

若过程可逆，则

$$q = \Delta h + \int_1^2 -v\mathrm{d}p,\ \delta q = \mathrm{d}h - v\mathrm{d}p \tag{3.37}$$

$$Q = \Delta H + \int_1^2 -V\mathrm{d}p,\ \delta Q = \mathrm{d}H - V\mathrm{d}p \tag{3.38}$$

式（3.35）也可由热力学第一定律的解析式直接导出，即

$$\delta q = \mathrm{d}u + p\mathrm{d}v = \mathrm{d}(h - pv) + p\mathrm{d}v = \mathrm{d}h - p\mathrm{d}v - v\mathrm{d}p + p\mathrm{d}v = \mathrm{d}h - v\mathrm{d}p$$

因此，热力学第一定律的各种能量方程式在形式上虽有不同，但由热变功的实质都是一致的，只是不同场合不同应用而已。必须指出，工质热力状态变化规律及能量转换状况与是否流动无关，对于确定的工质，它只取决于过程特征。如空气在闭口系统中经可逆定压过程时初终状态参数的变化，与空气流过稳定流动开口系统同样进行可逆定压过程时进出口状态参数的变化是一致的，过程中有同样的热能转变为机械能。只是闭口系统对外输出膨胀功，而稳定流动系统在不计进出口动能差和位能差时对外输出的是技术功。

3.6 理想气体热力学能、焓和熵的变化量计算

根据热力学第一定律解析式，对于可逆过程有等式 $\delta q = \mathrm{d}u + p\mathrm{d}v$ 和 $\delta q = \mathrm{d}h - v\mathrm{d}p$ 成立。

可逆定容过程膨胀功 $\delta w = p\mathrm{d}v = 0$，其热力学能变化量 $\mathrm{d}u_v$ 与定容过程热量 δq_v 相等，即

$$\mathrm{d}u_v = \delta q_v = c_v \mathrm{d}T \tag{3.39}$$

由式（3.39）可得

$$c_v = (\partial u/\partial T)_v \tag{3.40}$$

式（3.40）也是定容比热容的定义式。对于理想气体，热力学能 u 是温度 T 的单值函数，式（3.40）可表示为 $c_v = \mathrm{d}u/\mathrm{d}T$，则可得

$$\mathrm{d}u = c_v \mathrm{d}T \tag{3.41}$$

$$\Delta u = \int_{t_1}^{t_2} c_v \mathrm{d}t = c_{vm}\Big|_{t_1}^{t_2} (t_2 - t_1) \tag{3.42}$$

式中：$c_{vm}\big|_{t_1}^{t_2}$ 为 $t_1 \sim t_2$ 之间的平均定容比热容。

可逆定压过程技术功 $\delta w_t = -v\mathrm{d}p = 0$，其焓值的变化量 $\mathrm{d}h$ 与定压过程热量 δq_p 相等，即

$$\mathrm{d}h = \delta q_p = c_p \mathrm{d}T \tag{3.43}$$

由式（3.43）可得

$$c_p = (\partial h/\partial T)_p \tag{3.44}$$

式（3.44）也是定压比热容的定义式。对于理想气体，热力学能 u 是温度 T 的单值函数，式（3.44）可表示为 $c_p = \mathrm{d}h/\mathrm{d}T$，则可得

$$\mathrm{d}h = c_p \mathrm{d}T \tag{3.45}$$

$$\Delta h = \int_{t_1}^{t_2} c_p \mathrm{d}t = c_{pm}\big|_{t_1}^{t_2}(t_2 - t_1) \tag{3.46}$$

式中：$c_{pm}\big|_{t_1}^{t_2}$ 为 $t_1 \sim t_2$ 之间的平均定压比热容。

由此可见，理想气体的温度由 t_1 变化到 t_2，不论经过何种过程，也无须考虑压力和比容是否变化，其热力学能及焓的变化量都可按式（3.42）和式（3.46）确定。

通常，热工计算中只要求确定热力过程中热力学能或焓值的变化量。对无化学反应的热力过程，物系的化学能不变，这时可人为地规定基准态（如水蒸气三相态中的液态水、某些制冷工质规定 -20℃ 或 -40℃ 时饱和液）的热力学能为零。理想气体通常取 0K 或 0℃ 时的焓值为零，如 $\{h_{0K}\} = 0$，相应的 $\{u_{0K}\} = 0$，这时任意温度 T 时的 u、h 实质上是从 0K 计起的相对值，即

$$h = c_p\big|_0^T T \tag{3.47}$$

$$u = c_v\big|_0^T T \tag{3.48}$$

若以 0℃ 时的焓值为起点，$\{h_{0℃}\} = 0\mathrm{kJ/kg}$，这时 $\{u_{0℃}\} = -273.15R_g$，则

$$h = c_p\big|_0^t t, \quad u = c_v\big|_0^t t - 273.15R_g \tag{3.49}$$

对理想气体可逆过程，热力学第一定律解析式可进一步具体化为

$$\delta q = c_v \mathrm{d}T + p \mathrm{d}v \tag{3.50}$$

$$q = c_v\big|_{T_1}^{T_2}(T_2 - T_1) + \int_{v_1}^{v_2} p \mathrm{d}v \tag{3.51}$$

$$\delta q = c_p \mathrm{d}T - v \mathrm{d}p \tag{3.52}$$

$$q = c_p\big|_{T_1}^{T_2}(T_2 - T_1) - \int_{p_1}^{p_2} v \mathrm{d}p \tag{3.53}$$

对于理想气体可逆过程，可将热力学第一定律解析式 $\delta q = c_p \mathrm{d}T - v\mathrm{d}p$ 和状态方程 $v = R_g T/p$ 代入熵的定义式（1.14），得

$$\mathrm{d}s = \frac{c_p \mathrm{d}T - v \mathrm{d}p}{T} = c_p \frac{\mathrm{d}T}{T} - R_g \frac{\mathrm{d}p}{p} \tag{3.54}$$

式（3.54）积分得热力系统熵变，即

$$\Delta s_{12} = \int_{T_1}^{T_2} c_p \frac{\mathrm{d}T}{T} - R_g \ln \frac{p_2}{p_1} \tag{3.55}$$

理想气体的定压比热容是温度的函数，即 $c_p = f(T)$。当气体一定时，该函数关系式是确定的。式（3.55）右侧第 1 项只取决于 T_1 和 T_2，第 2 项决定于初态、终态的压力 p_1 和 p_2。因而，从状态 1 变化到状态 2 时，热力系统熵变 Δs_{12} 完全取决于初态和终态，

而与过程经历的途径无关。

熵既然是状态参数，可用其他任意两个独立的状态参数表示，式（3.55）是以 p、T 表示的熵变计算式，也是应用最广的形式。同样也可导出以 T、v 或 p、v 表示的计算式。将 $\delta q = c_v \mathrm{d}T + p \mathrm{d}v$ 和 $p = R_g T/v$ 代入熵定义式（1.14），得

$$\mathrm{d}s = \frac{c_v \mathrm{d}T + p \mathrm{d}v}{T} = c_v \frac{\mathrm{d}T}{T} + R_g \frac{\mathrm{d}v}{v} \tag{3.56}$$

$$\Delta s_{12} = \int_{T_1}^{T_2} c_v \frac{\mathrm{d}T}{T} + R_g \ln \frac{v_2}{v_1} \tag{3.57}$$

若以状态方程式 $pv = R_g T$ 的微分形式 $\mathrm{d}p/p + \mathrm{d}v/v = \mathrm{d}T/T$ 和迈耶公式 $c_v = c_p - R_g$ 代入式（3.56），稍加整理后得

$$\mathrm{d}s = c_v \frac{\mathrm{d}p}{p} + c_p \frac{\mathrm{d}v}{v} \tag{3.58}$$

$$\Delta s_{12} = \int_{p_1}^{p_2} c_v \frac{\mathrm{d}p}{p} + \int_{v_1}^{v_2} c_p \frac{\mathrm{d}v}{v} \tag{3.59}$$

热工计算中，一般要求确定初态、终态熵变。利用熵变计算式（3.55），选择精确的真实比热容经验式 $c_p = f(T)$，可算得熵变的精确值。另一种计算 Δs_{12} 的精确方法是借助查表确定式（3.55）右边第 1 项的方法，选择基准状态 $p_0 = 1\mathrm{atm}$、$T_0 = 0\mathrm{K}$，规定这时 $\{s_{0K}^0\} = 0$，上标 "0" 表示压力为标准大气压 1atm。则任意状态 (T, p) 时的 s 值为

$$s = s_{0K}^0 + \int_{T_0}^{T} c_p \frac{\mathrm{d}T}{T} - R_g \ln \frac{p}{p_0} = \int_{T_0}^{T} c_p \frac{\mathrm{d}T}{T} - R_g \ln \frac{p}{p_0} \tag{3.60}$$

状态 (T, p_0) 时的，s^0 值为

$$s^0 = \int_{T_0}^{T} c_p \frac{\mathrm{d}T}{T} - R_g \ln \frac{p}{p_0} = \int_{T_0}^{T} c_p \frac{\mathrm{d}T}{T} \tag{3.61}$$

s^0 实质上是选定基准状态 (T_0, p_0) 后状态 (T, p_0) 的熵值，s^0 的数值仅取决于温度 T，可依温度排列制表，以备查用。这时式（3.55）改写为

$$\Delta s_{12} = \int_{T_1}^{T_2} c_p \frac{\mathrm{d}T}{T} - R_g \ln \frac{p_2}{p_1} = \int_{T_0}^{T_2} c_p \frac{\mathrm{d}T}{T} - \int_{T_0}^{T_1} c_p \frac{\mathrm{d}T}{T} - R_g \ln \frac{p_2}{p_1} = s_2^0 - s_1^0 - R_g \ln \frac{p_2}{p_1} \tag{3.62}$$

1mol 气体的熵变为

$$\Delta s_{m12} = M \Delta s_{12} = M(s_2^0 - s_1^0) - R_0 \ln \frac{p_2}{p_1} = s_{m2}^0 - s_{m1}^0 - R_0 \ln \frac{p_2}{p_1} \tag{3.63}$$

当温度变化范围不大或近似计算时，按定值比热容可使计算简化，这时熵变的近似计算式为

$$\Delta s_{12} = c_p \ln \frac{T_2}{T_1} - R_g \ln \frac{p_2}{p_1} \tag{3.64}$$

$$\Delta s_{12} = c_v \ln \frac{T_2}{T_1} + R_g \ln \frac{v_2}{v_1} \tag{3.65}$$

$$\Delta s_{12} = c_v \ln \frac{p_2}{p_1} + c_p \ln \frac{v_2}{v_1} \tag{3.66}$$

【例 3.5】 绝热刚性容器被分隔成 A、B 两相等的容积,各为 $1m^3$。A 侧盛有 $T_{A1}=293K$、$p_{A1}=1bar$ 的气体,其摩尔定容比热容 $C_{vMA}=28.88J/(mol·K)$;B 侧盛有 $T_{B1}=373K$、$p_{B1}=2bar$ 的气体,其摩尔定容比热容 $C_{vMB}=20.77J/(mol·K)$。现抽掉隔板,使 A、B 两部分气体混合成均匀混合气体。求:

(1) 混合后,混合的温度 T。
(2) 混合后,混合的压力 p。
(3) 混合过程中总熵的变化量 ΔS。

解: (1) 求混合的温度 T。设混合前 A、B 两部分气体的摩尔数分别为 n_A、n_B,摩尔成分分别为 x_A、x_B,混合后气体的平均摩尔定容比热容为 C_{vM},由于该容器为定容绝热系统,有 $Q=0$,$W=0$,故由能量方程有 $\Delta U=0$,即混合前后的内能相等,则

$$n_A C_{vMA} T_{A1} + n_B C_{vMB} T_{B1} = (n_A + n_B) C_{vM} T$$

经整理可得

$$T = (n_A C_{vMA} T_{A1} + n_B C_{vMB} T_{B1})/[(n_A+n_B) C_{vM}] = (x_A C_{vMA} T_{A1} + x_B C_{vMB} T_{B1})/C_{vM} \quad ①$$

由状态方程得

$$n_A = p_{A1} V_A/(R_0 T_{A1}) = 1 \times 10^5 \times 1/(8.314 \times 293) = 41.0 (mol)$$
$$n_B = p_{B1} V_B/(R_0 T_{B1}) = 2 \times 10^5 \times 1/(8.314 \times 373) = 64.5 (mol)$$
$$n_A + n_B = 41.0 + 64.5 = 105.5 (mol)$$
$$x_A = n_A/(n_A+n_B) = 41.0/105.5 = 0.389$$
$$x_B = n_B/(n_A+n_B) = 64.5/105.5 = 0.611$$

因此,有

$$C_{vM} = x_A C_{vMA} + x_B C_{vMB} = 0.389 \times 28.88 + 0.611 \times 20.77 = 23.925 [J/(mol·K)]$$

将以上结果代入式①可得

$$T = (0.389 \times 28.88 \times 293 + 0.611 \times 20.77 \times 373)/23.925 = 335.43 (K)$$

(2) 求混合的压力 p。由理想混合气体状态方程,有

$$p = (n_A+n_B) R_0 T/(V_A+V_B) = 105.5 \times 8.314 \times 335.43/2 = 1.471 (bar)$$

(3) 求混合过程中总熵的变化量。

$$\Delta S = n_A [C_{pMA} \ln(T/T_{A1}) - R_0 \ln(p/p_{A1})] + n_B [C_{pMB} \ln(T/T_{B1}) - R_0 \ln(p/p_{B1})]$$
$$= 41.0 \times [(28.88+8.314) \times \ln(335.43/293) - 8.314 \times \ln(1.471/1)]$$
$$\quad + 64.5 \times [(20.77+8.314) \times \ln(335.43/373) - 8.314 \times \ln(1.471/2)]$$
$$= 40.26 \ (J/K)$$

3.7 稳态稳流能量方程的应用

热力学第一定律的能量方程式在工程上应用很广,可用于计算任何一种热力设备中能量的传递和转化。闭口系统能量方程式反映出热力状态变化过程中热能和机械能的互相转化。开口系统能量方程式虽然与闭口系统的形式不同,但由热能转化成的机械能仍是相当于 $q-\Delta u$ 的膨胀功 w。因此,从热功互换角度来看,式(3.9)才是热力状态变化过程的

核心，是最基本的能量方程。

稳态稳流能量方程在工程上有着广泛的应用，在不同条件下可适当简化为不同的形式，或者依据前面建立能量方程的分析方法，自行建立能量方程。下面列举 6 种工程应用实例。

1. 动力机

工质流经如图 3.8 所示的汽轮机、燃气轮机等动力机时，压力降低，对机器做功；进口和出口的速度相差不多，动能差很小，可以不计；对环境略有散热损失，q 是负的，但数量通常不大，也可忽略；位能差极微，可以不计。把这些条件代入稳定流动能量方程式（3.24），可得 1kg 工质所输出的轴功为

$$w_s = h_{in} - h_{out} = w_t \tag{3.67}$$

因此，在汽轮机中工质所输出的轴功等于工质的焓降。

2. 压气机

工质流经如图 3.9 所示的压气机时，工质消耗轴功，使工质压力升高；工质对环境略有放热，w_s（习惯上压气机耗功用 w_c 表示，且令 $w_c = -w_s$）和 q 都是负的；动能差和位能差可忽略不计。从稳定流动能量方程式（3.24）可得对 1kg 工质被压缩时需消耗的轴功为

$$w_c = -w_s = (h_{in} - h_{out}) + (-q) = -w_t \tag{3.68}$$

如果压缩过程为绝热过程，$q = 0$，则

$$w_c = -w_s = h_{in} - h_{out} = -w_t \tag{3.69}$$

因此，压气机绝热压缩消耗的功等于压缩气体的焓增。

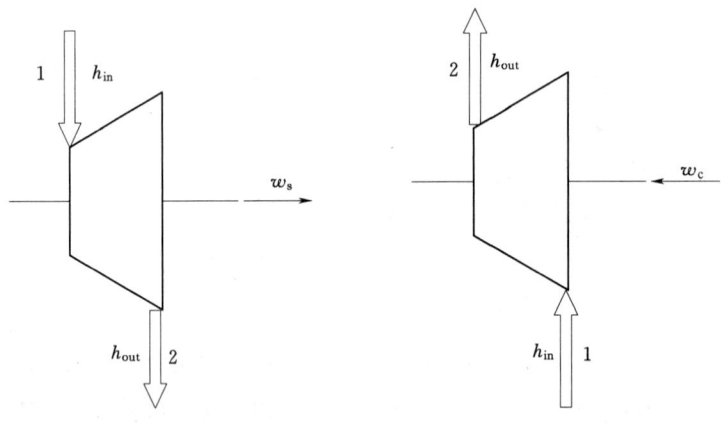

图 3.8 动力机能量平衡　　　图 3.9 压气机能量平衡

3. 热交换器

工质流经如图 3.10 所示的锅炉、回热器等热交换器时，和环境有热量交换而无功的交换，动能差和位能差也可忽略不计。若工质流动是稳定的，从式（3.24）可得 1kg 工质的吸热量为

$$q = h_{out} - h_{in} \tag{3.70}$$

4. 喷管

工质流经图 3.11 所示的喷管（或扩压管）等设备时，不输出轴功，很小的位能差可不计；因喷管长度短，工质流速大，来不及和环境交换热量，故热量交换也可忽略不计。

若流动稳定,则用式(3.24)可得1kg工质流经喷管后动能的增加为
$$(c_{fout}^2 - c_{fin}^2)/2 = h_{in} - h_{out} \tag{3.71}$$
因此,在喷管中工质动能值增量等于工质焓降。

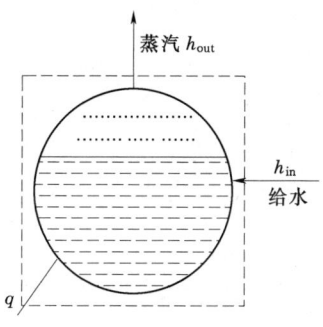

图3.10 热交换器能量平衡

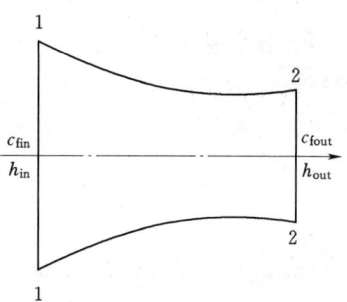

图3.11 喷管能量转换

5. 流体的绝热混合

两股流体的混合,如图3.12所示。其中一股流体的质量流量为 $\dot{m}_{in1}$,单位质量流体的焓为 h_{in1};另一股流体的质量流量为 $\dot{m}_{in2}$,单位质量流体的焓为 h_{in2}。取混合室为控制容积,混合为稳态稳流工况,在绝热条件下进行,且忽略流体动能、位能变化。设混合后单位质量流体的焓为 h_{out},则控制容积的能量方程满足:

$$\dot{m}_{in1} h_{in1} + \dot{m}_{in2} h_{in2} = (\dot{m}_{in1} + \dot{m}_{in2}) h_{out} \tag{3.72}$$

因此,绝热稳态稳流混合前后工质焓保持不变。

6. 绝热节流

工质流过如图3.13所示阀门时,流动截面突然收缩,压力下降,这种流动称为节流。由于存在摩擦和涡流,流动是不可逆的。在离阀门不远的两个截面处,工质的状态趋于平衡。设流动是绝热的,前后两截面间的动能差和位能差忽略不计,又不对环境做功,则对两截面间工质应用稳定流动能量方程式(3.24),可得节流前后焓值相等,即

$$h_{in} = h_{out} \tag{3.73}$$

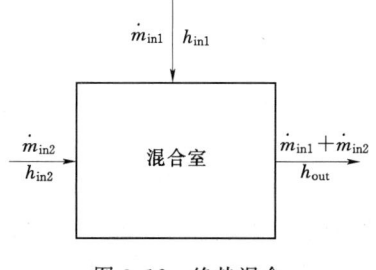

图3.12 绝热混合

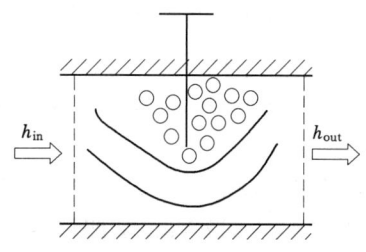

图3.13 节流现象

绝热节流前后焓相等,即能量数量相等,但焓不是处处相等。由于在节流孔口附近流体的流速变化很大,焓值并不处处相等,故不能把整个绝热节流过程看作是定焓过程。

【例3.6】 压气机以 $\dot{m} = 0.1 kg/s$ 的速率吸入 $p_{in} = 1 bar$、$T_{in} = 300K$ 状态的空气,然

后将压缩为 $p_{out}=10\text{bar}$、$T_{out}=510\text{K}$ 的压缩空气排出。进气管、排气管的截面积分别为 $A_{in}=0.035\text{m}^2$，$A_{out}=0.020\text{m}^2$，压气机由功率为 $P=21.85\text{kW}$ 的电动机驱动。假定电动机输出的全部能量都传给空气。试求：

（1）进气管、排气管中的气体流速 c_{fin} 和 c_{fout}。

（2）空气与外界的热传递率 $\dot{Q}$。

解：取压气机为控制体。

（1）求进气管、排气管中的气体流速 c_{fin} 和 c_{fout}。

由连续性方程 $\dot{m}=Ac_f/v$ 和理想气体状态方程 $pv=R_g T$ 可得

进气流速 c_{fin}：

$$c_{fin}=\dot{m}R_g T_{in}/(p_{in}A_{in})=0.1\times 287\times 300/(10^5\times 0.035)=2.46(\text{m/s})$$

排气流速 c_{fout}：

$$c_{fout}=\dot{m}R_g T_{out}/(p_{out}A_{out})=0.1\times 287\times 510/(10\times 10^5\times 0.020)=0.732(\text{m/s})$$

（2）求热传递率 $\dot{Q}$。忽略位能的变化，压气过程的稳态流动能量方程为

$$\dot{Q}=\dot{m}(h_{out}-h_{in})+\frac{1}{2}\dot{m}(c_{fout}^2-c_{fin}^2)+P_s \qquad ①$$

设空气为定比热理想气体，$h=c_p T$，压气机消耗功率为 $P_s=-P=-21.85\text{kW}$，则式①可表示为

$$\dot{Q}=\dot{m}c_p(T_{out}-T_{in})+\frac{1}{2}\dot{m}(c_{fout}^2-c_{fin}^2)+P_s$$
$$=0.1\times 1004\times(510-300)+0.5\times 0.1\times(0.732^2-2.46^2)-21850$$
$$=-0.766(\text{kW})$$

可见，压气过程的动能变化率、热传递率均很小，与压气机消耗功率和焓的变化率相比可忽略不计。

思 考 题

3.1 物质的温度越高，所具有的热量也越多；物质的温度越低，则所具有的热量也越少。这句话是否正确？

3.2 试说明 $\mathrm{d}U+\delta W$、$\mathrm{d}U+p\mathrm{d}V$、$\mathrm{d}U+\mathrm{d}(pV)$ 的物理意义，并说明在什么条件下可以彼此相等。

3.3 绝热容器内盛有一定量空气，外界通过叶桨轮旋转，向空气加入功 2kJ，若将空气视为理想气体，试分析：①此过程中空气的温度如何变化；②因为此过程为绝热过程，根据熵的定义式 $\mathrm{d}S=\mathrm{d}Q/T$，由于 $\mathrm{d}Q=0$，则 $\mathrm{d}S$ 似乎也应为零，即过程中空气的熵不变，你认为此结论对吗？为什么？

3.4 何谓稳定状态稳定流动过程？平衡态与稳流稳态有何异同？试分别分析平衡态与稳流稳态过程中工质所经历的状态变化过程，与闭口系统中工质所经历的状态变化过程的相似之处。

3.5 如思考题3.5图所示，用隔板将绝热刚性容器分成A、B两部分，A部分装有1kg理想气体，B部分为完全真空，将隔板抽去后，该理想气体内能是否会变化？温度是否变化？能否用 $\delta q = \mathrm{d}u + p\mathrm{d}v$ 分析这一过程？

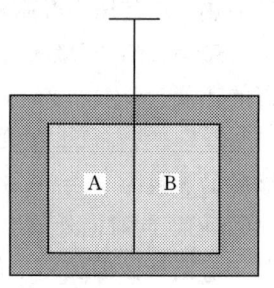

思考题3.5图

3.6 一个充满气的橡皮气球放置于一真空容器中。若气球突然爆破，试分析爆破时发生的能量转换。

3.7 一个绝热材料所制成的小瓶内盛有气体，而小瓶放置在绝热材料所制成的真空容器中。因小瓶密封不严，瓶内气体慢慢逸出容器，直至瓶内外气体压力相同为止。试分析漏气停止时（①瓶内气体；②瓶外气体；③全部气体）在漏气过程中所经历的能量转换。

3.8 气瓶的体积为10L，内有压力为101325Pa的空气，现用充气体积为0.2L的打气筒进行充气。由于充气过程十分缓慢，可认为气体温度始终不变，为使其压力增加1倍，你认为应该充多少次才能满足要求？为什么？

3.9 气瓶的体积为10L，内有压力为101325Pa的空气，现用抽气体积为0.2L的抽气筒进行抽气。由于抽气过程十分缓慢，可认为气体温度始终不变，为使其压力减少为1/2，你认为应该抽多少次才能满足要求？为什么？

3.10 一个门窗打开的房间，若房内空气温度上升而压力不变，则房内空气的总热力学能如何变化（空气比热容按定值计算）？

3.11 气缸内储有完全不可压缩的流体，气缸的一端被封闭，另一端是活塞，气缸是静止的，且与环境无热交换。问：①活塞能否对流体做功？②流体的压力会改变吗？③若用某种方法把流体的压力从2bar提高到20bar，流体的热力学能是否变化？焓是否变化？

3.12 两种气体在刚性密闭系统中进行绝热混合，问混合后气体的 U、H、S 与混合前两种气体的 U、H、S 之和是否相等。两股气流在开口系统中进行绝热稳定流动下混合呢？

习 题

3.1 一汽车在1h内消耗汽油35L，已知汽油的发热量为44000kJ/kg，汽油密度为 $0.75\mathrm{g/cm^3}$，测得该车通过车轮的功率为68kW，试求汽车工作过程的热效率。

3.2 气体在某一过程中吸收了90J的热量，同时热力学能增加了70J，问此过程是膨胀过程还是压缩过程？与环境交换的功量是多少？

3.3 夏日为避免阳光直射，密闭门窗，用电扇取凉，电扇功率为0.06kW。假定房间内初温为28℃、压力为0.1MPa，太阳照射传入的热量为0.1kW，通过墙壁向外散热0.6kW。室内有3人，每人每小时向环境散发的热量为460kJ。试求面积为 $10\mathrm{m^2}$、高度为3.5m的室内每小时温度的升高值。

3.4 气缸内空气被一带有弹簧的活塞封住，弹簧的另一端固定。初始时气缸内空气的体积为 $0.008\mathrm{m^3}$，温度为300K，空气压力为0.1013MPa，弹簧处于自由状态。现向空气加热，使其压力升高，并推动活塞上升而压缩弹簧。已知活塞面积为 0.1m^2，弹簧刚度 $K=500\text{N/m}$，环境大气压力 $p_b=0.1013\text{MPa}$，试求使气缸内气体压力达到 0.15MPa 所需的热量。

3.5 空气在压气机中被压缩。压缩前空气的参数为 $p_1=1\text{bar}$，$v_1=0.845\text{m}^3/\text{kg}$；压缩后的参数为 $p_2=9\text{bar}$，$v_1=0.125\text{m}^3/\text{kg}$。设在压缩过程中 1kg 空气的热力学能增加 146.5kJ，同时向外放出热量 55kJ。压缩机 1min 产生压缩空气 12kg。求：①压缩过程中对 1kg 空气做的功；②每生产 1kg 压缩空气所需的功（技术功）；③带动此压缩机所用电动机的功率。

3.6 进入蒸汽发生器中内径为 30mm 管子的压力水参数为：$h_1=134.8\text{kJ/kg}$，$v_1=0.0010\text{m}^3/\text{kg}$，入口体积流率 $\dot{V}=4\text{L/s}$；从管子输出时参数为：$h_2=3117.5\text{kJ/kg}$，$v_2=0.0299\text{m/kg}$，求蒸汽发生器的加热率。

3.7 某气体通过一根内径为 15.24cm 的管子流入动力设备。设备进口处气体的参数是：$v_1=0.3369\text{m}^3/\text{kg}$，$h_1=2826\text{kJ/kg}$，$c_{f1}=3\text{m/s}$；出口处气体的参数是 $h_2=2326\text{kJ/kg}$。若不计气体进出口的宏观能差值和重力位能差值，忽略气体与设备的热交换，求气体向设备输出的功率。

3.8 一刚性绝热容器，容积 $V=0.028\text{m}^3$，原先装有压力 $p_1=0.1\text{MPa}$、温度 $T_1=300\text{K}$ 的空气。现将连接此容器与输气管的阀门打开，向容器内快速充气。设输气管内的气体状态参数保持不变：$p_0=0.1\text{MPa}$、温度 $T_0=300\text{K}$。当容器内压力达到 $p_2=0.2\text{MPa}$ 时阀门关闭，求容器内气体可能达到的最高温度 T_2。

3.9 一个储气罐从压缩空气总管充气，总管内压缩空气参数恒定，压力为 500kPa，温度为 25℃。充气开始时，罐内空气参数为 50kPa、10℃。求充气终了时罐内空气的温度。设充气过程是在绝热条件下进行的。

3.10 一个储气罐从压缩空气总管充气，总管内压缩空气参数恒定，压力为 1000kPa，温度为 27℃。充气开始时，储气罐内为真空，求充气终了时罐内空气的温度。设充气过程是在绝热条件下进行的。

3.11 某气缸活塞系统内存有空气 0.5kg，气缸截面积 $A=0.08\text{m}^2$，气缸内的空气 $t_1=20$℃，活塞对空气的压力保持不变，$p=0.5\text{MPa}$。现气缸底部有一电加热器对其进行加热，电功率为 $N=300\text{W}$，若气缸及活塞均与外界无热量交换，试求活塞上升 0.5m 时所需的时间。

3.12 容积为 0.2m^3，钢瓶内盛有氧气，初始状态时 $p_1=1.4\text{MPa}$，$t_1=27$℃。由于气焊用去部分氧气，压力降至 $p_2=1.0\text{MPa}$，假定氧气与外界无热量交换，试计算用去氧气的质量、瓶内剩余氧气的温度。若瓶内氧气从周围环境吸热，其温度又恢复为 27℃，问此时瓶内的压力 p_3 为多少？已知 $p_b=0.1\text{MPa}$；氧气比热容取定值，$R_g=0.26\text{kJ/(kg·K)}$，$c_p=0.917\text{kJ/(kg·K)}$。

3.13 温度 $t_1=10$℃ 的冷空气进入锅炉设备的空气预热器，用烟气放出来的热量对其加热。若已知 1Nm^3（标准立方米）烟气放出 245kJ 的热量，空气预热器没有热损失，烟气每小时的流量按质量计算是空气的 1.09 倍，烟气的气体常数 $R_g=286.45\text{J}/$

(kg·K)，并且不计空气在预热器中的压力损失，求空气在预热器中受热后达到的温度 t_2。

3.14 一个很大的容器放出 2kg 空气，过程中系统吸热 180kJ，若放出的 2kg 气体动能完全转化为功，可以发电 3.6kW·h，其比焓的平均值 $h=301.7$kJ/kg。假设此过程中容器温度变化可以忽略不计，试求此容器中气体温度。

第4章 工质的热力过程

本章以热力学第一定律为基础,工质为理想气体或者实际气体,可逆过程为前提,分析研究不同热力过程中能量转换关系,并在热力参数坐标上进行比较分析。

4.1 分析热力过程的目的及一般步骤

4.1.1 分析热力过程的目的和任务

工程上实施热力过程的主要目的包括:①完成能量转换,如蒸汽动力装置或热力发动机要求输出一定的功率;②工质达到一定的热力状态,如压气机将气体压缩达到一定的压力、热交换器将空气加热到某一温度等。为实施热能与机械能间的相互转换,或使工质达到预期的状态,通常总是通过工质的吸热、膨胀、放热、压缩等一些热力状态变化过程实现的。不同热力过程表征着不同外部条件。研究热力过程的目的就在于研究环境条件对热能和机械能转换的影响。因此,研究热力过程的任务是,揭示状态变化规律与能量传递之间的关系,进而找出影响转化的主要因素,从而计算热力过程中工质状态参数的变化及传递的能量、热量和功量。

实际热力过程十分复杂,并都是不可逆过程,若工质各个状态参数都在变化,则不易确定其变化规律。考虑到某些常见热力过程往往近似具有某一简单的特征(例如,汽油机气缸中工质的燃烧加热过程,由于燃烧速度很快,压力急剧上升而容积几乎不变,接近定容;燃气轮机动力装置燃烧室内的燃烧加热过程,燃气压力变化极微,近似于定压;活塞式压气机中,若气缸套的冷却效果非常理想,压缩过程中气体的温度几乎不升高,近似定温;燃气流过汽轮机或空气流经叶轮式压气机时,流速很大,气体向环境散失的热量相对极少,近乎绝热),为此,工程热力学将热力设备中的各种过程近似地概括为4种典型过程,即定容、定压、定温和绝热过程。同时,为使问题简化,暂不考虑实际过程中不可逆的耗损而作为可逆过程。这些典型的可逆过程称为基本热力过程,可用简单的热力学方法分析计算。随后,考虑到不可逆耗损再借助一些经验系数进行修正。由此,可对热设备或热力系统性能、效率作出合理的评价,同时,计算结果与实际情况在量上也相当接近。可以认为,工质基本热力过程的分析和计算是热力设备设计计算的基础和依据。

4.1.2 热力过程应解决的问题

分析计算热力过程应主要解决以下问题:

(1) 根据热力过程的特点,利用状态方程式 $p=f(v,T)$ 及热力学第一定律解析式,得出过程方程式 $p=f(v)$。

(2) 借助过程方程式 $p=f(v)$ 并结合状态方程式 $p=f(v,T)$,找出不同状态时状态参数间的关系式,从而由已知初态确定终态参数;或者反之。

(3) 在 $p\text{-}v$ 图和 $T\text{-}s$ 图中画出过程曲线，直观地表达过程中工质状态参数的变化规律及能量转换情况。

(4) 确定工质的初态、终态比热力学能、比焓、比熵的变化量。例如，理想气体的比热力学能 Δu、比焓 Δh、比熵的变化量 Δs，对于任何热力过程（与过程是否可逆无关），当变比热容时，可分别按式（3.42）、式（3.46）、式（3.62）计算；当定值比热容时，可分别按 $\Delta u = c_v(T_2 - T_1)$、$\Delta h = c_p(T_2 - T_1)$、式（3.64）～式（3.66）计算。

下面讨论各具体热力过程时均以定值比热容为例，不再一一赘述。

(5) 确定 1kg 工质对外做出的功和过程热量。

各种可逆过程的膨胀功都可由式（1.23）[式中 $p = f(v)$] 计算。过程热量 q 在求出 w 和 Δu 之后，可按 $q = \Delta u + w$ 计算。可逆定容过程和可逆定压过程的热量还可按比热容乘以温差计算，可逆定温过程可由温度乘以比熵差计算。两种方法得到的结果是一致的。各种可逆过程的技术功 w_t 都可按式（3.31）计算。

4.1.3 分析热力过程的一般步骤

对于待研究的热力学对象，分析热力过程的一般步骤包括：

(1) 根据热力过程性质，建立过程方程式 $p = f(v)$。
(2) 确定热力系统初终状态的基本参数。
(3) 将热力过程线表示在 $p\text{-}v$ 图及 $T\text{-}s$ 图上，使热力过程直观，便于分析讨论。
(4) 计算热力过程中传递的热量和功量。

4.2 典型可逆热力过程分析

4.2.1 可逆定容过程

定容过程即比容保持不变的过程。通常，一定量的气体在刚性容器内进行定容加热（或放热）时，比容保持不变，即 $dv = 0$，其过程方程式为

$$v = 常数 \tag{4.1}$$

初态、终态参数间的关系可根据 $v =$ 常数及 $pv = R_g T$ 得出

$$v_2 = v_1, \quad p_2/p_1 = T_2/T_1 \tag{4.2}$$

由式（4.2）可知，定容过程中气体的压力 p 与热力学温度 T 成正比。

可逆定容过程曲线（图 4.1）在 $p\text{-}v$ 图上是一条与横坐标垂直的直线。可逆定容过程的熵变量可简化为 $\Delta s_v = c_v \ln(T_2/T_1)$，可见定值比热容的可逆定容过程在 $T\text{-}s$ 图上是一条对数曲线。

由于比容不变，$dv = 0$，可逆的定容过程的过程功 w 为零，即

$$w = \int_{v_1}^{v_2} p\, dv = 0 \tag{4.3}$$

过程热量 q 可根据热力学第一定律解析式得出

$$q = \Delta u = u_2 - u_1 \tag{4.4}$$

由此可见，可逆定容过程中工质不输出膨胀功，加给工质的热量未转变为机械能，而全部用于增加工质的热力学能，因而温度升高，在 $T\text{-}s$ 图上可逆定容吸热过程线 1—2

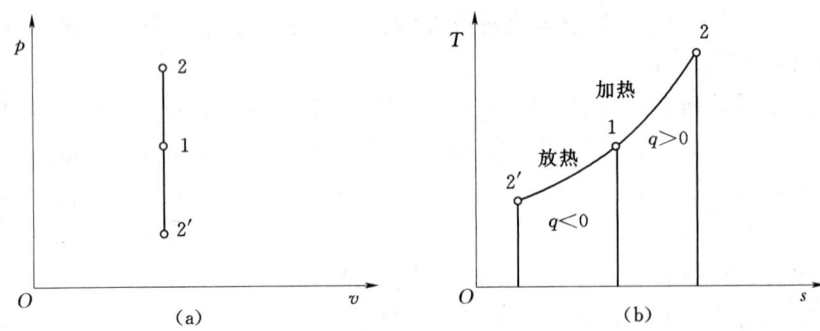

图 4.1 可逆定容过程的 $p-v$ 图及 $T-s$ 图

指向右上方,是吸热升温增压过程。反之,可逆定容放热过程中热力学能的减少量等于放热量,温度必然降低,定容放热过程线 1—2′ 指向左下方,是放热降温减压过程。上述结论直接由热力学第一定律推得,故不限于理想气体,对任何工质都适用。

可逆定容过程的热量 q 或热力学能差 Δu 还可借助定容比热容计算,即

$$q = u_2 - u_1 = c_v \big|_{t_1}^{t_2} (t_2 - t_1) \tag{4.5}$$

可逆定容过程的技术功为

$$w_t = -\int_1^2 v \mathrm{d}p = v(p_1 - p_2) \tag{4.6}$$

式(4.2)~式(4.6)中,下标"1"表示初态,下标"2"表示终态。q 的计算结果为正,是吸热过程;反之是放热过程。其他典型热力过程也是如此。

4.2.2 可逆定压过程

定压过程是工质在状态变化过程中压力保持不变的过程。工程上使用的加热器、冷却器、燃烧器、锅炉等很多热设备是在接近定压的情况下工作的,其过程方程式为

$$p = 常数 \tag{4.7}$$

初态、终态参数的关系可根据 $p=$ 定值及 $pv = R_g T$ 得出

$$p_2 = p_1, \quad v_2/v_1 = T_2/T_1 \tag{4.8}$$

由式(4.8)可知,定压过程中气体的比容 v 与热力学温度 T 成正比。

可逆定压过程曲线在 $p-v$ 图上(图 4.2)为一水平直线。可逆定压过程的熵变量可

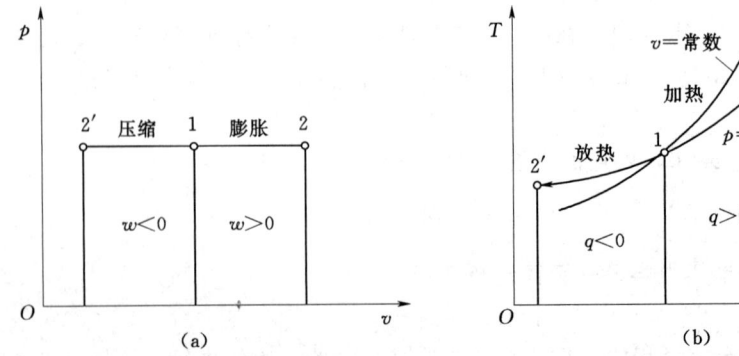

图 4.2 可逆定压过程的 $p-v$ 图及 $T-s$ 图

简化为 $\Delta s_p = c_p \ln(T_2/T_1)$，因而定值比热容时可逆定压过程在 $T\text{-}s$ 图上也是一条对数曲线。但定压线较定容线更为平坦些，这一结论可由如下分析得出。

对于可逆定容过程，将 $\mathrm{d}v=0$ 代入 $\delta q = c_v \mathrm{d}T + p\mathrm{d}v$，并考虑 $\delta q = T\mathrm{d}s = c_v\mathrm{d}T$，则 $(\partial T/\partial s)_v = T/c_v$；对于可逆定压过程，将 $\mathrm{d}p=0$ 代入 $\delta q = c_p\mathrm{d}T - v\mathrm{d}p$，并考虑 $\delta q = T\mathrm{d}s = c_p\mathrm{d}T$，则 $(\partial T/\partial s)_p = T/c_p$。$(\partial T/\partial s)_v$ 和 $(\partial T/\partial s)_p$ 分别为可逆定容线和可逆定压线在 $T\text{-}s$ 图上的斜率。对于任何一种气体，同一温度下总是 $c_p > c_v$，所以 $T/c_p < T/c_v$，$(\partial T/\partial s)_v > (\partial T/\partial s)_p$，即可逆定压线斜率小于可逆定容线斜率，故同一点的可逆定压线较可逆定容线平坦。此外，因 c_v、c_p、T 均恒为正值，故可逆定容线和可逆定压线均为正斜率的对数曲线。可逆定压过程 1—2 是吸热升温膨胀过程，1—2′是放热降温压缩过程。

由于 $p=$ 常数，可逆定压过程的过程功 w 为

$$w = \int_{v_1}^{v_2} p\mathrm{d}v = p(v_2 - v_1) \tag{4.9}$$

对于理想气体，可逆定压过程的过程功 w 可表示为

$$w = R_g(T_2 - T_1) \tag{4.10}$$

式（4.10）表明，理想气体的质量气体常数 R_g 数值上等于 1kg 气体在可逆定压过程中温度升高 1K 所做的膨胀功，单位为 J/(kg·K)。

过程热量 q 可根据热力学第一定律解析式得出：

$$q = u_2 - u_1 + p(v_2 - v_1) = h_2 - h_1 \tag{4.11}$$

式（4.11）表明，任何工质在可逆定压过程中吸入的热量 q 等于焓增 Δh（或放出的热量等于焓降）。可逆定压过程的热量或焓差还可借助于定压比热容计算，即

$$q = h_2 - h_1 = c_p\big|_{t_1}^{t_2}(t_2 - t_1) \tag{4.12}$$

可逆定压过程的技术功 w_t 为

$$w_t = -\int_{p_1}^{p_2} v\mathrm{d}p = 0 \tag{4.13}$$

式（4.13）表明，工质按可逆定压稳定流过诸如换热器等热工设备时，不对外做技术功 w_t，这时 $q - \Delta u = pv_2 - pv_1$，$pv_2 - pv_1$ 为流动功，即热能 $q - \Delta u$ 转化的机械能全部用来维持工质流动。

式（4.9）、式（4.11）～式（4.13）是根据膨胀功的定义和热力学第一定律直接导出的，故不限于理想气体，对任何工质都适用。而式（4.10）只适用于理想气体。

对于理想气体，式（4.11）可演化为

$$q = c_v\big|_{t_1}^{t_2}(t_2 - t_1) + R_g(T_2 - T_1) = \left(c_v\big|_{t_1}^{t_2} + R_g\right)(T_2 - T_1) \tag{4.14}$$

与式（4.12）比较，可得

$$c_p\big|_{t_1}^{t_2} = c_v\big|_{t_1}^{t_2} + R_g \tag{4.15}$$

式（4.15）表明，同样温度范围内的平均定压比热容与平均定容比热容之间的关系也遵守迈耶公式。当 $t_2 - t_1$ 为无穷小量 $\mathrm{d}t$ 时，相应的比热容是温度为 t 时的真实比热容 c_p、c_v，即为迈耶公式。

4.2.3 可逆定温过程

定温过程是工质状态变化时温度保持不变的热力过程，有 $T=$ 常数，代入理想气体状态方程 $pv=R_\text{g}T$，得过程方程式为

$$pv = 常数 \tag{4.16}$$

定温过程初态、终态参数的关系可表示为

$$T_2 = T_1, \quad p_2 v_2 = p_1 v_1 \tag{4.17}$$

式（4.17）表明，定温过程中气体的压力 p 与比容 v 成反比。

如图 4.3 所示，可逆定温过程线在 p-v 图上为一条反比例函数曲线，在 T-s 图上则为水平直线。理想气体的热力学能 u 和焓 h 都只是温度的函数，故可逆定温过程也就是可逆定热力学能过程、可逆定焓过程，即 $\Delta u = 0$，$\Delta h = 0$。

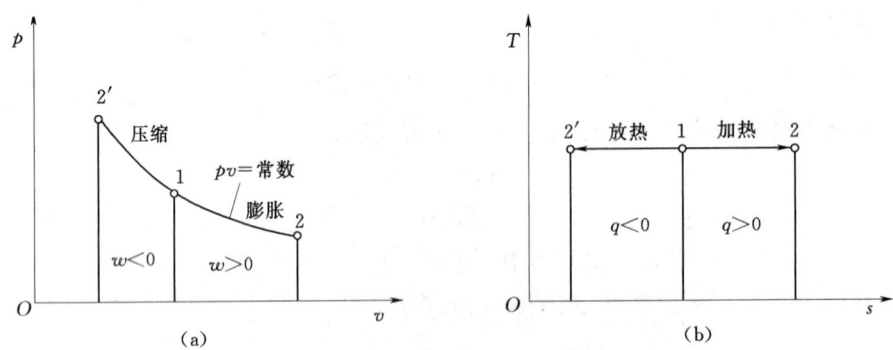

图 4.3 可逆定温过程的 p-v 图及 T-s 图

可逆定温过程的熵变量 Δs_{12} 为

$$\Delta s_{12} = R_\text{g} \ln(v_2/v_1) = -R_\text{g} \ln(p_2/p_1) \tag{4.18}$$

可逆定温过程的膨胀功 w 为

$$w = \int_1^2 p\,\text{d}v = \int_1^2 pv\frac{\text{d}v}{v} = \int_1^2 R_\text{g}T\frac{\text{d}v}{v} = R_\text{g}T\ln\frac{v_2}{v_1} = p_1 v_1 \ln\frac{v_2}{v_1} = -p_1 v_1 \ln\frac{p_2}{p_1} \tag{4.19}$$

可逆定温过程热量 q 为

$$q = w = R_\text{g}T\ln\frac{v_2}{v_1} = p_1 v_1 \ln\frac{v_2}{v_1} = -p_1 v_1 \ln\frac{p_2}{p_1} \tag{4.20}$$

可逆定温过程热量 q 也可由 $q = T\Delta s_{12} = TR_\text{g}\ln(p_2/p_1)$ 导出相同结果。可见，理想气体可逆定温过程的热量 q 和膨胀功 w 的数值相等，且正负也相同。由于这时理想气体的热力学能不变，可逆定温膨胀时吸热量全部转变为膨胀功；可逆定温压缩时消耗的压缩功全部转变为放热量。图 4.3 中可逆定温过程线 1—2 是可逆吸热膨胀降压过程；1—2′ 是可逆放热压缩增压过程。

可逆定温过程技术功 w_t 为

$$w_\text{t} = -\int_1^2 v\,\text{d}p = -\int_1^2 pv\frac{\text{d}p}{p} = -\int_1^2 R_\text{g}T\frac{\text{d}p}{p} = -R_\text{g}T\ln\frac{p_2}{p_1} = -p_1 v_1 \ln\frac{p_2}{p_1} \tag{4.21}$$

可见，理想气体可逆定温稳定流经开口系统时技术功 w_t 与过程热量 q 相同，由于这时 $p_2 v_2 = p_1 v_1$，流动功 $p_2 v_2 - p_1 v_1 = 0$，吸热量 q 全部转变为技术功 w_t。

式 (4.18)～式 (4.21) 以及过程方程式 $pv=$ 定值，只适用于理想气体，因为推导过程中引用了理想气体状态方程式 $pv=R_gT$，以及 $u=u(T)$、$h=h(T)$ 等。

4.2.4 可逆绝热过程

可逆绝热过程是状态变化的任何一微元过程中热力系统与环境都不交换热量的过程，即每一时刻均有 $\delta q=0$。当然，整个可逆绝热过程与环境交换的热量也为零，即 $q=0$。

可逆绝对绝热过程难以实现，工质无法与环境完全隔热，但当实际过程（往往是非准平衡的和不可逆的）进行很快，一定量的工质的换热量相对极少，且耗散效应不大时，可近似地看作可逆绝热过程。近似于可逆绝热的过程是很普遍的，如热力发动机气缸内工质进行的膨胀过程和压缩过程、压缩机中气体的压缩过程（尤其是叶轮式压缩机）、汽轮机和燃气轮机喷管内的膨胀过程等，因而对可逆绝热过程的研究很有实用价值。

根据熵的定义，$ds=\delta q_{rev}/T$，可逆绝热时 $\delta q_{rev}=0$，故有 $ds=0$，$s=$ 定值。在闭口系统中可逆绝热过程又称为定熵过程。

1. 过程方程式

对理想气体，可逆过程的热力学第一定律解析式为 $\delta q=c_v dT+pdv$ 和 $\delta q=c_p dT-vdp$，因绝热 $\delta q=0$，将理想气体状态方程式 $T=pv/R_g$ 代入 $0=c_v dT+pdv$，经整理可得

$$\frac{dp}{p}=-\frac{c_p}{c_v}\frac{dv}{v} \tag{4.22}$$

令 $k=c_p/c_v=1+R_g/c_v$，k 称为比热容比或者绝热指数。由于 c_v 是温度的复杂函数，故式 (4.22) 的积分解十分繁复，不便用于工程计算。若比热容为定值，则 k 也是定值，于是式 (4.22) 可以直接积分得到关系式 $\ln p+k\ln v=$ 常数，经整理可得可逆绝热过程式：

$$pv^k=常数 \tag{4.23}$$

2. 初态、终态参数的关系

将初态的 p_1、v_1、T_1 参数和终态的 p_2、v_2、T_2 参数代入过程方程式 $pv^k=$ 定值及状态方程 $pv=R_gT$，经整理后可得

$$p_2v_2^k=p_1v_1^k \tag{4.24}$$

$$\frac{T_2}{T_1}=\left(\frac{v_1}{v_2}\right)^{k-1} \tag{4.25}$$

$$\frac{T_2}{T_1}=\left(\frac{p_2}{p_1}\right)^{\frac{k-1}{k}} \tag{4.26}$$

当初态、终态温度 T_1、T_2 变化范围在室温到 600K 之间时，将绝热指数作为定值应用式 (4.23)～式 (4.26) 的误差不大。若温度变化幅度较大，为减少计算误差，建议用平均绝热指数 k_{av} 来代替，可通过下面平均方法来确定，即

$$k_{av}=\frac{c_p\big|_{t_1}^{t_2}}{c_v\big|_{t_1}^{t_2}} \quad 或 \quad k_{av}=\frac{k_1+k_2}{2} \tag{4.27}$$

其中

$$k_1 = c_{p1}/c_{v1}, \quad k_2 = c_{p2}/c_{v2}$$

式中：$c_p\big|_{t_1}^{t_2}$ 和 $c_v\big|_{t_1}^{t_2}$ 分别为温度由 t_1 到 t_2 的平均定压比热容和平均定容比热容；c_{p1}、c_{p2} 和 c_{v1}、c_{v2} 分别为温度 t_1、t_2 时气体的真实定压比热容和真实定容比热容。

在某些情况下 t_2 是未知数，而 $c_p\big|_{t_1}^{t_2}$、$c_v\big|_{t_1}^{t_2}$、k_2 又取决于 t_2，因此，这需先设定 t_2，得出 k 后再算出一个 t_2，如此重复，使计算值与设定值逐渐接近。

3. 可逆绝热过程在 p-v 图和 T-s 图上的表示

如图 4.4 所示，定熵过程线在 T-s 图上是垂直于横坐标的直线；在 p-v 图上是高次双曲线，由式 (4.22) 可知，其斜率 $(\partial p/\partial v)_s = -kp/v$。与定温线斜率 $(\partial p/\partial v)_T = -p/v$ 相比，因为 $k>1$，定熵线斜率的绝对值大于定温线，所以定熵线更陡些。

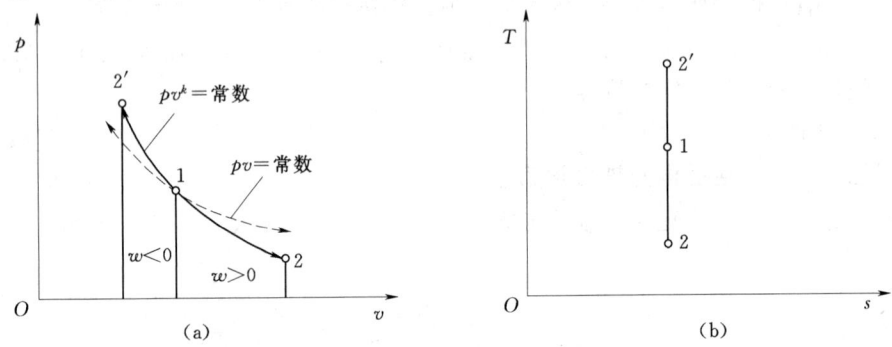

图 4.4 可逆绝热过程的 p-v 图及 T-s 图

式 (4.24)～式 (4.26) 表明，可逆绝热过程中压力与比容的 k 次方成反比，温度与压力的 $(k-1)/k$ 次方成正比。因而，过程线 1—2 是绝热膨胀降压降温过程；1—$2'$ 是绝热压缩增压升温过程。

4. 过程中能量的传递和转换

绝热过程体系与环境不交换热量，$q=0$，代入闭口系统热力学第一定律解析式 $q=\Delta u + w$，得过程功 w 为

$$w = -\Delta u = u_1 - u_2 \tag{4.28}$$

式 (4.28) 表明，绝热过程中工质与环境无热量交换，过程功只来自工质本身的能量转换。绝热膨胀时，膨胀功等于工质的热力学能降；绝热压缩时，消耗的压缩功等于工质的热力学能增量。式 (4.28) 直接由闭口系统热力学第一定律解析式导出，故普遍适用于理想气体和实际气体进行的可逆和不可逆绝热过程。

若为理想气体，且按定值热容考虑，可得近似式

$$w = c_v(T_1 - T_2) = \frac{1}{k-1} R_g (T_1 - T_2) = \frac{1}{k-1}(p_1 v_1 - p_2 v_2) \tag{4.29}$$

对于可逆绝热过程，由式 (4.29) 可得

$$w = \frac{1}{k-1} R_g T_1 \left[1 - \left(\frac{p_2}{p_1}\right)^{\frac{k-1}{k}}\right] = \frac{1}{k-1} R_g T_1 \left[1 - \left(\frac{v_1}{v_2}\right)^{k-1}\right] \tag{4.30}$$

由稳流开口系统的热力学第一定律解析式 $q = \Delta h + w_t$，可得绝热过程的技术功 w_t 为

$$w_t = -\Delta h = h_1 - h_2 \tag{4.31}$$

式 (4.31) 表明，工质在绝热稳流过程中所做的技术功 w_t 等于焓降 $h_{in} - h_{out}$。式 (4.31) 直接由能量守恒式 $q = \Delta h + w_t$ 导出，故对理想气体和实际气体、可逆的和不可逆的绝热稳流过程普遍适用。

对于理想气体，当按定值比热容计算时绝热过程的技术功 w_t 可表示为

$$w = c_p(T_1 - T_2) = \frac{k}{k-1}R_g(T_1 - T_2) = \frac{k}{k-1}(p_1v_1 - p_2v_2) \tag{4.32}$$

对于可逆绝热过程，还可导出：

$$w_t = \frac{k}{k-1}R_gT_1\left[1-\left(\frac{p_2}{p_1}\right)^{\frac{k-1}{k}}\right] = \frac{k}{k-1}R_gT_1\left[1-\left(\frac{v_1}{v_2}\right)^{k-1}\right] \tag{4.33}$$

显然，理想气体进行可逆绝热过程时，技术功是膨胀功的 k 倍，即 $w_t = kw$。

最后还必须指出：当利用 $pv^k = $ 常数，以及由此而推得的其他结论，对可逆绝热过程进行数值计算时，由于把比热当作定值，计算结果往往不够准确，尤其是当过程初态、终态温度变化范围较大时，有较大的误差。因此，在热力发动机要求准确度很高的设计计算中，现在一般应用图表计算法，而不应用这些公式。但公式"$pv^k = $ 常数"形式简单，可用于过程热力分析而求得各种因素的影响，并由此对热机的工作过程作定性分析时极其方便，用作近似计算也有一定的实用价值。

【例 4.1】 设空气处于一个绝热刚性容器中，该容器有一小孔与大气相通。试问为使容器内空气从 0℃ 升温到 20℃，通过电热丝需对加入多少热量？已知初态时容器内空气的热容量 $C_1 = 34.7 \text{kJ/K}$。

解：因刚性容器有一小孔与大气相通，故电热丝对刚性容器加热过程近似为压力不变过程，过程中刚性容器内空气压力 p 不变，且容器容积 V 不变。则加热过程每一时刻容器内空气质量 $m = pV/(R_gT)$，因初态时 $m_1 = pV/(R_gT_1)$，故 $m = m_1T_1/T$。

根据题意，有 $C_1 = m_1c_p$，而刚性容器内空气加热过程满足 $\delta Q = mc_p dT$，积分可得

$$Q = \int_1^2 mc_p dT = \int_1^2 (m_1T_1/T)c_p dT = \int_1^2 m_1T_1c_p dT/T = C_1T_1\ln(T_2/T_1)$$
$$= 34.7 \times 273 \times \ln(293/273) = 669.95 (\text{kJ})$$

【例 4.2】 某种理想气体比热容可取为定值，试证明：①该理想气体分别由定压和定容过程从 T_1 变化到 T_2 时，定压过程的熵变 ΔS_p 大于定容过程的熵变 ΔS_v；②该理想气体分别由定温和定容过程从 p_1 变化到 p_2 时，两个过程中气体熵变值的符号相反。

证明：设该理想气体的质量为 m，定压比热容为 c_p，定容比热容为 c_v。

(1) 根据题意，有

$$\Delta S_p = mc_p\ln(T_2/T_1), \quad \Delta S_v = mc_v\ln(T_2/T_1)$$

则

$$\Delta S_p/\Delta S_v = c_p/c_v = 1 + R_g/c_v > 1$$

故

$$\Delta S_p > \Delta S_v$$

(2) 根据题意，有

$$\Delta S_T = -mR_g \ln(p_2/p_1)$$

对于定容过程，有

$$\Delta S_v = mc_v \ln(T_2/T_1)$$

且

$$T_2/T_1 = p_2/p_1$$

故

$$\Delta S_v = mc_v \ln(p_2/p_1)$$

则

$$\Delta S_T/\Delta S_v = -R_g/c_v < 0$$

即气体熵变值 ΔS_T 和 ΔS_v 的符号相反。

证毕。

【例 4.3】 质量为 1kg 的空气分别经过定温膨胀和绝热膨胀的可逆过程，从初态 $p_1 = 9.807\text{bar}$，$T_1 = 573\text{K}$ 膨胀到终态容积 v_2（为初态容积 v_1 的 5 倍），试计算不同过程中空气的终态参数，对外所做的功和交换的热量以及过程中热力学能、焓、熵的变化量 Δu、Δh、Δs。

解： 将空气取作闭口系统。

(1) 对可逆定温过程 1—2，由过程中的参数关系，可得

$$p_2 = p_1 v_1/v_2 = 9.807 \times 1/5 = 1.96(\text{bar})$$

按理想气体状态方程，可得

$$v_1 = R_g T_1/p_1 = 287 \times 573/(9.807 \times 10^5) = 0.1677(\text{m}^3/\text{kg})$$

$$v_2 = 5v_1 = 5 \times 0.1677 = 0.8385(\text{m}^3/\text{kg})$$

$$T_1 = T_2 = 573\text{K}$$

根据热力学第一定律，气体对外做的膨胀功 w_T 及交换的热量 q_T 为

$$w_T = q_T = p_1 v_1 \ln(v_2/v_1) = R_g T_1 \ln(v_2/v_1) = 287 \times 573 \times \ln(5/1) = 264.67(\text{kJ}/\text{kg})$$

过程中内能、焓、熵的变化量为

$$\Delta u_{12} = 0, \quad \Delta h_{12} = 0, \quad \Delta s_{12} = q_T/T_1 = 264.67/573 = 0.4619[\text{kJ}/(\text{kg} \cdot \text{K})]$$

或

$$\Delta s_{12} = R_g \ln(v_2/v_1) = 287 \times \ln(5/1) = 0.4619[\text{kJ}/(\text{kg} \cdot \text{K})]$$

(2) 对可逆绝热过程 1—2s，由可逆绝热过程参数间关系，可得

$$p_{2s} = p_1(v_1/v_{2s})^k$$

且

$$v_{2s} = v_2 = 0.8385\text{m}^3/\text{kg}$$

故

$$p_{2s} = p_1(v_1/v_{2s})^k = 9.807 \times (1/5)^{1.4} = 1.03(\text{bar})$$

$$T_{2s} = p_{2s} v_{2s}/R_g = 1.03 \times 10^5 \times 0.8385/287 = 301(\text{K})$$

气体对外所做的功 w_s 及交换的热量 q_s 为

$$w_s = (p_1 v_1 - p_{2s} v_{2s})/(k-1) = R_g(T_1 - T_{2s})/(k-1)$$
$$= 287 \times (573 - 301)/(1.4 - 1) = 195.16(\text{kJ}/\text{kg})$$

$$q_s = 0$$

过程中内能、焓、熵的变化量为

$$\Delta u_{12}=c_v(T_{2s}-T_1)=-w_s=-195.16(\text{kJ/kg})$$
$$\Delta h_{12}=c_p(T_{2s}-T_1)=k\Delta u_{12}=1.4\times(-195.16)=-273.224(\text{kJ/kg})$$
$$\Delta s_{12}=0$$

4.3 可逆多变热力过程分析

以上讨论的典型可逆热力过程，在工质状态发生变化时都有 1 个状态参数保持不变。但在热力工程中，工质状态变化过程实际上是所有的状态参数或多或少地都在变化，而且也不可能完全绝热。因此，在研究热力过程时，必须根据具体情况，加以具体分析。

4.3.1 多变过程及过程方程式

实际热机中，有些过程工质的状态参数 p、v、T 等都有显著的变化，与环境之间换热量也不可忽略不计，因此不能按典型可逆热力过程来分析。而必须采用一种比典型可逆热力过程更普遍、更一般，但仍然按照一定规律而变化的过程（即多变过程）来分析。实验测定表明，可逆热力过程中 1kg 工质的压力 p 和容积 v 的关系接近指数函数，其过程方程式为

$$pv^n=\text{常数} \tag{4.34}$$

式（4.34）即可逆多变热力过程的方程式。n 为多变指数，它可以是 $-\infty$ 到 $+\infty$ 之间的任意数值，但在热力工程上目前其应用范围为 $[0,+\infty)$。

实际过程往往更为复杂。如柴油机气缸中压缩过程开始时，工质温度低于缸壁温度，边吸热边压缩而工质温度升高，高于缸壁温度后则边压缩边放热，整个过程 n 大约从 1.6 变化到 1.2；至于膨胀过程，由于存在后燃及高温时被离解气体的复合放热现象，情况更为复杂，其散热规律的研究已不属于热力学的范围。对于多变指数 n 是变化的实际过程，若 n 的变化范围不大，则可用一个不变的平均值近似地代替实际变化的 n；若 n 的变化较大，则可将实际过程分成数段，每一段近似以 n 值不变。

4.3.2 初态、终态参数的关系

理想气体的可逆多变过程中，初态、终态参数间关系可根据过程方程 $pv^n=$ 常数及状态方程式 $pv=R_gT$ 得出。

$$\frac{p_2}{p_1}=\left(\frac{v_1}{v_2}\right)^n \tag{4.35}$$

$$\frac{T_2}{T_1}=\left(\frac{v_1}{v_2}\right)^{n-1} \tag{4.36}$$

$$\frac{T_2}{T_1}=\left(\frac{p_2}{p_1}\right)^{\frac{n-1}{n}} \tag{4.37}$$

按式（4.35）～式（4.37）可根据初、终两个状态求得该可逆多变过程的 n 值。

4.3.3 膨胀功 w、技术功 w_t 及过程热量 q_n

可逆多变过程中热量 q_n 一般不为零，所以膨胀功 $w\neq\Delta u$，可由 $w=\int_1^2 p\text{d}v$ 确定。将

$p=p_1v_1^n/v^n$ 代入，可得

$$w=\int_1^2 p\,dv=p_1v_1^n\int_1^2\frac{dv}{v^n}=\frac{1}{n-1}(p_1v_1-p_2v_2)=\frac{1}{n-1}R_g(T_1-T_2)$$

$$=\frac{1}{n-1}R_gT_1\left[1-\left(\frac{p_2}{p_1}\right)^{\frac{n-1}{n}}\right]=\frac{k-1}{n-1}c_v(T_1-T_2) \tag{4.38}$$

对于稳流开口系统，其技术功 w_t 同样可按式（3.32）积分求得

$$w_t=-\int_1^2 v\,dp=p_1v_1-p_2v_2+\int_1^2 p\,dv=p_1v_1-p_2v_2+\frac{1}{n-1}(p_1v_1-p_2v_2)$$

$$=\frac{n}{n-1}(p_1v_1-p_2v_2)=\frac{n}{n-1}R_g(T_1-T_2)=\frac{n}{n-1}R_gT_1\left[1-\left(\frac{p_2}{p_1}\right)^{\frac{n-1}{n}}\right] \tag{4.39}$$

显然可知，可逆多变过程的技术功是膨胀功的 n 倍，即 $w_t=nw$。

理想气体定值比热容时可逆多变过程的热力学能变量仍为 $\Delta u=c_v(T_2-T_1)$。在求得 w 和 Δu 后，过程热量 q_n 可直接由热力学第一定律确定，即

$$q_n=\Delta u+w=c_v(T_2-T_1)+\frac{k-1}{n-1}c_v(T_1-T_2)=\frac{n-k}{n-1}c_v(T_2-T_1) \tag{4.40}$$

根据比热容的定义，热量为比热容乘以温差，即 $q_n=c_n(T_2-T_1)$，与式（4.40）比较，可得多变过程的比热容 c_n 为

$$c_n=\frac{n-k}{n-1}c_v \tag{4.41}$$

对于某个具体的可逆多变过程，若比热容为定值时，c_n 有一确定的数值。

4.3.4 可逆多变过程的特性及在 p-v 图、T-s 图上的表示

在 p-v 图、T-s 图上，可逆多变过程是一条任意的双曲线，过程线的相对位置取决于 n 值。n 值不同的各多变过程表现出不同的过程特性，$1<n<k$ 为可逆多变过程。图 4.5 中示出了 $1<n<k$ 时，即介于可逆定温过程和可逆绝热过程之间的可逆多变过程，热机中常会遇到这类过程。图 4.5 中过程线 1—2 是可逆多变膨胀吸热降温过程；1—$2'$ 为可逆多变压缩放热升温过程，其过程特性可通过分析其能量转换规律 w/q_n 得到解释。将式（4.38）和式（4.40）代入比值 w/q_n，可得

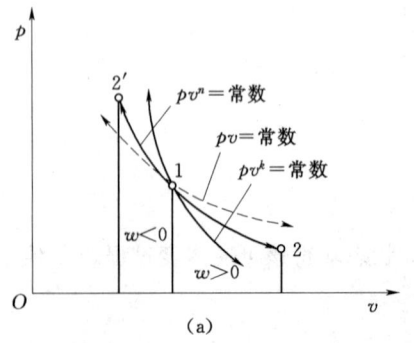 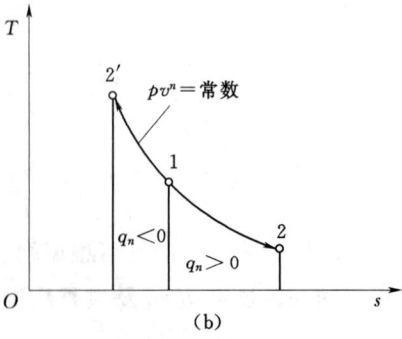

图 4.5 可逆多变过程的 p-v 图及 T-s 图

第 4 章 工质的热力过程

$$\frac{w}{q_n} = \frac{k-1}{k-n} \tag{4.42}$$

因绝热指数 k 恒大于 1，故 $k-1>0$，因而 w/q_n 的比值取决于 n 小于还是大于 k。

(1) $n<k$ 的多变过程。这时 $(k-1)/(k-n)>0$，$w/q_n>0$，即 w 与 q_n 正负相同。膨胀过程 $(w>0)$，必须对气体加热 $(q_n>0)$；压缩过程 $(w<0)$，气体必定对外放热 $(q_n<0)$。

若 $1<n<k$，则 $(k-1)/(k-n)>1$，$w/q_n>1$，即 w 与 q_n 同号，且 $|w|>|q_n|$。这种可逆多变膨胀过程输出的膨胀功大于气体的吸热量，根据能量守恒原则，气体的热力学能一定减少，故温度降低；反之，这类多变压缩过程消耗的膨胀功大于气体的放热量，热力学能一定增大，故温度升高。

(2) $n>k$ 的多变过程。这时 $(k-1)/(k-n)<0$，$w/q_n<0$，w 与 q_n 正负相反。膨胀过程 $(w>0)$，气体必须对外放热 $(q_n<0)$；压缩过程 $(w<0)$，必须对气体加热 $(q_n>0)$。

高温时气体的绝热指数 k 并非定值，通常，温度越高 k 值越小。如柴油机的压缩过程，空气温度通常不超过 300～400℃，这时 $k=1.4$，而平均压缩多变指数为 $n_1=1.32$～1.37，$n_1<k$，因 $w<0$，故 $q_n<0$，为放热过程，表明该压缩过程以空气向冷却水放出热量为主；而柴油机的膨胀过程，开始时温度高达 1800℃ 左右，膨胀终了仍有 600℃ 左右。在此范围内气体的平均绝热指数 $k_{av}=1.32$～1.33，而该过程的平均膨胀多变指数为 $n_2=1.22$～1.28，$n_2<k_{av}$，因 $w>0$，故 $q_n>0$，所以必然是吸热的。

(3) 可逆多变过程综合分析。可逆定容、可逆定压、可逆定温、可逆绝热等 4 种可逆的典型热力过程可看作可逆多变过程的特例，相对于可逆多变过程的过程方程 $pv^n=$ 常数，有：

1) 当 $n=0$ 时，$p=$ 常数，即定压过程。
2) 当 $n=1$ 时，$pv=$ 常数，即定温过程。
3) 当 $n=k$ 时，$pv^k=$ 常数，即可逆绝热过程。
4) 当 $n=\pm\infty$ 时，$v=$ 常数，即定容过程（因 $pv^n=$ 常数可写作 $p^{1/n}v=$ 常数，当 $n\to\pm\infty$ 时，$1/n\to 0$，故 $v=$ 定值）。

(4) 可逆多变过程线的分布规律。在 p-v 图和 T-s 图上，从同一状态出发的 4 种可逆典型热力过程如图 4.6 所示。显见，可逆多变过程线在坐标图上的分布是有规律的，n 值按顺时针方向逐渐增大。若已知多变指数 n 的值，能在 p-v 图和 T-s 图上确定其相对位置。

可逆多变过程在 p-v 图上的斜率，可由过程方程式的微分形式 $\mathrm{d}p/p+n\mathrm{d}v/v=0$ 演化得出，即 $\mathrm{d}p/p=-n\mathrm{d}v/v$。同一状态的 p、v 值相同，斜率只与 n 有关，n 越大，过程线斜率的绝对值 $|\mathrm{d}p/\mathrm{d}v|$ 也越大。如定压时 $n=0$，$|\partial p/\partial v|_p=0$，定压线为水平线；定容时 $n\to\pm\infty$，$|\partial p/\partial v|_p\to\infty$，定容线为垂直线。$n>0$，$\mathrm{d}p/\mathrm{d}v<0$，$\mathrm{d}p$ 与 $\mathrm{d}v$ 反号，压缩时压力升高，膨胀时压力降低，工程上多为这类过程；而 $n<0$，$\mathrm{d}p/\mathrm{d}v>0$，$\mathrm{d}p$ 与 $\mathrm{d}v$ 同号，压缩时压力降低，膨胀时压力升高，这类热力过程工程上极少见，故不深入讨论。

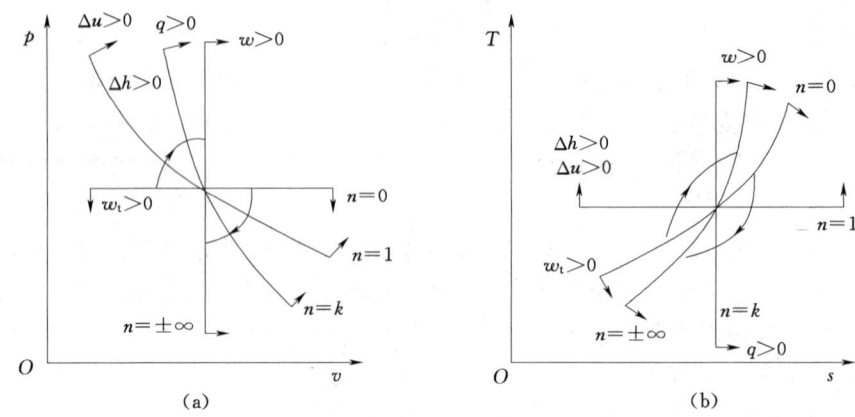

图 4.6 各种可逆典型热力过程的 p-v 图和 T-s 图

在 T-s 图上，可逆多变过程的斜率可由 $ds=\delta q_n/T$ 和 $\delta q_n=c_n dT$ 得出，将 $c_n=c_v(n-k)/(n-1)$ 代入，可得

$$\frac{dT}{ds}=\frac{T}{c_n}=\frac{n-1}{(n-k)c_v}T \tag{4.43}$$

同样，T-s 图上可逆多变过程的斜率也与 n 有关。如可逆定温时，$n=1$，$c_n\to\infty$，$(\partial T/\partial s)_T=0$，显然可逆定温线是水平线；可逆绝热时，$n=k$，$c_n=0$，$(\partial T/\partial s)_k\to\infty$，可逆绝热线是垂直线。

（5）坐标图上可逆多变过程特性的判定。可逆多变过程线在 p-v 图、T-s 图上的位置确定后，可直接观察 p、v、$T(u,h)$、s 等参数的变化趋势，以及过程中能量的传递方向。

膨胀功 w 的正负以可逆定容线为界，如图 4.6 所示，可逆定容线右侧（p-v 图）或右下区域（T-s 图）的各过程的 $w>0$，即工质膨胀对外输出功；反之则 $w<0$，即工质被压缩，消耗外功。

过程热量 q_n 的正负以可逆绝热线为界，可逆绝热线右侧（T-s 图）或右上区域（p-v 图）的各过程的 $\Delta s>0$、$q_n>0$，必为加热过程；反之则 $\Delta s<0$、$q_n<0$，必为放热过程。

理想气体热力学能的增减 Δu（或焓的增减 Δh）以可逆定温线为界，可逆定温线上侧（T-s 图）或右上区域（p-v 图）的各过程的 $\Delta u>0$（$\Delta h>0$），工质的热力学能（或焓）是增大的；反之，则 $\Delta u<0$（$\Delta h<0$），其热力学能（或焓）减小。

例如，$k=1.4$ 的某种气体，按 $n=1.3$ 的可逆多变压缩过程工作，可根据 $dv<0$、$1<n<k$ 先在 p-v 图上画出过程线，再于 T-s 图上确定相应的位置。该可逆多变过程线处于 $w<0$、$q_n<0$ 的区域，故为耗功、放热、升温、升压过程。

当 $c_n>0$ 时，气体吸热则温度升高，放热则温度降低，这时 dT 与 δq_n 同号。当 $c_n<0$ 时，$1<n<k$，故 dT 与 δq_n 反号，加热则降温，放热反升温。

【例 4.4】 质量为 1kg 的空气在多变过程中吸取热量 $q_n=50$kJ 时，其初态容积 v_1 和终态容积 v_2 之比 $v_1/v_2=1/10$，其初态压力 p_1 和终态压力 p_2 之比 $p_1/p_2=8$，求该多变过程中空气的初态温度 T_1、终态温度 T_2、热力学能变化量 Δu、空气对外所做的膨胀功

w 及技术功 w_t。

解：(1) 求多变指数 n。由理想气体的多变过程方程式 $pv^n =$ 常数，可得 $p_1 v_1^n = p_2 v_2^n$，则多变指数 n 可表示为

$$n = \frac{\ln(p_1/p_2)}{\ln(v_2/v_1)} = \frac{\ln 8}{\ln 10} = 0.903$$

(2) 求多变过程中热力学能变化量 Δu。根据多变过程中气体吸取的热量公式 $q_n = c_v \frac{n-k}{n-1}(T_2 - T_1)$，有

$$q_n = c_v \frac{n-k}{n-1}(T_2 - T_1) = \frac{n-k}{n-1} \Delta u$$

则

$$\Delta u = \frac{n-1}{n-k} q_n = \frac{0.903 - 1}{0.903 - 1.4} \times 50 = 9.7586 \text{(kJ/kg)}$$

(3) 求空气对外所做的膨胀功 w 及技术功 w_t。根据闭口系统能量方程 $q_n = \Delta u + w$，则膨胀功 w 可表示为

$$w = q_n - \Delta u = 50 - 9.7586 = 40.2414 \text{(kJ/kg)}$$

多变过程中空气对外所做的膨胀功 w 与技术功 w_t 技术功关系可表示为

$$w_t = nw = 40.2414 \times 0.903 = 36.338 \text{(kJ/kg)}$$

(4) 求空气的初态温度 T_1 和终态温度 T_2。

由理想气体的状态方程 $pv = R_g T$，可得 $p_1 v_1/T_1 = p_2 v_2/T_2$，则空气的初态温度 T_1 和终态温度 T_2 的关系为

$$T_2 = \frac{T_1 p_2 v_2}{p_1 v_1} = T_1 \frac{p_2}{p_1} \frac{v_2}{v_1} = 5T_1/4$$

将初态温度 T_1 和终态温度 T_2 的关系式代入多变过程中热力学能变化量 $\Delta u = c_v (T_2 - T_1)$ 中，可得

$$T_1 = 4 \frac{\Delta u}{c_v} = \frac{4 \times 9.7586}{0.717} = 54.4 \text{(K)}$$

$$T_2 = \frac{5T_1}{4} = \frac{5 \times 54.4}{4} = 68 \text{(K)}$$

【例 4.5】 质量为 1kg 的理想气体按多变过程从初态 v_1 膨胀到 $v_2 = 3v_1$，温度 $T_1 = 600$K 下降到 $T_2 = 350$K，已知该多变过程膨胀功 $w = 100$kJ/kg，从环境吸热 40kJ/kg，求该理想气体的定压比热容 c_p 和定容比热容 c_v。设理想气体的比热容为定值。

解：方法一：由理想气体的多变过程方程式 $pv^n =$ 常数，可得 $T_2/T_1 = (v_1/v_2)^{n-1}$，则多变指数 n 可表示为

$$n = 1 + \ln(T_2/T_1)/\ln(v_1/v_2) = 1 + \ln(350/600)/\ln(1/3) = 1.4906$$

根据闭口系统能量方程 $q_n = \Delta u + w$，则热力学能变化量为

$$\Delta u = q_n - w = 40 - 100 = -60 \text{(kJ/kg)}$$

又因为多变过程中热力学能变化量 $\Delta u = c_v (T_2 - T_1)$，则定容比热容 c_v 为

$$c_v = \Delta u/(T_2 - T_1) = -60/(350 - 600) = 0.240 \text{[kJ/(kg·K)]}$$

根据多变过程中气体吸取的热量公式 $q_n = c_v \dfrac{n-k}{n-1}(T_2 - T_1)$，有

$$q_n = c_v \dfrac{n-k}{n-1}(T_2 - T_1) = \dfrac{n-k}{n-1}\Delta u$$

则理想气体绝热指数 k 可表示为

$$k = n - q_n(n-1)/\Delta u = 1.4906 - 40(1.4906-1)/(-60) = 1.8177$$

则定压比热容 c_p 可表示为

$$c_p = kc_v = 1.8177 \times 0.240 = 0.4362 [\text{kJ}/(\text{kg} \cdot \text{K})]$$

方法二：由理想气体的多变过程方程式 $pv^n = $ 常数，可得 $T_2/T_1 = (v_1/v_2)^{n-1}$，则多变指数 n 可表示为

$$n = 1 + \ln(T_2/T_1)/\ln(v_1/v_2) = 1 + \ln(350/600)/\ln(1/3) = 1.4906$$

根据闭口系统能量方程 $q_n = \Delta u + w$，则热力学能变化量为

$$\Delta u = q_n - w = 40 - 100 = -60 (\text{kJ/kg})$$

又因为多变过程中热力学能变化量 $\Delta u = c_v(T_2 - T_1)$，则定容比热容 c_v 为

$$c_v = \Delta u/(T_2 - T_1) = -60/(350-600) = 0.240 [\text{kJ}/(\text{kg} \cdot \text{K})]$$

根据开口系统能量方程 $q_n = \Delta h + w_t$，有 $q_n = k\Delta u + nw$；则理想气体绝热指数 k 可表示为

$$k = \dfrac{q_n - nw}{\Delta u} = \dfrac{40 - 1.4906 \times 100}{-60} = 1.8177$$

则定压比热容 c_p 可表示为

$$c_p = kc_v = 1.8177 \times 0.240 = 0.4362 [\text{kJ}/(\text{kg} \cdot \text{K})]$$

【例 4.6】 若 1kg 理想气体容积 v 按 $v = a/p^2$ 的规律可逆膨胀（其中 a 为常数，p 为理想气体压力），问：①理想气体可逆膨胀时温度升高还是降低？②理想气体可逆膨胀时放热还是吸热？

解：(1) 因为 $pv = R_g T$，而 $v = a/p^2$，则理想气体可逆膨胀时温度 T 可表示为

$$T = a/(pR_g)$$

由于 v 按 a/p^2 的规律可逆膨胀，故是 p 减小的，则理想气体可逆膨胀时温度 $T = a/(pR_g)$ 是升高的。

(2) 根据热力学第一定律，对于理想气体可逆过程，有 $\delta q = c_p dT - v dp$，将 $v = a/p^2$ 代入可得

$$\delta q = c_p dT - (a/p^2) dp \qquad ①$$

式①两边同时对有限过程进行积分，可得

$$q = c_p(T_2 - T_1) + a(1/p_2 - 1/p_1)$$

由以上计算可知，气体膨胀时，温度升高，即 $T_2 > T_1$，且压力 p 减小（即 $p_2 < p_1$），可得 $1/p_2 > 1/p_1$，因此可得：$q > 0$，故在可逆膨胀中理想气体吸热。

4.4 湿空气热力过程分析

湿空气热力过程的计算主要是利用稳定流动能量方程（通常不计动能差和位能差）及

质量守恒方程和湿空气的线图去研究热力过程中湿空气焓值及含湿量与温度、相对湿度之间的变化关系。本节简要介绍几种典型过程及其工程应用。

4.4.1 加热（或冷却）过程

如图4.7中过程1—2所示，湿空气加热时吸入热量，$t_2>t_1$，$h_2>h_1$，$\varphi_2<\varphi_1$，但压力（p_v和p_a）与含湿量d均保持不变，因此，加热过程是干燥工程中必不可少的组成过程之一。

在冷却过程中，湿空气降低温度而放出热量，只要冷源的温度高于湿空气的露点温度t_d，在冷却过程中不会产生凝结水，因而含湿量d不变，是一个等含湿量d冷却过程，如图4.7中过程1—2'所示。等含湿量d冷却的结果是$t_2'<t_1$，$h_2'<h_1$，$\varphi_2'>\varphi_1$。

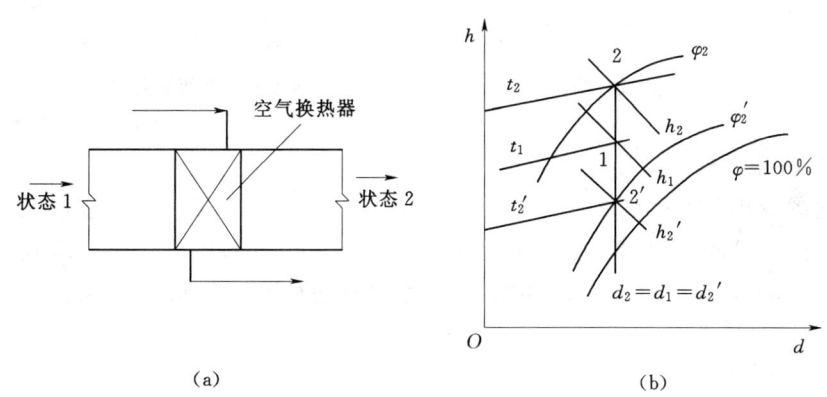

图 4.7 加热（或冷却）过程

根据稳定流动能量方程，过程中空气加热器吸热量（或放热量）等于焓差，即

$$q=\Delta h=h_2-h_1 \quad \text{或} \quad q=\Delta h=h_2'-h_1 \tag{4.44}$$

式中：h_1、h_2（或h_2'）分别为初态、终态湿空气的焓值，kJ/kg（a）。

4.4.2 绝热加湿过程

（1）喷水加湿。在绝热的条件下向湿空气喷水，增加其含湿量。水分蒸发需要热量，在外界不对其供热的情况下汽化热量将由空气本身供给，因而加湿后空气的温度降低。

对于1kg干空气而言，根据质量守恒，喷水量Δm_v等于湿空气流含湿量增量Δd，即

$$\Delta m_v=\Delta d=d_2-d_1 \tag{4.45}$$

对于1kg干空气而言，根据能量守恒，稳定流动，且绝热不做外功，$q=0$、$w=0$，故

$$h_1+(d_2-d_1)h_v=h_2 \tag{4.46}$$

水的焓值h_v相对来说要小得多，含湿量差(d_2-d_1)也较小，所以喷水带入的焓值$(d_2-d_1)h_v$可忽略不计，即$(d_2-d_1)h_v\approx 0$，因此

$$h_1\approx h_2 \tag{4.47}$$

如图4.8所示，绝热喷水过程1—2沿着等焓线向d、φ增大，t减小的方向进行。

（2）喷蒸汽加湿。对于1kg干空气而言，根据质量守恒，有

$$\Delta m_v=\Delta d=d_2'-d_1 \tag{4.48}$$

对于1kg干空气而言，根据能量守恒，有

$$h_2'-h_1=(d_2'-d_1)h_v \tag{4.49}$$

喷入水蒸气后，湿空气的焓、含湿量、相对湿度均增大，如图4.8中过程1—2'所示。

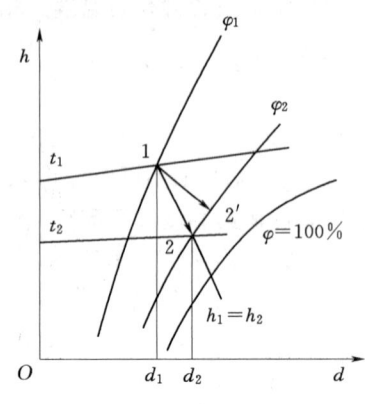
图 4.8　绝热加湿过程

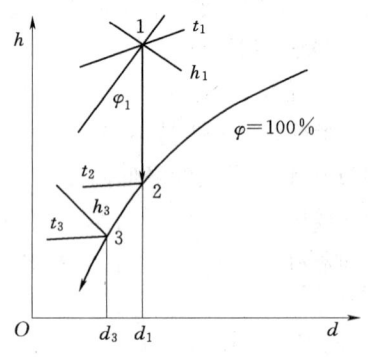
图 4.9　冷却去湿过程

4.4.3　冷却去湿过程

湿空气被冷却到露点温度，空气为饱和状态，若继续冷却，将有水蒸气凝结析出，达到冷却除湿的目的。如图 4.9 所示，过程沿 1—2—3 方向进行，温度降到露点 2 后，沿 $\varphi=100\%$ 的等 φ 线向 d、t 减小的方向一直保持饱和湿空气状态。1kg 干空气的凝水量为

$$\Delta m_v = \Delta d = d_1 - d_3 \tag{4.50}$$

冷却水带走的热量 q 为

$$q = (h_1 - h_3) - (d_1 - d_3) h_v \tag{4.51}$$

式中：h_v 为凝结水的比焓；$(d_1-d_3)h_v$ 为凝结水带走的能量。

4.4.4　绝热混合过程

在空调工程中，在满足卫生条件的情况下，常让一部分空调系统中的循环空气与室外新风混合，经过处理再送入空调房间，以节省冷量或热量，达到节能的目的。不同状态的几股湿空气流绝热混合，混合后的湿空气状态取决于混合前各股湿空气的状态及各流量比。如图 4.10 所示，两股湿空气 1 和 2，绝热混合后状态为 3。据干空气质量守恒，有

$$m_{a3} = m_{a1} + m_{a2} \tag{4.52}$$

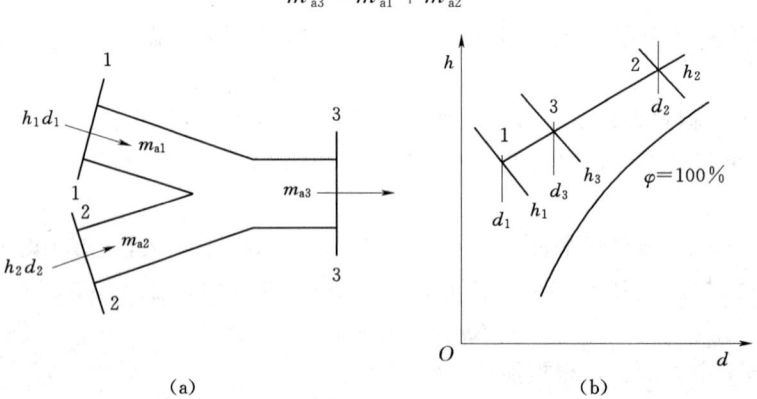

图 4.10　绝热混合过程

根据湿空气中水蒸气质量守恒,有

$$m_{v3}=m_{v1}+m_{v2} \quad \text{或} \quad m_{a3}d_3=m_{a1}d_1+m_{a2}d_2 \tag{4.53}$$

根据能量守恒得

$$m_{a3}h_3=m_{a1}h_1+m_{a2}h_2 \tag{4.54}$$

式(4.52)~式(4.54)联立求解,整理后可得

$$\frac{h_3-h_1}{d_3-d_1}=\frac{h_2-h_3}{d_2-d_3} \tag{4.55}$$

式(4.55)左侧代表图4.10(b) $h-d$ 图上过程1—3的斜率,右侧代表过程3—2的斜率。过程1—3和过程3—2的斜率相同,因此可以判定状态3在1—2过程线上。式(4.55)还可表示为

$$\frac{m_{a1}}{m_{a2}}=\frac{d_2-d_3}{d_3-d_1}=\frac{h_2-h_3}{h_3-h_1}=\frac{\overline{23}}{\overline{31}} \tag{4.56}$$

由式(4.56)可见,状态3在1—2连线上,$m_{a1}/m_{a2}=\overline{23}/\overline{31}$,点3将$\overline{21}$分割时与干空气质量流量成反比。

【**例 4.7**】 湿空气的温度 $t_1=12℃$,压力 $p_1=100\text{kPa}$,相对湿度 $\varphi_1=25\%$,在进入空调房间前,要求处理到 $d_2=0.005\text{kg/kg(a)}$,进入空气处理室的湿空气体积流量 $\dot{V}=2\text{m}^3/\text{s}$。假定空气处理室所用的喷雾水的水温为 $t_w=12℃$。若是分别按以下三种过程进行(图4.11):

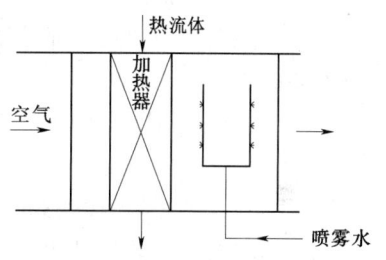

图 4.11 例 4.7 附图

(1) 等干球温度处理。
(2) 等相对湿度处理。
(3) 绝热加湿处理。

求进入房间的空气相对湿度 φ_2、温度 t_2 和处理湿空气时加热器的功率 P。

解:(1) 等干球温度处理过程。向湿空气中喷入水,使湿空气的含湿量增加,但由于水在蒸发时要吸热,所以空气的干球温度必然要下降(因为将湿空气的显热变成了汽化潜热)。因此要维持湿空气干球温度不变,在喷雾和加湿的同时,还必须用加热器向湿空气供给足够的热量,以维持处理前后湿空气的干球温度不变。

根据 $t_1=12℃$,$\varphi_1=25\%$,查湿饱和空气状态参数表可得:$p_{s1}=1.401\text{kPa}$,$d_{s1}=0.00884\text{kg/kg(a)}$,则:

湿空气压力 p_1 可视为大气压力 p_b,则湿空气中含湿量 d_1、焓 h_1 和比容 v_1 分别为

$$d_1=0.622\varphi_1 p_{s1}/(p_b-\varphi_1 p_{s1})=0.622\times 0.25\times 1.401/(100-0.25\times 1.401)$$
$$=0.0022[\text{kg/kg(a)}]$$

$$h_1=1.005t_1+d_1(2501+1.86t_1)=1.005\times 12+0.0022\times(2501+1.86\times 12)$$
$$=17.6113[\text{kJ/kg(a)}]$$

由于 $R_g=(287+461d_1)/(1+d_1)$,则

$$v_1 = (1+d_1)R_g(t_1+273)/p_1$$
$$= (1+d_1)(287+461d_1)(t_1+273)/[(1+d_1)p_1]$$
$$= (1+0.0022)(287+461\times0.0022)(12+273)/[(1+0.0022)\times100000]$$
$$= 0.8208[\text{m}^3/\text{kg(a)}]$$

已知空气经空气处理室后湿空气的含湿量 $d_2=0.005\text{kg/kg(a)}$，$t_2=12℃$（温度不变），有 $p_{s2}=p_{s1}$，则相对湿度 φ_2、焓 h_2 分别表示为

$$\varphi_2 = p_b d_2/(0.622 p_{s2}+d_2 p_{s2}) = 100\times0.005/(0.622\times1.401+0.005\times1.401)$$
$$= 56.92\%$$
$$h_2 = 1.005t_2+d_2(2501+1.86t_2) = 1.005\times12+0.005\times(2501+1.86\times12)$$
$$= 24.6766 [\text{kJ/kg(a)}]$$

流入的空气的体积流量 $\dot{V}=2\text{m}^3/\text{s}$，比容 $v_1=0.8208\text{m}^3/\text{kg(a)}$，则流入的湿空气的质量流量 $\dot{m}=\dot{V}/v_1=2/0.8208=2.4366(\text{kg/s})$。且 $\dot{m}=\dot{m}_a+\dot{m}_a d_1=\dot{m}_a(1+0.0022)$，则

$$\dot{m}_a = \dot{m}/1.0022 = 2.4313(\text{kg/s})$$

从质量平衡的关系式，可得

$$\dot{m}_v = \dot{m}_a(d_2-d_1) = 2.4313\times(0.005-0.0022) = 0.0068(\text{kg/s})$$

若喷入湿空气中的水全部被湿空气吸收，则根据稳定流动能量方程，处理湿空气时加热器的功率 P 为

$$P = \dot{m}_a(h_2-h_1)-\dot{m}_v h_w = \dot{m}_a(h_2-h_1)-\dot{m}_v c_{pw} t_w$$
$$= 2.4313\times(24.6766-17.6113)-0.0068\times4.18\times12$$
$$= 16.8368(\text{kW})$$

(2) 等相对湿度处理过程。由于要求出口含湿量 $d_2=0.005\text{kg/kg(a)}$，所以根据 $\varphi_1=\varphi_2=25\%$ 及 $d_2=0.005\text{kg/kg(a)}$，则饱和分压力 p_{s2}、焓 h_2 分别表示为

$$p_{s2} = p_b d_2/[(0.622+d_2)\varphi_2] = 100\times0.005/[(0.622+0.005)\times0.25] = 3.1898(\text{kPa})$$

查湿饱和空气状态参数表并利用插值法，可得

$$t_2 = 25.5℃$$
$$h_2 = 1.005t_2+d_2(2501+1.86t_2) = 1.005\times25.5+0.005\times(2501+1.86\times25.5)$$
$$= 38.3696[\text{kJ/kg(a)}]$$

流入的空气的体积流量 $\dot{V}=2\text{m}^3/\text{s}$，比容 $v_1=0.8208\text{m}^3/\text{kg}$，则流入的湿空气的质量流量 $\dot{m}=\dot{V}/v_1=2/0.8208=2.4366(\text{kg/s})$，$\dot{m}_v=0.0068\text{kg/s}$，则处理湿空气时加热器的功率 P 为

$$P = \dot{m}_a(h_2-h_1)-\dot{m}_v h_w = \dot{m}_a(h_2-h_1)-\dot{m}_v c_{pw} t_w$$
$$= 2.4313\times(38.3696-17.6113)-0.0068\times4.18\times12$$
$$= 50.1286(\text{kW})$$

(3) 绝热加湿处理过程。绝热加湿处理过程传给湿空气的热量为零，所以湿空气的焓保持不变，即 $h_1=h_2$。由于要求 $d_2=0.005\text{kg/kg(a)}$，则由 $h_1=1.005t_1+d_1(2501+1.86t_1)$，$h_2=1.005t_2+d_2(2501+1.86t_2)$ 可得

$t_2 = [1.005 t_1 + d_1(2501 + 1.86 t_1) - 2501 d_2]/(1.005 + 1.86 d_2)$
$ = [1.005 \times 12 + 0.0022 \times (2501 + 1.86 \times 12) - 2501 \times 0.005]/(1.005 + 1.86 \times 0.005)$
$ = 5.0343(℃)$

查湿饱和空气状态参数表并利用插值法，可得 $p_{s2} = 0.8740 \text{kPa}$，则其相对湿度 φ_2 为
$\varphi_2 = p_b d_2 /(0.622 p_{s2} + d_2 p_{s2}) = 100 \times 0.005/(0.622 \times 0.8740 + 0.005 \times 0.8740)$
$ = 91.24\%$

过程中加热量 $Q=0$，故处理湿空气时加热器的功率 $P=0$。

4.5 水蒸气的基本过程

水蒸气的基本热力过程也包括定容、定压、定温和绝热等，与解理想气体的热力过程一样，水蒸气求解的任务包括：①初态和终态的参数；②过程中的热量和功。但由于蒸汽没有适当而简单的状态方程式，较难用解析的方法求得各个参数；又因蒸汽的 c_p、c_v 以及 h、u 都不是温度的单值函数，而是 p 或 v 和 T 的复杂函数，所以宜通过查水蒸气图表得出。热力学第一定律和第二定律的基本原理和从其推得的一般关系式仍可利用，如

$$q = \Delta u + w, \quad q = \Delta h + w_t \quad ①$$
$$q_v = u_2 - u_1, \quad q_p = h_2 - h_1 \quad ②$$
$$w = \int p \, dv, \quad w_t = -\int v \, dp, \quad q = \int T \, ds \quad ③$$

其中式③中的表达式仅适用于可逆过程。

利用图表分析计算水蒸气的状态变化过程，一般步骤如下：①根据初态的两个已知参数查得其他参数，从表或图中查得其他参数；②根据过程特征及一个终态参数确定终态，再从表或图上查得其他参数；③根据已求得的初态、终态参数计算 q、Δu 及 w。

下面在 h-s 图上逐一分析水蒸气的 4 个基本过程。

(1) 可逆定压过程（$p=$常数）。水蒸气的可逆定压过程如图 4.12 所示。

$w = \int p \, dv = p(v_1 - v_2), \quad q = \Delta h = h_1 - h_2, \quad \Delta u = u_1 - u_2 = h_1 - h_2 + p_2 v_2 - p_1 v_1$ 或 $\Delta u = q - w$

(2) 可逆定容过程（$v=$常数）。水蒸气的可逆定容过程如图 4.13 所示。

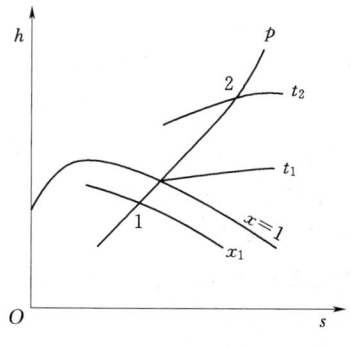
图 4.12 水蒸气的可逆定压过程

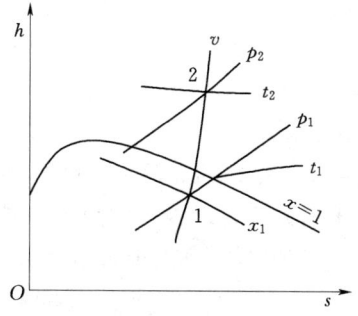
图 4.13 水蒸气的可逆定容过程

$$w = \int p \mathrm{d}v = 0, \quad q = \Delta u = u_1 - u_2 = h_1 - h_2 + p_2 v_2 - p_1 v_1$$

（3）可逆定温过程（T＝常数）。水蒸气的可逆定温过程如图 4.14 所示。

$$q = \int T \mathrm{d}s = T(s_1 - s_2), \quad \Delta u = u_1 - u_2 = h_1 - h_2 + p_2 v_2 - p_1 v_1, \quad w = q - \Delta u$$

（4）可逆绝热过程（s＝常数）。水蒸气的可逆绝热过程如图 4.15 所示。

$$q = \int T \mathrm{d}s = 0, \quad w = -\Delta u = u_1 - u_2 = h_1 - h_2 + p_2 v_2 - p_1 v_1, \quad w_\mathrm{t} = -\Delta h = h_1 - h_2$$

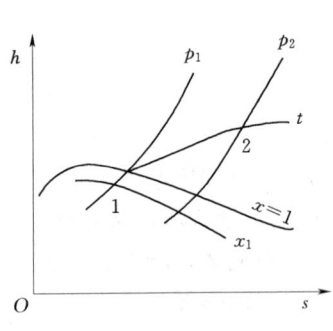
图 4.14 水蒸气的可逆定温过程

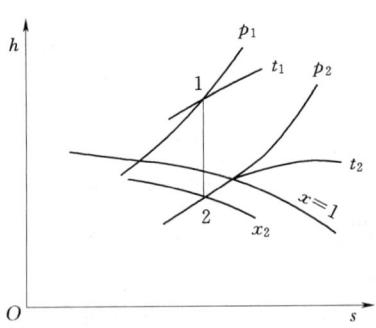
图 4.15 水蒸气的可逆绝热过程

上述水蒸气的 4 个基本过程中以可逆定压过程和可逆绝热过程最为重要。因为水在锅炉中的加热、汽化和过热，乏汽在冷凝器中的凝结，给水在回热器中的预热，以及回热用抽气在回热器中的冷却和凝结都是可逆定压过程；蒸汽在汽轮机中的膨胀做功是可逆绝热过程。

图 4.12 中，水蒸气从初态（p, t_2）定压冷却到终态（p, x_1）。可以从定压线 p 与定温线 t_2 的交点定出状态 2，它的纵坐标就是 h_2。同一定压线与定干度线 x_1 的交点就是状态 1，它的纵坐标为 h_1。1kg 蒸汽在定压下放出的热量等于焓差 $h_2 - h_1$。如果查表计算，则可根据 p、t_2 查出 h_2，再查 p 下的饱和蒸汽和水的 h'' 和 h'，h_1 可根据 $h_1 = xh'' + (1-x)h'$ 进行计算。

图 4.15 为水蒸气从初态（p_1, t_1）可逆绝热膨胀到 p_2 的过程。先由已知初态（p_1, t_1）在 $h-s$ 图上查出 h_1，再从状态 1 作垂直线（可逆绝热线）交定压线 p_2 于点 2，即可逆绝热膨胀后的终态。从点 2 可查出 h_2、x_2。可逆绝热膨胀的技术功 w_t 等于焓降（$h_1 - h_2$），膨胀功 w 等于热力学能的降低量 $u_1 - u_2 = h_1 - h_2 + p_2 v_2 - p_1 v_1$。

水蒸气的可逆绝热过程不能用"pv^k＝常数"来表示，但有时为了便于分析起见，也写成"pv^k＝常数"的形式，但此时 k 不再具有 $c_\mathrm{p}/c_\mathrm{v}$ 的意义，而是一个经验数字，可根据实际的过程曲线测算而得，且随着蒸汽状态的不同而有较大的变化。作为近似的估算，可以取过热蒸汽的 $k=1.3$，干饱和蒸汽的 $k=1.135$，而湿蒸汽的 $k=1.035+0.1x$。用此法计算所得结果误差较大，故不应用它来求蒸汽的状态参数值。实用上，此 k 值只用在某些需要水蒸气可逆绝热过程指数近似值，如求取水蒸气在喷管流动中的临界压力比的场合。

【例 4.8】 容积为 $0.6\mathrm{m}^3$ 的密闭容器内盛有压力 $p_1=3.6\mathrm{bar}$ 的干饱和蒸汽，问蒸汽的质量为多少？若对蒸汽进行冷却（设过程可逆），当压力 $p_2=2.0\mathrm{bar}$ 时，问蒸汽的干度

x_2 为多少,冷却过程中由蒸汽向外传出的热量 Q 为多少?

解: $p_1=3.6$bar 时,查饱和蒸汽表得:$v''_1=0.51056$m³/kg,$h''_1=2733.8$kJ/kg。则容器中干饱和蒸汽质量 m 为

$$m=V/v''_1=1.1752(\text{kg})$$

$p_2=2$bar 时,查饱和蒸汽表得:$v'_2=0.0010608$m³/kg,$v''_2=0.88592$m³/kg,$h'_2=504.7$kJ/kg,$h''_2=2706.9$kJ/kg。

在蒸汽冷却过程中,工质的容积、质量不变,故冷却前干饱和蒸汽的比容 v''_1 等于冷却后湿蒸汽的比容 v_{2x},即 $v''_1=v_{2x}$。由于 $v_{2x}=x_2 v''_2+(1-x_2)v'_2$,则蒸汽的干度 x_2 为

$$x_2=(v''_1-v'_2)/(v''_2-v'_2)=(0.51056-0.0010608)/(0.88592-0.0010608)=0.5758$$

取蒸汽为闭口系统,根据闭口系统能量方程 $q=\Delta u+w$,由于是可逆定容放热过程,故 $w=0$。可得 $q=\Delta u=u_2-u_1$。而由于 $u=h-pv$,故可逆定容放热 q 可表示为

$$q=(h_{2x}-p_2 v_{2x})-(h''_1-p_1 v''_1)=(h_{2x}-h''_1)+(p_1-p_2)v_{2x}$$

终态时蒸汽的焓 h_{2x} 为

$$h_{2x}=x_2 h''_2+(1-x_2)h'_2=0.5758\times 2706.9+(1-0.5758)\times 504.7=1773.0(\text{kJ/kg})$$

所以

$$\begin{aligned}q &=(h_{2x}-h''_1)+(p_1-p_2)v_{2x}\\&=(1773.0-2733.8)+(360-200)\times 0.51056\\&=-879.1104(\text{kJ/kg})\\Q&=mq=1.1752\times(-879.1104)=-1033.1(\text{kJ})\end{aligned}$$

4.6 非稳态流动热力过程

典型的可逆热力过程的过程方程式形式简单,状态参数变化遵循一定的规律,分析计算的方法和步骤也大致类同。它们适用于特定的无摩阻损失、不存在有限压差下做功及有限温差下传热的闭口热力系统及稳定流动热力系统。

另一些实际过程显然属于不可逆过程或非稳态流动过程。例如自由膨胀、搅拌、绝热节流、绝热混合等是典型的不可逆过程;活塞式机械的吸气、排气(充气过程、放气过程),容器中气体的泄漏,热力设备或系统处于启动、关机、变动负荷阶段的工作过程等,则是非稳态过程。这类问题较为复杂,必须根据具体条件具体分析,不能简单地按前述方法处理。

本节通过几个典型示例,重点介绍研究均匀的、非稳态流动问题的一般方法。非稳态流动指体系内状态随时间变化的流动过程,这时至少有一个状态参数随时间变化。很多情况下,热力系统开口边界处流入工质与流出工质的质量流量不相同,流动工质做出的功率或与环境交换的热流率不一定为常数,这时热力系统内的总能 E(系统无动能和位能变化时则为系统的热力学能 U)往往是时间 τ 的函数,而任意时刻控制体积内的状态仍可作为均匀态。

通常选取由数个边界面限定的一个空间区域作为研究对象,称为控制体积。控制面可以是固体壁面,也可以是假想界面;可以是固定的,也可以是移动的或可以胀缩的。非稳

态系统多为变质量系统，对控制体积写出以微分形式表达的能量平衡一般化关系式，结合质量平衡方程和气体的特性方程，最终可确定控制体积中参数的变化规律以及通过控制面与环境交换的热量和功量。这种分析方法称为控制体积法，它是求解非稳态流动问题广泛采用的方法。

有时对非稳态问题用控制质量法也很方便。选取一定质量的某部分物质作为研究对象，称为控制质量。例如固定体积的容器中气体的放气过程，取放气前气体质量为控制质量，放气后则为控制体积内的质量与流出的气体质量之和。针对这部分控制质量写出定质量系能量方程及其他相关方程，最终也可得到控制体积的参数变化规律及能量关系。

至于由多个子系统组成的复杂热力系，还需各个子系统之间的约束关系作为补充方程。

【例 4.9】 如图 4.16 所示，容积为 V 的刚性绝热容器内装有高压气体，初态时气体参数为 p_1、T_1，打开阀门向外界低压环境放气，当容器内气体压力降为 p_2 时关闭阀门。

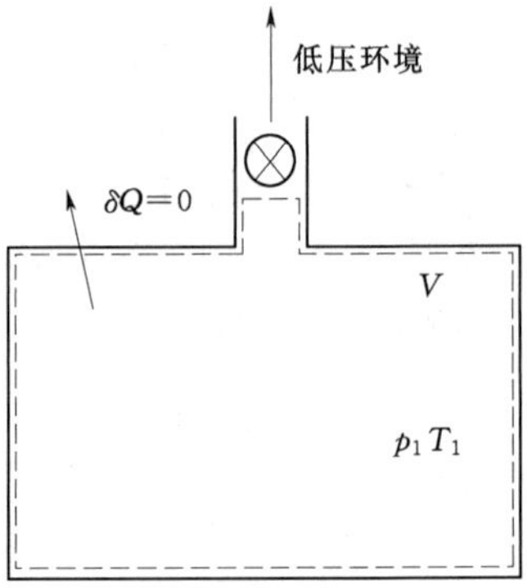

(1) 试分析放气过程中容器内气体的过程特性。

(2) 若为理想气体，求终温 T_2。

解：（1）取容器内空间为控制容积。当排气的动能、位能可忽略不计时，控制容积的储存能只有热力学能时，其能量方程为

$$\delta Q = \mathrm{d}U_{cv} + h_{out}\delta m_{out} - h_{in}\delta m_{in} + \delta W_s \quad ①$$

图 4.16 例 4.9 附图

根据题意，控制容积的边界面为绝热壁，$\delta Q = 0$，控制容积不对外做功，$\delta W_s = 0$；没有气体流入，$\delta m_{in} = 0$。于是方程式①可简化为

$$\mathrm{d}U_{cv} + h_{out}\delta m_{out} = 0 \quad ②$$

微元过程中放气量 δm_{out} 等于控制容积内气体的减少量 $-\mathrm{d}m$，故质量方程为

$$\mathrm{d}m = -\delta m_{out} \quad ③$$

且过程中放气的比焓等于该瞬时容器内气体的比焓，即 $h_{out} = h$。将式③代入式②，可得：$h\mathrm{d}m = \mathrm{d}(mu) = m\mathrm{d}u + u\mathrm{d}m$。考虑到 $h = u + pv$，则有

$$m\mathrm{d}u = pv\mathrm{d}m \quad ④$$

该控制容积的边界是固定的，$\mathrm{d}V = 0$，则 $m\mathrm{d}v + v\mathrm{d}m = 0$，即

$$\mathrm{d}v/v = -\mathrm{d}m/m \quad ⑤$$

将式⑤代入式④，可得

$$\mathrm{d}u + p\mathrm{d}v = 0$$

将其与气体状态参数的基本关系式 $T\mathrm{d}s = \mathrm{d}u + p\mathrm{d}v$ 相比较，可得 $\mathrm{d}s = 0$，表明绝热放气时留在容器中的气体按可逆绝热过程变化。

由于该求解过程中未涉及气体性质，因而该结论适用于任何气体，而不限于理想气体。

(2) 若为理想气体，$pv = R_g T$，$c_v = R_g/(k-1)$，代入式④可得

$$\mathrm{d}m/m = [1/(k-1)]\mathrm{d}T/T \quad ⑥$$

考虑到理想气体的状态方程 $pV = mR_gT$ 的微分形式：

$$dp/p + dV/V = dm/m + dT/T \qquad ⑦$$

因该控制容积的边界是固定的，$dV=0$，则解式⑥、式⑦可得

$$dT/T = [(k-1)/k]dp/p \qquad ⑧$$

积分后可得

$$T_2 = T_1(p_2/p_1)^{(k-1)/k}$$

由此可见，刚性容器中气体绝热放气时，容器内理想气体参数的变化规律与定质量系统可逆绝热过程的相同。

【例 4.10】 如图 4.17 所示的容器内装有压力为 p_0、温度为 T_0、状态与大气相平衡的空气，将容器连接于压力为 p_1、温度为 T_1、状态始终保持稳定的高压输气管道上。打开阀门向容器内充气，使容器内压力达到 p、质量变为 m 时关闭阀门。设管路、阀门是绝热的，容器刚性壁是完全透热的，可使容器内的气体温度与大气处于平衡。而空气的热力学能和焓仅是温度的函数。试求在充气过程中通过透热壁向外放出的热量。

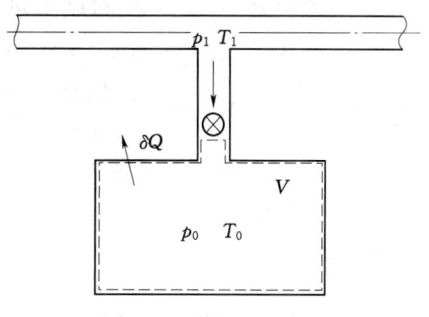

图 4.17 例 4.10 附图

解：取刚性容器为热力系统，当进气的动能、位能可忽略不计时，控制容积的储存能只有热力学能时，根据开口系能量方程：

$$\delta Q = dU_{cv} + \delta m_{out}\left(h_{out} + \frac{1}{2}c_{fout}^2 + gz_{out}\right) - \delta m_{in}\left(h_{in} + \frac{1}{2}c_{fin}^2 + gz_{in}\right) + \delta W_s$$

根据题设，控制容积不对外做功，$\delta W_s = 0$；没有气体流出，$\delta m_{out} = 0$；动能、位能可忽略不计时，$c_{fin}^2/2 = 0$，$gz_{in} = 0$，$h_{in} = h_1$，故有

$$\delta Q = d(mu) - h_1 \delta m_{in} \qquad ①$$

微元过程中流入的气体量 δm_{in} 等于控制容积内气体的增加量 dm，故质量方程为

$$dm = \delta m_{in} \qquad ②$$

将式②代入式①，可得

$$\delta Q = d(mu) - h_1 dm \qquad ③$$

对式③两边积分，可得

$$Q = \Delta(mu) - h_1 \Delta m = mu - m_0 u_0 - h_1(m - m_0) \qquad ④$$

因空气的热力学能和焓仅是温度的函数，且容器刚性壁完全透热，容器内温度 $T = T_0$，有 $u = u_0 = u(T_0)$；此外，流入的气体的焓保持不变，则 $h_1 = h(T_1)$，故式④可简化为

$$Q = (m - m_0)[u_0 - h_1] = (m - m_0)[u_0(T_0) - h_1(T_1)]$$

思 考 题

4.1 绝热过程是否一定是定熵过程？定熵过程的过程方程式是否一定是 $pv^k = $ 常数？是否所有的热力过程都是多变过程？

4.2 在多变过程中热量和膨胀功之间的关系等于什么，即 $w_n/q_n=?$

4.3 如果某理想气体按 $v=cp^{-1/2}$ 规律膨胀，其中 c 为常数，则此过程中理想气体是被加热还是被冷却？

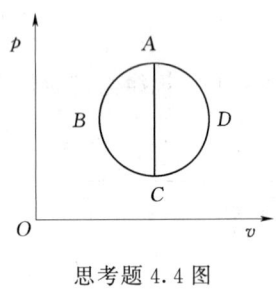

思考题 4.4 图

4.4 如思考题 4.4 图所示，A、B、C、D 分别为 p-v 图上的圆周上的 4 个点，试比较 q_{ABC} 与 q_{ADC} 的大小。

4.5 今有任意两过程 a—b、a—c，b、c 两点在同一条定熵线上，其中 $T_b > T_a$，试问：ΔU_{ab} 和 ΔU_{ac} 哪个大？再设 b、c 两点在同一条定温线上，结果又如何？

4.6 如思考题 4.6 图所示，A、B、C、D 分别为 T-s 图上的长方形上的 4 个点，试比较 q_{ABC} 与 q_{ADC}、w_{ABC} 与 w_{ADC} 的大小。

4.7 如思考题 4.7 图所示，1—2 及 1—3 为两个任意过程，而 2—3 为多变过程。试问：当多变指数 $n=0.8$ 或 $n=1.2$ 时，1—2 和 1—3 两过程的热力学能的变化 Δu_{12} 和 Δu_{13} 哪一个大？

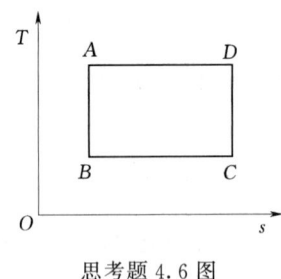

思考题 4.6 图　　　　思考题 4.7 图

4.8 2009 年春天刚至，四川省某山麓下在两个小时内天气突然变得异常燥热，气温由 8℃ 骤然升高到 36℃，并且引发森林火灾，气象部门工作人员认为这种反常现象是"焚风"现象所导致的。试用绝热方面的知识解释这种"焚风"现象的形成机理。

4.9 刚性容器内湿空气充入干空气，若平衡后温度不变，问容器内湿空气的相对湿度 φ、含湿量 d 和水蒸气的分压力 p_v 如何变化，为什么？

4.10 现有两个容积相等、材质相同的容器，它们的容积 $V=1\text{m}^3$，其中一个充满了压力为 10bar 的饱和水，另一个装有压力为 10bar 的干饱和蒸汽。如果由于某种意外的原因发生爆炸，问哪一个容器爆炸所引起的危害大些？

4.11 下列说法对吗？为什么？

(1) $\varphi=0$ 时，空气中完全没有水蒸气，由此类比，$\varphi=100\%$ 时，湿空气中完全都是水蒸气。

(2) 空气的相对湿度越大，含湿量越高。

(3) 空气的相对湿度不变，温度越高，则空气越干燥；反之，则越潮湿。

4.12 如果等量的干空气和湿空气，降低的温度相同，二者放出的热量相等吗？为什么？

4.13 用什么方法可使未饱和空气变为饱和空气？如果把 20℃ 时的饱和空气在定压下加热到 30℃，它是否还是饱和空气？

习　题

4.1　有质量 $m=3$kg 的 N_2，初态时 $T_1=500$K，$p_1=0.4$MPa，经可逆定容加热，终温 $T_2=700$K。设 N_2 为理想气体，求 ΔU、ΔH、ΔS、过程功 W 及过程热量 Q。设比热容为定值。

4.2　试导出理想气体可逆绝热过程的过程功 $w=\int_1^2 p\mathrm{d}v$ 和技术功 $w_t=-\int_1^2 v\mathrm{d}p$ 的计算式。

4.3　质量 $m=3$kg 空气，$T_1=800$K，$p_1=0.8$MPa，绝热膨胀到 $p_1=0.4$MPa。设比热容为定值，绝热指数 $k=1.4$，求：①终态参数 T_2 和 v_2；②过程功和技术功；③ΔU 和 ΔH。

4.4　质量 $m=2$kg 空气分别经过定温膨胀和绝热膨胀的可逆过程，从初态 $p_1=9.807$bar，$t_1=300$℃ 膨胀到终态容积为初态容积的 5 倍，试计算不同过程中空气的终态参数，对外所做的功和交换的热量以及过程中内能、焓、熵的变化量。

4.5　容积为 V 的真空罐出现微小漏气，设漏气前罐内压力 p 为零，而漏入空气的质量流量变化率与 p_0-p 成正比（p_0 为大气压力），比例常数为 α。由于漏气进程十分缓慢，可以认为罐内外温度始终维持 T_0（大气温度）不变，证明罐内压力 $p=p_0[1-\exp(-\alpha R_g T_0 \tau/V)]$，其中 τ 为漏气时间。

4.6　一可逆热机以理想气体为工质自状态 1 定容吸热到状态 2（习题 4.6 图），接着绝热膨胀到状态 3，再定压返回状态 1 完成循环。①画出该循环 $T-s$ 图；②证明该循环所产生的净功与所热量之比为 $W_{net}/Q_1=1-k[(V_3/V_1)-1]/[(p_2/p_1)-1]$。

4.7　一气缸活塞装置如习题 4.7 图所示。气缸及活塞均由理想绝热材料制成，活塞与气缸壁间无摩擦。开始时活塞将气缸分为 A、B 两个相等的部分，两部分中各有 1kmol 的同一种理想气体，其压力和温度均为 $p_1=0.1$MPa，$T_1=280$K。若对 A 中的气体缓慢加热（电热），使气体缓慢膨胀，推动活塞压缩 B 中的气体，直至 A 中气体温度升高至 445K。试计算此过程中 A 中气体吸取的热量。设气体 $C_{v0}=12.56$kJ/(kmol·K)，$C_{p0}=20.88$kJ/(kmol·K)。气缸与活塞的热容量可以忽略不计。

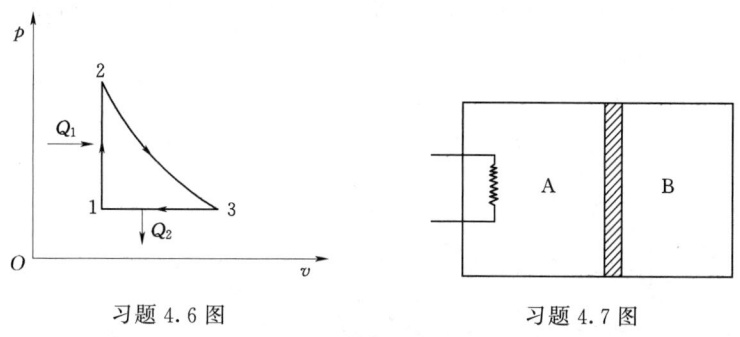

习题 4.6 图　　　　　习题 4.7 图

4.8　如习题 4.8 图所示，某理想气体经历一热力过程，$p-v$ 图如线 1—2—3 所示，试在 $T-s$ 图上定性地画出这个过程，并对 1—2、2—3 过程吸热量、膨胀功、内能变化量的正负及其关系进行说明。

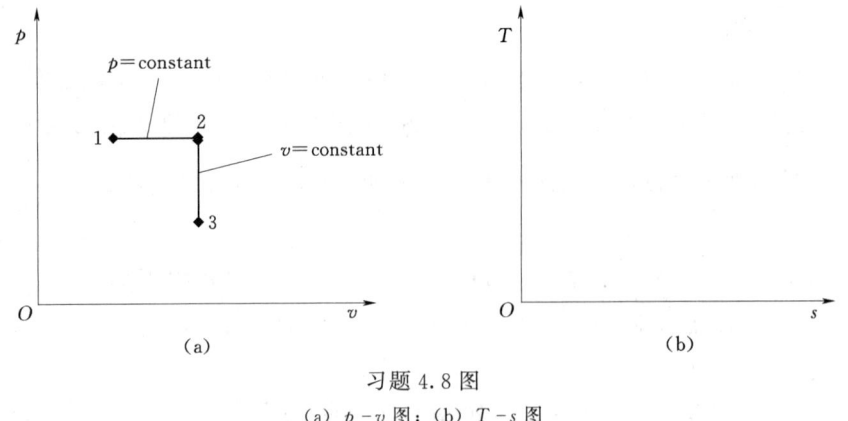

习题 4.8 图
(a) $p-v$ 图；(b) $T-s$ 图

4.9 设某种气体的内能可能表示为 $u=a+bpv$，式中 a、b 为常数。试证明：当气体经过一个无耗散现象的准静态绝热过程时，有 $pv^{(b+1)/b}=$常数。

4.10 如习题 4.10 图所示，质量为 1kg 的空气由初态 $1(T_1,s_1)$ 出发在 $T-s$ 图上经半圆形图线 1—2—3 所示的可逆过程到达状态 $3(T_1,s_3)$，再经等温过程 3—1 返回初态 1，完成循环。已知点 1、点 3 是 $T-s$ 图上一直径的两端，且 $T_1=500K$，$s_1=0.2kJ/kg$，$s_3=1.8 kJ/kg$，循环中气体的最高温度为 600K，求循环热效率。若循环经半圆 3—4—1 返回初态，热效率又是多少？（图中 2 为最高温度处；4 为最低温度处）

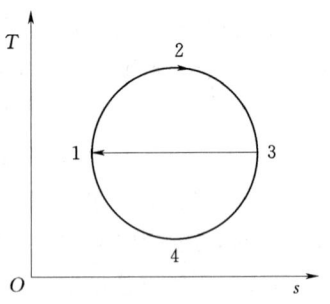

习题 4.10 图

4.11 如习题 4.11 图所示，有可逆定容加热 $A—B$、可逆绝热膨胀 $B—C$ 及可逆定容放热 $C—D$、可逆绝热压缩 $D—A$ 构成的循环 $A—B—C—D—A$，如设气体的比热为常数，证明 $(T_A-T_D)/(T_B-T_C)=T_A/T_B$。

4.12 如习题 4.12 图所示，有可逆定压加热 $A—B$、可逆绝热膨胀 $B—C$ 及可逆定压放热 $C—D$、可逆绝热压缩 $D—A$ 构成的循环 $A—B—C—D—A$，如设气体的比热为常数，证明 $(T_A-T_D)/(T_B-T_C)=T_A/T_B$。

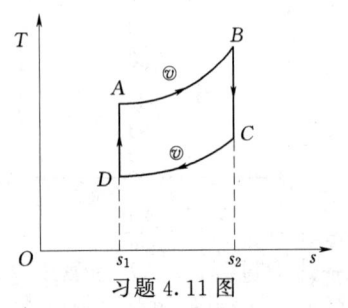

习题 4.11 图

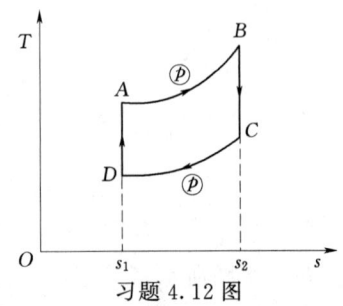

习题 4.12 图

4.13 一个良好隔热的容器，其容积为 3m^3，内装有 200℃ 和 0.5MPa 的过热蒸汽，打开阀门让蒸汽流出，直至容器内压力降到 0.1MPa，过程进行足够快，以致容器壁与蒸汽之间没有换热产生。试计算容器内蒸汽终了温度和流出的蒸汽量。已知：$t=200$℃，$p=0.5$MPa 时，$s=7.0603$kJ/(kg·K)，$v=424.9\times10^{-3}\text{m}^3/\text{kg}$；$p=0.1$MPa 时，$s'=1.3027$kJ/(kg·K)，$s''=7.3608$kJ/(kg·K)，$v'=0.00104343\text{m}^3/\text{kg}$，$v''=1.6946\text{m}^3/\text{kg}$。

4.14 有一个动力循环发动机，工作于热源 $T_H=1000$K 和冷源 $T_L=300$K 之间，循环过程为 1—2—3—1，其中 1—2 为定压吸热过程，2—3 为可逆绝热膨胀过程，3—1 为定温放热过程。点 1 的参数是 $p_1=0.1$MPa、$T_1=300$K，点 2 的参数是 $T_2=1000$K。如循环中工质为 1kg 空气，其 $c_p=1.004$kJ/(kg·K)，求循环热效率与净功。

4.15 容积为 0.4m^3 的氧气瓶，初态 $p_1=15$MPa，$t_1=20$℃。用去部分氧气后，压力降为 $p_2=7.5$MPa。在放气过程中，如瓶内留下的氧气按可逆绝热过程计算，问共用去多少氧气？最后由于从环境吸热，经一段时间后，瓶内氧气温度又回复到 20℃。求此时瓶内的氧气压力。

4.16 空气瓶内装有 $p_1=3.5$MPa、$T_1=300$K 的高压空气，可驱动一台小型涡轮机，用作发动机的起动装置，如习题 4.16 图所示。要求该涡轮机能产生 6kW 的平均输出功率，并持续 1min 而瓶内空气压力不得低于 0.5MPa。设涡轮机中进行的是可逆绝热膨胀过程，涡轮机出口排气压力保持一定 $p_b=0.1$MPa。空气瓶是绝热的，不计算管路和阀门的摩阻损失。问空气瓶的容积 V 至少要多大？

4.17 绝热刚性容器内有一绝热的不计重量的自由活塞，初态活塞在容器顶部，A 中装有 $p_{A1}=0.1$MPa，$T_{A1}=300$K 的空气，体积 $V_{A1}=0.15\text{m}^3$，如习题 4.17 图所示。输气管中空气参数保持一定，为 $p_m=0.35$MPa，$T_m=350$K。打开输气管阀门，空气缓缓充入，活塞下降到压力平衡的位置，此时 $p_{A2}=p_{B2}=p_m$，然后关闭阀门。求：①终温 T_{A2}、T_{B2}；②A 的容积 V_{A2}；③充入的空气量 m_{B2}。

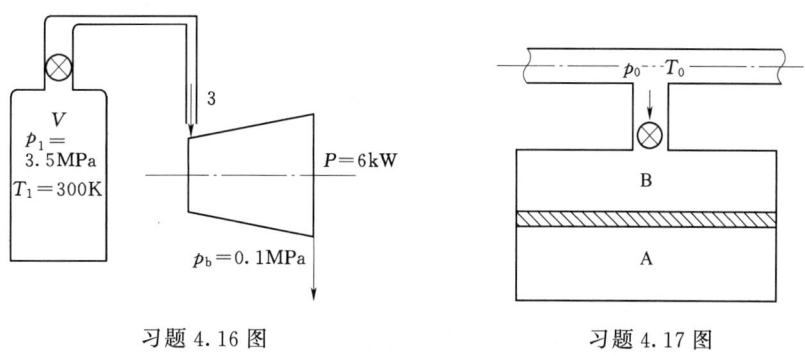

习题 4.16 图   习题 4.17 图

4.18 容积 $V=8\text{m}^3$ 的刚性容器中装有 $p_1=0.7$MPa、$T_1=330$K 的空气容器上方的阀门设计成使空气以固定的质量流率排出，$\dot{m}=0.035$kg/s，已知进入刚性容器的热流率 $\dot{Q}=6.0$kW，且保持恒定，如习题 4.18 图所示。设空气按理想气体定值比热容，求：①10min 后容器内空气的压力 p_2 和温度 T_2；②容器内空气温度达 120℃ 需要的时间 t。

4.19 容积 $V=0.6\text{m}^3$ 的刚性容器中装有 $p_1=0.25\text{MPa}$、$T_1=300\text{K}$ 的空气，输气管道中流的是空气，参数保持一定，$p_0=0.9\text{MPa}$，$T_0=450\text{K}$。如习题 4.19 图所示，打开阀门充入空气，直到容器中的压力达 $p_2=0.5\text{MPa}$ 时关闭阀门。整个充气过程绝热。求容器内充气完毕时空气温度 T_2 和质量 m_2。

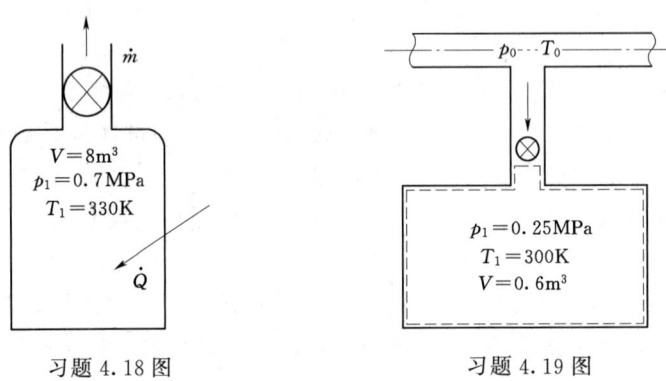

习题 4.18 图　　　　习题 4.19 图

第5章 热力学第二定律

热力学第一定律尽管揭示了能量在转换与传递过程中数量守恒的客观规律，但却未能表明能量传递或转化时的方向、条件和限度。

(1) 热力学第一定律没有考虑不同类型能量在做功能力上的差别。例如，同样数量的机械能（属高质能）与热能（属低质能）的价值并不相等，机械能具有直接可用性，可以无条件地转换为热能，而热能必须在一定的补偿条件下才可能部分地转换为机械能，因此，不同质的能量直接相加是不合理的。

(2) 热力学第一定律不能用于热力过程方向性的判断。例如，一杯热水，在空气中自然冷却，经过一段时间后，热水与空气达到热平衡，但是，反过来，与空气已达到热平衡的水不可能自动从空气中获得散失在空气中的能量使自身重新热起来，虽然这并不违反热力学第一定律。事实表明任何热力过程都具有方向性——可以自发进行的热力过程，而其反向过程则不能自发进行。

人们从无数实践中总结出了热力学第二定律，该定律揭示了能量在转换与传递过程中具有方向性及能质不守恒的客观规律。只有同时满足热力学第一定律和热力学第二定律的热力过程才能实现。热力学第一、第二定律是两个相互独立的基本定律，它们共同构成了热力学的主要理论基础。

5.1 热力学第二定律的实质和表述

5.1.1 自然热力过程的不可逆性

事实上，一切自然过程由于不可避免地存在着种种不可逆因素，所以是不可逆的。

1. 摩擦生热

功可以自动地转化为热，最简单的例子为摩擦功全部转化为热。如图5.1所示，重物下降时带动叶轮旋转搅拌容器内的工质。由于实际工质存在黏性阻力，通过工质各部分之间以及工质与叶轮壁面之间的摩擦，叶轮的转速逐渐减慢直至停止，机械能转化为热能，或使工质的热力学能增加，或向周围环境传热。功转化为热的过程是不可逆过程，其反向过程，即降低工质的热力学能或收集散给环境的热量转化为机械功重新举起重物回复原位的过程，则不能单独地、自动地进行，必须要有相应的补偿条件才能保证热转化为机械功。

这类因摩擦使机械能转化为热能（或因电阻使电能

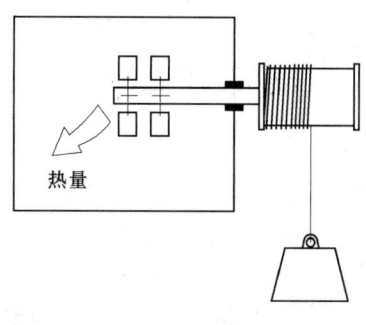

图 5.1 摩擦耗散

转化为热能等）的现象，称为耗散效应。耗散效应是造成热力过程不可逆的因素之一。

2. 有限温差传热

如图 5.2 所示，一杯高温热水置于大气环境中，热量一定自动地从热水传向大气环境；而反向过程，热量由大气环境传回高温热水、系统回复到原状的过程，则不能自动进行，需要依靠环境的帮助，比如借助热泵装置消耗一定的外功 W_s。因而，有限温差下的传热是不可逆过程。

3. 自由膨胀

如图 5.3 所示，隔板将刚性绝热容器分成两部分，一侧充有气体，另一侧为真空，拉走闸板后，气体必定自动地向另一侧膨胀，占据整个容器。这种在膨胀过程中未遇阻力、不对外做功的过程也叫无阻膨胀，是一种典型的不可逆过程。当然，自由膨胀后的气体不会自动压缩、升压返回原侧。

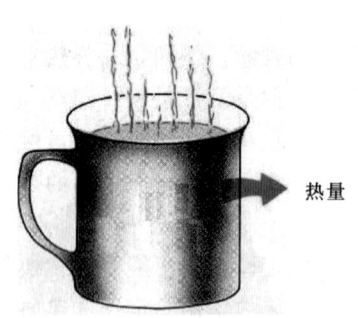

图 5.2 有限温差传热

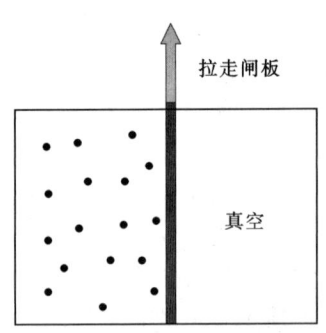

图 5.3 自由膨胀

4. 混合过程

如图 5.4 所示，容器内两侧分别装有不同种类的流体，拉走闸板后两种流体必定自动相互扩散混合，或者几股流动着的不同种流体汇集为一股时，同样也会自动混合。所有的混合过程都是不可逆过程，使混合物中各组分分离要付出代价——耗功或耗热。

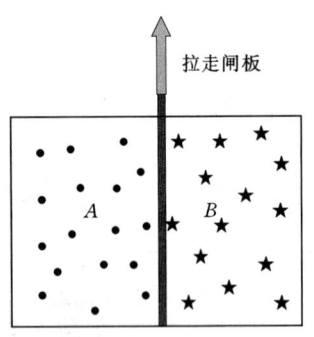

图 5.4 混合过程

而有限温差传热、自由膨胀、混合过程等是在温度差、压力差、浓度差等作用下进行的过程，而有限势差推动下进行的过程是非准平衡过程，非准平衡变化是造成过程不可逆的另一因素。

凡是能够无条件地、独立地自动进行的自然过程，称为自发过程（如上述 4 种过程以及电流通过导线时发热和燃料的燃烧等）。不能独立地自动进行而需要环境帮助作为补充条件的自然过程，称为非自发过程。自发过程的反向过程是非自发过程，如热转化为功、热量由低温物体传向高温物体、气体自发压缩、流体组分的分离等。由于自然过程存在方向性，当热力系统进行了一个自发过程后，虽然可以通过反向的非自发过程使系统复原，但后者会给环境留下影响，无法做到热力系统和环境全部回复原状，因而不可逆是自发过程的重要特征和属性。

5.1.2 热力学第二定律的实质

热力过程具有方向性这一客观规律，归根结底是由于不同类型或不同状态下的能量具有质的差别，而过程的方向性正缘于较高位能质向较低位能质的转化。例如，热量由高温传至低温，机械能转化为热能，按热力学第一定律能量的数量保持不变，但是，以做功能力为标志的能质却降低了，称为能质退化或贬值。因此，热力学第二定律的实质便是论述热力过程的方向性及能质退化或贬值的客观规律。热力过程的方向性，除指明自发热力过程进行的方向外，还包括实现非自发热力过程所需要的条件，以及过程进行的最大限度等内容。

热力学第一定律表明，自然界的物质和能量只能沿着一个方向转换，即从可利用到不可利用，从有效到无效，这说明了节约能与节约物质的必要性。只有热力学第二定律才能充分解释事物变化的性质和方向，以及变化过程中所有事物的相互关系。热力学第二定律除广泛应用于分析热力过程和能源工程外（诸如热量传递、热功互变、化学反应、燃料燃烧、气体扩散、混合、分离、溶解、结晶、辐射、低温物理），还被应用于分析社会、经济发展及生物化学、生命现象、信息理论、气象等其他许多领域，可以预料该定律还将得到更广泛的应用。

5.1.3 热力学第二定律的表述

热力学第二定律有各种形式的表述，这里只介绍两种最基本的、广为应用的表述形式。

1. 热力学第二定律的克劳修斯说法

1850年，克劳修斯（Clausius）从热量传递方向性的角度提出，"热不可能自发地、不付代价地从低温物体传至高温物体。"

这里指的是"自发地、不付代价地"。通过制冷装置的逆向循环将热量自低温物体传向高温物体并不违反热力学第二定律，因为它是付出代价而非自发进行的。非自发过程（热量自低温传向高温）的进行，必须同时伴随一个自发过程（机械能转变为热能）作为代价、补充条件，后者称为补偿过程。

2. 热力学第二定律的开尔文-普朗克说法

1824年，卡诺（Carnot）最早提出了热能转化为机械能的根本条件，"凡有温度差的地方都能产生动力。"实质上，它是热力学第二定律的一种表达方式。随着蒸汽机的出现，人们在提高热机效率的研究中认识到，只有一个热源的热动力装置是无法工作的，要使热能连续地转化为机械能至少需要两个（或多于两个）温度不同的热源，通常以大气中的空气或环境温度下的水作为低温热源，另外还需有高于环境温度的高温热源（如高温烟气）。1851年左右，开尔文（Kelvin）和普朗克（Planck）等人从热能转化为机械能的角度先后提出更为严密的表述，被称为热力学第二定律的开尔文—普朗克说法："不可能制造出从单一热源吸热、使之全部转化为功而不留下任何痕迹的热力发动机。"

上述说法中"不留下任何痕迹"包括对热机内部、环境及其他物体都不留下任何变化，当然热机必须是循环发动机。"全部"意味着采用任何技术手段都不可能使取自高温热源的热全部转变为机械功，不可避免地有一部分热量要排给低温热源。"热力发动机"的概念也可以推广到将热能转化为电能的装置，如温差电池。故同样得出结论："非自发过程（热转变为功）的实现，必须有一个自发过程（部分热量由高温传向低温）作为补充条件，但这种自发过程不限于一种形式。"

理想气体进行定温膨胀时，从单一恒温热源吸入的热量等于对外做出的功，但留下了痕迹——理想气体的压力降低、容积增大，状态发生了变化。

必须要指出的是，在无摩擦损失的理想情况下，功可以全部转变为机械能，即功和机械能是等价的。开尔文—普朗克说法正是从本质上反映了热能和机械能存在质的差别。

有人设想制造一台从环境大气或海水里吸热不断获得机械功的机器，这种单一热源下做功的动力机（称为第二类永动机）虽不违反热力学第一定律的能量守恒原则，但违背了热力学第二定律，因而热力学第二定律也可以表述为："第二类永动机是不存在的。"

耗散效应和有限势差作用下的非准平衡变化是造成热力过程不可逆的两大因素，实际热力过程不可避免地受到不可逆因素的影响，且不可逆过程相互之间是关联的。因而，热力学第二定律的各种说法在表征热力过程方向上是等效的。换言之，若违反克劳修斯说法，则总效果必然违反开尔文—普朗克说法；反之亦然。

热能的本质、热现象有方向性的原因都不能被宏观方法所解释，只有在统计热力学中用微观的以及统计的方法才能予以阐明。

5.2 可逆循环分析及其热效率

在提高热机效率的研究分析中，卡诺（Carnot）发现耗散效应和有限势差等不可逆因素都会引起功损失。例如，不同高温物体与低温物体之间直接传热引起的损失实质上也是功损失，因为它们之间本来可以利用一台动力机使部分热转化为功，而热量不可逆的传递使这部分可能得到的机械功没有得到。因而，设想工质在高温物体下可逆定温吸热，在低温物体下可逆定温放热，就可以避免损失，最为理想。

5.2.1 卡诺循环

卡诺循环是工作于温度分别为 T_1 和 T_2 的两个热源之间的正向循环，由两个可逆定温过程和两个可逆绝热过程组成。工质为理想气体时的 $p-v$ 图和 $T-s$ 图如图 5.5 所示。图 5.5 中，d—a 为可逆绝热压缩；a—b 为可逆定温吸热；b—c 为可逆绝热膨胀；c—d 为可逆定温放热。

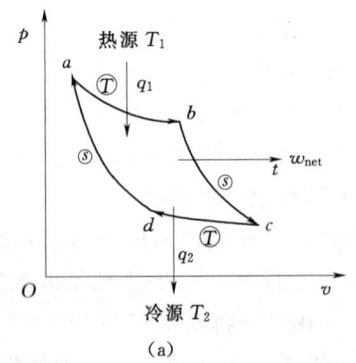
(a)

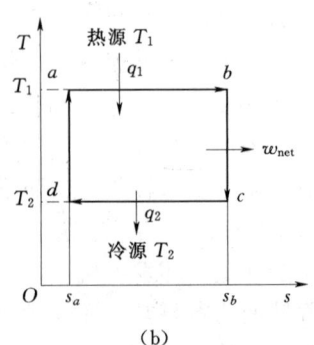
(b)

图 5.5 卡诺循环

根据定义，循环热效率 $\eta_t = w_{net}/q_1 = 1 - |q_2|/q_1$，对于理想气体可逆定温过程 $a-b$、$c-d$，$q_1 = R_g T_1 \ln(v_b/v_a)$ [或 $q_1 = T_1(s_b - s_a)$]，$q_2 = R_g T_2 \ln(v_c/v_d)$ [或 $q_2 = T_2(s_b - s_a)$]，利用可逆绝热过程状态参数间的关系，对于 $b-c$、$d-a$ 过程可写出 $T_b/T_c = T_1/T_2 = (v_c/v_b)^{k-1}$，$T_a/T_d = T_1/T_2 = (v_d/v_a)^{k-1}$，故 $v_b/v_a = v_c/v_d$，代入循环热效率定义式，经整理后得卡诺循环热效率 η_c 为

$$\eta_c = 1 - T_2/T_1 \tag{5.1}$$

卡诺循环热效率公式表明：

(1) 卡诺循环热效率只取决于高温热源温度 T_1（工质吸热温度）和低温热源温度 T_2（工质放热温度）。提高 T_1（T_2 不变时）或降低 T_2（T_1 不变时），可以提高热效率。

(2) 卡诺循环热效率只能小于 1，决不能等于 1，因为 $T_1 = \infty$ 或 $T_2 = 0$ 都不可能实现，即使理想情况下的循环发动机也不可能将热能全部转化为机械能，其热效率当然更不可能大于 1。

(3) 当 $T_1 = T_2$ 时，卡诺循环热效率 $\eta_c = 0$。因为在温度平衡的热力系统中，热能不可能转化为机械能，热能产生动力一定要有温度差作为热力学条件，从而验证了借助单一热源连续做功的机器是制造不出的，或第二类永动机是不存在的。

(4) 卡诺循环的热效率与工质的性质无关。

卡诺循环及其热效率公式不但奠定了热力学第二定律的理论基础，而且还为各种热动力机热效率提高指出了方向（即尽可能提高工质吸热温度和尽可能降低工质放热温度，使放热在接近可自然得到的最低温度——大气环境温度时进行）。卡诺循环中所提出的利用可逆绝热压缩以提高气体吸热温度的方法，至今在以气体为工质的热动力机中仍普遍采用。总之，卡诺循环及其热效率公式在热力学的发展上具有十分重大意义。

虽然至今为止未能制造出严格按照卡诺循环工作的热力发动机，但是，卡诺循环是实际热机选用循环时的最高理想。以气体为工质时实现卡诺循环具有以下困难：

(1) 要提高卡诺循环热效率，T_1、T_2 相差要大，因而需要有很大的压力差和容积压缩比，结果造成 p_a 很高，或者 v_c 极大，这两点都给实际设备带来很大的困难，同时，这种卡诺循环在 $p-v$ 图上的图形显得狭长，摩擦损失等各种不可逆损失所占的比例相对很大，因而根据动力机传到环境的轴功而计算的有效效率实际上并不高。

(2) 气体的可逆定温过程不易实现和控制。

5.2.2 逆卡诺循环

按与卡诺循环相同的路线而从反方向进行的循环即逆卡诺循环。如图 5.6 中的 $a-d-c-b-a$，它按逆时针方向进行。各热力过程中功和热量的计算式与正卡诺循环相同，只是传递方向相反。

同理，可求得逆卡诺循环的经济指标。逆卡诺制冷循环的制冷系数 ε_{cR} 为

$$\varepsilon_{cR} = q_2/|w_{net}| = q_2/(|q_1| - q_2) = T_2/(T_1 - T_2) \tag{5.2}$$

逆卡诺热泵循环的制热系数 ε_{cH} 为

$$\varepsilon_{cH} = |q_1|/|w_{net}| = |q_1|/(|q_1| - q_2) = T_1/(T_1 - T_2) \tag{5.3}$$

制冷循环和热泵循环的热力循环特性相同，只是两者工作温度范围有差别。制冷循环以环境大气作为高温热源向其放热，而热泵循环通常以环境大气作为低温热源从中吸热。

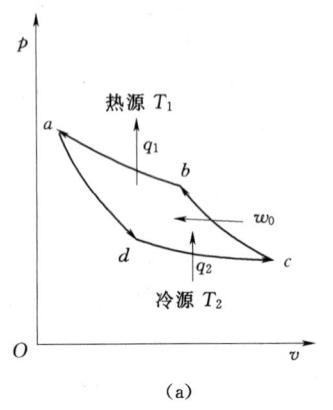
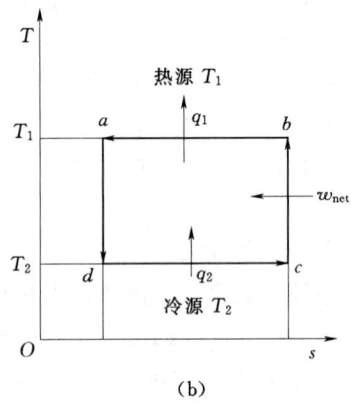

图 5.6 逆向卡诺循环

逆卡诺循环的制冷系数 ε_{cR} 和制热系数 ε_{cH} 表明：①逆卡诺循环的性能系数只决定于热源温度 T_1 及冷源温度 T_2，它随 T_1 的降低及 T_2 的提高而增大；②逆卡诺循环的制冷系数可以大于1、等于或小于1，但其供热系数总是大于1，两者之间的关系为 $\varepsilon_{cH}=\varepsilon_{cR}+1$；③一般地，$T_2>T_1-T_2$，故制冷系数通常也大于1；④逆卡诺循环既可以制冷，又可以供热；可以单独实现，也可以在同一设备中交替实现，即空调冬季用来作为热泵制热，夏季作为制冷机制冷。

尽管实际的制冷机和热泵往往难以按逆卡诺循环工作，但逆卡诺循环是理想的、经济性最高的制冷循环和热泵循环，具有极为重要的理论价值——可为提高制冷机和热泵的经济性指出了改进方向。

【例 5.1】 如图 5.7 所示，设工质在 $T_H=1500$K 的恒温高温热源和 $T_L=500$K 的恒温低温热源间工作，从高温热源吸取热量 150kJ，求以下情况下的热效率和放热量。

(1) 理想情况下，按卡诺循环 A—B—C—D—A 工作。
(2) 如果在传热方面存在热的不平衡，吸热时有 200K 温差，放热时有 100K 温差。

解： (1) 在两个热源间工作的可逆循环的热效率等于卡诺效率，即

$$\eta_c = w_{net}/Q_1 = 1 - T_L/T_H = 1 - 500/1500 = 66.67\%$$

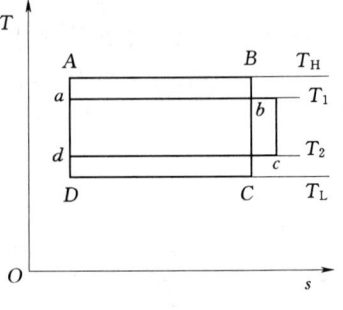

图 5.7 例 5.1 附图

故有

$$w_{net} = \eta_c Q_1 = 0.6667 \times 150 = 100 \text{(kJ)}$$

则放热量为

$$|Q_2| = Q_1 - w_{net} = 150 - 100 = 50 \text{(kJ)}$$

(2) 若吸热时有 200K 温差，放热时有 100K 温差，这时工质的吸热和放热温度分别为 $T'_H=1300$K、$T'_L=600$K，与两热源间存在传热温差。可将工质视为在 $T'_H=1300$K、$T'_L=600$K 的两个中间热源换热的可逆循环，其热效率可表示为

$$\eta_t = \eta'_c = w'_{net}/Q_1 = 1 - T'_L/T'_H = 1 - 600/1300 = 53.85\%$$

故有
$$w'_{\text{net}} = \eta_t Q_1 = 0.5385 \times 150 = 80.7750 \text{(kJ)}$$
则放热量为
$$|Q'_2| = Q_1 - w'_{\text{net}} = 150 - 80.7750 = 69.2250 \text{(kJ)}$$
可见在相同的高温热源和低温热源间，不可逆循环的热效率小于可逆循环的热效率。

【例 5.2】 利用卡诺热机作为热泵向房间供热，设室外环境温度 $T_2 = 268\text{K}$，室内温度保持 $T_1 = 293\text{K}$，要求 1h 向室内供热量 $|Q_1| = 2.5 \times 10^4 \text{kJ}$，试求：

(1) 1h 内从室外环境的吸热量 Q_2。
(2) 此制热循环的制热系数 ε_{cH}。
(3) 热泵由电机驱动，电机效率为 95% 时的电机功率 P。
(4) 如果直接用电炉取暖，1h 所消耗的电能 Q_E。

解：(1) 按逆卡诺热泵循环的制热系数 ε_{cH} 定义，有 $\varepsilon_{\text{cH}} = |Q_1|/|w_{\text{net}}| = |Q_1|/(|Q_1| - Q_2) = T_1/(T_1 - T_2)$，则 1h 从室外环境的吸热量 Q_2 为
$$Q_2 = |Q_1| - |Q_1|(T_1 - T_2)/T_1 = 2.5 \times 10^4 - 2.5 \times 10^4 \times (293 - 268)/293$$
$$= 2.2867 \times 10^4 \text{(kJ)}$$

(2) 制热循环的制热系数 ε_{cH} 为
$$\varepsilon_{\text{cH}} = T_1/(T_1 - T_2) = 293/(293 - 268) = 11.72$$

(3) 1h 内制热循环中消耗的电功 $|w_{\text{net}}| = |Q_1|/\varepsilon_{\text{cH}} = 2.5 \times 10^4/11.72 = 2.133 \times 10^3$ (kJ)，因为驱动热泵的电机效率为 95%，则电机功率 P 为
$$P = |w_{\text{net}}|/(3600 \times 0.95) = 2.133 \times 10^3/(3600 \times 0.95) = 0.6237 \text{(kW)}$$

(4) 如果直接用电炉取暖，则热量 $2.5 \times 10^4 \text{kJ}$ 全部由电炉提供，则 1h 所消耗的电能 Q_E 为
$$Q_E = 2.5 \times 10^4 \text{kJ/h} = 2.5 \times 10^4 \text{kJ}/(3600\text{s}) = 6.94 \text{kW}$$

5.3 卡 诺 定 理

卡诺定理所讨论的是在两个热源间工作的可逆热机和不可逆热机的热效率问题。卡诺定理包括以下两个分定理。

定理 1 在温度同为 T_1 的高温热源和同为 T_2 的低温热源间工作的一切不可逆循环，其热效率必小于可逆循环。

证明：证明卡诺定理可采用反证法。如图 5.8 所示，设有两台热机 A 和 B，A 是不可逆热机，B 是可逆热机，都在相同的高温热源 T_1 和低温热源 T_2 间工作。

比较热机 A 和 B 热效率大小，有 3 种可能：①$\eta_{\text{cA}} > \eta_{\text{cB}}$；②$\eta_{\text{cA}} = \eta_{\text{cB}}$；③$\eta_{\text{cA}} < \eta_{\text{cB}}$。如果否定了其中 2 种，余下的就是唯一可能成立的。

使可逆热机 B 按逆循环（制冷机）工作。利用不可逆热机 A 带动可逆制冷机 B 工作，即可得

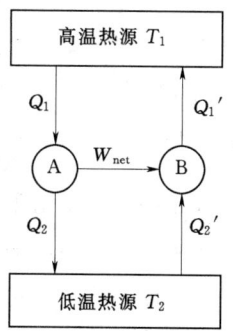

图 5.8 卡诺定理 1 证明用图

$$w_{\text{net}}=|Q_1|-|Q_2|=|Q_1'|-|Q_2'|>0 \tag{5.4}$$

(1) 假定 $\eta_{cA}>\eta_{cB}$。则按循环热效率公式可得，$w_{\text{net}}/|Q_1|>w_{\text{net}}/|Q_1'|$，可知，$|Q_1|<|Q_1'|$。将该结果代入式 (5.4)，$|Q_1'|-|Q_1|=|Q_2'|-|Q_2|>0$，可见不可逆热机 A 与可逆热机 B 联合运行的结果，使热量 $|Q_2'|-|Q_2|$ 自动地从低温热源 T_2 流向高温热源 T_1，这违反热力学第二定律，因此 $\eta_{cA}>\eta_{cB}$ 的假设不能成立。

(2) 假定 $\eta_{cA}=\eta_{cB}$。则按循环热效率公式可得，$w_{\text{net}}/|Q_1|=w_{\text{net}}/|Q_1'|$，可知，$|Q_1|=|Q_1'|$。将该结果代入式 (5.4)，$|Q_1'|-|Q_1|=|Q_2'|-|Q_2|=0$，可见不可逆热机 A 与可逆热机 B 联合运行的结果，使工质、高温热源、低温热源都回复到初态而不留下任何痕迹，其结果与热机 A 为不可逆的相矛盾，因此 $\eta_{cA}=\eta_{cB}$ 的假设也不能成立。

因而，唯一的可能是 $\eta_{cA}<\eta_{cB}$。所以，在 T_1 和 T_2 之间工作的一切不可逆循环，其热效率必小于可逆循环。

定理 2 在相同温度的高温热源和相同温度的低温热源之间工作的一切可逆循环，其热效率相等，与可逆循环种类以及工质种类均无关系。

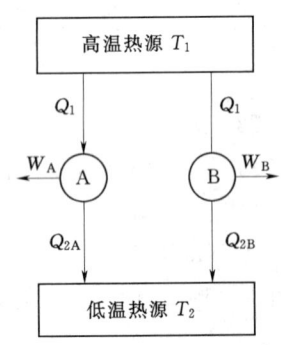

图 5.9 卡诺定理 2 证明用图

证明： 证明卡诺定理可采用反证法。设有两台可逆热机 A 和 B，A 是用理想气体作为工质的卡诺机，B 是用实际气体作为工质的其他可逆机。它们都在相同的高温热源 T_1 和低温热源 T_2 间工作。适当地调节两台机器的容量，使其具有相同的吸热量 Q_1。当 A 和 B 都按正向循环工作时（图 5.9），根据循环过程的热力学第一定律，它们各自的循环净功为 $W_A=Q_1-Q_{2A}$，$W_B=Q_1-Q_{2B}$。其热效率分别为 $\eta_{cA}=W_A/Q_1$、$\eta_{cB}=W_B/Q_1$。比较其大小，有 3 种可能：① $\eta_{cA}>\eta_{cB}$；② $\eta_{cA}<\eta_{cB}$；③ $\eta_{cA}=\eta_{cB}$。同理，如果否定了其中 2 种，余下的就是唯一可能成立的。

(1) 先假定 $\eta_{cA}>\eta_{cB}$。因为 Q_1 相同，可知 $W_A>W_B$ 及 $|Q_{2A}|<|Q_{2B}|$。既然 A 和 B 都是可逆热机，现在令 B 从原路线按逆向运行（图 5.9）。B 成为制冷机，将从 T_2 吸热 Q_{2B}，向 T_1 排热 Q_1，消耗循环净功 W_B。而 W_B 由热机 A 提供，它只占 W_A 中的一部分。A 和 B 中的工质经过循环都回复原状，高温热源无所得失，低温热源净失热量 $Q_{2B}-Q_{2A}$，可逆热机 A 和 B 联合运行的结果是对外输出净功 W_A-W_B，此外没有其他变化。根据能量守恒原则，$W_A-W_B=Q_{2B}-Q_{2A}$，因此，总效果相当于取出低温热源的热量 $Q_{2B}-Q_{2A}$ 转化为功 W_A-W_B。这违反了热力学第二定律的开尔文-普朗克说法，因此假定 $\eta_{cA}>\eta_{cB}$ 的条件是不成立的。

(2) $\eta_{cA}<\eta_{cB}$。这时令 A 按逆方向运行，可逆热机 B 带动可逆制冷机 A。按类似的方法和步骤，也可得出总效果为低温热源净失热量 $Q_{2A}-Q_{2B}$ 转化为功 W_B-W_A，这也违反了热力学第二定律的结论，$\eta_{cA}<\eta_{cB}$ 同样被否定。

因而，唯一的可能是 $\eta_{cA}=\eta_{cB}$。A 是卡诺机，所以，在 T_1 和 T_2 之间工作的所有可逆机的热效率均为 $\eta_c=1-T_2/T_1$。

卡诺定理揭示出一个普遍规律：在高温热源和低温热源相同时，对于各种不可逆循环，因其不可逆因素和不可逆程度可以各不相同，所以各个不可逆循环的热效率可能完全不相同;但对于各种可逆循环,既然都不存在任何不可逆损失,所以这时热能向机械能转化的规律,即它们的热效率只由高温热源和低温热源所决定。当只有两个热源 T_1 和 T_2 时,其间无论进行哪一种可逆循环,热效率自然都一样。

卡诺定理有着广泛和重要的意义,任何一种将热能转化为机械能、电能或其他能量的转化装置(包括热力循环机、温差电池等)都受到热力学第二定律的制约,都必须有高温热源和低温热源,其热效率均不可能超过相应的卡诺循环。

【例 5.3】 设有一由两个可逆定温过程、两个可逆定压过程组成的热力循环,如图 5.10 所示,1kg 工质加热前的状态为 $T_1=300K$,$p_1=0.1MPa$,定压加热到 $T_2=1000K$,再在定温下吸入 400kJ/kg 的热量。试计算热效率,设工质的比热容为定值,$c_p=1.004kJ/(kg·K)$。

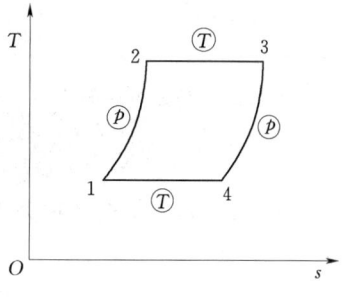

图 5.10 例 5.3 附图

解:已知 $T_1=300K$,$p_1=0.1MPa$,$T_2=1000K$,在 T_2 下定温吸入热量 $q_{23}=400kJ/kg$,则

1—2 为可逆等压过程,有 $p_2=p_1$,该过程吸收的热量 q_{12} 为

$$q_{12}=h_2-h_1=c_p(T_2-T_1)=1.004\times(1000-300)=702.8(kJ/kg)$$

2—3 为可逆等温过程,有 $T_3=T_2$,该过程的熵变量 Δs_{23} 为

$$\Delta s_{23}=-R_g\ln(p_3/p_2)=q_{23}/T_2=400/1000=0.4[kJ/(kg·K)]$$

该过程吸收的热量 q_{23} 为

$$q_{23}=T_2\times\Delta s_{23}=1000\times0.4=400(kJ/kg)$$

3—4 为可逆等压过程,有 $p_4=p_3$,该过程放出的热量 q_{34} 为

$$q_{34}=h_4-h_3=c_p(T_4-T_3)=-702.8(kJ/kg)$$

4—1 为可逆等温过程,有 $T_4=T_1$,该过程的熵变量 $\Delta s_{41}=-R_g\ln(p_1/p_4)=-\Delta s_{23}=-0.4kJ/(kg·K)$,该过程放出的热量 q_{41} 为

$$q_{41}=T_1\times\Delta s_{41}=300\times(-0.4)=-120(kJ/kg)$$

因此,该循环过程的热效率 η 为

$$\eta=1-(|q_{34}|+|q_{41}|)/(q_{12}+q_{23})=1-(702.8+120)/(702.8+400)=0.2539$$

5.4 熵、热过程方向的判据

5.4.1 状态参数熵的导出

熵是与热力学第二定律紧密相关的状态参数。它是判别实际热力过程的方向,提供热力过程能否实现、是否可逆的判据,在热力过程不可逆程度的量度、热力学第二定律的量化等方面有至关重要的作用。

热力学第二定律有各种表述方式,状态参数熵的导出也有各种方法。有从循环出发,利用卡诺循环及已被热力学第二定律证明的卡诺定理而导出的克劳修斯法。也有从物系出发,直接用热力学第二定律的喀喇氏(Caratheodory)表述导出熵的公理法,本书介绍前一种方法,它更为简单、直观。

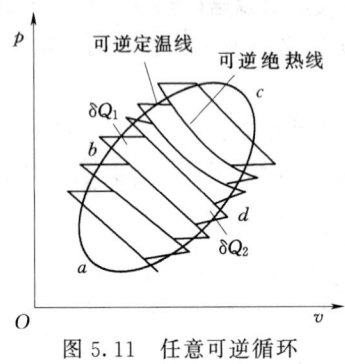

图 5.11 任意可逆循环

分析任意工质进行的一个任意可逆循环，如图 5.11 中循环 a—b—c—d—a。为了保证循环可逆，需要与工质温度变化相对应的无穷多个热源。

用一组可逆绝热线以及一组可逆定温线将它分割成无穷多个微元卡诺循环，总和构成了循环 a—b—c—d—a。

对任意微元卡诺循环，工质可逆定温吸热过程高温热源温度为 T_1，吸热量为 δQ_1；工质可逆定温放热过程低温温度为 T_2，放热量为 $|\delta Q_2|$。其热效率为 $\eta_c = 1 - |\delta Q_2|/\delta Q_1 = 1 - T_2/T_1$，即 $|\delta Q_2|/T_2 = \delta Q_1/T_1$。由于 δQ_2 为负值，则去绝对值符号后，可得

$$\delta Q_2/T_2 + \delta Q_1/T_1 = 0 \tag{5.5}$$

对全部微元卡诺循环积分求和，即得出

$$\int_{a-b-c} \frac{\delta Q_1}{T_1} + \int_{c-d-a} \frac{\delta Q_2}{T_2} = 0 \tag{5.6}$$

式中：δQ_1、δQ_2 为工质与热源间的换热量。

既然采用了代数值，可以统一用 δQ_{rev} 表示；T_1、T_2 是换热时的热源温度，统一用 T 表示，则式（5.6）可改写为

$$\int_{a-b-c} \left(\frac{\delta Q}{T}\right)_{\text{rev}} + \int_{c-d-a} \left(\frac{\delta Q}{T}\right)_{\text{rev}} = 0 \tag{5.7}$$

即

$$\oint \left(\frac{\delta Q}{T}\right)_{\text{rev}} = 0 \tag{5.8}$$

用文字可表述为：任意工质经任意可逆循环，微小量 $(\delta Q/T)_{\text{rev}}$ 沿循环的积分为零。积分 $\oint (\delta Q/T)_{\text{rev}}$ 由克劳修斯首先提出，称克劳修斯积分。式（5.8）称为克劳修斯积分等式。

根据态函数的数学特性，可以断定被积函数 $(\delta Q/T)_{\text{rev}}$ 是某个状态参数的全微分。1865 年，克劳修斯将这个新的状态参数定名为熵（entropy），以符号 S 表示，即

$$dS = (\delta Q/T)_{\text{rev}} \tag{5.9}$$

式中：δQ 为可逆过程的换热量；T 为热源温度。

因为此微元换热过程可逆，无传热温差，故热源温度 T 也等于工质温度 T，这就是熵参数的定义式。1kg 工质的比熵变为

$$dS = (\delta Q/T)_{\text{rev}} \tag{5.10}$$

因为循环 a—b—c—d—a 是可逆的，过程 a—b—c 与 c—b—a 是在同一途径上正、反方向的两个可逆过程，对应微元段的 δQ 正负相反，故有

$$\int_{a-b-c} \left(\frac{\delta Q}{T}\right)_{\text{rev}} = -\int_{c-b-a} \left(\frac{\delta Q}{T}\right)_{\text{rev}} = \int_a^c \left(\frac{\delta Q}{T}\right)_{\text{rev}} \tag{5.11}$$

式（5.11）表明，从状态 a 到状态 c，无论沿哪一条可逆路线 $(\delta Q/T)_{\text{rev}}$ 的积分值都相同，这正是状态参数的特征。结合熵的定义以及式（5.8）和式（5.11），可得

$$\oint \mathrm{d}S = 0 \tag{5.12}$$

$$\Delta S_{12} = \int_1^2 \mathrm{d}S = \int_1^2 \left(\frac{\delta Q}{T}\right)_{\text{rev}} \tag{5.13}$$

式 (5.13) 提供了从状态 1 到状态 2 的热力过程中熵变计算的途径。

5.4.2 克劳修斯积分不等式

克劳修斯积分等式给出了热力系统循环可逆的一种判据,然而循环过程只是一种特殊的热力过程。自然界中有着大量的各种形式的实际热力过程是不可逆过程,都有一定的方向性。而寻求更为一般的、适用于一切热过程进行方向的判据,或者说建立其热力学第二定律相应的数学判据是下面要解决的问题。

如果循环中全部或部分是不可逆过程,即为不可逆循环。如图 5.11 中 a—b—c—d—a 的热力循环中,a—b—c 为可逆过程,c—d—a 为不可逆过程。

类似上述方法,令一组可逆绝热线将循环分割成无数多个小循环,其中部分为可逆的微元卡诺循环,求和则 $\oint(\delta Q/T)_{\text{rev}}=0$,余下那部分微元不可逆循环,根据卡诺定理可知,其热效率 η_{t} 小于微元卡诺循环的热效率 η_{c},即 $1-|\delta Q_2|/\delta Q_1 < 1 - T_2/T_1$。同样考虑 δQ_2 用代数值,并统一用 δQ 表示热量,对所有的微元不可逆循环求和,则 $\sum(\delta Q/T)_{\text{irr}} < 0$。综合全部微元循环,包括可逆的和不可逆的,全部相加。令微元循环数目趋向无穷多,用积分代替求和,即得出

$$\oint\left(\frac{\delta Q}{T}\right)_{\text{irr}} < 0 \tag{5.14}$$

式 (5.14) 表明,工质经过任意不可逆循环,微量 $\delta Q/T$ 沿整个循环的积分必小于零。该式即为著名的克劳修斯积分不等式。

综合考虑式 (5.12) 和式 (5.14),可得

$$\oint \frac{\delta Q}{T} \leqslant 0 \tag{5.15}$$

式 (5.15) 就是用于判断循环热力过程是否可逆的热力学第二定律的数学表达式。克劳修斯积分 $\oint(\delta Q/T)_{\text{rev}}$ 等于零为可逆循环,小于零为不可逆循环,而大于零的循环则不能实现。

式 (5.13) 给出了可逆过程的熵变 ΔS_{12} 与积分 $\int_1^2 (\delta Q/T)_{\text{rev}}$ 之间的等式关系。

对于如图 5.12 所示的不可逆热力过程,设工质由平衡的初态 1 分别经可逆过程 1—b—2 和不可逆过程 1—a—2 到达平衡状态 2。

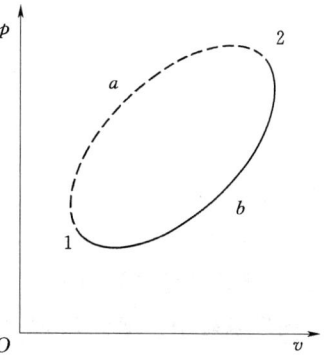

图 5.12 不可逆热力过程的熵变

因 1—b—2 可逆,且 1 和 2 是平衡态,S_1 和 S_2 各有一定的数值,由式 (5.13) 可得此可逆热力过程熵变 ΔS_{12} 为

$$\Delta S_{12} = S_2 - S_1 = \int_1^2 \left(\frac{\delta Q}{T}\right)_{\text{rev}}$$

$$= \int_{1-b-2} \left(\frac{\delta Q}{T}\right)_{\text{rev}} = -\int_{2-b-1} \left(\frac{\delta Q}{T}\right)_{\text{rev}} \tag{5.16}$$

1—a—2—b—1 为一不可逆循环，应用克劳修斯积分不等式，有

$$\int_{1-a-2}\left(\frac{\delta Q}{T}\right)_{\text{irr}} + \int_{2-b-1}\left(\frac{\delta Q}{T}\right)_{\text{rev}} < 0 \quad \text{或} \quad \int_{1-a-2}\left(\frac{\delta Q}{T}\right)_{\text{irr}} < -\int_{2-b-1}\left(\frac{\delta Q}{T}\right)_{\text{rev}} \tag{5.17}$$

将式（5.16）代入，可得

$$\int_{1-a-2}\left(\frac{\delta Q}{T}\right)_{\text{irr}} < S_2 - S_1 \tag{5.18}$$

式（5.18）表明，初态、终态是平衡态的不可逆过程，熵变量大于不可逆过程中对工质加入的热量与热源温度比值的积分。

综合考虑式（5.16）、式（5.18），可得

$$S_2 - S_1 \geqslant \int_1^2 \frac{\delta Q}{T} \tag{5.19}$$

式（5.19）即用于判断热力过程是否可逆的热力学第二定律数学表达式的积分形式。任何不可逆过程的熵变大于 $\int_1^2 \frac{\delta Q}{T}$，极限状况（可逆）时相等，不可能出现小于 $\int_1^2 \frac{\delta Q}{T}$ 的过程。

对于 1kg 工质，则

$$s_2 - s_1 \geqslant \int_1^2 \frac{\delta q}{T} \tag{5.20}$$

将式（5.18）写成微分形式 $dS > (\delta Q/T)_{\text{irr}}$，与熵的定义式 $dS = (\delta Q/T)_{\text{rev}}$ 一起可归并为

$$dS \geqslant \int_1^2 \frac{\delta Q}{T} \tag{5.21}$$

对于 1kg 工质，则

$$ds \geqslant \int_1^2 \frac{\delta q}{T} \tag{5.22}$$

式（5.21）、式（5.22）是用于判断微元过程是否可逆的热力学第二定律数学表达式。式（5.15）、式（5.19）和式（5.21）这三组热力学第二定律数学表达式中的 δQ，表示热力系统与环境间实际微元传热量；T 为热源温度（也就是工质温度）。式中等号适用于可逆过程，不等号适用于不可逆过程。

5.4.3 不可逆绝热过程分析

闭口系中，绝热过程（无论是否可逆）均有 $\delta Q = 0$，代入判别式（5.19）和式（5.21），可化简为

$$\Delta S_{\text{ad}} \geqslant 0 \tag{5.23}$$

或

$$dS_{\text{ad}} \geqslant 0 \tag{5.24}$$

对于可逆绝热过程，有 dS＝0；$S_2-S_1=0$，$S_2=S_1$。对于不可逆绝热过程，有 dS＞0；$S_2-S_1>0$，$S_2>S_1$。可见，可逆绝热过程中熵不变，而不可逆绝热过程中工质的熵必定增大。

可以断定，闭口系统从同一初始状态出发，经不可逆绝热过程达到的终态与可逆绝热时达到的终态不一致，分别以"2"和"2s"表示，则 $S_2>S_{2s}$。闭口系统中终压相同 $p_2=p_{2s}$ 的绝热膨胀过程，如图 5.13 所示，T-s 图上点 2 的位置在 2s 的右上方（因 $S_2>S_{2s}$）。由闭口系统热力学第一定律可知，绝热过程的膨胀功 w_s 等于热力学能降 u_1-u_2，即 $w_s=u_1-u_{2s}$，$w_{irr}=u_1-u_2$。又因不可逆过程存在功损失，其膨胀功 w_{irr} 小于可逆过程时的 w_s，因而 $u_2>u_{2s}$，对于理想气体，则 $T_2>T_{2s}$，所以闭口系统中不可逆绝热过程终态的比容大，即 $v_2>v_{2s}$，p-v 图上点 2 的位置在 2s 的右侧。

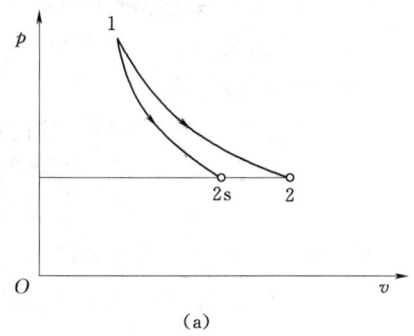
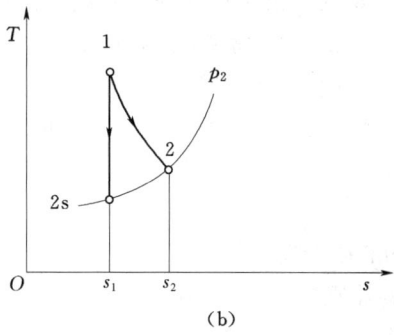

图 5.13 绝热膨胀过程

在闭口系统中不可逆绝热过程的熵之所以增大，是由于热力过程中存在不可逆因素引起的耗散效应，即损失的机械功在工质内部重新转化为热能（耗散功）被工质吸收。这种由耗散热产生的熵增量，叫作熵产，以 S_g 表示。绝热闭口系统通过边界与环境不交换热量，也不交换物质，但可以与环境交换功，不过可逆功不会引起热力系统熵的变化。因此，内部存在不可逆耗散效应是绝热闭口系统熵增大的唯一原因，其熵变量等于熵产，即

$$dS_{ad}=\delta S_g \tag{5.25}$$
$$\Delta S_{ad}=S_g \tag{5.26}$$

热力过程中不可逆损失越大，耗散热越大，熵产也越大。熵产是过程不可逆程度的量度。熵产只可能是正值，极限情况（可逆过程）为零。

5.5 熵 增 原 理

5.5.1 孤立系统熵增原理

根据热力系统熵变计算式与克劳修斯不等式，当闭口热力系统进行绝热过程时，$\delta Q=0$，则有 $\Delta S_{ad} \geqslant 0$，这表明绝热过程中闭口热力系统（定质量系）的熵通常总是增大的，极限情况（可逆绝热）时不变，永不可能减小的事实，这正是熵增原理的体现。

如图 5.14 所示，绝热闭口系统中可以包括多个子系统，工质、热源、功源、物质源以及环境都可作为子系统。根据熵的可加性，系统总熵变等于各子系统熵变的代数和。任

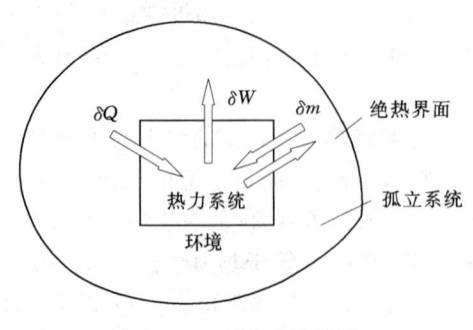

图 5.14 孤立系统熵增

何一个热力系统（闭口系统、开口系统、绝热系统、非绝热系统），总可以将它连同其相互作用的一切物体组成一个复杂系统，该复杂系统不再与环境有任何形式的能量交换和质量交换，故该复杂系统称为孤立系统。孤立系统当然是闭口绝热系统，沿用式（5.23）和式（5.24）可以得出

$$\Delta S_{\text{iso}} \geqslant 0 \tag{5.27}$$
$$dS_{\text{iso}} \geqslant 0 \tag{5.28}$$

式（5.27）和式（5.28）表明，孤立系统内部发生不可逆变化时，孤立系统的熵增大，$dS_{\text{iso}} > 0$；极限情况（发生可逆变化）熵保持不变，$dS_{\text{iso}} = 0$；使孤立系统熵减小的过程不可能出现。简言之，孤立系统的熵可以增大或保持不变，但不可能减小。这一结论即孤立系统熵增原理，简称熵增原理。以下通过3个典型热力过程进行相应说明。

(1) 单纯的传热过程。孤立系统中有物体 A 和 B，温度各为 T_A 和 T_B，这时孤立系统的熵增为

$$dS_{\text{iso}} = dS_A + dS_B \tag{5.29}$$

若为有限温差传热，$T_A > T_B$，微元过程中 A 物体放热 $-|\delta Q|$，熵变 $dS_A = -|\delta Q|/T_A$；B 物体吸热 $|\delta Q|$，熵变 $dS_B = |\delta Q|/T_B$。又因 $T_A > T_B$，有 $|\delta Q|/T_A < |\delta Q|/T_B$，将这些关系式代入式（5.29），可得

$$dS_{\text{iso}} = -|\delta Q|/T_A + |\delta Q|/T_B > 0 \tag{5.30}$$

若为无限小温差传热，$T_A = T_B$，有 $|\delta Q|/T_A = |\delta Q|/T_B$，故 $dS_{\text{iso}} = 0$。

可见，有限温差传热，孤立系统的总熵变 $dS_{\text{iso}} > 0$，因而热量由高温物体传向低温物体，是不可逆过程；同温传热 $dS_{\text{iso}} = 0$，则为可逆过程。

(2) 热转化为功。恒温热源 A、B，其温度分别为 T_1、T_2，且 $T_1 > T_2$，可以通过在恒温热源 A、B 间工作的热机实现热能转化为功，这时孤立系统熵变包括高温热源的熵变 ΔS_A、低温热源的熵变 ΔS_B 和循环热机中工质的熵变 ΔS_{12}，即

$$\Delta S_{\text{iso}} = \Delta S_A + \Delta S_{12} + \Delta S_B \tag{5.31}$$

高温热源放热 $-|\delta Q_1|$，熵变 $\Delta S_A = -|\delta Q_1|/T_1$；冷源吸热 $|\delta Q_2|$，熵变 $\Delta S_B = |\delta Q_2|/T_2$。工质在热机中完成一个循环，$\Delta S_{12} = \oint dS = 0$，因此，式（5.31）可化简为

$$\Delta S_{\text{iso}} = -|\delta Q_1|/T_1 + 0 + |\delta Q_2|/T_2 = |\delta Q_2|/T_2 - |\delta Q_1|/T_1 \tag{5.32}$$

热机进行可逆循环时，$|\delta Q_2|/T_2 = |\delta Q_1|/T_1$，所以 $\Delta S_{\text{iso}} = 0$；进行不可逆循环时，其热效率 $\eta_t = 1 - |\delta Q_2|/|\delta Q_1|$ 小于卡诺循环热效率 $\eta_c = 1 - T_2/T_1$，故 $|\delta Q_1|/T_1 < |\delta Q_2|/T_2$，所以 $dS_{\text{iso}} > 0$。因此，这也验证了孤立系统中进行可逆变化时总熵不变，进行不可逆变化时系统总熵必增大。

(3) 耗散功转化为热。由于摩擦等耗散效应而损失的机械功称耗散功，用 W_g 表示。当孤立系统内部存在不可逆耗散效应时，耗散功转化为热量，称为耗散热，以 Q_g 表示。这时 $\delta W_g = \delta Q_g$，它由孤立系统内某个（或某些）物体吸收，引起物体的熵增大，称为熵

产 S_g。可逆过程因无耗散热，故熵产为零。

设吸热时物体温度为 T，则 $\delta W_g/T = \delta Q_g/T = S_g > 0$，这是孤立系统内部存在耗散损失而产生的后果。因而，孤立系统的熵增等于不可逆损失造成的熵产，且不可逆时恒大于零，即

$$\Delta S_{iso} = S_g > 0 \tag{5.33}$$

$$dS_{iso} = \delta S_g > 0 \tag{5.34}$$

可见，孤立系统内只要有机械功不可逆地转化为热能，孤立系统的熵必定增大。

上述 3 个典型热力过程概括了大多数热力过程，证实了熵增原理的结论。第 2 个典型热力过程有着极其深刻的内涵，因为任何一种不可逆变化，都意味着机械功损失，也都可以归结于耗散功转化为热。不可逆循环，显然有机械功损失；不等温传热也意味着机械功损失，因为低温物体与大气环境间的做功能力要比高温物体与环境间的做功能力低，热量直接从高温物体不可逆地传给了低温物体同样意味着机械功损失。因此，孤立系统中的各种不可逆因素都表现为孤立系统机械功损失，最后的效果可以归结为机械功不可逆地转化为热，使孤立系统的熵增大。可以说，这是一切不可逆过程的共性。

必须注意的是：熵增原理只适用于孤立系统。至于非孤立系统，或者孤立系统中某个物体，它们在热力过程中既可以吸热也可以放热，其熵既可能增大、可能不变，也可能减小。

5.5.2 做功能力损失

根据热力学第二定律的论述，一切实际过程都是不可逆过程，都伴随着熵的产生和做功能力的损失，这两者之间必然存在着内在的联系。通常取环境状态作为衡量热力系统做功能力大小的参考状态，即认为热力系统与环境状态相平衡时，热力系统不再有做功能力。

例如，设热力系统耗散功转化的热能，如果全部被一个温度与环境温度 T_0 相同的物体吸收，它将不再具有做出有用功的能力，或者说做功能力已经丧失。若做功能力损失以 A_L 表示，$dA_L = \delta W_g$，则孤立系统的熵增与做功能力损失的关系可表示为

$$A_L = T_0 \Delta S_{iso} = T_0 S_g \tag{5.35}$$

5.5.3 熵增原理的实质

熵增原理指出：凡是使孤立系统总熵减小的过程都是不可能发生的，理想可逆情况也只能实现总熵不变。可逆实际上又是难以做到的，所以实际的热力过程总是朝着使孤立系统总熵增大的方向进行，即 $dS_{iso} > 0$。因此，熵增原理阐明了热力过程进行的方向。

熵增原理给出了孤立系统达到平衡状态的判据。孤立系统内部存在不平衡势差是过程自动进行的推动力。随着热力过程的进行，热力系统内部由不平衡向平衡发展，总熵增大，当孤立系统总熵达到最大值时，热力过程停止进行，孤立系统达到相应的平衡状态，这时 $dS_{iso} = 0$，即为平衡判据。因而，熵增原理指出了热力过程进行的限度。

熵增原理还指出：如果某一热力过程的进行会导致孤立系统中各物体的熵同时减小，或者虽然各有增减但其总和使孤立系统的熵减小，则这种热力过程不能单独进行，除非有熵增大的热力过程作为补偿，使孤立系统总熵增大，至少保持不变。从而，熵增原理揭示了热力过程进行的条件。例如，热转功或热量由低温传向高温，这类过程

会使孤立系统总熵减小，所以不能单独进行，必须有能导致熵增大的热力过程作为补偿；而功转热或热量由高温传向低温，这类过程本来就导致孤立系统总熵增大，故不需要补偿，能单独进行，并且还可以用作补偿过程。非自发过程必须有自发过程相伴而行，原因就在于此。

熵增原理全面地、透彻地揭示了热过程进行的方向、限度和条件，这些正是热力学第二定律的实质。由于热力学第二定律的各种说法都可以归结为熵增原理，又总能将任何热力系统与相关物体、相关环境一起归入一个孤立系统，所以可以认为 $dS_{iso} \geq 0$ 是热力学第二定律数学表达式的一种最基本的形式。

综合前述，几种形式的热力学第二定律数学表达式及其适用范围归纳为：①循环过程，$\oint \frac{\delta Q}{T} \leq 0$；②闭口系统，$dS \geq \frac{\delta Q}{T}$；③绝热闭口系统，$dS_{ad} \geq 0$；④孤立系统，$dS_{iso} \geq 0$。

【例 5.4】 高温热源 A 与低温热源 B 之间有一卡诺热机在工作，已知卡诺热机与低温热源交换的热量 $|Q_2|=4000kJ$，与环境的功交换 $|W|=1000kJ$。试确定图 5.15 中循环是热动力循环还是制冷循环？可逆循环还是不可逆循环？

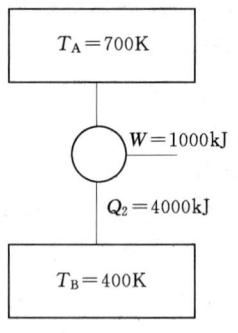

图 5.15 例 5.4 附图

解：(1) 假定为热动力循环，则高温热源 A 失去热量，低温热源 B 得到热量，有

$$\Delta S_A = -(W+|Q_2|)/T_A = -(1000+4000)/700$$
$$= -7.143(kJ/K)$$
$$\Delta S_B = |Q_2|/T_B = 4000/400 = 10(kJ/K)$$
$$\Delta S_{热动机} = 0$$
$$\Delta S_{iso} = \Delta S_A + \Delta S_B + \Delta S_{热动机} = -7.143 + 10 + 0$$
$$= 2.857(kJ/K) > 0$$

(2) 若假定为制冷循环，则高温热源 A 得到热量，低温热源 B 失去热量，有

$$\Delta S_A = (W+|Q_2|)/T_A = (1000+4000)/700 = 7.143(kJ/K)$$
$$\Delta S_B = -|Q_2|/T_B = -4000/400 = -10(kJ/K)$$
$$\Delta S_{制冷机} = 0$$
$$\Delta S_{iso} = \Delta S_A + \Delta S_B + \Delta S_{制冷机} = 7.143 - 10 + 0 = -2.857(kJ/K) < 0$$

根据孤立系统熵增原理判断，该循环是热动力循环，且不可逆。

【例 5.5】 如图 5.16 所示，已知 3 个热源 A、B、C 的温度分别为 500K、400K 和 300K，有可逆热机在这 3 个热源间工作。若可逆热机从热源 A 净吸入 $Q_A=3000kJ$ 热量，输出净功 $W_{net}=400kJ$，试求可逆热机与热源 B、热源 C 的换热量 Q_B、Q_C，并指明其方向。

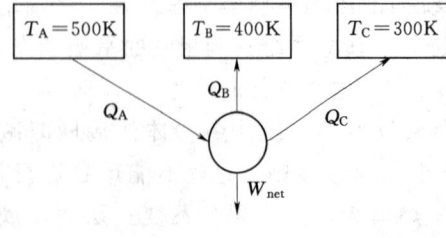

图 5.16 例 5.5 附图

解：假设可逆热机和热源 B、热源 C 的换热方向为如图 5.15 所示的方向，若求出换热量 Q_B、Q_C 为正，说明实际换热方向与假设一致，若为

负,则实际换热方向与假设相反。

对可逆热机根据热力学第一定律,其能量平衡方程式为
$$Q_A = Q_B + Q_C + W_{net} \qquad ①$$
将 $Q_A = 3000 \text{kJ}$、$W_{net} = 400 \text{kJ}$ 代入式①,可得
$$Q_B + Q_C = 2600 (\text{kJ}) \qquad ②$$
由于在 A、B、C 间工作的热机为可逆热机,则根据孤立系统熵增原理,等式 $\Delta S_{iso} = 0$ 成立,则
$$\Delta S_{iso} = -Q_A/T_A + Q_B/T_B + Q_C/T_C = 0 \qquad ③$$
将 $Q_A = 3000 \text{kJ}$ 代入式③,可得
$$Q_B/400 + Q_C/300 = 6 \qquad ④$$
解式②、式④可得
$$Q_B = 3200 \text{kJ}, \quad Q_C = -600 \text{kJ}$$
即可逆热机向热源 B 放热 3200kJ(与图中方向相同),从热源 C 吸热 600kJ(与图中方向相反)。

【例 5.6】 两个质量均为 m、比热容均为 c 且为定值的物体,A 物体初温为 T_A,B 物体初温为 T_B,用它们作可逆热机的有限热源和有限冷源,两物体温度相等时可逆热机停止工作。

(1) 证明平衡时的温度 $T_m = \sqrt{T_A T_B}$。

(2) 求热机做出的最大功量 W_{max}。

(3) 如果两物体直接接触进行热交换至温度相等时,求平衡温度 T_{mx} 及两物体总熵的变化量 ΔS。

解:(1) 取 A、B 物体及可逆热机、功源为孤立系统,则
$$\Delta S_{iso} = \Delta S_A + \Delta S_B + \Delta S_W + \Delta S_{可逆热机} = 0$$
对于功源,有 $\Delta S_W = 0$;对于可逆热机,有 $\Delta S_{可逆热机} = 0$,平衡时的温度为 T_m,$\Delta S_A = mc \ln(T_m/T_A)$,$\Delta S_B = mc \ln(T_m/T_B)$,则
$$\Delta S_A + \Delta S_B = mc \ln(T_m/T_A) + mc \ln(T_m/T_B) = 0 \qquad ①$$
解式①可得
$$T_m = \sqrt{T_A T_B}$$

(2) A 物体为有限热源,过程中放出热量 $|Q_1|$,$|Q_1| = mc(T_A - T_m)$;B 物体为有限冷源,过程中吸收热量 Q_2,$Q_2 = mc(T_m - T_B)$,热机为可逆热机时,其做功量最大,可得
$$W_{max} = |Q_1| - Q_2 = mc(T_A - T_m) - mc(T_m - T_B) = mc(T_A + T_B - 2T_m)$$

(3) 如果两物体直接接触进行热交换至热平衡时,平衡温度由能量平衡方程式求得,即
$$mc(T_A - T_{mx}) = mc(T_{mx} - T_B) \qquad ②$$
解式②可得
$$T_{mx} = (T_A + T_B)/2$$
两物体组成系统的熵变化量 ΔS 为

$$\Delta S = \Delta S_A + \Delta S_B$$
$$= mc\ln(T_{mx}/T_A) + mc\ln(T_{mx}/T_B)$$
$$= mc\ln[T_{mx}^2/(T_A T_B)]$$
$$= mc\ln[(T_A + T_B)^2/(4T_A T_B)]$$

【例 5.7】 三个质量相等、比热相同且为定值的物体（图 5.17）。A 物体的初温为 $T_{A1}=100K$，B 物体的初温为 $T_{B1}=200K$，C 物体的初温为 $T_{C1}=300K$。如果环境不供给功和热量，只借助于热机和制冷机（热机 1 和热机 2 均可为动力机或制冷机，可自己确定）在它们之间工作，求 C 物体处于最高温度时三个物体的相应温度值。

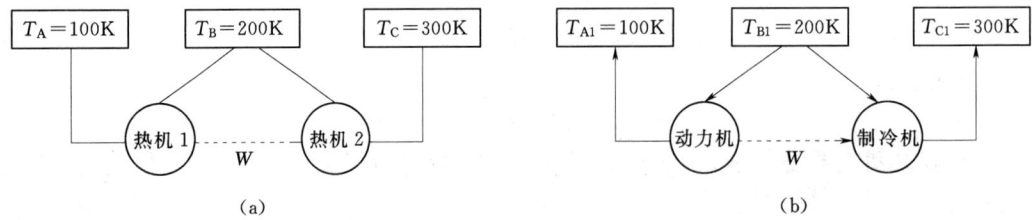

图 5.17 例 5.7 附图

解： 因环境不供给功和热量，而热机工作必须要有两个热源才能使热量转变为功。所以三个物体中的两个作为热机的有限热源和有限冷源。制冷机工作必须要供给其机械功，才能将热量从低温热源转移到高温热源，同样有三个物体中的两个作为制冷机的有限冷源和有限热源。由此，其工作原理如图 5.17（b）所示。

取 A、B、C 物体及动力机和制冷机为孤立系。如果系统中进行的是可逆过程，则
$$\Delta S_{iso} = \Delta S_A + \Delta S_B + \Delta S_C + \Delta S_{可逆动力机} + \Delta S_{可逆制冷机} = 0$$

对于可逆动力机和可逆制冷机，$\Delta S_{可逆动力机}=0$，$\Delta S_{可逆制冷机}=0$，则
$$\Delta S_{iso} = mc\int_{T_{A1}}^{T_{A2}}\frac{dT}{T} + mc\int_{T_{B1}}^{T_{B2}}\frac{dT}{T} + mc\int_{T_{C1}}^{T_{C2}}\frac{dT}{T} = 0$$

即
$$\ln\frac{T_{A2}}{T_{A1}} + \ln\frac{T_{B2}}{T_{B1}} + \ln\frac{T_{C2}}{T_{C1}} = 0$$

化简有
$$T_{A2}T_{B2}T_{C2} = T_{A1}T_{B1}T_{C1} = 100 \times 200 \times 300 = 6 \times 10^6 (K^3) \qquad ①$$

由图 5.17 可知，动力机工作于 A 物体和 B 物体两有限热源之间，制冷机工作于 B 物体和 C 物体两有限热源及冷源之间，动力机输出的功供给制冷机工作。当 $T_{A2}=T_{B2}$ 时，动力机停止工作，不能再输出功，制冷机因无功供给也停止工作，整个过程结束。过程进行的结果，B 物体的热量转移到 C 物体使其温度升高，而 A 物体和 B 物体温度平衡。

对该孤立系，与环境无功和热量交换，由能量方程式得
$$Q_A + Q_B + Q_C = 0$$

即
$$mc(T_{A2}-T_{A1}) - mc(T_{B2}-T_{B1}) + mc(T_{C2}-T_{C1}) = 0$$

化简有

$$T_{A2}+T_{B2}+T_{C2}=T_{A1}+T_{B1}+T_{C1}=100+200+300=600(\text{K}) \quad ②$$

根据该装置的工作原理可知，$T_{A2}>T_{A1}$，$T_{B2}<T_{B1}$，$T_{C2}>T_{C1}$，且 $T_{A2}=T_{B2}$。对式①、式②求解，可得

$$T_{A2}=T_{B2}=131\text{K}, \quad T_{C2}=338\text{K}$$

若制冷机工作于 A 物体和 C 物体两有限冷源和热源之间，其过程结果最终也与制冷机工作于 B 物体和 C 物体两有限冷源和热源之间相同，即该装置可达到的最高温度为 339K。

【例 5.8】 刚性容器贮有 500kg 的空气，其初始压力 $p_1=2$bar，$T_1=300$K，若想要使其温度升高到 $T_2=350$K（设空气为理想气体，比热为定值），求以下情况下刚性容器和环境的总熵变 ΔS。

(1) 如果状态的变化是从 $T_0=450$K 的热源吸热来完成。

(2) 如果状态的变化只是从一个功源吸收能量来完成。

解： 设实现上述状态变化需加入的能量为 Q，对于刚性容器闭口系统，$W=0$，根据热力学第一定律，有

$$Q=\Delta U+W_{12}=U_2-U_1+0=m(u_2-u_1)$$
$$=mc_v(T_2-T_1)=500\times 0.717\times(350-300)=17925(\text{kJ})$$

(1) 刚性容器和环境的总熵变 ΔS 可表示为：$\Delta S=\Delta S_{\text{sur}}+\Delta S_{\text{sys}}$。因为实现上述状态变化过程中刚性容器中空气的比容不变，则系统的熵变 ΔS_{sys} 为

$$\Delta S_{\text{sys}}=mc_v\ln(T_2/T_1)=500\times 0.717\times\ln(350/300)=55.2630(\text{kJ/K})$$

既然空气状态的变化是由于从 T_0 吸取的热量，而系统与环境又无功量交换，所以 Q 为净能量输入，只是对环境而言，$Q_{\text{sur}}=-Q=-17925$kJ，则环境的熵变 ΔS_{sur} 为

$$\Delta S_{\text{sur}}=-Q/T_0=-17925/450=-39.8333(\text{kJ/K})$$

故刚性容器和环境的总熵变为

$$\Delta S=\Delta S_{\text{sur}}+\Delta S_{\text{sys}}=55.2630-39.8333=15.4297(\text{kJ/K})$$

(2) 因为没有热量加入，$\Delta S_{\text{sur}}=0$。故刚性容器和环境的总熵变为 $\Delta S=\Delta S_{\text{sys}}=55.2630$kJ/K。

【例 5.9】 设大气压力 $p_0=1013215$Pa，温度 T_0 为 300K，求如图 5.18 所示情况下由于不可逆性引起的做功能力损失。

(1) 将 300kJ 的热直接从 $p_A=p_0$、温度 $T_A=500$K 的恒温热源 A 传给大气。

(2) 300kJ 的热量直接由大气传向 $p_B=p_0$、温度 $T_B=250$K 的恒温热源 B。

(3) 300kJ 的热直接从热源 A 传给热源 B。

解： (1) 将 300kJ 的热直接从 500K 恒温热源 A 传给 300K 的大气环境时，有

对于恒温热源 A：

$$\Delta S_A=-Q/T_A=-300/500=-0.6(\text{kJ/K})$$

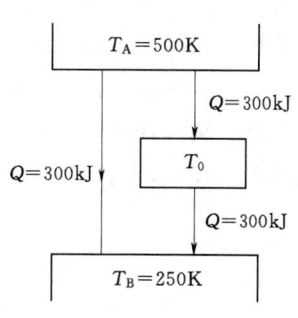

图 5.18 例 5.9 附图

对于大气环境：
$$\Delta S_{01}=Q/T_0=300/300=1.0(\text{kJ/K})$$
热源 A 与大气组成的孤立系统总熵变 ΔS_{iso1} 为
$$\Delta S_{iso1}=S_{g1}=\Delta S_A+\Delta S_{01}=-0.6+1.0=0.4(\text{kJ/K})$$
此传热过程中不可逆性引起的做功能力损失 A_{L1} 为
$$A_{L1}=T_0 S_{g1}=300\times 0.4=120(\text{kJ})$$

（2）300kJ 的热量经大气后传向 $p_B=p_0$、温度 $T_B=250K$ 的恒温热源 B 时，有
对于恒温热源 B：
$$\Delta S_B=Q/T_B=300/250=1.2(\text{kJ/K})$$
对于大气环境：
$$\Delta S_{02}=-Q/T_0=-300/300=-1.0(\text{kJ/K})$$
热源 B 与大气组成的孤立系统总熵变 ΔS_{iso2} 为
$$\Delta S_{iso2}=S_{g2}=\Delta S_B+\Delta S_{02}=1.2-1.0=0.2(\text{kJ/K})$$
此传热过程中不可逆性引起的做功能力损失 A_{L2} 为
$$A_{L2}=T_0 S_{g2}=300\times 0.2=60(\text{kJ})$$

（3）300kJ 直接从恒温热源 A 传给恒温热源 B，则
对于恒温热源 A：
$$\Delta S_A=-Q/T_A=-300/500=-0.6(\text{kJ/K})$$
对于恒温热源 B：
$$\Delta S_B=Q/T_B=300/250=1.2(\text{kJ/K})$$
热源 A 与热源 B 组成的孤立系统总熵变 ΔS_{iso3} 为
$$\Delta S_{iso3}=S_{g3}=\Delta S_A+\Delta S_B=-0.6+1.2=0.6(\text{kJ/K})$$
此传热过程中不可逆性引起的做功能力损失 A_{L3} 为
$$A_{L3}=T_0 S_{g3}=300\times 0.6=180(\text{kJ})$$
可见过程（1）和过程（2）的综合效果与过程（3）相同。

5.6 熵 方 程

孤立系统熵增原理说明熵参数在孤立系统热力过程中不能像能量那样保持恒定，而是随着不可逆过程的进行伴随着熵产的出现。为定量地分析不可逆过程，首先应建立熵方程以求熵产，然后确定不可逆过程造成的做功能力损失。根据热力学第二定律的数学式，可直接导出各种热力系统的熵方程。

建立熵方程类似于建立能量方程，首先根据研究对象取热力系统，然后把熵产当作系统的收入部分，列出熵的等式，其一般形式为
$$(输入熵-输出熵)+熵产=系统熵变$$
或
$$熵产=(输出熵-输入熵)+系统熵变$$
如果把系统输入和输出的熵统称为熵流，则熵方程也可表示为

$$\text{系统熵变} = \text{熵流} + \text{熵产} \tag{5.36}$$

5.6.1 闭口系统熵方程

穿过闭口系统边界传递的熵流随热流一起传递,由热流引起的那部分熵变称为热熵流 δS_{Qf}(闭口系统只有热熵流), δS_{Qf} 可正、可负、可为零,视热力系统吸热、放热还是绝热而定。闭口系统内任何不可逆因素都可造成熵产 δS_g(不可逆过程为正,可逆过程为零),则由式(5.36)可得闭口系统熵方程为

$$dS = \delta S_{Qf} + \delta S_g \tag{5.37}$$

或

$$\Delta S = S_{Qf} + S_g \tag{5.38}$$

其中

$$\delta S_{Qf} = \delta Q/T$$

式中:dS、ΔS 为热力系统熵变;T 为传热源的温度。

由于闭口系统的热力学第二定律关系式 $dS \geqslant \delta Q/T$,故闭口系统的不可逆过程的熵变 dS 大于过程中的热熵流 δS_{Qf},其差值即为不可逆因素造成的熵产 δS_g。

式(5.37)和式(5.38)即为闭口热力系的熵方程,表示控制质量的熵变等于熵流和熵产之和。

5.6.2 开口系统熵方程

对于如图 5.19 所示的任意开口系统,在 $\delta\tau$ 时间内穿过控制体积边界传递的熵流,除控制体积从温度为 T 的热源吸热 δQ 而传递的热熵流 $\delta S_{Qf} = \delta Q/T$ 外,还包括通过边界由物质源流入、流出控制体积时的质熵流 $\delta \dot{m}_{in} s_{in}$ 和 $\delta \dot{m}_{out} s_{out}$。按熵方程的一般形式,控制体积熵方程可写成

$$dS_{cv} = \delta S_{Qf} + \delta S_{mf} + \delta S_g \tag{5.39}$$

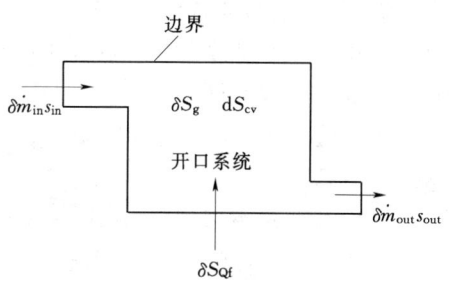

图 5.19 开口系统熵方程导出模型

其中

$$\delta S_{mf} = \delta \dot{m}_{in} s_{in} - \delta \dot{m}_{out} s_{out}$$

式中:dS_{cv} 为开口系统(控制体)熵的变化;δS_{mf} 为开口系统出于物质交换而引起的质熵流;s_{in} 为进入开口系统 1kg 物质的熵;s_{out} 为流出开口系统 1kg 物质的熵;$\delta \dot{m}_{in}$ 为 $\delta\tau$ 时间内进入开口系统的质量;$\delta \dot{m}_{out}$ 为 $\delta\tau$ 时间内流出开口系统的质量;δS_g 为开口系统由于不可逆引起的熵产。

对于有限过程,由式(5.39)积分可得

$$\Delta S_{cv} = S_{Qf} + (\dot{m}_{in} s_{in} - \dot{m}_{out} s_{out}) + S_g \tag{5.40}$$

对于稳态稳流的开口系统,$\Delta S_{cv} = 0$,$\dot{m}_{in} = \dot{m}_{out} = \dot{m}$,则单位质量工质表示的稳态稳流熵方程可写成

$$0 = S_{Qf} + (S_{in} - S_{out}) + S_g \tag{5.41}$$

或

$$S_g = (S_{out} - S_{in}) - S_{Qf} \tag{5.42}$$

需要指出的是，熵产 S_g 和熵流像功和热量一样，是过程的函数而不是状态参数，与过程的不可逆程度有关。在同样的系统初态、终态之间可有不同的不可逆过程，各自的熵产和熵流可以不相同，但综合效应引起的系统熵变却相同，热力系统的熵是状态参数，不论开口系统还是闭口系统都是如此。

习惯上进口参数用"1"、出口参数用"2"表示。在 $\Delta\tau$ 时间内流入质量为 1kg 的工质时，则式（5.41）可表示为

$$s_2 - s_1 = s_{Qf} + s_g \tag{5.43}$$

对于绝热稳定流动系统，式（5.43）可进一步简化为

$$s_2 - s_1 = s_g \tag{5.44}$$

孤立系统与环境没有任何的熵流传递，因此，按熵方程的一般形式可表示为

$$\Delta S_{iso} = S_g = \sum \Delta S_i \tag{5.45}$$

式（5.45）表明，孤立系统的熵变等于孤立系统的熵产，也就是说孤立系统的熵产可以通过该系统各组成部分的熵变进行计算。

【例 5.10】 质量为 1kg 空气在气缸中被压缩，由 $p_1 = 0.1\text{MPa}$，$T_1 = 303\text{K}$ 经多变过程达到 $T_2 = 515.5\text{K}$，如消耗的轴功 $|w_t| = 264.095\text{kJ}$，在压缩过程中放出的热量全部为环境所吸收，环境温度 $T_0 = 290\text{K}$，求由环境与空气所组成的孤立系统的熵的变化。

解：(1) 求多变指数 n。将多变过程中膨胀功 $w = -|w_t|/n$，热力学能变化量 $\Delta u = c_v(T_2 - T_1)$，多变过程放出的热量 $q_n = c_v[(n-k)(T_2 - T_1)]/(n-1)$ 代入热力学第一定律 $q_n = \Delta u + w$，可得

$$c_v[(1-k)(T_2 - T_1)]/(n-1) = -|w_t|/n$$

即

$$n = |w_t|/[|w_t| - (k-1)c_v(T_2 - T_1)]$$
$$= 264.095/[264.095 - (1.4-1) \times 0.717 \times (515.5 - 303)]$$
$$= 1.3$$

(2) 求空气终态压力 p_2。根据多变过程方程式 $p_1 v_1^n = p_2 v_2^n$，可得

$$p_2 = p_1(T_2/T_1)^{n/(n-1)} = 0.1 \times (515.5/303)^{1.3/0.3} = 1.0(\text{MPa})$$

(3) 求环境与空气所组成的孤立系统的熵变。

多变过程放出的热量 q_n 为

$$q_n = c_v[(n-k)(T_2 - T_1)]/(n-1)$$
$$= (1.3 - 1.4) \times 0.717 \times (515.5 - 303)/(1.3 - 1)$$
$$= -50.7(\text{kJ/kg})$$

空气的熵变 ΔS_1 为

$$\Delta S_1 = m[c_p \ln(T_2/T_1) - R_g \ln(p_2/p_1)]$$
$$= 1 \times [1.004\ln(515.5/303) - 0.287\ln(1.0/0.1)]$$
$$= -0.127(\text{kJ/K})$$

环境的熵变 ΔS_2 为

$$\Delta S_2 = m|q_n|/T_0 = 1 \times 50.8/290 = 0.175(\text{kJ/K})$$

环境与空气所组成的孤立系统的熵变 ΔS_{iso}

$$\Delta S_{iso}=\Delta S_1+\Delta S_2=-0.127+0.175=0.048(kJ/K)$$

【例 5.11】 如图 5.20 所示的截面积 $A=0.2m^2$ 的立式气缸内存有 0.1kg 饱和水,水上有一与气缸紧密配合又无摩擦、质量 $m_d=610kg$ 的活塞,气缸顶部与大气相通,气缸底部有一阀门与高压蒸汽管线相连。蒸汽管线内是干饱和蒸汽,压力维持 15bar。打开阀门,蒸汽缓慢流入气缸,如果全部过程绝热,已知蒸汽参数见表 5.1,试求:

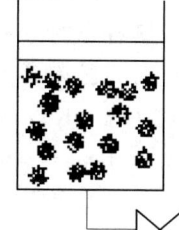

图 5.20 例 5.11 附图

(1) 需向气缸内通入多少蒸汽,使气缸内只含饱和蒸汽?

(2) 过程的熵产 S_g 及做功能力损失 A_L($p_0=1.0bar$,$T_0=293K$)。

表 5.1 干饱和蒸汽参数

p /bar	h' /(kJ/kg)	h'' /(kJ/kg)	s' /[kJ/(kg·K)]	s'' /[kJ/(kg·K)]
1.30	449.22	2686.87	1.3896	7.2710
15.00	844.82	2791.46	2.3149	6.4437

解: 过程中气缸内压力维持恒定,则气缸内压力 p 为

$$p=p_0+m_d g/A=1.0+610\times 9.81\times 10^{-5}/0.2=1.30(bar)$$

(1) 取气缸为控制容积,其初终态分别用下标 1、2 表示,流入、流出气缸的物质流的参数分别用下标 in、out 表示。当进气的动能、位能可忽略不计时,控制容积的储存能只有热力学能时,列能量方程,有

$$\delta Q=dU_{cv}+\delta m_{out}\left(h_{out}+\frac{1}{2}c_{fout}^2+gz_{out}\right)-\delta m_{in}\left(h_{in}+\frac{1}{2}c_{fin}^2+gz_{in}\right)+\delta W_s \quad ①$$

根据题设,控制容积不与外界交换热量,$\delta Q=0$;没有物质流出,$\delta m_{out}=0$;动能、位能可忽略不计时,$c_{fin}^2/2=0$,$gz_{in}=0$;干饱和蒸汽进入气缸过程是蒸汽膨胀对外做功过程,$\delta W_s=pdV_{cv}$,故式①可表示为

$$d(mu)_{cv}-h_{in}dm_{in}+pdV_{cv}=0$$
$$\Rightarrow d(H-pV)_{cv}-h_{in}dm_{in}+pdV_{cv}=0$$
$$\Rightarrow dH_{cv}-d(pV)_{cv}-h_{in}dm_{in}+pdV_{cv}=0$$
$$\Rightarrow dH_{cv}-V_{cv}dp-h_{in}dm_{in}=0$$

因 $p=const$,故 $dH_{cv}-h_{in}dm_{in}=0$,即 $h_2m_2-h_1m_1-h_{in}m_{in}=0$,因为 $m_2-m_1=m_{in}$,则

$$m_{in}=m_1(h_2-h_1)/(h_{in}-h_2)=0.1\times(2686.87-449.22)/(2791.46-2686.87)$$
$$=2.14(kg)$$

(2) 对控制容积系统,根据熵方程有

$$dS_{cv}=\delta S_{Qf}+\delta S_g+\delta S_{mf} \quad ②$$

式②中,控制容积不与外界交换热量,故热熵流 $\delta S_{Qf}=0$;质熵流 $\delta S_{mf}=s_{in}\delta m_{in}$,控制容积系统熵变 $dS_{cv}=s\delta m$,式②可改写为

$$\delta S_g = s\delta m - s_{in}\delta m_{in} \qquad ③$$

在 $p=1.30$bar 保持不变的过程中，初始状态时，气缸内只含 $p_1=1.30$bar 饱和水，此时，控制容积的 $s_1=s_1'=1.3896$kJ/(kg·K)，终态时，气缸内只含 $p_1=1.30$bar 饱和蒸汽，此时，控制容积的 $s_2=s_1''=7.2710$kJ/(kg·K)，高压干饱和蒸汽的熵 $s_{in}=6.4437$kJ/(kg·K)，对式③积分可得

$$S_g = s_2 m_2 - s_1 m_1 - s_{in} m_{in} = 7.2710 \times (0.1+2.14) - 1.3896 \times 0.1 - 6.4437 \times 2.14$$
$$= 2.359 (kJ/K)$$

此热力过程中不可逆性引起的做功能力损失 A_L 为

$$A_L = T_0 S_g = 293 \times 2.359 = 691.2 (kJ)$$

5.7 㶲 和 㷝

㶲和㷝是近几十年来在热力学及能源科学领域中广泛用来评价能量利用价值的指标参数。㶲是能量可用性、可用能、有效能的统称，它把能量的"量"和"质"结合起来评价能量的价值，更深刻地揭示了能量在传递和转换过程中能质退化的本质，为合理用能、节约用能指明了方向。

5.7.1 能量的可转换性、㶲和㷝

能量"质"（或"品位"）的指标是根据它的做功能力来判断的，因此，可以根据能量转换能力将能量分为3种类型。

(1) 可以完全转换的能量，如机械能、电能等。理论上可以100%地转换为其他形式的能量，这种能量的"量"和"质"完全统一，它的转换能力不受约束。这类可无限转换的能量称为㶲（energy），机械能全部为㶲。因而，习惯上将"有用功"作为"可无限转换能量"的同义词。

(2) 可部分转换的能量，如热量、热力学能等，这种能量的"量"和"质"的转换能力受热力学第二定律约束。热能本身也有品位的差别。由高于环境温度的物体提供的热量中，部分可转换为机械能。例如，以高于环境温度的物体为高温热源、环境为低温热源，通过可逆热机可做出有用功（循环净功），这是技术上可以实现的可转换的最大量，这部分热能属于可有限转换能量。当供热物体温度越高，热量品位也越高。

(3) 不能转换的能量，如环境热力学能，这种能量只有"量"没有"质"。地球表面的大气、海水、河水是个温度基本恒定（处于环境温度下）的大热库，有着巨量的热能（热力学能）。由于单一热源提供的热量是不能连续做功的，因而由该大热库提供的热量无法转变为机械功，它们是不可转换的能量，从动力的观点称其为废热或者㷝（anergy）。

不但能量具有做功能力，热力系统中的工质或物质流也具有做功能力。如与环境处于热力不平衡的闭口系统，当它与环境发生作用、可逆地变化到与环境平衡时，可做出最大有用功，称为闭口系统工质的热力学能㶲。而与环境处于热力不平衡的一定量的流动工质，通过稳流热力系统，在只与环境发生作用的条件下可逆地变化到与环境平衡时，做出的最大有用功则为稳流工质的焓㶲。此外，热力系统与环境间存在化学势、浓度、电磁场等其他力场不平衡时，热力系统也都具有做功能力。

这里所谓的环境指一种抽象的环境，它具有稳定的 p_0、T_0 及确定的化学组成，任何热力系统与其交换热量、功量和物质，它都不会改变。为了衡量能量的最大转换能力，人们规定环境状态作为基态（其㶲质为零），而转换过程应为没有热力学损失的可逆过程，由此得出㶲的热力学定义。

在环境条件下，能量中可转化为有用功的最高份额称为该能量的㶲；或者，热力系统只与环境相互作用，从任意状态可逆地变化到与环境相平衡状态时，做出的最大有用功称为该热力系统的㶲。而在环境条件下不可能转化为有用功的那部分能量称为㶲。

任何能量 E 都由㶲（E_x）和㶲（A_n）两部分组成，即

$$E = E_x + A_n \tag{5.46}$$

对于可无限转换的能量，$A_n = 0$，如机械能、电能全部是㶲，$E_x = E$；对于不可转换的能量，$E_x = 0$，如环境介质中的热能全为㶲。不同形态的能量或物质，处于不同状态时包含的㶲和㶲的比例各不相同。

㶲参数的引出，为评价能量的"量"和"质"提供了一个统一的尺度。由此而建立的热力系统㶲平衡分析法，结合了热力学第一、第二定律，比起由热力学第一定律得出的能量平衡方法更科学、更合理。㶲平衡分析法为热力系统经济分析提供了热力学基础。

5.7.2 热量㶲和冷量㶲

1. 热量㶲

温度为 T_0 的环境条件下，热力系统（$T > T_0$）所提供的热量中可转化为有用功的最大值是热量㶲，用 E_{xQ} 表示，如果以环境为冷源，热力系统为热源（变温热源），如图 5.21 所示，设想有一系列微元卡诺热机在它们之间工作，每一卡诺循环做出的循环净功，即系统提供的热量 δQ 中的热量㶲为

$$\delta E_{xQ} = \left(1 - \frac{T_0}{T}\right)\delta Q \tag{5.47}$$

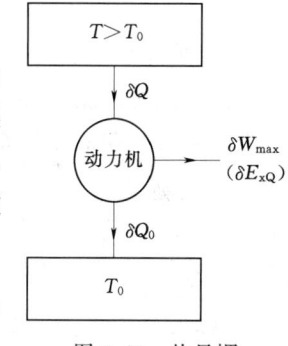

图 5.21 热量㶲

热量㶲为

$$\delta A_{nQ} = \delta Q - \delta E_{xQ} = \frac{T_0}{T}\delta Q \tag{5.48}$$

Q 的热量㶲 E_{xQ} 为循环工质对可逆过程积分，即

$$E_{xQ} = \int_1^2 \left(1 - \frac{T_0}{T}\right)\delta Q = Q - T_0 \int_1^2 \frac{\delta Q}{T} = Q - T_0 \int_1^2 dS = Q - T_0 \Delta S \tag{5.49}$$

则热量㶲 A_{nQ} 可表示为

$$A_{nQ} = Q - E_{xQ} = T_0 \Delta S \tag{5.50}$$

在如图 5.22（a）所示的 T-s 图上，过程 2—1 表示系统的供热过程，2—1 下面的面积代表热量 Q，则可逆机的循环净功面积 12341 表示热量㶲 E_{xQ}；排向环境的热量，即面积 $43S_2S_14$ 表示热量㶲 A_{nQ}。显然，同样大小的热量，供热温度 T 越高，则 ΔS_{12} 越小，A_{nQ} 越小，E_{xQ} 越大；而与环境温度 T_0 相同的热力系统所放出的热量，则不具有热量㶲。

在如图 5.22（b）所示的 T-s 图上，若系统以恒温 T 供热，则相应的热量㶲和热量㶲为

$$E_{xQ}=(1-T_0/T)Q=Q-T_0\Delta S \tag{5.51}$$
$$A_{nQ}=T_0Q/T=T_0\Delta S \tag{5.52}$$

由以上分析可以看出,热量㶲是过程量,环境状态一定时还与系统供热温度变化规律有关。热量㶲是能量本身的属性,由于 $T>T_0$,E_{xQ} 与 Q 方向相同,系统放出热量 Q 的同时也放出了热量㶲。反之亦然。

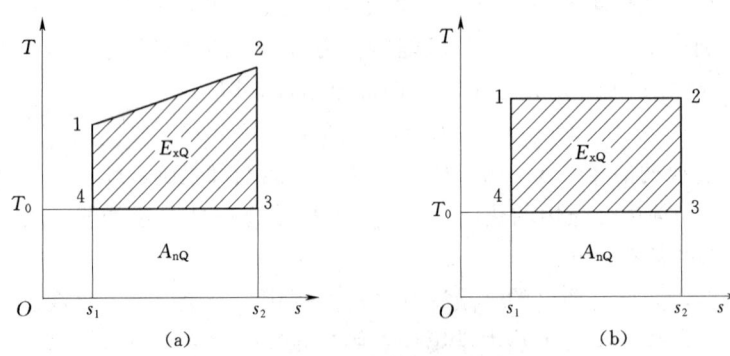

图 5.22 热量㶲和热量㸻
(a) 变温热源;(b) 恒温热源

2. 冷量㶲

当热力系统温度 T 低于环境温度 T_0 时,从制冷角度理解,按逆循环进行,从热力系统(低温热源)获取冷量 Q_0,功源消耗一定量的功,将 Q_0 连同消耗的功一起转移到环境中去。

在可逆条件下,功源消耗的最小功即为冷量㶲。反之,如果低于环境温度 T_0 的热力系统吸收冷量 Q_0 时向功源做出的最大有用功称为冷量㶲,即可以用它做出有用功,如图 5.23 所示,按可逆卡诺循环:

$$\varepsilon_c=\delta Q_0/\delta W_{max}=T/(T_0-T) \tag{5.53}$$

即

$$\delta E_{xQ0}=\delta W_{max}=\delta Q_0(T_0-T)/T=\delta Q_0(T_0/T-1) \tag{5.54}$$

或

$$E_{xQ0}=T_0 S_{Qf}-Q_0 \tag{5.55}$$

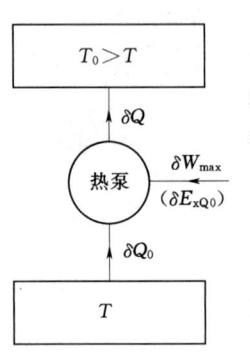

图 5.23 冷量㶲

式中:S_{Qf} 为冷量中携带的热熵流,$S_{Qf}=\int\delta Q_0/T$。

由热力学第一定律 $Q=Q_0+E_{xQ0}=T_0 S_{Qf}$ 可知,该能量是为获取制冷量 Q_0 而必须传给环境的能量,此能量不能再转化为㶲,称为冷量㸻 A_{nQ0},可表示为

$$A_{nQ0}=T_0 S_{Qf} \tag{5.56}$$

工质的冷量、冷量㶲与冷量㸻在 $T-s$ 图上表示,如图 5.24 所示。

在图 5.24 所示的 $T-s$ 图上,冷量㶲为面积 12341,冷量㸻为面积 $12s_2s_11$。因为 $T<T_0$,由式 (5.55) 可知,E_{xQ0} 与 Q_0 方向相反。即热力系统吸热,放出冷量㶲(热力系统的㶲减少),利用它对外做功;热力系统放热,则得到冷量㶲(热力系统的㶲增加),这时

环境中功源提供最小有用功。通常，要使制冷系统中冷库温度降低并维持低温，必须从系统取出热量（或者说得到冷量），而环境以外的环境必须提供最小有用功，因而有冷量㶲之称。

由图 5.24 可知，热力系统温度 T 越低，冷量㶲越大，即环境消耗的功越多。工程上冷库在满足工艺要求的低温度条件下，为节约能源，不要使热力系统维持在更低的低温下运行。同时，要重视回收利用低温物质存在的㶲值。

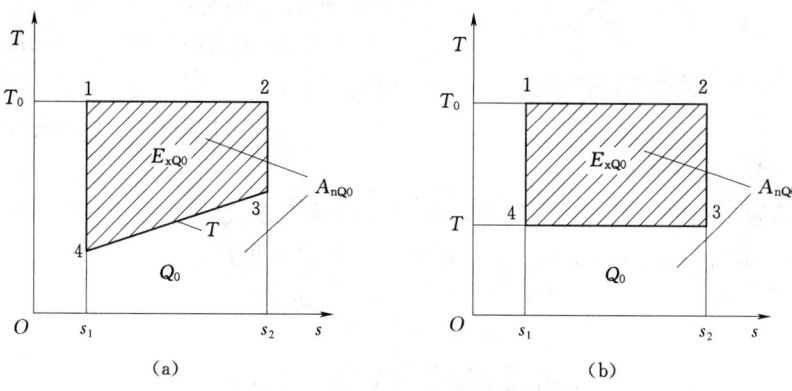

图 5.24 冷量、冷量㶲和冷量㷻
(a) 变温热源；(b) 恒温热源

还需指出，由于热量或冷量是过程量，因此，热量㶲、冷量㶲及其㷻都是过程量。

由式（5.49）和式（5.55）可以得出图 5.25 所示的 $T>T_0$ 时热量㶲 E_{xQ}/Q 或 $T<T_0$ 时冷量㶲 $|E_{xQ0}/Q_0|$ 与温度 T 的关系（$T_0=298K$）。$T=T_0$ 时，$E_{xQ}/Q=0$，热量㶲为零；$T>T_0$ 时 E_{xQ}/Q 随着 T 的增加而增大，并且变化逐渐平缓；$T\to\infty$ 时，$E_{xQ}/Q\to 1$，但总小于 1，因为热量不可能 100% 地转化为有用功；$T<T_0$ 时，随着 T 的减小，$|E_{xQ0}/Q_0|$ 增大，在 $T_0/2<T<T_0$ 的范围内，有 $|E_{xQ0}/Q_0|<1$，冷量㶲数量上小于热量，但是当 $T<T_0/2$ 时，有 $|E_{xQ0}/Q_0|>1$，并随 T 的减小急剧增大。这意味着冷量㶲数值上可以大于热量本身，冷量㶲更珍贵，故超低温系统可以获得很大的有用功。

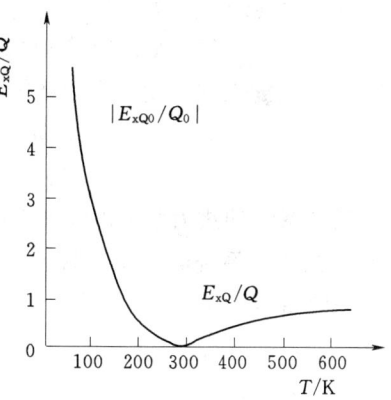

图 5.25 热量㶲和冷量㶲与温度的关系

5.7.3 工质㶲

1. 热力学㶲

闭口系统所处状态不同于环境状态时都具有做功能力，即有㶲值。闭口系统从给定状态 (p,T) 可逆地过渡到与环境状态 (p_0,T_0) 相平衡，对外所做最大有用功称为该状态下闭口系统的㶲，或称为热力学能㶲，以 E_{xU} 表示。

如图 5.26 所示，处在环境 (p_0,T_0) 之中的任意闭口系统由初始给定状态 (p,T,V,U,S) 变化到与环境相平衡的状态 (p_0,T_0,V_0,U_0,S_0)，过程中闭口系统只与环境交换热量。设闭口系统状态高于环境状态，为保证闭口系统与环境之间实现可逆换热条

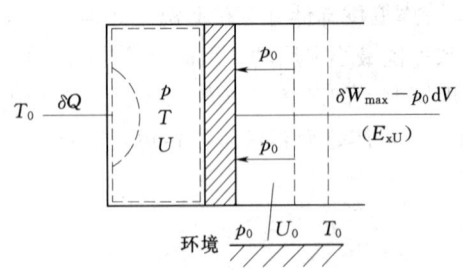

图 5.26 热力学㶲的导出模型

件，闭口系统必须首先进行可逆绝热膨胀，当其温度达到与环境温度相等时，才能进行可逆换热，因此，闭口系统可逆过渡到环境状态，首先经历一个可逆绝热过程，然后是可逆定温过程。

考虑到闭口系统膨胀时对环境做功 $p_0 \mathrm{d}V$ 不能被有效利用，故闭口系统对外做出的最大有用功（即热力学能㶲）$\delta W_{U\max} = \delta E_{xU} = \delta W_{\max} - p_0 \mathrm{d}V$。

按闭口系统的能量守恒，有 $\delta Q = \mathrm{d}U + \delta W_{\max} = \mathrm{d}U + \delta W_{U\max} + p_0 \mathrm{d}V$。

按热力学第二定律，由闭口系统与环境组成的孤立系统，进行可逆过程其熵增为零，即 $\mathrm{d}S_{\mathrm{iso}} = \mathrm{d}S + \mathrm{d}S_{\mathrm{sur}} = 0$，故 $\delta Q = T\mathrm{d}S$。因此，综合起来可得

$$T\mathrm{d}S = \mathrm{d}U + \delta W_{U\max} + p_0 \mathrm{d}V \tag{5.57}$$

或

$$\delta W_{U\max} = -\mathrm{d}U - p_0 \mathrm{d}V + T_0 \mathrm{d}S \tag{5.58}$$

将式（5.58）由给定状态 (p, T) 到环境状态 (p_0, T_0) 积分，即可得工质热力学能㶲 E_{xU} 为

$$E_{xU} = W_{U\max} = (U - U_0) - T_0(S - S_0) + p_0(V - V_0) \tag{5.59}$$

热力学能㷻 A_{nU} 为

$$A_{nU} = (U - U_0) - E_{xU} = T_0(S - S_0) - p_0(V - V_0) \tag{5.60}$$

对于 1kg 工质，比热力学能㶲和比热力学能㷻分别为

$$e_U = u - u_0 - T_0(s - s_0) + p_0(v - v_0) \tag{5.61}$$

$$a_{nU} = T_0(s - s_0) - p_0(v - v_0) \tag{5.62}$$

闭口系统的热力学能㶲取决于环境状态和闭口系统状态，当环境状态给定后，可以认为 E_{xU} 是闭口系统的状态参数。

系统由状态 1 变化到状态 2，除环境外无其他热源交换热量时，所能做出的最大有用功 $W_{12\max}$，可由式（5.59）从 1 到 2 积分得出，即

$$W_{12\max} = (U_1 - U_2) - T_0(S_1 - S_2) + p_0(V_1 - V_2) = E_{xU1} - E_{xU2} = -\Delta E_{xU} \tag{5.63}$$

2. 焓㶲

开口系统稳态稳流工质的总能量包括焓、宏观动能和位能，其中宏观动能和位能属于机械能，本身便是㶲。为确定流动工质的焓㶲，故不考虑工质动能、位能及其变化。

如图 5.27 所示，忽略动能、位能变化。稳流单位质量工质流从初态 (p, T) 可逆过渡到环境状态 (p_0, T_0)，单位质量工质焓降 $h - h_0$ 可能做出的最大技术功便是稳流单位质量工质流的焓㶲，以 e_{xh} 表示。

同样，为使稳态稳流开口系统与环境之间进行可逆换热，工质首先必须进行一个可逆绝热过程（且质熵流为零），温度达到 T_0，然后再与环境进行可逆定温换热。

按热力学第一定律，有

$$\delta q = \mathrm{d}h + \delta w_{h\max} \tag{5.64}$$

按热力学第二定律,有
$$\delta q = T_0 \mathrm{d}s \tag{5.65}$$

合并式(5.64)、式(5.65),并从工质流初态(p,T)积分至环境状态(p_0,T_0),得焓㶲e_{xh}为

$$e_{xh} = w_{hmax} = (h-h_0) - T_0(s-s_0) \tag{5.66}$$

或

$$\mathrm{d}e_{xh} = w_{hmax} = \mathrm{d}h - T_0 \mathrm{d}s \tag{5.67}$$

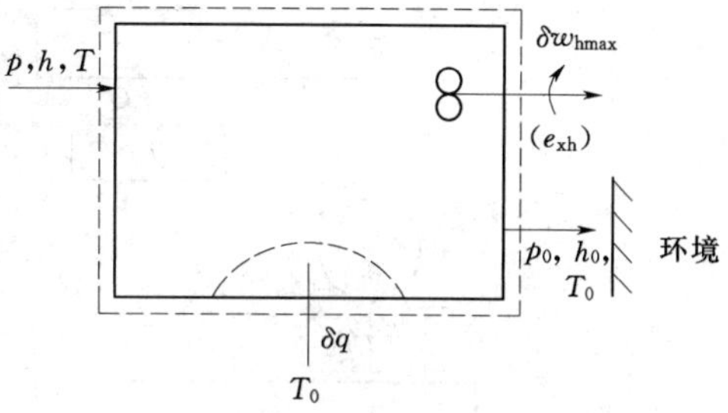

图 5.27 稳流工质的焓㶲导出模型

若考虑工质动能变化,则焓㶲e_{xh}为

$$e_{xh} = w_{hmax} = (h-h_0) - T_0(s-s_0) + c_f^2/2 \tag{5.68}$$

若速度不高,工质动能变化$c_f^2/2$可以忽略不计。

1kg 稳流工质的比焓炻a_{nh}为

$$a_{nh} = (h-h_0) - e_{xh} = T_0(s-s_0) \tag{5.69}$$

当环境状态一定时,焓㶲e_{xh}为状态参数,工程上遇到的大多数是稳态稳流工况,因此式(5.67)有着广泛的应用。

5.7.4 孤立系统熵增、㶲损失与能量贬值原理

㶲值是指热力系统处于环境条件下经完全可逆过程过渡到与环境平衡时所做出的有用功,这时它的做功能力最大。若孤立系统中出现任何不可逆循环或不可逆过程,必然有机械能损失,系统的做功能力降低,或者说必然有㶲损失,有炻增量。不可逆程度越严重,做功能力降低越多,㶲损失越大。所以㶲损(或炻增)可以作为不可逆尺度的又一个度量。孤立系统熵增原理表明,孤立系统内发生任何不可逆变化时,孤立系统的熵必增大。可见,孤立系统的熵增和㶲损失必然有其内在联系。

下面采用从特殊到一般的方法,以工程中普遍存在的孤立系统中发生不可逆传热引起体系熵增与㶲损失为例进行分析。如图 5.28(a)所示,设有两个恒温体系 A 和 B,有$T_A > T_B$,根据热量㶲的定义,以 A 为高温热源、环境为低温热源,其间工作的可逆机做出的最大循环净功W_{maxA}即为体系 A 放出热量$|Q|$中的热量㶲$E_{xQA} = W_{maxA} = (1-T_0/T_A)|Q|$,同理,体系 B 放出热量$|Q|$所包含的热量㶲$E_{xQB} = W_{maxB} = (1-T_0/T_B)|Q|$,这时,孤立系统中因发生了不可逆传热而引起的㶲损失是$E_{xQA} - E_{xQB}$。若以A_L表示㶲损失,则

$$A_L = T_0(1/T_B - 1/T_A)|Q| \tag{5.70}$$

由于不可逆传热引起的孤立系统的熵增$\Delta S_{iso} = \Delta S_B + \Delta S_A = (1/T_B - 1/T_A)|Q| > 0$,代入式(5.70),并且注意到孤立系统的熵增等于熵产,即可得式(5.35)。式(5.35)也称为 Gouy-Stodla 公式。它表明,环境温度T_0一定时,孤立系统㶲损失与其熵增成正比。虽由特例导出,但 Gouy-Stodla 公式是个普适公式,适用于计算任何不可逆因素引起的㶲损失,不只限于孤立系统,也适用于开口系统或闭口系统。

图 5.28(b)所示的$T-s$图上,㶲损失以图 5.28(b)中阴影面积 33′5′53 表示。由于$T_A > T_B$,体系 A 放热,$\Delta S_A = s_1 - s_2 = -|Q|/T_A < 0$,为线段 5—6;体系 B 吸热,$\Delta S_B = S_3 - S_1 = |Q|/T_B > 0$,为线段 6—5′。因此,5—5′表示孤立系统的熵增ΔS_{iso},矩

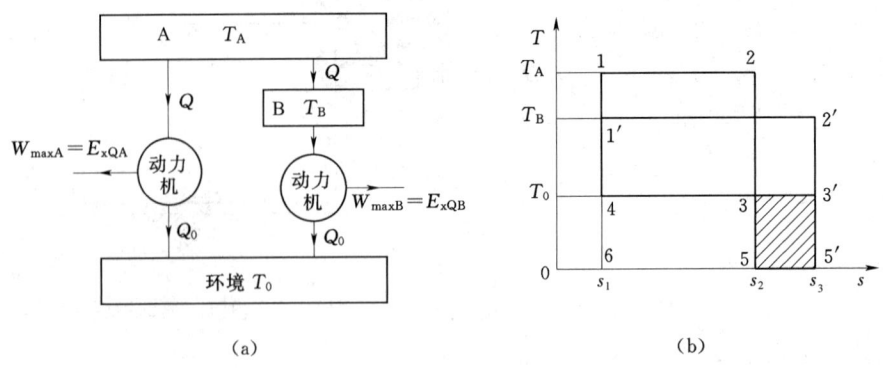

图 5.28 孤立系统的熵增与㶲损

形面积 $33'5'53$ 表示㶲损失 $T_0\Delta S_{iso}$，则

$$E_{xQA}+A_{nQA}=E_{xQB}+A_{nQB}=Q \tag{5.71}$$

或

$$A_{nQB}-A_{nQA}=E_{xQA}-E_{xQB}$$

孤立系统的㶲损失等于炕增。炕增也以面积 $33'5'53$ 表示。

由此可见，热量 Q 由 A 传入 B，热量的数量并未减少，但是 Q 中的热量㶲减小，导致热量的"质量"降低，故称为能量贬值。孤立系统中进行热力过程时㶲只会减小不会增大，极限情况下（可逆过程）㶲保持不变，这就是能量贬值原理，即

$$dE_{xiso}\leqslant 0 \tag{5.72}$$

由于实际过程总有某种不可逆因素，不可避免地能量中的一部分㶲将退化为炕，而且一旦退化为炕就再也无法转变为㶲，因而㶲损失是真正意义上的损失。减少㶲损失（有限度地）是合理用能及节能的指导方向。

5.8 㶲分析与㶲平衡方程

正如一切不可逆过程要产生熵一样，一切不可逆过程都会造成㶲损失。两者从不同角度揭示不可逆过程中能质的退化、贬值。利用熵分析法与㶲分析法所得结果是一致。

5.8.1 㶲分析与能量分析的比较

对能量系统进行用能分析，通常有：①依据热力学第一定律的能量分析法；②依据热力学第二定律的熵分析法或热力学第一定律与热力学第二定律相结合的㶲分析法。两种分析的区别见表 5.2。

表 5.2　　　　　　　　　　能量分析法与㶲分析法

名　称	能 量 分 析	㶲　分　析
依据	热力学第一定律	热力学第一定律、热力学第二定律
平衡式	$E_1=W_s+E_2+Q$	$E_{x1}=W_s+E_{x2}+E_{xQ}+\sum A_{Li}$
效率	$\eta=\|W_s\|/E_1$	$\eta_{ex}=\|W_s\|/E_{x1}$

注　A_{Li} 为控制体积内第 i 项㶲损失；η_{ex}=收益㶲/支出㶲。

从表 5.2 中可以看出两种分析方法具有不同的特点：

(1) 能量分析是功量、热量等不同质的能量的数量平衡或比值；而㶲分析是同质能量的平衡式或比值，说明㶲分析比能量分析更科学、合理。

(2) 能量分析仅反映控制体积输出外部能量的损失，如 Q、E_2，而㶲分析除反映控制体积输出外部的㶲损失 E_{x2}、E_{xQ} 外，还能反映控制体积内各种不可逆因素造成的㶲损失之和 $\sum A_{Li}$，这说明㶲分析比能量分析更全面，更能深刻指示能量损耗的本质，找出各种损失的部位、大小、原因，从而指明减少损失的方向与途径。

由于能量分析存在局限性，有时可能得出错误的信息。例如，现代电站锅炉按能量分析其热效率高达 90% 以上，似乎能量已被充分利用，节能已无多少潜力可挖。然而，按㶲分析，其㶲效率约为 40%。现代电站锅炉内部的燃料燃烧及烟气与水系之间的温差传热造成很大的不可逆㶲损失，表明直接采用燃料燃烧加热水产生蒸汽的方式，不是最理想的用能方式。再如，蒸汽动力循环按能量分析，其最大能量损失发生在凝汽器（约占 50%），而按㶲分析凝汽器中虽然损失的能量数量很大，但因凝汽器温度接近环境温度，㶲损失却很小（占 1%～2%），已没有多大利用价值。可见两种分析方法所得结论可能完全不同，㶲分析更科学、更全面。

尽管能量分析存在一定的缺陷，但是，它能确定热力系统能量的外部损失，为节能指明一定方向，同时，能量分析为㶲分析提供能量平衡的依据，因此，对用能系统的全面分析需同时作能量分析和㶲分析，以寻求提高用能效率和节能的有效途径。

5.8.2 㶲平衡方程

㶲分析法的基础是㶲平衡方程。能量㶲是能量本身的特性，热力系统具有能量同时具有能量㶲，工质携带能量或传递能量，同时也携带或传递能量㶲。任何可逆过程都不会发生㶲向㸲的转变，所以可逆过程不存在㶲损失。任何不可逆过程的发生，系统中都会出现㶲损失，在这点上它不同于能量。

热力系统㶲平衡方程的建立可参照能量平衡方程建立的方法，但需增加㶲损失 A_L。首先根据研究对象取热力系统，然后把㶲损失当作热力系统的收入部分，列出㶲的等式，其一般形式为

$$（输入㶲 - 输出㶲）- 㶲损失 = 系统㶲变$$

或

$$㶲损失 = （输入㶲 - 输出㶲）- 系统㶲变$$

如果把系统输入和输出的㶲统称为㶲流，则㶲平衡方程也可表示为

$$系统㶲变 = 㶲流 + 㶲损失 \quad (5.73)$$

1. 闭口系统㶲平衡方程

如图 5.29 所示，取气缸中气体为热力系统，气体由初态 (p_1, T_1) 膨胀到终态 (p_2, T_2)，热力系统与环境有热量和功量交换，输入系统㶲为热量㶲 E_{xQ}，输出㶲为 $W_{max} - p_0 \Delta V$，其中 $p_0 \Delta V$ 是热力系统对环境做功，不能被有效利用，热力系统㶲变为 ΔE_x。按㶲平衡方程的一般形式可表示为

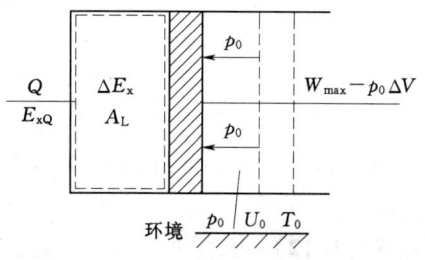

图 5.29 闭口系统㶲平衡模型

$$A_L = E_{xQ} - (W_{max} - p_0 \Delta V) - \Delta E_x \tag{5.74}$$

其中

$$E_{xQ} = (U_2 - U_1) + W_{max} - T_0 S_f$$
$$-\Delta E_x = (U_1 - U_2) - T_0(S_1 - S_2) + p_0(V_1 - V_2)$$

将式（5.74）化简可得

$$A_L = T_0[(S_1 - S_2) - S_f] \tag{5.75}$$

式（5.75）表明，闭口系统内不可逆过程造成的㶲损失等于环境温度 T_0 与热力系统熵产之乘积，与由熵产求做功能力损失的式（5.35）相同，说明熵法分析结果和㶲法分析结果是一致的。

2. 开口系统㶲平衡方程

如图 5.30 所示，控制体积内输入㶲包括热量㶲 δE_{xQ} 和随物质流进入控制体积传递的㶲 $(e_{x1} + c_{f1}^2/2 + gz_1)\delta \dot{m}_1$。输出㶲包括输出轴功 δW_s 和随物质流输出控制体积传递的㶲 $(e_{x2} + c_{f2}^2/2 + gz_2)\delta \dot{m}_2$。

对于微元热力过程，按㶲平衡方程的一般形式，开口系统㶲平衡方程可表示为

$$dE_{xcv} = \delta E_{xQ} - [(e_{x2} + c_{f2}^2/2 + gz_2)\delta \dot{m}_2 - (e_{x1} + c_{f1}^2/2 + gz_1)\delta \dot{m}_1] - \delta W_s - \delta A_L \tag{5.76}$$

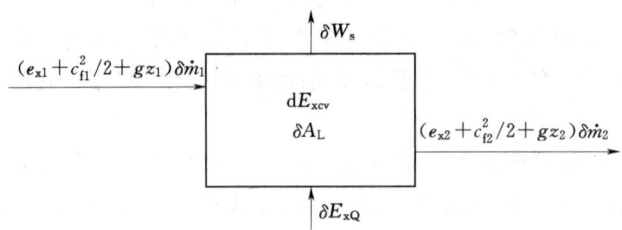

图 5.30 开口系统㶲平衡模型

式（5.76）为开口系统㶲平衡方程的一般式，适用于稳态和非稳态过程。

对于稳态稳流，$dE_{xcv} = 0$，$\delta \dot{m}_1 = \delta \dot{m}_2 = \delta \dot{m}$，于是整理可得单位质量工质有限过程的㶲平衡方程为

$$e_{xQ} - (e_{x2} - e_{x1}) - (c_{f2}^2/2 - c_{f1}^2/2) - (gz_2 - gz_1) - w_s - a_L = 0 \tag{5.77}$$

或

$$e_{xQ} - \Delta e_x = \Delta c_f^2/2 + \Delta gz + w_s + a_L = w_t + a_L \tag{5.78}$$

当忽略动能和位能变化时，式（5.78）可表示为

$$e_{xQ} - \Delta e_x = w_s + a_L \tag{5.79}$$

由式（5.78）变形可得开口系统单位质量工质有限过程㶲损失 a_L 为

$$a_L = e_{xQ} - \Delta e_x - w_t = (q - T_0 s_f) - (\Delta h - T_0 \Delta s) - w_t$$
$$= (q - \Delta h - w_t) + T_0(\Delta s - s_f) = T_0(\Delta s - s_f) \tag{5.80}$$

式（5.80）表明，开口系统内单位质量㶲损失仍然等于环境温度 T_0 与熵产 S_g 之乘积。

【例 5.12】 压气机空气入口处温度 $T_1 = 290K$，压力 $p_1 = 1bar$，经不可逆绝热压缩至 $T_2 = 500K$，压力 $p_2 = 5bar$，设环境参数 $T_0 = 290K$，压力 $p_0 = 1bar$，空气定压比热容

$c_p = 1.004 \text{kJ}/(\text{kg} \cdot \text{K})$。试求空气压缩过程的㶲损失和压气机的㶲效率。

解：取压气机为控制容积，整个压气过程为稳态稳流工况。

列能量方程，压气机消耗的轴功 w_s 为

$$w_s = h_1 - h_2 = c_p(T_1 - T_2) = -1.004 \times (500 - 290) = -210.84 (\text{kJ/kg})$$

列㶲平衡方程，当忽略动能和位能变化，有

$$\Delta e_{xcv} = e_{xQ} + (e_{x1} - e_{x2}) - w_s - a_L$$

稳态稳流工况，$\Delta e_{xcv} = 0$；绝热压缩，$e_{xQ} = 0$。则㶲损失 a_L 为

$$\begin{aligned} a_L &= e_{x1} - e_{x2} - w_s \\ &= (h_1 - h_2) - T_0(s_1 - s_2) - (h_1 - h_2) \\ &= T_0(s_2 - s_1) = T_0[c_p \ln(T_2/T_1) - R_g \ln(p_2/p_1)] \\ &= 290[1.004\ln(500/290) - 0.287\ln(5/1)] \\ &= 24.6492(\text{kJ/kg}) \end{aligned}$$

㶲效率为

$$\begin{aligned} \eta_{ex} &= (e_{x2} - e_{x1})/|w_s| = [(h_2 - h_1) - T_0(s_2 - s_1)]/(h_2 - h_1) \\ &= 1 - T_0(s_2 - s_1)/(h_2 - h_1) = 1 - 24.6492/210.84 = 88.31\% \end{aligned}$$

【例 5.13】 绝热刚性容器内有质量 $m = 5\text{kg}$ 的某种流体，为使流体处于均匀状态，采用搅拌器不断搅动流体。设搅拌过程中流体的温度 $T_1 = 288\text{K}$ 升高至 $T_2 = 293\text{K}$。已知环境温度 $T_0 = 288\text{K}$，流体的比热容 $c = 6\text{kJ}/(\text{kg} \cdot \text{K})$。试求：

(1) 搅拌过程中消耗的功及做功能力的损失。

(2) 假设用 100°C 的热水循环来加热流体而使流体温度 $T_1 = 288\text{K}$ 升高至 $T_2 = 293\text{K}$ 时做功能力的损失。并说明消耗的功和做功能力损失不同的原因。

解：流体在过程中所获得的能量 ΔU_{12} 为

$$\Delta U_{12} = mc(T_2 - T_1) = 5 \times 6 \times (293 - 288) = 150(\text{kJ})$$

因为刚性容器的容积不变，则过程中流体㶲的变化为 ΔA_{12} 为

$$\begin{aligned} \Delta A_{12} &= U_2 - U_1 + p_0(V_2 - V_1) - T_0(s_2 - s_1) \\ &= U_2 - U_1 - T_0 mc \ln(T_2/T_1) \\ &= 150 + 0 - 288 \times 5 \times 6 \times \ln(293/288) \\ &= 1.287(\text{kJ}) \end{aligned}$$

(1) 用输入轴功 W_s 的办法。

$$W_s = -\Delta U_{12} = -150(\text{kJ})$$

功量的㶲流 A_w 为

$$A_w = -[W_s - p_0(V_2 - V_1)] = -W_s = 150(\text{kJ})$$

过程的不可逆性（即㶲损）A_{L1} 为

$$A_{L1} = A_w - \Delta A_{12} = 150 - 1.287 = 148.713(\text{kJ})$$

(2) 利用热源的供热的办法。

系统从热源吸入的热量 Q 为

$$Q = -Q_{HR} = -(-150) = 150(\text{kJ})$$

热源输出的㶲值 A_Q 为

$$A_Q = Q_{HR}(T_0/T_{HR} - 1) = 150 \times (288/373 - 1) = -34.18 \text{(kJ)}$$

温差传热引起过程的不可逆性（即㶲损）A_{L2} 为

$$A_{L2} = A_Q - \Delta A_{12} = 34.18 - 1.287 = 32.893 \text{(kJ)}$$

可见第二种办法比第一种办法的㶲损失小一些。

【例 5.14】 有一个刚性容器，其中压缩空气的压力 $p_1 = 4.0 \text{MPa}$，温度 T_1 和环境温度 T_0 均为 300K，环境压力 $p_0 = 0.1 \text{MPa}$。打开放气阀放出一部分空气使容器内压力 $p_2 = 0.5 \text{MPa}$。假设容器内剩余气体在放气时按可逆绝热过程变化，试求：

(1) 放气前后容器内空气比㶲 e_{xH1}、e_{xH2} 的值。
(2) 空气与环境发生热交换而恢复到 $T_3 = 300 \text{K}$ 时，空气的比㶲 e_{xH3} 的值。
(3) 整个过程中 1kg 空气的做功能力的损失，并分析各部分损失的原因。

解： 刚性容器内剩余气体在放气时按可逆绝热过程，根据闭口系可逆绝热过程方程式 $p_1 v_1^k = p_2 v_2^k$，可得

$$T_2 = T_1 (p_2/p_1)^{(k-1)/k} = 300 \times (4/0.5)^{0.4/1.4} = 543.4 \text{(K)}$$

状态 1（放气前）的㶲值 e_{xH1} 为

$$\begin{aligned}
e_{xH1} &= (u_1 - u_0) + p_0(v_1 - v_0) - T_0(s_1 - s_0) = c_v(T_1 - T_0) + p_0(v_1 - v_0) - T_0(s_1 - s_0) \\
&= 0 + p_0(R_g T_0/p_1 - R_g T_0/p_0) + R_g T_0 \ln(p_1/p_0) \\
&= R_g T_0 [\ln(p_1/p_0) + (p_0/p_1) - 1] \\
&= 0.287 \times 300 \times [\ln(4/0.1) + (0.1/4) - 1] \\
&= 233.665 \text{ (kJ/kg)}
\end{aligned}$$

状态 2（放气后）的㶲值 e_{xH2} 为

$$e_{xH2} = (u_2 - u_0) + p_0(v_2 - v_0) - T_0(s_2 - s_0)$$

其中

$$\begin{aligned}
(u_2 - u_0) &= c_v(T_2 - T_0) = 0.717 \times (543.4 - 300) = 174.518 \text{ (kJ/kg)} \\
p_0(v_2 - v_0) &= R_g(p_0 T_2/p_2 - T_0) = 0.287 \times (0.1 \times 543.4/0.5 - 300) \\
&= -54.909 \text{(kJ/kg)} \\
T_0(s_2 - s_0) &= T_0 [c_p \ln(T_2/T_0) - R_g \ln(p_2/p_0)] \\
&= 300 \times [1.004 \times \ln(543.4/300) - 0.287 \times \ln(0.5/0.1)] \\
&= 40.360 \text{(kJ/kg)} \\
e_{xH2} &= 174.518 - 54.909 - 40.360 = 79.249 \text{(kJ/kg)}
\end{aligned}$$

空气与环境发生热交换为等容放热过程，终态压力 p_3 为

$$p_3 = T_3 p_2/T_2 = 300 \times 0.5/543.4 = 0.2760 \text{(MPa)}$$

状态 3（空气等容放热后）的㶲值 e_{xH3} 为

$$e_{xH3} = (u_3 - u_0) + p_0(v_3 - v_0) - T_0(s_3 - s_0)$$

其中

$$(u_3 - u_0) = c_v(T_3 - T_0) = 0 \text{(kJ/kg)}$$

$$p_0(v_3-v_0)=R_g(p_0T_3/p_3-T_0)=0.287\times(0.1\times300/0.2760-300)$$
$$=-54.9043(\text{kJ/kg})$$
$$T_0(s_3-s_0)=T_0[c_p\ln(T_3/T_0)-R_g\ln(p_3/p_0)]$$
$$=300\times[1.004\times\ln(300/300)-0.287\times\ln(0.2760/0.1)]$$
$$=-87.4114(\text{kJ/kg})$$
$$e_{xH3}=0-54.9043+87.4114=32.5071(\text{kJ/kg})$$

1kg 剩余气体做功能力的下降 a_L 为

$$a_L=w_{\text{max}1}-w_{\text{max}3}$$
$$=e_{xH1}-e_{xH3}+p_0(v_3-v_1)$$
$$=e_{xH1}-e_{xH3}+R_g p_0(T_3/p_3-T_1/p_1)$$
$$=233.665-32.5071+0.287\times0.1\times(300/0.2760-300/4)$$
$$=230.2011(\text{kJ/kg})$$

由于 $T_3=T_1$,利用熵产求解 1kg 剩余气体做功能力损失 a_L 为

$$a_L=T_0(s_3-s_1)=T_0[c_p\ln(T_3/T_1)-R_g\ln(p_3/p_1)]$$
$$=T_0R_g\ln(p_3/p_1)=-300\times0.287\times\ln(0.2760/4)$$
$$=230.2012(\text{kJ/kg})$$

可见,采用㶲分析和采用熵分析的效果是等同的。

思 考 题

5.1 热力学第二定律可否表述为:功可以完全变为热,但热不能完全变成功。为什么?

5.2 既然自然界中一切过程都是不可逆过程,那么研究可逆过程又有什么意义呢?

5.3 热力学第二定律的下列说法能否成立?

(1) 功量可以转换成热量,但热量不能转换成功量。

(2) 自发过程是不可逆的,但非自发过程是可逆的。

(3) 从任何具有一定温度的热源取热,都能进行热变功的循环。

5.4 卡诺定理可否表述为:一切循环的热效率不可能大于可逆循环的热效率。为什么?

5.5 下列说法是否正确?

(1) 系统熵增大的过程必然是不可逆过程。

(2) 系统熵减小的过程无法进行。

(3) 系统熵不变的过程必然是绝热过程。

(4) 系统熵增大的过程必然是吸热过程,可能是放热过程吗?

(5) 系统熵减小的过程必然是放热过程,可以是吸热过程吗?

(6) 不可逆过程的熵变无法计算。

(7) 不可逆循环的过程,工质的熵 $\oint ds>0$。

5.6 下列三种状态的空气，哪一种状态的熵最大？哪一种状态的熵最小？
①200℃，10bar；②100℃，20bar；③100℃，10bar。

5.7 在冷水塔中能把热水冷却到比大气温度还低，是否违反热力学第二定律？

5.8 工质经历一个不可逆循环能否回复到初态？某热力系统经历一熵增的可逆过程，问该热力系统能否经一绝热过程回复到初态。

5.9 什么是第二类永动机？它与第一类永动机有何不同？其"设计思想和原理"的错误在哪里？谈谈它们所造成的影响和危害。

5.10 "循环功越大，则热效率越高"；"可逆循环热效率都相等"；"不可逆循环效率一定小于可逆循环效率"。这些结论是否正确？为什么？

5.11 工质从同一初始点出发经历一可逆过程和一不可逆过程到达不同的终点，且两过程中工质的吸热量相同，问工质终态的熵是否相同？

5.12 有人声称设计了一台热力设备，该设备工作在高温热源 $T_1=550K$ 和低温热源 $T_2=300K$ 之间，若从高温热源吸入 2.0kJ 的热量，可以产生 0.95kJ 的功，试判断该设备是否可行。

5.13 有人告诉你，某热力发电厂，热效率为100%，你觉得如何？为什么？又有人说该电厂热效率为60%，你觉得可信吗？怎样判断？

5.14 一桶具有环境温度的海水与一小玻璃杯沸水，如何比较两者的㶲值？不可逆过程中，热力系做功能力的损失为什么和环境温度有关？

5.15 热力学第一定律表明，能量是守恒的，但为什么还会发生能源危机？

5.16 内燃机的压缩过程是耗功过程，为什么现代内燃机循环中都有压缩过程？

5.17 有人认为，燃气轮机排出废气的温度太高，应设法降低排气温度使燃气轮机做出更多的功。试从热力学的观点分析该建议的可行性。

5.18 有人认为，蒸汽动力循环最大能量损失发生在凝汽器部位，应设法降低乏汽温度使更小的热量排向凝汽器。试从热力学的观点分析该建议的可行性。

5.19 根据熵增与热量㶲的关系，讨论对气体定容加热、定压加热以及定温加热时，哪一种加热方式较为有利？比较的基础分两种情况：①从相同的初温出发；②达到相同的终温。（提示：比较时取相同的热量 Q_1。）

习 题

5.1 质量为1kg空气的初始状态参数为 $T_1=720K$，$p_1=2bar$，进行可逆定容过程1—2，压力降为 $p_2=1bar$，然后进行可逆定压过程2—3，使 $v_3=4v_2$，求1—2及2—3过程中的膨胀功 w 及整个过程中熵的变化 Δs。

5.2 空气从 $p_1=0.1MPa$，$T_1=300K$，经绝热压缩至 $p_2=0.42MPa$，$T_2=480K$。求绝热压缩过程工质熵变。（设空气的比热容为定值）。

5.3 已知状态 $p_1=0.2MPa$、$T_1=300K$ 的1kg空气，向真空容器做绝热自由膨胀，终态压力为 $p_2=0.1MPa$。求做功能力损失 A_L。（设环境温度为 $T_0=290K$）

5.4 某热机工作在两个恒温热源（温度分别为960K和300K）之间，试根据习题

5.4 表所列三种循环中已知数据：①补充表中的空白栏数据；②判断 A、B、C 三种循环在热机中哪种是可逆的，哪种是不可逆的，哪种是不可能的？

习题 5.4 表

循　环	吸收热量 /kJ	放出热量 /kJ	输出功 /kJ	热效率 /%
A	50		35	
B	50	35		
C	50			68.75

5.5　三个刚性物体 A、B、C 组成的封闭绝热系统，其温度分别为 $T_A=200K$、$T_B=400K$、$T_C=600K$，其热容量（mc）分别为 $(mc)_A=10J/K$、$(mc)_B=4J/K$、$(mc)_C=6J/K$。试求：

(1) 三个物体直接接触传热达到热平衡时的温度 T_x，并求此过程封闭绝热系统相应的总熵变。

(2) 三个物体经可逆热机而达到热平衡时的温度 T_m，以及此过程所完成的总功量 W_{net}。

5.6　一台在恒温热源 T_1 和 T_0 之间工作的热机 HE，作出的循环净功 W_{net} 正好带动工作于 T_H 和 T_0 之间的热泵 HP，热泵的供热量 Q_H 用于谷物烘干。已知 $T_1=1000K$，$T_H=380K$，$T_0=290K$，$Q_1=100kJ$。若热机效率 $\eta_t=45\%$，热泵制热系数 $\varepsilon_H=3.5$，求：

(1) 热泵的供热量 Q_H。

(2) 设 HE 和 HP 都以可逆热机代替，求此时的 Q_H。

(3) 计算结果 $Q_H>Q_1$，表示冷源中有部分热量传入温度为 T_H 的热源，此复合系统并未消耗机械功而将热量由 T_0 传给了 T_H，是否违背了热力学第二定律？为什么？

5.7　进入蒸汽轮机的过热蒸汽的参数为：$p_1=30bar$，$t_1=450℃$。绝热膨胀后乏汽的压力为 $p_2=0.05bar$，如果蒸汽流量为 30t/h，试求：

(1) 可逆膨胀时，汽轮机的功率、乏汽的干度和熵。

(2) 若汽轮机效率为 85%，则汽轮机的实际功率为多少？这时乏汽的干度及熵又是多少？

5.8　一个垂直放置的汽缸活塞系统，内含有 $m=100kg$ 的水，初温为 $T_1=300K$。外界通过螺旋桨向系统输入功 $W_s=1000kJ$，温度为 $T_0=373K$ 的热源传给系统内水热量 $Q=100kJ$。若过程中水压力不变，求过程中熵产及做功能力损失。已知环境 $T_0=300K$，水的比热容 $c=4.187kJ/(kg·K)$。

5.9　一齿轮箱在温度 $T=370K$ 的稳定状态下工作，输入端接受功率为 100kW，而输出功率为 95kW，周围环境为 290K。现取齿轮箱及其环境为一孤立系统，试分析或计算：

(1) 系统内发生哪些不可逆过程。

(2) 每分钟内各不可逆过程的熵产及作功能力的损失。

(3) 系统的熵增及做功能力总的损失。

5.10 某热机工作于 $T_1=2000$K、$T_2=300$K 的两个恒温热源之间，试问下列几种情况能否实现，是否是可逆循环：①$Q_1=1$kJ，$W_{net}=0.85$kJ；②$Q_1=2$kJ，$Q_2=0.25$kJ；③$Q_2=0.6$kJ，$W_{net}=1.4$kJ。

5.11 质量为 0.25kg 的 CO 在闭口系统中由 $p_1=0.25$MPa、$T_1=400$K 膨胀到 $p_1=0.1$MPa、$T_1=300$K，做出膨胀功 $W=8.0$kJ。已知环境温度 $T_0=300$K，CO 的 $R_g=0.297$kJ/(kg·K)，$c_v=0.747$kJ/(kg·K)，试计算过程热量，并判断该过程是否可逆。

5.12 质量 $m=1\times 10^6$kg、温度 $T=330$K 的水向环境放热，温度降低到环境温度 $T_0=290$K，试确定其热量㶲 E_{xQ} 和热量㷻 A_{nQ}。已知水的比热容 $c_w=4.187$kJ/(kg·K)。

5.13 两股空气流 $m_{A1}=10$kg/s，$m_{B1}=7$kg/s，压力 $p_{A1}=1$MPa、$p_{B1}=0.6$MPa，温度 $T_{A1}=660$K、$T_{B1}=373$K，试求：

(1) 两股流绝热混合后温度。

(2) 混合后的极限压力。

(3) 当混合后的压力较极限压力低 20% 且大气温度 $T_0=300$K 时，可用能损失为多少？

5.14 气体在气缸中被压缩，气体热力学能增加了 55.9kJ/kg，而熵减少了 0.293kJ/(kg·K)，输给气体的功为 186kJ/kg。温度为 $T_0=300$K 的大气可与气缸中气体换热。试确定 1kg 气体引起的熵产及可用能损失。

5.15 有人声称设计了一整套热设备，可将 65℃ 热水的 20% 变成 100℃ 的高温水，其余的 80% 热水由于将热量传给温度为 15℃ 的冷水，最终水温也降到 15℃。你认为此种方案在热力学原理上能不能实现？为什么？如能实现，那么 65℃ 热水变成 100℃ 高温水的极限比率为多少？

5.16 将质量 $m_A=100$kg、温度 $T_A=300$K 的水与 $m_B=200$kg、温度 $T_B=355$K 的水在绝热容器中混合，求混合前后水的熵变及㶲损失。设水的比热容 $c_w=4.187$kJ/(kg·K)，环境温度 $T_0=290$K。

5.17 热力系统中的汽水分离器，容积为 0.2m^3。热力系统停止运行时将它的进出口阀门关闭，内存 702kPa 的干饱和蒸汽。经过一夜冷却，温度降为 50℃。问该分离器放出多少热量？内部存水多少千克？

5.18 空气在气缸中被压缩，由 $p_1=0.1$MPa、$t_1=30$℃ 经多变过程达到 $p_2=1.0$MPa，如多变指数 $n=1.3$，在压缩过程中放出的热量全部为环境所吸收，环境温度 $T_0=290$K，如压缩 1kg 空气，求由环境与空气所组成的孤立系统的熵的变化。

5.19 质量为 100kg、温度为 0℃ 的冰，在大气环境中融化为 0℃ 的水。已知冰的融解热为 335kJ/kg。设环境温度 $T_0=290$K，求冰融化为水的熵变、过程中的熵流、熵产及㶲损失。

5.20 体积为 0.2m^3 的刚性容器，初始时为真空，打开阀门，$p_0=0.1$MPa、$T_0=300$K 的环境大气充入。试分别按绝热充气和等温充气两种情况，求：

(1) 充气结束时容器内气体温度 T_2 和充气量 m_i。

(2) 充气过程中的熵产 S_g。

(3) 充气过程㶲损失。

5.21 一刚性密闭容器的容积为 V，其中装有状态 (p, T_0) 的空气。这时环境大气的状态为 (p_0, T_0)。若不计系统的动能和位能，试证明其热力学能㶲为

$$E_{\mathrm{XU}} = p_0 V \left(1 - \frac{p}{p_0} + \frac{p}{p_0} \ln \frac{p}{p_0}\right)$$

5.22 容器 A 的体积为 $3\mathrm{m}^3$，内装 0.08MPa、27℃ 的空气。容器 B 中空气的质量和温度与 A 中相同，但压力为 0.64MPa。用空气压缩机将容器 A 中的空气全部抽空送到容器 B。设抽气过程中 A 和 B 的温度保持不变，已知环境温度 $T_0 = 300\mathrm{K}$，试求：

（1）空气压缩机消耗的最小有用功。

（2）容器 A 抽空后，打开连通两容器的旁通阀门，使两容器内空气压力平衡，空气温度仍保持 $T_0 = 300\mathrm{K}$，计算该过程造成的㶲损失。

第6章 纯物质的热力学一般关系式

热力工程中一些常用的气体工质如供暖或火力发电用介质——水蒸气、制冷工程中所用制冷剂、燃烧时燃气中的液化石油气、经汽化后的重油蒸汽、醇燃料蒸汽等，在工况下与理想气体的热力性质有较大的偏差，故必须将其视为实际气体。根据热力学第一定律和热力学第二定律以及某些状态参数定义式，可导出用以表达各种热力学参数间关系的热力学一般关系式（也称为热力学微分关系式）。应用热力学一般关系式，可根据某些容易测得的实验数据求出熵、焓、热力学能以及物质的状态方程，或者用以检验已有的实际状态方程的准确性。因此，热力学一般关系式是研究物质热力性质不可缺少的理论基础。

当然，热力学一般关系式可适用于热力工程中用到的气体、液体和固体，但这些工质必须是简单可压缩的纯物质（所谓纯物质是指化学成分不变的均匀物质）。空气尽管是氧和氮的混合物，不是纯物质，但由于其成分均匀混合且变化不大，故仍可视为纯物质。

6.1 麦克斯韦关系和热系数

推导热力学一般关系式时常用到二元函数的一些微分性质，故很有必要简要回顾一下二元函数的一些微分性质。

6.1.1 二元函数微分性质

如果状态参数 z 表示为另外两个独立参数 x、y 的函数 $z=z(x,y)$，由于状态参数只是状态的函数，故其无穷小的变化量可以用函数的全微分表示为

$$\mathrm{d}z=\left(\frac{\partial z}{\partial x}\right)_y \mathrm{d}x+\left(\frac{\partial z}{\partial y}\right)_x \mathrm{d}y \tag{6.1}$$

或

$$\mathrm{d}z=M\mathrm{d}x+N\mathrm{d}y \tag{6.2}$$

式中：$\mathrm{d}x$、$\mathrm{d}y$、$\mathrm{d}z$ 为全微分；M、N 为偏导数，$M=(\partial z/\partial x)_y$，$N=(\partial z/\partial y)_x$，并且若 M 和 N 也是 x、y 的连续函数，则 $(\partial M/\partial y)_x=\partial^2 z/(\partial x \partial y)$，$(\partial N/\partial x)_y=\partial^2 z/(\partial y \partial x)$。

当二阶混合偏导数均连续时，其混合偏导数与求导次序无关，所以

$$(\partial M/\partial y)_x=(\partial N/\partial x)_y \tag{6.3}$$

式（6.3）即为全微分充要条件，也叫作全微分的判据，简单可压缩系统的每个状态参数都必须满足这一条件。

在 z 保持不变（$\mathrm{d}z=0$）的条件下，式（6.1）可以表示为

$$\left(\frac{\partial z}{\partial x}\right)_y \mathrm{d}x+\left(\frac{\partial z}{\partial y}\right)_x \mathrm{d}y=0 \tag{6.4}$$

式（6.4）两边除以 dy 后，移项整理可得

$$\left(\frac{\partial x}{\partial y}\right)_z \left(\frac{\partial z}{\partial x}\right)_y \left(\frac{\partial y}{\partial z}\right)_x = -1 \tag{6.5}$$

式（6.5）称为循环关系，利用它可以把一些变量转换成指定的变量。

另一个联系各状态参数偏导数的重要关系式是链式关系。如果有 4 个参数 x、y、z、w，独立变量为 2 个，则对于函数 $x = x(y, w)$ 可得

$$\mathrm{d}x = \left(\frac{\partial x}{\partial y}\right)_w \mathrm{d}y + \left(\frac{\partial x}{\partial w}\right)_y \mathrm{d}w \tag{6.6}$$

对于函数 $y = y(z, w)$ 可得

$$\mathrm{d}y = \left(\frac{\partial y}{\partial z}\right)_w \mathrm{d}z + \left(\frac{\partial y}{\partial w}\right)_z \mathrm{d}w \tag{6.7}$$

将式（6.7）代入式（6.6），当 w 取定值（d$w = 0$）时即可得链式关系为

$$\left(\frac{\partial x}{\partial y}\right)_w \left(\frac{\partial y}{\partial z}\right)_w \left(\frac{\partial z}{\partial x}\right)_w = 1 \tag{6.8}$$

同理，如果有 6 个参数 x、y、z、w、u、v，独立变量为 2 个，则在 v 固定不变时，各偏导数之间有下列关系：

$$\left(\frac{\partial x}{\partial y}\right)_v \left(\frac{\partial y}{\partial z}\right)_v \left(\frac{\partial z}{\partial w}\right)_v \left(\frac{\partial w}{\partial u}\right)_v \left(\frac{\partial u}{\partial x}\right)_v = 1 \tag{6.9}$$

6.1.2 自由能和自由焓

根据热力学第一定律解析式，在简单可压缩系统的微元过程中有 $\delta q = \mathrm{d}u + \delta w$，若过程可逆，则有 $\delta q = T\mathrm{d}s$，$\delta w = p\mathrm{d}v$，故简单可压缩系统的微元过程能量方程式可表示为

$$\mathrm{d}u = T\mathrm{d}s - p\mathrm{d}v \tag{6.10}$$

考虑到 $u = h - pv$，代入式（6.10）并经整理可得

$$\mathrm{d}h = T\mathrm{d}s + v\mathrm{d}p \tag{6.11}$$

定义亥姆霍兹函数 F 和比亥姆霍兹函数 f（即 1kg 物质的亥姆霍兹函数）：

$$F = U - TS \tag{6.12}$$

$$f = u - Ts \tag{6.13}$$

因为 U、T、S 均为状态参数，所以 F 也是状态参数。亥姆霍兹函数又称为自由能，其单位与热力学能的单位相同。

定义吉布斯函数 G 和比吉布斯函数 g：

$$G = H - TS \tag{6.14}$$

$$g = h - Ts \tag{6.15}$$

吉布斯函数又称为自由焓，也是状态参数，其单位与焓的单位相同。

对式（6.13）和式（6.15）分别取微分，可得

$$\mathrm{d}f = \mathrm{d}u - T\mathrm{d}s - s\mathrm{d}T \tag{6.16}$$

$$\mathrm{d}g = \mathrm{d}h - T\mathrm{d}s - s\mathrm{d}T \tag{6.17}$$

把式（6.10）、式（6.11）分别代入式（6.16）及式（6.17），得

$$\mathrm{d}f = -s\mathrm{d}T - p\mathrm{d}v \tag{6.18}$$

$$\mathrm{d}g = -s\mathrm{d}T + v\mathrm{d}p \tag{6.19}$$

对于可逆定温过程，$dT=0$，故 $df=-pdv$，$dg=vdp$。可见，比亥姆霍兹函数 f 的减少等于可逆定温过程对外所做的膨胀功 w；而比吉布斯函数 g 的减少等于可逆定温过程中对外所做的技术功 w_t。或者说，在可逆定温条件下比亥姆霍兹函数 f 是比热力学能 u 中可以自由释放转变为功的部分，而 Ts 是可逆定温条件下热力学能 u 中无法转变为功的部分，称为束缚能。同样，吉布斯函数 g 是可逆定温条件下焓 h 中能够转变为功的部分，Ts 是束缚能。

亥姆霍兹函数 f 和吉布斯函数 g 在相平衡和化学反应过程中有很大的用处，其具体应用将在第 13 章中介绍。

式 (6.10)、式 (6.11)、式 (6.18) 和式 (6.19) 可将简单可压缩系统平衡态各参数的变化联系起来，在热力学中具有重要的作用，通常称为吉布斯方程。如果系统从一个平衡状态变化到另一个平衡状态，不论经历可逆过程与不可逆过程，只要初态、终态相同，则状态参数间的关系式也相同，这就是状态参数即点函数的特性。但如果过程是不可逆的，则上述方程中的 Tds 就不是系统的传热量，pdv 也不是系统的膨胀功。应该指出，在应用这 4 个基本关系式来计算 Δu、Δh、Δf、Δg 时，可以在两个平衡态之间任意选择可逆过程的路径来计算，所得结果是一样的。

6.1.3 特性函数

简单可压缩的纯物质系统任意一个状态参数都可以表示成另外两个独立参数的函数。其中，某些状态参数表示成特定的两个独立参数的函数时，只需一个状态函数就可以确定系统的其他参数，这样的函数就称为特性函数。$u=u(s,v)$、$h=h(s,p)$、$f=f(T,v)$ 及 $g=g(T,p)$ 就是这样的特性函数。例如，若已知 $h=h(s,p)$ 的具体形式，可以确定其他平衡性质 u、T、p、f 和 g 如下：

对 $h=h(s,p)$ 取微分，得

$$dh=\left(\frac{\partial h}{\partial s}\right)_p ds+\left(\frac{\partial h}{\partial p}\right)_s dp \tag{6.20}$$

比较式 (6.11) 和式 (6.20) 可得

$$T=(\partial h/\partial s)_p,\quad v=(\partial h/\partial p)_s$$

根据定义得

$$h=u+pv=u+v(\partial h/\partial p)_s$$
$$f=u-Ts=u-s(\partial h/\partial s)_p$$
$$g=h-Ts=u+v(\partial h/\partial p)_s-s(\partial h/\partial s)_p$$

需要指出，焓函数 h 仅在表示成熵 s 及压力 p 的函数时才是特性函数，换成其他独立参数，如 $h=h(s,v)$，则不能由它全部确定其他平衡性质，也就不是特性函数了。其他特性函数同样如此。

特性函数的缺点是 u、h、f、g 本身的数值都不能或不便于用实验方法来直接测定，所以计算 u、h、s 等函数时通常还要应用热力学一般关系式。但只要求出一个特性函数，就可根据该特性函数得出其他热力学函数。因此，通过特性函数可以建立各种热力学函数之间的简要关系。

6.1.4 麦克斯韦关系

对式 (6.10)、式 (6.11)、式 (6.18) 和式 (6.19) 应用全微分充要条件式 (6.3)，

可以导出把 p、v、T 和 s 联系起来的麦克斯韦关系。

由全微分充要条件,对热力学函数式 $z=z(x, y)$ 及 $\mathrm{d}z=M\mathrm{d}x+N\mathrm{d}y$,必有 $(\partial M/\partial y)_x = (\partial N/\partial x)_y$,故麦克斯韦关系可表示为式(6.21)~式(6.24)。

(1) 对于 $\mathrm{d}u = T\mathrm{d}s - p\mathrm{d}v$,因为 $u=u(s, v)$,则 $(\partial u/\partial s)_v = T$,$(\partial u/\partial v)_s = -p$,故有

$$(\partial T/\partial v)_s = -(\partial p/\partial s)_v \tag{6.21}$$

(2) 对于 $\mathrm{d}h = T\mathrm{d}s + v\mathrm{d}p$,因为 $h=h(s, p)$,则 $(\partial h/\partial s)_v = T$,$(\partial h/\partial p)_s = v$,故有

$$(\partial T/\partial p)_s = (\partial v/\partial s)_p \tag{6.22}$$

(3) 对于 $\mathrm{d}f = -s\mathrm{d}T - p\mathrm{d}v$,因为 $f=f(T, v)$,则 $(\partial f/\partial T)_v = -s$,$(\partial f/\partial v)_T = -p$,故有

$$(\partial s/\partial v)_T = (\partial p/\partial T)_v \tag{6.23}$$

(4) 对于 $\mathrm{d}g = -s\mathrm{d}T + v\mathrm{d}p$,因为 $g=g(T, p)$,则 $(\partial g/\partial T)_p = -s$,$(\partial g/\partial p)_T = v$,故有

$$(\partial s/\partial p)_T = -(\partial v/\partial T)_p \tag{6.24}$$

麦克斯韦关系给出不可测的熵参数与容易测得的参数 p、v、T 之间的微分关系,是推导熵、热力学能、焓及比热容的热力学一般关系式的基础。

6.1.5 热系数

在众多偏导数中,由基本状态参数 p、v、T 构成的偏导数 $(\partial v/\partial T)_p$、$(\partial v/\partial p)_T$ 和 $(\partial p/\partial T)_v$ 有着明显的物理意义。

定义 1 容积膨胀系数。令 $\alpha_v = (\partial v/\partial T)_p / v$,称 α_v 为容积膨胀系数,单位为 K^{-1},表示物质在定压下比容随温度的变化率。

定义 2 等温压缩率。令 $k_T = -(\partial v/\partial p)_T / v$,称 k_T 为等温压缩率,单位为 Pa^{-1},表示物质在定温下比容随压力的变化率。

定义 3 定容压力温度系数。令 $k_a = -(\partial p/\partial T)_v / p$,称 k_a 为定容压力温度系数或压力的温度系数,单位为 K^{-1},表示物质在定比容下压力随温度的变化率。

上述 3 个热系数可以由实验测定,也可以由状态方程求得。根据二元函数微分性质以及状态方程 $p=p(v, T)$,可得:$(\partial v/\partial T)_p (\partial T/\partial p)_v (\partial p/\partial v)_T = -1$,则 $(\partial v/\partial T)_p = -(\partial p/\partial T)_v (\partial v/\partial p)_T$,即

$$\frac{1}{v}\left(\frac{\partial v}{\partial T}\right)_p = -p \frac{1}{p}\left(\frac{\partial p}{\partial T}\right)_v \frac{1}{v}\left(\frac{\partial v}{\partial p}\right)_T \tag{6.25}$$

根据 3 个热系数定义,则其关系满足:

$$\alpha_v = k_a k_T p \tag{6.26}$$

除上述 3 个热系数外,常用的偏导数还有等熵压缩率 k_s 和焦耳—汤姆逊系数(或绝热节流系数)μ_j。等熵压缩率 k_s 表征在可逆绝热过程中膨胀或压缩时容积的变化特性,定义为:$k_s = -(\partial v/\partial p)_s / v$,单位为 Pa^{-1}。节流过程的焦耳—汤姆逊系数 $\mu_j = (\partial T/\partial p)_h$ 将在第 12 章讲述。

由实验测定热系数,然后再积分求取状态方程式也是由实验得出状态方程式的一种基

本方法。

6.2 熵、热力学能和焓的一般关系式

实际气体的比热力学能 u、比熵 s、比焓 h 也能从状态方程和比热容求得,但其表达式远较理想气体的复杂,而且这些表达式的形式随所选独立变量的不同而异。

6.2.1 熵的一般关系式

如果取 T、v 为独立变量,即 $s=s(T, v)$,则

$$ds = \left(\frac{\partial s}{\partial T}\right)_v dT + \left(\frac{\partial s}{\partial v}\right)_T dv \tag{6.27}$$

根据可逆定容过程链式关系 $(\partial s/\partial T)_v (\partial T/\partial u)_v (\partial u/\partial s)_v = 1$ 及比热容定义 $c_v = (\partial u/\partial T)_v$、能量方程式 $T = (\partial u/\partial s)_v$,则链式关系可变形为 $(\partial s/\partial T)_v = (\partial u/\partial T)_v/(\partial u/\partial s)_v = c_v/T$。此外,根据麦克斯韦关系 $(\partial s/\partial v)_T = (\partial p/\partial T)_v$,式(6.27)可表示为

$$ds = c_v \frac{dT}{T} + \left(\frac{\partial p}{\partial T}\right)_v dv \tag{6.28}$$

式(6.28)称为第一微熵方程。已知物质的状态方程及定容比热容,积分式(6.28)即可求取某热力过程的熵变。

若以 T、p 为独立变量,即 $s=s(T, p)$,则

$$ds = \left(\frac{\partial s}{\partial T}\right)_p dT + \left(\frac{\partial s}{\partial p}\right)_T dp \tag{6.29}$$

根据可逆定容过程链式关系 $(\partial s/\partial T)_p (\partial T/\partial h)_p (\partial h/\partial s)_p = 1$ 及比热容定义 $c_p = (\partial h/\partial T)_p$、能量方程式 $T = (\partial h/\partial s)_p$,则链式关系可变形为 $(\partial s/\partial T)_p = (\partial h/\partial T)_p/(\partial h/\partial s)_p = c_p/T$。此外,根据麦克斯韦关系 $(\partial s/\partial p)_T = -(\partial v/\partial T)_p$,可得第二微熵方程为

$$ds = c_p \frac{dT}{T} - \left(\frac{\partial v}{\partial T}\right)_p dp \tag{6.30}$$

类似地可得以 p、v 为独立变量的第三微熵方程为

$$ds = \frac{c_v}{T}\left(\frac{\partial T}{\partial p}\right)_v dp + \frac{c_p}{T}\left(\frac{\partial T}{\partial v}\right)_p dv \tag{6.31}$$

上述微熵的一般方程中,第二微熵方程更为实用,因为定压比热容 c_p 较定容比热容 c_v 易于实验测定。由于微熵导出过程中没有对工质作任何假定,故可用于任何物质,当然也可用于理想气体。

6.2.2 热力学能的一般关系式

取 T、v 为独立变量,即 $u=u(T, v)$,则 $du = Tds - pdv$。分别将第一微熵方程、第二微熵方程以及第三微熵方程代入,可分别得第一微热力学能方程、第二微热力学能方程、第三微热力学能方程。

$$du = c_v dT + \left[T\left(\frac{\partial p}{\partial T}\right)_v - p\right]dv \tag{6.32}$$

$$du = c_p dT - T\left(\frac{\partial v}{\partial T}\right)_p dp - pdv \tag{6.33}$$

$$du = c_v \left(\frac{\partial T}{\partial p}\right)_v dp + \left[c_p \left(\frac{\partial T}{\partial v}\right)_p - p\right] dv \quad (6.34)$$

但相比之下，第一微热力学能方程形式较简单，计算较方便，应用也较广泛。

式（6.32）表明，对于实际气体，一般而言，热力学能是比容和温度的函数。所以，如果已知实际气体的状态方程式和比热容，则式（6.32）～式（6.34）积分即可求取热力学能在热力过程中的变化量。

6.2.3 焓的一般关系式

与导得微热力学能方程相同，通过把微熵方程代入 $dh = Tds + vdp$，可以得到相应的微焓方程。其中最常用的是以 T、p 为独立变量的微焓方程，即

$$dh = c_p dT + \left[v - T\left(\frac{\partial v}{\partial T}\right)_p\right] dp \quad (6.35)$$

同理可得其他两个微焓方程为

$$dh = c_v dT + T\left(\frac{\partial p}{\partial T}\right)_v dv + vdp \quad (6.36)$$

$$dh = \left[c_v \left(\frac{\partial T}{\partial p}\right)_v + v\right] dp + c_p \left(\frac{\partial T}{\partial v}\right)_p dv \quad (6.37)$$

式（6.35）表明，实际气体的焓是温度和压力的函数，如已知气体的状态方程式和比热容，则通过积分可求取过程中焓的变化量。

6.3 比热容的一般关系式

熵、热力学能和焓的微分关系式中均含有定压比热容 c_p 或定容比热容 c_v，因此需要导出 $c_p - c_v$ 的一般关系式。另外，若能导出 $c_p - c_v$ 的一般关系式，则可由较易测量的 c_p 的实验数据计算 c_v，而避开实验测量 c_v 的困难。此外，由实验数据构造 c_p 的一般关系式还可用来导出状态方程，因此比热容的一般关系式的导出有很大的意义。

6.3.1 比热容与压力及比容的关系

根据第二微熵方程，由全微分的性质，可得

$$\left(\frac{\partial c_p}{\partial p}\right)_T = -T\left(\frac{\partial^2 v}{\partial T^2}\right)_p \quad (6.38)$$

同理，据第一微熵方程，由全微分的性质，可得

$$\left(\frac{\partial c_v}{\partial v}\right)_T = T\left(\frac{\partial^2 p}{\partial T^2}\right)_v \quad (6.39)$$

式（6.38）、式（6.39）为等温条件下 c_p 与 c_v 随压力 p 及比容 v 的变化与状态方程式的关系。

若已知气体的状态方程，只要测得该气体在某一足够低压力时的定压比热容 c_{p0}，即可据式（6.38）计算出气体在一定压力下的 c_p，从而使实验工作量大大减少。因为，在定温条件下将式（6.38）积分可得

$$c_p - c_{p0} = -T\int_{p_0}^{p} \left(\frac{\partial^2 v}{\partial T^2}\right)_p dp \quad (6.40)$$

其中，c_{p0} 是压力 p_0 下的比定压热容。当 p_0 足够低时，c_{p0} 就是理想气体的定压比热容，它只是温度的函数。因此，只需按状态方程求出 $(\partial^2 v/\partial T^2)_p$ 积分，然后由 p_0 到 p 积分，就可求取任意压力下的 c_p 值，而无需实验测定。

若有较精确的比热容数据 c_p 为 T、p 的函数，即 $c_p=f(T,p)$，则可通过求 c_p 对压力的一阶偏导数，然后对 T 进行两次积分，结合少量 p、v、T 实验数据而确定状态方程。对于已有的比热容数据和状态方程，可以从它们与以上关系吻合的情况，来确定其精确程度。

6.3.2　定压比热容与定容比热容的关系

比较第一微熵方程式（6.28）和第二微熵方程式（6.30），可得

$$c_p \mathrm{d}T - T\left(\frac{\partial v}{\partial T}\right)_p \mathrm{d}p = c_v \mathrm{d}T + T\left(\frac{\partial p}{\partial T}\right)_v \mathrm{d}v \tag{6.41}$$

所以

$$\mathrm{d}T = T\frac{(\partial v/\partial T)_p}{c_p - c_v}\mathrm{d}p + T\frac{(\partial p/\partial T)_v}{c_p - c_v}\mathrm{d}v \tag{6.42}$$

但当 $T=T(v,p)$ 时，又有

$$\mathrm{d}T = (\partial T/\partial p)_v \mathrm{d}p + (\partial T/\partial v)_p \mathrm{d}v$$

比较可得

$$(\partial T/\partial v)_p = \frac{T(\partial p/\partial T)_v}{c_p - c_v}, \quad (\partial T/\partial p)_v = \frac{T(\partial v/\partial T)_p}{c_p - c_v}$$

因此有

$$c_p - c_v = T\left(\frac{\partial v}{\partial T}\right)_p \left(\frac{\partial p}{\partial T}\right)_v \tag{6.43}$$

根据循环关系：

$$(\partial T/\partial p)_v (\partial p/\partial v)_T (\partial v/\partial T)_p = -1$$

有

$$(\partial p/\partial T)_v = -(\partial p/\partial v)_T (\partial v/\partial T)_p$$

所以得

$$c_p - c_v = -T\left[\left(\frac{\partial v}{\partial T}\right)_p\right]^2 \left(\frac{\partial p}{\partial v}\right)_T = Tv\frac{\alpha_v^2}{k_T} \tag{6.44}$$

式（6.43）、式（6.44）表明：①$c_p - c_v$ 取决于状态方程，因而可由状态方程或其热系数求得；②因 $T>0$、$v>0$、$k_T>0$、$\alpha_v^2 \geqslant 0$，故 $c_p - c_v$ 恒大于等于零，也即物质的定压比热容恒大于等于定容比热容；③因液体和固体的容积膨胀系数 α_v 与比容都很小，故在一般温度下 c_p 和 c_v 的差值也很小。因此，一般工程应用中对液体和固体常不区分 c_p 和 c_v，近似认为相同，但是对气体必须区分。

【例 6.1】 证明理想气体的比热力学能 u 和比焓 h 只是温度 T 的函数。

证明：对于理想气体，其状态方程为

$$pv = R_g T$$

可得

$$(\partial v/\partial T)_p = R_g/p, \quad (\partial v/\partial p)_T = -v/p$$

第6章 纯物质的热力学一般关系式

根据循环关系式，可得
$$(\partial T/\partial p)_v = v/R_g$$

假设比热力学能 u 是比容 v 与温度 T 的函数，即 $u=u(v, T)$，利用第一微热力学能方程：
$$du = c_v dT + [T(\partial p/\partial T)_v - p]dv$$
有
$$(\partial u/\partial v)_T = T(\partial p/\partial T)_v - p = R_g T/v - p = 0$$
$$(\partial u/\partial p)_T = [T(\partial p/\partial T)_v - p](\partial v/\partial p)_T = (R_g T/v - p)(-v/p) = 0$$

所以，比热力学能 u 是温度 T 的单值函数。

同理，假设比焓 h 是压力 p 与温度 T 的函数，即 $h=h(p, T)$，利用式（6.35）所示的第一微焓方程：
$$dh = c_p dT + \left[v - T\left(\frac{\partial v}{\partial T}\right)_p\right]dp$$
有
$$(\partial h/\partial p)_T = v - T(\partial v/\partial T)_p = v - TR_g/p = 0$$
$$(\partial h/\partial v)_T = [v - T(\partial v/\partial T)_p](\partial p/\partial v)_T = (v - TR_g/p)(\partial p/\partial v)_T = 0$$

所以，比焓 h 是温度 T 的单值函数。

证毕。

【例 6.2】 某种气体的 $pv=f(T)$，$u=u(T)$，求该气体的状态方程。

解： 由第一微热力学能方程：
$$du = c_v dT + [T(\partial p/\partial T)_v - p]dv$$
有
$$(\partial u/\partial v)_T = T(\partial p/\partial T)_v - p$$
依题意 $u=u(T)$，则
$$(\partial u/\partial v)_T = 0$$
故
$$(\partial p/\partial T)_v = p/T$$
由 $pv=f(T)$ 可得
$$(\partial p/\partial T)_v = [\partial f(T)/\partial T]/v$$
则有
$$[\partial f(T)/\partial T]/v = p/T$$
即
$$\partial f(T)/f(T) = \partial T/T$$
积分可得
$$\ln f(T) = \ln T + \ln C$$
所以 $pv = CT$。

【例 6.3】 证明物质的容积变化与容积膨胀系数 α_v、等温压缩率 k_T 的关系为 $dv/v = \alpha_v dT - k_T dp$。

证明： 因 $v=f(p, T)$，则

$$\mathrm{d}v = (\partial v/\partial T)_p \mathrm{d}T + (\partial v/\partial p)_T \mathrm{d}p \qquad ①$$

式①的两边同时除以 v，则

$$\begin{aligned}\mathrm{d}v/v &= [(\partial v/\partial T)_p/v]\mathrm{d}T + [(\partial v/\partial p)_T/v]\mathrm{d}p \\ &= \alpha_v \mathrm{d}T - k_T \mathrm{d}p\end{aligned}$$

证毕。

*6.4 克劳修斯-克拉贝隆方程和饱和蒸汽压方程

6.4.1 纯物质的相图

根据状态方程 $f(p, v, T) = 0$，纯物质的平衡状态点在 p、v、T 三维坐标系中构成一个曲面，称为热力学曲面，如图 6.1 所示。从 p-v-T 热力学曲面上可清晰地看到，在不同的参数范围内物质呈现不同的聚集状态（即不同的相）及它们之间的转变过程。

把 p-v-T 热力学曲面投影到 p-T 面上即得到如图 6.1（b）所示的 p-T 图（p-T 图常称为相图）；把 p-v-T 热力学曲面投影到 p-v 面上即得到如图 6.1(c) 所示的 p-v 图。热力学面上三个相区在相图上的投影是三条曲线——汽化曲线、熔解曲线和升华曲线，它们的交点称为三相点，是三相线在 p-T 图上的投影，而三相线是物质处于固、液、气三相平衡共存的状态点的集合。

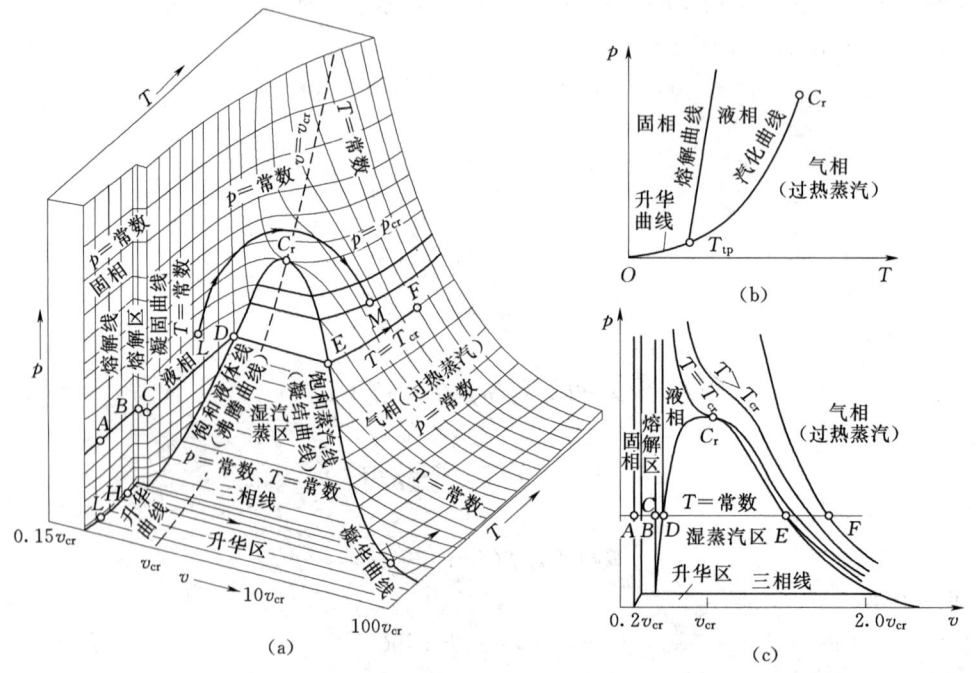

图 6.1 纯物质的 p-v-T 图

6.4.2 吉布斯相律

根据物理学知识，单相物系（如液态水）可以有 2 个独立自由变化的强度量（即温度

T 和压力 p）（即只有 2 个自由度）。而在气液两相相变区域（如湿蒸汽区）只有 1 个可自由变化的强度量（即只有 1 个自由度），温度 T_s 和压力 p_s 是一一对应的。1875 年吉布斯在状态公理的基础上导出了著名的吉布斯相律，确定了相平衡系统中每一个单独相热力状态的自由度数（即可独立变化的强度参数的数目）N，可表示为

$$N = C - D + 2 \tag{6.45}$$

式中：N 为独立强度量的数目；C 为组元数；D 为相数。

如单元两相系中，$C=1$，$D=2$，因此 $N=1$，这意味着指定温度 T 或压力 p 就可唯一确定各个相的状态。单元物质在三相平衡共存时，$N=0$，所以各相的压力、温度都唯一确定，不能自由变化，但其容积等广延参数则并不唯一确定，还随各相比例而变化。

6.4.3 克劳修斯-克拉贝隆方程

吉布斯相律表明，纯物质处于两相平衡共存时，彼此不独立的温度和压力之间存在一定的关系，如图 6.1（b）所示的 p-T 图上的汽化曲线、升华曲线和熔解曲线就反映了这种关系，下面导出描述这种关系的克劳修斯-克拉贝隆方程。

据麦克斯韦关系式 $(\partial s/\partial v)_T = (\partial p/\partial T)_v$，两相平衡共存时，压力仅是温度的函数，因此 $(\partial p/\partial T)_v$ 可写成 $(\partial p/\partial T)_s$（此处下标 s 表示相平衡），也就是说相平衡曲线的斜率与比容无关，故克劳修斯-克拉贝隆方程可表示为

$$\left(\frac{\partial p}{\partial T}\right)_s = \frac{s^{\beta_2} - s^{\beta_1}}{v^{\beta_2} - v^{\beta_1}} \tag{6.46}$$

式中：β_1 和 β_2 为相变过程中的两相。

相变过程中，其能量关系满足：

$$s^{\beta_1} - s^{\beta_2} = \frac{h^{\beta_2} - h^{\beta_1}}{T_s} = \frac{r}{T_s} \tag{6.47}$$

式中：h^{β_2} 和 h^{β_1} 分别为相平衡时两相的比焓；r 为相变潜热；T_s 为相变时的饱和温度。

于是，克劳修斯-克拉贝隆方程也可改写为

$$\left(\frac{dp}{dT}\right)_s = \frac{r}{T_s(v^{\beta_2} - v^{\beta_1})} \tag{6.48}$$

克劳修斯-克拉贝隆方程将两相平衡 $p=f(T_s)$ 的斜率、相变潜热 r 和比容三者相互联系起来。因此，可以从其中的任意 2 个数据求取第 3 个。例如，可以积分通过实验测得的 r、T 和两相的比容差 $v^{\beta_2} - v^{\beta_1}$ 建立的关系式，求得两相（如气液两相）平衡时蒸汽压力对温度的关系 $p=f(T_s)$。

6.4.4 饱和蒸汽压方程

式（6.48）表示了饱和温度和饱和压力的依变关系。例如，低压下液相的比容 v_l 远小于气体的比容 v_g，常可忽略不计。由于压力较低，气相可近似应用理想气体状态方程，于是式（6.48）可表示为

$$\left(\frac{dp}{dT}\right)_s = \frac{r}{T_s v_g} = \frac{r}{T_s} \frac{p_s}{R_g T_s} \tag{6.49}$$

所以

$$r = R_g \frac{dp_s}{p_s} \frac{T_s^2}{dT_s} = -R_g \frac{d(\ln p_s)}{d(1/T_s)} \quad (6.50)$$

如果温度变化范围不大，r 可视为常数，则可得一种近似的计算不同 T_s 下 p_s 的方法：

$$\ln p_s = -\frac{r}{R_g T_s} + A = A + \frac{B}{T_s} \quad (6.51)$$

其中，$B = -r/R_g$，A 可由实验数据拟合。

式（6.51）表明，在压力较低时，$\ln p_s$ 和 $1/T_s$ 呈直线关系，在此基础上有人提出了较为精确的公式：

$$\ln p_s = A - \frac{B}{T_s + C} \quad (6.52)$$

式中：A、B、C 均为常数，可由实验数据拟合得出。

思 考 题

6.1 公式 $dU = TdS - pdV$、$dH = TdS + Vdp$ 等热力学基本方程是否只能用于气体，而不能用于液体或固体？能否用于不可逆过程？

6.2 在气体自由膨胀过程中，温度变化与容积变化的关系式（即热平效应）如何表示？

6.3 什么是特性函数？试判断"由任意两个独立状态参数表示的函数都可成为特性函数"的说法是否正确。函数 $u = u(s, v)$、$h = h(s, v)$、$f = f(T, v)$ 及 $g = g(T, v)$ 都是特性函数吗？如不是，应该怎么表示？

6.4 对于纯物质两相共存区，确定状态需要确定几个参数？

6.5 可逆稳定流动过程中的动能增加与压力下降之比如何表示？

6.6 什么叫热系数？它们在研究物质的热力性质中有什么意义？

6.7 水的相图和一般物质的相图是否有区别？

习 题

6.1 证明理想气体的容积膨胀系数 $\alpha_v = 1/T$。

6.2 证明：① $h-s$ 图上可逆定温线的斜率 $(\partial h/\partial s)_T = T - 1/\alpha_v$；② $p-h$ 图上可逆绝热线的斜率 $(\partial p/\partial h)_s = 1/v$。

6.3 试用可测参数表达出 $p-h$ 及 $\ln p-h$ 图上可逆定容线的斜率。

6.4 对于状态方程为 $p(v-b) = R_g T$（其中 b 为常数）的气体，试证明：①热力学能 $du = c_v dT$；②焓 $dh = c_p dT + bdp$；③ $c_p - c_v$ 为常数；④其可逆绝热过程的过程方程式为 $p(v-b)^k = $ 常数。

6.5 某理想气体的变化过程中比热容 $c_x = $ 常数，试证其过程方程为 $pv^n = $ 常数。式中，$n = (c_x - c_p)/(c_x - c_v)$，$p$ 为压力。c_p、c_v 分别为定压热容和比定压热容，可取定值。

6.6 某一气体的容积膨胀系数和等温压缩率分别为 $\alpha_v = nR_0/(pV)$，$k_T = 1/p + a/V$，

其中，a 为常数，n 为物质的量，R_0 为摩尔气体常数。试求该气体的状态方程。

6.7 气体的容积膨胀系数和定容压力温度系数分别为 $\alpha_v = R_0/(pV)$，$k_T = 1/T$，试求此气体的状态方程。

6.8 水的三相点温度 $T=273.16\text{K}$，压力 $p=0.6612\text{kPa}$，汽化潜热 $r_{LG}=2501.3\text{kJ/kg}$。按饱和蒸汽压方程计算 $t_2=30℃$ 时的饱和蒸汽压（假定汽化潜热可近似为常数）。

6.9 在 CO_2 的三相点上 $T=216.55\text{K}$，压力 $p=0.518\text{MPa}$，固态比容 $v_S=0.661×10^{-3}\text{m}^3/\text{kg}$，液态比容 $v_L=0.849×10^{-3}\text{m}^3/\text{kg}$，气态比容 $v_g=722×10^{-3}\text{m}^3/\text{kg}$，升华潜热 $r_{SG}=542.76\text{kJ/kg}$，汽化潜热 $r_{LG}=347.85\text{kJ/kg}$。计算：①在三相点上升华曲线、熔解曲线和汽化曲线的斜率；②按蒸汽压方程计算 $t_2=-80℃$ 时的饱和蒸汽压力（查表数据为 0.0602MPa）。

6.10 在 25℃ 时，水的摩尔体积 $V_m = 18.066 - 7.15×10^{-4}p + 4.6×10^{-8}p^2 \text{cm}^3/\text{mol}$，当压力在 0.1～100MPa 之间时，有 $(\partial V_m/\partial T)_p = 4.5×10^{-3} + 1.4×10^{-6}p \text{cm}^3/(\text{mol}\cdot\text{K})$，求在 25℃ 下，将 1mol 的水从 0.1MPa 可逆地压缩到 100MPa，所需做的功和热力学能的变化量。

第7章 化学热力学基础

能量转换与利用过程中不但涉及物质的物理状态的变化，而且还涉及物质本身化学组成的变化。实际上，传统的各种动力装置用于转换为机械能或电能的热能，主要就是通过燃烧反应，由燃料的化学能转换而取得的，而燃料电池或动力电池等各种能源转换装置所输出的电能或机械能主要就是通过化学反应实现的。

研究化学过程或物理化学过程中热能和其他形式能量间转换规律的科学，称为化学热力学，其主要理论基础仍然是热力学第一定律和热力学第二定律，其主要研究范畴包括化学过程和物理化学过程中的能量平衡关系，以及相平衡和化学平衡的基本关系。

*7.1 单元系相平衡条件

7.1.1 平衡的熵判据

孤立系统的熵增原理 $ds_{iso} \geqslant 0$ 表明，孤立系统中热力过程可能进行的方向是使熵增大的，当孤立系统的熵达到最大值时，热力系统的状态不可能再发生任何变化，即热力系统处于平衡状态（因此所有变化只能使热力系统熵减小，这是不可能的），这个判据称为平衡的熵判据，可表述为"孤立系统处在平衡状态时，熵具有最大值"。

从平衡的熵判据出发，可导出不同条件下的平衡判据。

（1）等温等压条件下，闭口系统的自发过程朝吉布斯函数 G 减小的方向进行，系统平衡态的吉布斯函数 G 最小，即为平衡的吉布斯判据——$(dG)_{T,p} \leqslant 0$。

（2）等温等体积条件下，闭口系统自发过程朝亥姆霍兹函数 F 减小的方向进行，系统平衡态的亥姆霍兹函数 F 最小，即为平衡的亥姆霍兹判据——$(dF)_{T,V} \leqslant 0$。

在各种判据中，因为熵参数直接联系着热力学基本定律，故熵判据占有特殊的地位。

7.1.2 单元系的化学势

通常物系中可能发生的热传递、功传递、相变和化学反应等过程的相应平衡条件为：

（1）热平衡条件。物系各部分温度（促使热传递的势）均匀一致。

（2）力平衡条件。简单可压缩物系中各部分的压力（促使功传递的势）相等。

（3）相平衡条件。

（4）化学平衡条件。

考虑到相变是物质从一个相转移到另一个相，化学反应是从反应物转移到生成物，所以相平衡条件和化学平衡条件都涉及促使质量转移的化学势，因此，相平衡的条件是各组元各相的化学势分别相等。

同温度、压力一样，化学势是一个强度量。对于质量不变的单元系统，热力学能微元变量可写成 $dU = TdS - pdV$。考虑到变质量单元系热力学能 U 可写成 $U = U(S, V, n)$，有

$$dU = \left(\frac{\partial U}{\partial S}\right)_{Vn} dS + \left(\frac{\partial U}{\partial V}\right)_{Sn} dV + \left(\frac{\partial U}{\partial n}\right)_{VS} dn \tag{7.1}$$

将式（7.1）与热力学能微元变量比较，可以得出 $(\partial U/\partial S)_{Vn} = T$，$(\partial U/\partial V)_{Sn} = -p$，$dn$ 的系数 $(\partial U/\partial n)_{VS}$ 表征了推动物质转移的势，被定义为单元系的化学势，用符号 μ 表示，即

$$\mu = \left(\frac{\partial U}{\partial n}\right)_{VS} \tag{7.2}$$

变质量单元系微元过程中热力学能的变化可采用热传递、功传递和质量传递表示，即

$$dU = TdS - pdV + \mu dn \tag{7.3}$$

根据式（7.3），结合 H、F 和 G 的定义，可得

$$dH = TdS + Vdp + \mu dn \tag{7.4}$$

$$dF = -SdT - pdV + \mu dn \tag{7.5}$$

$$dG = -SdT + Vdp + \mu dn \tag{7.6}$$

由式（7.3）～式（7.6）可以得出

$$\mu = \left(\frac{\partial U}{\partial n}\right)_{VS} = \left(\frac{\partial H}{\partial n}\right)_{pS} = \left(\frac{\partial F}{\partial n}\right)_{VT} = \left(\frac{\partial G}{\partial n}\right)_{Tp} \tag{7.7}$$

进一步分析还可得出，化学势在数值上与摩尔吉布斯函数相等，即 $\mu = G_m$。

7.1.3 单元系相平衡条件

考虑如图 7.1 所示的由同一种物质的两个不同的 α 相和 β 相组成的孤立系统，若两相已分别达到平衡，它们的温度、压力和化学势分别为 T^α、T^β、p^α、p^β 和 μ^α、μ^β，则根据孤立系统熵增原理，α 相和 β 相之间达到平衡时必定有

$$dS_C = dS^\alpha + dS^\beta = 0 \tag{7.8}$$

式中：S_C 为整个系统的熵；S^α 和 S^β 分别为 α 相和 β 相的熵。

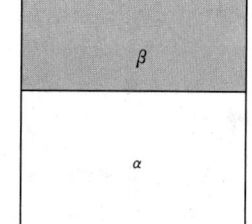

图 7.1 单元系相平衡

式（7.3）变形可得

$$dS = \frac{1}{T}dU + \frac{p}{T}dV - \frac{\mu}{T}dn \tag{7.9}$$

故由式（7.9）可得

$$dS^\alpha = \frac{1}{T^\alpha}dU^\alpha + \frac{p^\alpha}{T^\alpha}dV^\alpha - \frac{\mu^\alpha}{T^\alpha}dn^\alpha \tag{7.10}$$

$$dS^\beta = \frac{1}{T^\beta}dU^\beta + \frac{p^\beta}{T^\beta}dV^\beta - \frac{\mu^\beta}{T^\beta}dn^\beta \tag{7.11}$$

因此整个系统的熵 S_C 可表示为

$$dS_C = \frac{1}{T^\alpha}dU^\alpha + \frac{1}{T^\beta}dU^\beta + \frac{p^\alpha}{T^\alpha}dV^\alpha + \frac{p^\beta}{T^\beta}dV^\beta - \frac{\mu^\alpha}{T^\alpha}dn^\alpha - \frac{\mu^\beta}{T^\beta}dn^\beta = 0 \tag{7.12}$$

又因 α 相和 β 相组成孤立系统，与环境无任何质、能交换，故

$$dU_C = dU^\alpha + dU^\beta = 0 \text{ 或 } dU^\alpha = -dU^\beta \tag{7.13}$$

$$dV_C = dV^\alpha + dV^\beta = 0 \text{ 或 } dV^\alpha = -dV^\beta \tag{7.14}$$

$$dn_C = dn^\alpha + dn^\beta = 0 \text{ 或 } dn^\alpha = -dn^\beta \tag{7.15}$$

将式（7.13）~式（7.15）代入式（7.12），经整理可得

$$dS_c = \left(\frac{1}{T^\alpha} - \frac{1}{T^\beta}\right)dU^\alpha + \left(\frac{p^\alpha}{T^\alpha} - \frac{p^\beta}{T^\beta}\right)dV^\alpha - \left(\frac{\mu^\alpha}{T^\alpha} - \frac{\mu^\beta}{T^\beta}\right)dn^\alpha = 0 \quad (7.16)$$

依据熵平衡判据，在 α 相和 β 相各自平衡，且两相之间也达到平衡时，对于系统的各种可能的变动，即当 dU^α、dV^α、dn^α 取任意值时式（7.16）均应成立，而这只有在它们的系数全为零时才有可能，所以系统达到平衡时必然有

$$\frac{1}{T^\alpha} - \frac{1}{T^\beta} = 0, \quad \frac{p^\alpha}{T^\alpha} - \frac{p^\beta}{T^\beta} = 0, \quad \frac{\mu^\alpha}{T^\alpha} - \frac{\mu^\beta}{T^\beta} = 0 \quad (7.17)$$

于是得出单元复相系的平衡条件为：①热平衡条件，$T^\alpha = T^\beta$；②力平衡条件，$p^\alpha = p^\beta$；③相平衡条件，$\mu^\alpha = \mu^\beta$。因此，两相之间达到平衡的条件是平衡状态的单元系各部分之间无任何势差存在，即两相具有相同的温度、相同的压力和相同的化学势。这个结论也可以推广作为多相平衡共存时的平衡条件。

若热力系统中达到热和力的平衡，即有 $T^\alpha = T^\beta = T$ 及 $p^\alpha = p^\beta = p$，而化学势未达平衡，则式（7.16）可表示为

$$TdS_c = -(\mu^\alpha - \mu^\beta)dn^\alpha > 0 \text{ 或 } (\mu^\alpha - \mu^\beta)dn^\alpha < 0 \quad (7.18)$$

式（7.18）表明，当 $\mu^\alpha > \mu^\beta$ 时，$dn^\alpha < 0$，质量由 α 相向 β 相转变；当 $\mu^\alpha < \mu^\beta$ 时，$dn^\alpha > 0$，质量由 β 相向 α 相转变。可见，在不可逆相变过程中，质量总是从化学势较高的相向较低的相转移。

7.2 化学平衡与平衡移动原理

7.2.1 化学平衡

在化学反应中，当反应物分子生成生成物分子的时候，生成物分子同时也在进行着反向的重新生成原有反应物分子的过程，也就是说正、反两个方向过程在同时进行着。用化学式可表示为

$$aE + bF \Leftrightarrow cG + dH \quad (7.19)$$

式中：a、b、c、d 分别为反应物和生成物的化学计量系数；E、F 为反应物；G、H 为生成物。

刚开始反应时，自左向右的正向反应速度大于反向反应速度，则此时的反应方向是自左向右进行。这时 E、F 仍可叫作反应物，而 G、H 则为生成物。

化学反应的速度可用单位时间内反应物质浓度的变化来度量，即

$$w = \frac{dc}{d\tau} \quad (7.20)$$

式中：w 为化学反应的瞬时速度；c 为某一反应物质的摩尔浓度；τ 为时间。

化学反应的速度取决于反应物质的浓度及反应的温度。多数化学反应当反应温度升高时，反应的速度迅速增加。当反应进行的温度不变时，由化学反应的质量作用定律可知，化学反应的速度与发生反应的所有反应物的浓度的乘积成正比。

设化学反应刚刚开始进行时，正向反应的速度远远大于反向反应速度，那么此时的反

应方向是自左向右。随着反应的进行,正向反应速度 w_1 递减而反向反应速度 w_2 逐渐增大。到达某一时刻时,正、反反应速度趋于相等,即达到了化学平衡。达到化学平衡时,反应物和生成物的浓度将不再随时间改变,但此时正、反向的反应却没有停止,而是保持着动态平衡。

7.2.2 平衡移动原理

化学平衡的研究表明化学平衡不但与温度有关,还与如压力变化等因素有关,列-查德里原理指出,当外界条件(如压力、温度等)发生变化时,物系的反应条件也将随之变化,此时平衡将被打破,反应移动的方向是朝着削弱外来作用的影响的方向进行,此即平衡移动原理。

例如,当外界作用在物系上的压力增大时,物系内的压力也将随之增大,由列-查德里原理可知,物系中使物质的量减小这一方向的反应必将加强,即物系容积减小的反应将被加强,从而可以削弱系统压力的升高。由于压力升高的作用使平衡将发生移动,当到达某一压力时又建立了一个新的化学平衡。

由前面所学习的热力学第二定律对过程方向的论述可知平衡移动原理与之是相符的。

7.3 化学反应方向判据及平衡条件

根据热力学第二定律可以判断出热力过程进行的方向、条件及限度的问题,其中本质是方向性的问题,此定律对含化学反应的过程同样适用。下面根据热力学第二定律讨论定温定压反应和定温定容反应进行的方向及进行程度方面的问题。

7.3.1 定温定容反应和定温定压反应方向判据和平衡条件

对于包括化学反应在内的任何过程,由热力学第二定律均有

$$dS \geqslant \frac{\delta Q}{T} \tag{7.21}$$

化学反应主要是在定温定压和定温定容条件下进行,下面对这两种过程反应方向的判据及平衡条件作以阐述。

由热力学第一定律有

$$\delta Q = dU + \delta W_{\text{tot}} \tag{7.22}$$

将式(7.22)代入式(7.21)可得

$$dS \geqslant \frac{dU + \delta W_{\text{tot}}}{T}$$

$$T dS - dU \geqslant \delta W_{\text{tot}}$$

在定温反应中,由于温度不变,有

$$T dS - dU = d(TS - U)$$

即

$$-d(U - TS) \geqslant \delta W_{\text{tot}} \tag{7.23}$$

令 $U - TS = F$,则 F 称为亥姆霍兹函数。
则式(7.23)可改写成

$$-\mathrm{d}F \geqslant \delta W_{\mathrm{tot}} \tag{7.24}$$

能够自发进行的反应都是不可逆反应，因此反应系统的亥姆霍兹函数 F 都是向减小的方向反应的，也就是说只有 F 减小时定温定容反应才能自发地进行，F 增大的反应要求有外界帮助。$\mathrm{d}F<0$ 是定温定容自发过程方向的判据。

对于定温定压反应，有

$$\delta W_{\mathrm{tot}} = W_{\mathrm{up}} + \delta W = \delta W_{\mathrm{up}} + p\mathrm{d}V = \delta W_{\mathrm{up}} + \mathrm{d}(pV) \tag{7.25}$$

将之代入式（7.23）得

$$-\mathrm{d}(H-TS) \geqslant \delta W_{\mathrm{up}} \tag{7.26}$$

令 $H-TS=G$，则 G 称为吉布斯函数，式（7.26）可改写为

$$-\mathrm{d}G \geqslant \delta W_{\mathrm{up}} \tag{7.27}$$

实际上能够自发进行的定温定压反应都是使物系的 G 减小，所得到的有用功小于最大有用功，甚至等于零。

$$\mathrm{d}G < 0 \tag{7.28}$$

式（7.28）为定温定压反应能自发进行的判据。

7.3.2 化学势

下面讨论多元系化学势的概念。化学反应系统有两个以上的独立状态参数，将吉布斯函数 G 和亥姆霍兹函数 F 表示为

$$\begin{cases} G = G(T, p, n_1, n_2, \cdots, n_r) \\ F = F(T, V, n_1, n_2, \cdots, n_r) \end{cases} \tag{7.29}$$

式（7.29）的微分形式可表示为

$$\begin{cases} \mathrm{d}G = \left(\dfrac{\partial G}{\partial T}\right)_{pn_i} \mathrm{d}T + \left(\dfrac{\partial G}{\partial p}\right)_{Tn_i} \mathrm{d}p + \sum_{i=1}^{r}\left(\dfrac{\partial G}{\partial n_i}\right)_{Tpn_{j(j \neq i)}} \mathrm{d}n_i \\ \mathrm{d}F = \left(\dfrac{\partial F}{\partial T}\right)_{Vn_i} \mathrm{d}T + \left(\dfrac{\partial F}{\partial V}\right)_{Tn_i} \mathrm{d}V + \sum_{i=1}^{r}\left(\dfrac{\partial F}{\partial n_i}\right)_{TVn_{j(j \neq i)}} \mathrm{d}n_i \end{cases} \tag{7.30}$$

又

$$\left(\dfrac{\partial G}{\partial T}\right)_p = -S, \quad \left(\dfrac{\partial G}{\partial p}\right)_T = V, \quad \left(\dfrac{\partial F}{\partial T}\right)_V = -S, \quad \left(\dfrac{\partial F}{\partial V}\right)_T = -p$$

所以

$$\mathrm{d}G = -S\mathrm{d}T + V\mathrm{d}p + \sum_{i=1}^{r}\left(\dfrac{\partial G}{\partial n_i}\right)_{Tpn_{j(j \neq i)}} \mathrm{d}n_i \tag{7.31a}$$

$$\mathrm{d}F = -S\mathrm{d}T - p\mathrm{d}V + \sum_{i=1}^{r}\left(\dfrac{\partial F}{\partial n_i}\right)_{TVn_{j(j \neq i)}} \mathrm{d}n_i \tag{7.31b}$$

因为 $G = H - TS = (U - TS) + pV = F + pV$，则其微分形式可表示为

$$\mathrm{d}G = \mathrm{d}F + p\mathrm{d}V + V\mathrm{d}p \tag{7.32}$$

将式（7.31b）代入式（7.32）得

$$\mathrm{d}G = -S\mathrm{d}T + V\mathrm{d}p + \sum_{i=1}^{r}\left(\dfrac{\partial F}{\partial n_i}\right)_{TVn_{j(j \neq i)}} \mathrm{d}n_i \tag{7.33}$$

式（7.33）与式（7.31a）相比得

$$\left(\frac{\partial G}{\partial n_i}\right)_{Tpn_{j(j\neq i)}} = \left(\frac{\partial F}{\partial n_i}\right)_{TVn_{j(j\neq i)}} \tag{7.34}$$

设 $\mu_i = \left(\frac{\partial G}{\partial n_i}\right)_{Tpn_{j(j\neq i)}} = \left(\frac{\partial F}{\partial n_i}\right)_{TVn_{j(j\neq i)}}$，则 μ_i 也被称为化学势。

对于多组元物质体系，在定温定压条件下若保持其他组分的物质的量不变，当加入 1mol 的第 i 种物质时所引起体系吉布斯函数 G 的变化量，与在定温定容条件下加入 1mol 的第 i 种物质所引起体系亥姆霍兹函数 F 的变化量相同。

将 μ_i 表达式代入式（7.31）可得

$$\begin{cases} \mathrm{d}G = -S\mathrm{d}T + V\mathrm{d}p + \sum_{i=1}^{r} \mu_i \, \mathrm{d}n_i \\ \mathrm{d}F = -S\mathrm{d}T - p\mathrm{d}V + \sum_{i=1}^{r} \mu_i \, \mathrm{d}n_i \end{cases} \tag{7.35}$$

在定温定压和定温定容的反应过程中，则

$$\begin{cases} \mathrm{d}G = \sum_{i=1}^{r} \mu_i \, \mathrm{d}n_i \\ \mathrm{d}F = \sum_{i=1}^{r} \mu_i \, \mathrm{d}n_i \end{cases} \tag{7.36}$$

由定温定容反应和定温定压反应方向及化学平衡的判据，当 $\mathrm{d}G \leqslant 0$ 和 $\mathrm{d}F \leqslant 0$ 时有

$$\sum_{i=1}^{r} \mu_i \, \mathrm{d}n_i \leqslant 0 \tag{7.37}$$

因此可将式（7.37）作为定温定压和定温定容单相化学反应的反应方向及化学平衡的普遍判据。

对于单相系统的化学反应而言：

$$\pi_a A_a + \pi_b B_b \rightarrow \pi_c C_c + \pi_d D_d \tag{7.38}$$

参与反应的反应物和生成物的物质的量变化量之比应等于相应组元的化学计量系数之比，即

$$\frac{\mathrm{d}n_a}{\pi_a} = \frac{\mathrm{d}n_b}{\pi_b} = \frac{\mathrm{d}n_c}{\pi_c} = \frac{\mathrm{d}n_d}{\pi_d} = \mathrm{d}\varepsilon \tag{7.39}$$

可写成

$$\mathrm{d}n_i = \pi_i \, \mathrm{d}\varepsilon \tag{7.40}$$

式中：ε 为化学反应度；π_i 为化学计量系数。

将式（7.40）代入式（7.39）可得总化学势 $\sum_{i=1}^{r} \mu_i \pi_i$，结合式（7.37）可知

$$\sum_{i=1}^{r} \mu_i \pi_i \leqslant 0 \tag{7.41}$$

化学反应总是朝着系统总化学势减小的方向进行，并且当系统的总化学势达到最小值时反应达到平衡。

7.4　化学平衡和平衡常数

化学平衡是化学反应过程的一个重要性质。在化学反应过程中，反应物之间发生化学反应而形成生成物的同时，生成物之间也在发生化学反应而重新形成反应物。因此，化学反应的关系可以表示成 $aA+bB \rightarrow dD+eE$。

由于正向反应和反向反应是同时发生的，因此只有当正向反应较强时，反应过程才按正向发展。反之，当反向反应较强时，反应过程就按反向发展。如果正向反应和反向反应的强弱程度相同，则反应过程就不再发展，反应系统就处于一种动态的平衡，这就是化学平衡的状态。当反应系统所处的温度、压力及初始时反应物中各物质的含量不同时，它所达到的化学平衡的状态是不同的。根据反应系统的吉布斯自由焓或亥姆霍兹自由能的变化，就可判断定温定压化学反应或定温定容化学反应的发展方向，以及达到化学平衡时的状态。

许多情况下，燃烧反应中的反应物和生成物都可看作理想气体，这类化学反应称为理想气体反应。对于这种理想气体反应，根据理想气体混合物的性质，反应系统中各组成气体的性质可以像独立存在一样单独进行计算。设考虑反应系统中某种气体，当发生化学变化而其物质的量发生变化时，该气体的吉布斯自由焓的变化可以表示为

$$dG = d(nG_m) = n\,dG_m + G_m\,dn \tag{7.42}$$

又按摩尔吉布斯自由焓的定义：$G_m = H_m - TS_m$，可以得到

$$dG_m = d(H_m - TS_m) = dH_m - (T\,dS_m + S_m\,dT)$$

按热力学普遍关系式：$T\,dS_m = dH_m - V_m\,dp$，代入上式则可得 1mol 气体的摩尔吉布斯自由焓变化的关系式为

$$dG_m = V_m\,dp - S_m\,dT \tag{7.43}$$

而反应系统中某种气体的吉布斯自由焓的变化可按式 (7.42)、式 (7.43) 求得，即

$$dG = n(V_m\,dp - S_m\,dT) + G_m\,dn \tag{7.44}$$

现在来讨论定温定压的理想气体反应过程中反应系统的吉布斯自由焓的变化。设理想气体反应的化学反应方程式为

$$aA + bB \rightarrow dD + eE$$

式中：A、B、D、E 为物质的化学符号；a、b、d、e 为该反应中各物质的化学计算系数。

设该反应系统中发生一个微元化学反应，则按式 (7.44)，在定温定压条件下，即 $dT=0$、$dp=0$，反应系统中任何一种气体，例如气体 A，其吉布斯自由焓的变化为

$$dG_A = G_{mA}\,dn_A \tag{7.45}$$

于是，反应系统的吉布斯自由焓的变化为各气体吉布斯自由焓变化的总和，即

$$dG_{(T,p)} = G_{mD}\,dn_D + G_{mE}\,dn_E + G_{mA}\,dn_A + G_{mB}\,dn_B \tag{7.46}$$

因为各物质的量的变化是根据化学反应方程式中相应的化学计算系数按比例变化的，按正向反应计算有

第7章 化学热力学基础

$$-\frac{dn_A}{a} = -\frac{dn_B}{b} = \frac{dn_D}{d} = \frac{dn_E}{e} = dn \tag{7.47}$$

所以反应系统的吉布斯自由焓的变化可表示为

$$dG_{Tp} = (dG_{mD} + eG_{mE} - aG_{mA} - bG_{mB})dn \tag{7.48}$$

或者可表示为

$$\frac{dG_{Tp}}{dn} = dG_{mD} + eG_{mE} - aG_{mA} - bG_{mB} = \Delta G_{Tp} \tag{7.49}$$

式中：$\Delta G_{(T,p)}$ 实际上就是假设各组成气体状态保持不变，而有物质的量等于化学计算系数的反应物经正向反应形成为生成物时，反应系统所产生的吉布斯自由焓的变化。

只要知道反应系统所处状态下各组成气体的摩尔吉布斯自由焓 G_m，就可按式(7.48)求得微元正向反应中反应系统吉布斯自由焓的变化。

当温度不变时，理想气体吉布斯自由焓的变化可按式(7.43)表示为

$$dG_m = V_m dp = R_0 T \frac{dp}{p} \tag{7.50}$$

或

$$G_{m_2} - G_{m_1} = R_0 T \ln \frac{p_2}{p_1} \tag{7.51}$$

令 G_m^0 表示 $p_0 = 1.01325 \times 10^5 \mathrm{Pa}$ 下的吉布斯自由焓的标准值，由式(7.51)可知任何状态下理想气体的摩尔吉布斯自由焓可表示为

$$G_m = G_{mT}^0 + R_0 T \ln(p/p_0) \tag{7.52}$$

采用式(7.52)表示式(7.49)中各组成气体的吉布斯自由焓，有

$$\Delta G_{Tp} = \Delta G_T^0 + R_0 T(\ln p_D^d + \ln p_E^e - \ln p_A^a - \ln p_B^b) \tag{7.53}$$

其中

$$\Delta G_T^0 = dG_{mD}^0 + eG_{mE}^0 - aG_{mA}^0 - bG_{mB}^0$$

式中：ΔG_T^0 为仅决定于反应过程温度的常数。

若令

$$-\frac{\Delta G_T^0}{R_0 T} = \ln K_p \tag{7.54}$$

显然，K_p 仍为仅决定于反应过程温度的常数。

将其代入式(7.53)，可得

$$\Delta G_{Tp} = R_0 T \left(\ln \frac{p_D^d p_E^e}{p_A^a p_B^b} - \ln K_p \right) \tag{7.55}$$

按式(7.49)可得微元定温定压理想气体反应过程中反应系统吉布斯自由焓变化的表达式为

$$dG_{Tp} = R_0 T \left(\ln \frac{p_D^d p_E^e}{p_A^a p_B^b} - \ln K_p \right) dn \tag{7.56}$$

当定温定压反应达到化学平衡状态时，微元反应过程中反应系统的吉布斯自由焓保持不变，即 $dG_{(T,p)} = 0$。故式(7.56)可改写为

$$\frac{p_D^d p_E^e}{p_A^a p_B^b} = K_p \tag{7.57}$$

当式 (7.57) 成立时，反应系统达到化学平衡，故 K_p 称为化学平衡常数，简称平衡常数。只要定温定压反应温度一定，平衡常数 K_p 即有确定的值。

式 (7.57) 表明，平衡常数 K_p 较大时，处于化学平衡状态时的化学反应生成物的分压力 p_D 及 p_E 较大，即正向反应相对较完全；平衡常数 K_p 较小时，化学平衡时正向反应相对较不完全。

根据热力学第二定律，定温定压化学反应总是向着使反应系统吉布斯自由焓减小的方向发展，即微元反应过程中总满足 $dG_{Tp} < 0$。

因此，按式 (7.56)，在反应系统所处的状态下，若有 $p_D^d p_E^e/(p_A^a p_B^b) < K_p$，则有 $dn > 0$，即反应向正向发展；反之，若有 $[p_D^d p_E^e/(p_A^a p_B^b)] > K_p$，则有 $dn < 0$，即反应向反向发展。于是，按照平衡常数的数值便可判断反应系统在其所处状态下进行化学反应的方向。

对于定温定容反应，则可根据反应系统的亥姆霍兹自由能的变化来进行分析。按亥姆霍兹自由能的定义式有

$$F = U - TS = H - pV - TS = G - pV \tag{7.58}$$

故任意一组成气体的亥姆霍兹自由能的变化可表示为

$$dF = dG - d(pV) \tag{7.59}$$

将式 (7.44) 代入式 (7.59)，可得

$$dF = n(-pdV_m - SdT) + G_m dn \tag{7.60}$$

对于定温定容的理想气体反应，任意一组成气体的亥姆霍兹自由能变化可表示为

$$dF = G_m dn \tag{7.61}$$

因此，整个反应系统的亥姆霍兹自由能为

$$dF_{Tv} = G_{mD} dn_D + G_{mE} dn_E + G_{mA} dn_A + G_{mB} dn_B \tag{7.62}$$

同理可导出微元定温定容理想气体反应中系统亥姆霍兹自由能的变化为

$$dF_{Tv} = R_0 T \left(\ln \frac{p_D^d p_E^e}{p_A^a p_B^b} - \ln K_p \right) dn \tag{7.63}$$

从而可以得到和上述定温定压化学反应相同的结论。

对于复杂化学反应，其平衡常数的数值，可以利用简单化学反应的平衡常数通过计算求取。例如化学反应：

$$CO + H_2O \rightarrow CO_2 + H_2 \tag{7.64}$$

其平衡常数可表示为化学平衡状态下各气体分压力的关系，即

$$K_p = \left(\frac{p_{CO_2} p_{H_2}}{p_{CO} p_{H_2O}} \right)_{eq}$$

式中：下标"eq"为化学平衡状态。

为求得 K_p 的数值，可把式 (7.64) 所示的化学反应视为两个化学反应，即

$$CO + \frac{1}{2} O_2 \rightarrow CO_2$$

及

$$H_2O \rightarrow H_2 + \frac{1}{2} O_2$$

因这两个化学反应的平衡常数可分别表示为

$$K_{p1} = \left(\frac{p_{CO_2}}{p_{CO} p_{O_2}^{1/2}}\right)_{eq}$$

和

$$K_{p2} = \left(\frac{p_{H_2} p_{O_2}^{1/2}}{p_{H_2O}}\right)_{eq}$$

则可得 $K_p = K_{p1} K_{p2}$。

只要由表 7.1 查得 K_{p2} 及 K_{p1} 的数值，即可求得 K_p 的数值。

表 7.1　　　　　　　　　　化学平衡常数的对数值 $\ln K_p$

T/K	$\ln K_p$						
	$H_2 + \frac{1}{2}O_2 \to H_2O$	$\frac{1}{2}H_2 + OH \to H_2O$	$CO + \frac{1}{2}O_2 \to CO_2$	$2H \to H_2$	$2O \to O_2$	$2N \to N_2$	$NO \to \frac{1}{2}N_2 + \frac{1}{2}O_2$
298	−92.214	−106.214	−103.768	−164.018	−186.988	−367.493	−35.052
500	−52.697	−60.287	−57.622	−92.840	−105.643	−213.385	−20.295
1000	−23.169	−26.040	−23.535	−39.816	−45.163	−99.140	−9.388
1200	−18.188	−20.289	−17.877	−30.887	−35.018	−80.024	−7.569
1400	−14.615	−16.105	−13.848	−24.476	−27.755	−66.342	−6.270
1600	−11.927	−13.072	−10.836	−19.650	−22.298	−56.068	−5.294
1800	−9.832	−10.663	−8.503	−15.879	−18.043	−48.064	−4.536
2000	−8.151	−8.734	−6.641	−12.853	−14.635	−41.658	−3.931
2200	−6.774	−7.154	−5.126	−10.366	−11.840	−36.404	−3.433
2400	−5.625	−5.838	−3.866	−8.289	−9.510	−32.024	−3.019
2600	−4.654	−4.725	−2.807	−6.530	−7.534	−28.317	−2.671
2800	−3.818	−3.769	−1.900	−5.015	−5.839	−25.130	−2.372
3000	−3.092	−2.943	−1.117	−3.698	−4.370	−22.372	−2.114
3200	−2.457	−2.218	−0.435	−2.547	−3.085	−19.950	−1.888
3400	−1.897	−1.582	−0.163	−1.529	−1.948	−17.813	−1.690
3600	−1.398	−1.014	−0.695	−0.622	−0.939	−15.911	−1.513

注　$K_p = p_D^d p_E^e / (p_A^a p_B^b)$ 中各气体分压力应以标准大气压 atm（1atm=0.101325MPa）为单位。

7.5　影响化学平衡的因素分析

若化学反应的温度、压力以及反应系统中各组成气体的摩尔分数不同时，化学平衡的位置就不相同。

7.5.1　温度对化学平衡的影响

根据平衡常数的定义，可知式（7.65）所示的平衡常数为化学反应温度的函数。

$$\ln K_p = \frac{-\Delta G^0}{R_0 T} \qquad (7.65)$$

对式 (7.65) 进行微分,有

$$d(\ln K_p) = d\frac{-\Delta G^0}{R_0 T} = d\frac{G_R^0 - G_P^0}{R_0 T} \qquad (7.66)$$

如果采用 G^0 表示 $p_0 = 0.101325\text{MPa}$ 时的吉布斯自由焓,当压力 $dp = 0$ 时,由式 (7.43) 可得 $dG^0 = -S^0 dT$,则有

$$d\frac{G^0}{T} = \frac{TdG^0 - G^0 dT}{T^2} = \frac{T(-S^0 dT) - G^0 dT}{T^2} = \frac{-H^0 dT}{T^2} \qquad (7.67)$$

由式 (7.67) 可得

$$d\frac{G_R^0 - G_P^0}{R_0 T} = \frac{H_P^0 - H_R^0}{R_0 T^2} dT \qquad (7.68)$$

将式 (7.68) 代入式 (7.66),即可得出范特霍夫方程式,即

$$d(\ln K_p) = \frac{\Delta H^0}{R_0 T^2} dT \qquad (7.69)$$

范特霍夫方程式表明,平衡常数随反应温度而变化的关系与在该温度及 $p_0 = 0.101325\text{MPa}$ 压力下的反应热 $Q_p = \Delta H^0$ 有关:①在吸热反应中,$\Delta H^0 > 0$,则随反应温度提高($dT > 0$),平衡常数 K_p 增大;②在放热反应中,$\Delta H^0 < 0$,则随反应温度提高($dT > 0$),平衡常数 K_p 反而减小。

燃烧反应为放热反应,故燃烧温度越高,平衡常数越小,燃烧越不完全。

7.5.2 压力对化学平衡的影响

引进分压力 p_i、各组成气体摩尔分数 y_i 和反应系统处于化学平衡状态下的压力 p 的关系式 $p_i = y_i p$,则可得

$$K_p = \left(\frac{p_D^d p_E^e}{p_A^a p_B^b}\right)_{eq} = \left(\frac{y_D^d y_E^e}{y_A^a y_B^b}\right)_{eq} p^{\Delta n} \qquad (7.70)$$

其中

$$\Delta n = n_p - n_v = d + e - a - b$$

式中:Δn 为反应过程中反应系统物质的量的变化。

考虑到反应温度一定时平衡常数 K_p 有确定的数值,由式 (7.70) 可知,当反应系统的压力 p 变化时,化学平衡状态下各组成气体的摩尔分数将相应地发生变化:①对于 $\Delta n > 0$,即物质的量增大的反应,随着压力 p 提高,生成物的摩尔分数将减小,于是正向反应变得不完全;②对于 $\Delta n < 0$,即物质的量减小的反应,随着压力 p 提高,生成物的摩尔分数将增大,于是正向反应趋于更完全;③对于 $\Delta n = 0$,即物质的量不变的反应,则化学平衡时系统内物质的摩尔分数与压力无关。

7.5.3 物质含量变化对化学平衡的影响

把式 (7.70) 改写成式 (7.71) 所示的表达式,即

$$\frac{K_p}{p^{\Delta n}} = \left(\frac{y_D^d y_E^e}{y_A^a y_B^b}\right)_{eq} \qquad (7.71)$$

当反应温度及压力一定时，$K_p/p^{\Delta n}$ 为定值，物质含量变化对化学平衡的影响特性为：①若改变反应系统中某种组成气体的含量，则就会引起化学平衡状态下各组成气体摩尔分数的变化；②当减少某反应物的含量或增加某生成物的含量时，都将使其他反应物的摩尔分数增加，以及使其他生成物的摩尔分数减少，从而使逆向反应趋于更完全；③当增加某反应物的含量或减少某生成物的含量时，都将使其他反应物的摩尔分数减少，以及使其他生成物的摩尔分数增加，从而使正向反应趋于更完全。

因此，在燃烧反应中增加空气燃料比即增加空气的含量，就可以使燃烧反应更完全。

综上所述，如果化学反应系统所处的外界条件发生变化，则该系统的平衡位置也会相应地发生变化，且其作用总是趋于削弱外界条件变化所产生的影响，这就是平衡移动原理，或称为勒夏特列原理（Le Chatelier's principle）。

7.6 离解和离解度

根据化学平衡原理，任何化学反应过程中，在进行正向反应的同时总伴随有反向反应发生，当正向反应和反向反应的速率相等时，反应系统处于化学平衡的状态，即反应系统不可能实现完全反应。在化学平衡状态下，反应系统中除了反应物和生成物外，常常还可能包含有各种中间生成物，如碳燃烧时除生成二氧化碳外还会有一氧化碳。

因此，在分析处于化学平衡状态的反应系统中各物质的分数时，为便于分析，可把中间生成物看作是生成物因发生离解而形成较简单的物质的结果，并把化学平衡状态下生成物离解的比率称为离解度 α，并用来表示化学反应的不完全程度。

以碳在氧气中燃烧为例，设离解度为 α，则其化学反应方程式可表示为

$$C + O_2 = (1-\alpha)CO_2 + \alpha CO + \frac{1}{2}\alpha O_2 \tag{7.72}$$

由化学平衡关系可知生成物 CO_2 的离解方程式为

$$CO_2 \rightarrow CO + \frac{1}{2}O_2 \tag{7.73}$$

由式（7.70）所示的化学平衡常数的关系式可得

$$K_p = \left(\frac{y_{CO} y_{O_2}^{1/2}}{y_{CO_2}}\right)_{eq} p^{\Delta n} \tag{7.74}$$

按各种气体的物质量的值 $n_{CO_2}=1-\alpha$；$n_{CO}=\alpha$；$n_{O_2}=\alpha/2$，可得各气体的摩尔分数为

$$\begin{cases} y_{CO_2} = \dfrac{n_{CO_2}}{\sum n} = \dfrac{1-\alpha}{1+\dfrac{1}{2}\alpha} = \dfrac{2-2\alpha}{2+\alpha} \\[2mm] y_{CO} = \dfrac{n_{CO}}{\sum n} = \dfrac{\alpha}{1+\dfrac{1}{2}\alpha} = \dfrac{2\alpha}{2+\alpha} \\[2mm] y_{O_2} = \dfrac{n_{O_2}}{\sum n} = \dfrac{\dfrac{1}{2}\alpha}{1+\dfrac{1}{2}\alpha} = \dfrac{\alpha}{2+\alpha} \end{cases} \tag{7.75}$$

将式 (7.75) 代入式 (7.74) 所示的平衡常数的关系式，可得

$$K_p = \frac{\alpha}{1-\alpha}\left(\frac{\alpha}{2+\alpha}\right)^{1/2} p^{1/2} \tag{7.76}$$

根据反应温度查到平衡常数 K_p 的数值后，即可按式 (7.76) 求得反应过程的离解度，从而说明燃烧的不完全程度。

【例题 7.1】 若 1mol 碳和 1mol 氧气在压力恒定为 $p_0 = 101325$Pa 的容器中燃烧，燃烧过程中容器内混合物的温度由 298K 升高到 2800K，试求该燃烧过程中生成物的离解度及摩尔分数。

解：该燃烧过程中化学反应的方程式为

$$C + O_2 = (1-\alpha)CO_2 + \alpha CO + \frac{1}{2}\alpha O_2$$

其平衡常数的关系式为

$$K_p = \frac{\alpha}{1-\alpha}\left(\frac{\alpha}{2+\alpha}\right)^{1/2} p^{1/2}$$

由表 7.1 查得 2800K 时 $\ln K_p = -1.900$，计算得 $K_p = 0.1496$，则

$$\frac{\alpha}{1-\alpha}\left(\frac{\alpha}{2+\alpha}\right)^{1/2} p^{1/2} = 0.1496$$

可求得离解度 $\alpha = 0.0076$。

这时各气体的摩尔数为

$$n_{CO_2} = 1 - \alpha = 0.9924 \text{mol}, \quad n_{CO} = \alpha = 0.0076 \text{mol},$$

$$n_{O_2} = \frac{1}{2}\alpha = 0.0038 \text{mol}, \quad \sum n = 1.0038 \text{mol}$$

于是可得各生成物的摩尔分数为

$$y_{CO_2} = \frac{0.9924}{1.0038} = 0.9886$$

$$y_{CO} = \frac{0.0076}{1.0038} = 0.0076$$

$$y_{O_2} = \frac{0.0038}{1.0038} = 0.0038$$

7.7 热力学第三定律

7.7.1 熵的绝对值

由于单纯物质或不存在化学反应的混合物系中物质的成分不发生变化，故计算物系中各物质的熵时可以任意规定计算熵的起点或基准点，得到各种物质的相对熵值。如通常水蒸气表上水和水蒸气的熵值都是相对值。但是对于存在化学反应的物系，如在定温定压反应的前后：

$$W_{U \text{pmax}} = G_1 - G_2 = (H_1 - T|S_1|) - (H_2 - T|S_2|) \tag{7.77}$$

式中：$|S_1|$ 为化学反应前物系中各种物质熵的总和；$|S_2|$ 为化学反应后物系中各种

物质熵的总和。

假定各种物质在绝对零度（即热力学温度 $T=0\text{K}$）时的熵值为零，因而从绝对零度计算起的熵值可以作为各种物质熵的绝对值。早在1882年前后，亥姆霍兹提出自由能 $F=U-TS$ 以及吉布斯提出自由焓 $G=H-TS$ 时就曾这样设想过，当时这些函数中的 S 应是化学反应物系上的绝对值。1906年，能斯特根据当时对固体和液体（凝聚物系）在低温下进行电化学反应所测定的有用功的实验数值，提出了现在的能斯特定理："任何凝聚物系在接近绝对零度时所进行的定温过程中，物系的熵接近不变"，能斯特定理可用数学语言进行描述，即

$$\lim_{T \to 0}(\Delta S)_T = 0 \tag{7.78}$$

式中：下标"T"表示定温过程。

显然，接近绝对零度时化学反应前后物系中各物质的成分尽管由于化学反应发生了改变，但物系的总熵却保持不变，其原因只可能是：绝对零度下各种物质的比熵相等（或为一常数，或为零）。这为各种物质比熵存在绝对值的设想提供了更为有力的根据。基于此设想，各种物质比熵的绝对值可从绝对零度计算起，再加上这个共同的常数（相当于积分常数）。但该常数却不可能根据热力学第一定律、第二定律得到。1911年，普朗克假定这个常数为零。这样，在绝对零度下，各种物质的熵值为零。

考虑到非晶体、混合物、固溶体（如玻璃）等物质在绝对零度时的比熵不等于零（比绝对零度时纯粹物质完整晶体的比熵大），因而，该定律的严格说法为："在绝对零度下任何纯粹物质完整晶体的熵等于零"。这是热力学第三定律的一种常见的表述形式。

绝对零度时纯粹物质完整晶体的熵等于零，与熵的统计热力学理论相符合。但根据量子力学理论，在绝对零度下考虑原子核的自转时纯粹物质完整晶体的熵不等于零，不过绝对值很小而且与热力过程及热力计算无关。可见，该定律带有相对性，但在工程热力学上应用该定律可不作修正。

据此，各种物质比熵的绝对值可从绝对零度算起，可表示为

$$s = \int_0^T \frac{\delta q}{T} \tag{7.79}$$

或

$$s = \int_0^T \frac{c_p}{T} dT \tag{7.80}$$

常压下，在接近0K时各种物质都已变成液体与固体，这时压力对比热容不发生影响，比热容只是温度的函数。当计算到温度较高，物体发生融化、汽化等物态变化时，则需将物态变化时物体的熵增计算在内。根据实验数据及量子力学比热容理论，在接近绝对零度时各种凝聚物系的比热容急剧减小，趋近于零，故根据式（7.79）或式（7.80）计算熵时可以得到一定的有限值。

7.7.2 绝对零度不可能达到的热力学第三定律表述

对温度低于环境介质的气态物体采用绝热膨胀过程可使其温度继续降低，如液体氢（1atm，20.15K）、液体氦（1atm，4.15K）都可应用绝热膨胀方法生产出来。但当气态物质因温度的降低而转变为液体和固体后，则不能再依靠绝热下的容积膨胀来继续降低其

温度。根据顺磁性物质（如硫酸铁铵）在外加的强磁场作用下分子顺磁场排列放热（热量由液体氦带走），而减弱或撤除外磁场时吸热使环境降温的方法叫作绝热去磁制冷，该制冷方法可使环境达到 10^{-3} K 的低温，要达到更低的温度，可使金属原子核的磁矩在强磁场中磁化后又使其绝热去磁来实现，但降温仍有一定的限度。当物体的温度接近绝对零度时，只有应用绝热过程的办法才能使物体继续降低其温度（绝热去磁也是一种绝热过程），但经验证明，越接近绝对零度，要使物体在绝热过程中降低温度就越困难。所有经验都倾向于表明，绝对零度是最低温度的极限，且是不可能达到的。

1912 年，能斯特根据他所提出的热定理推论，认为："绝对零度不可能达到。"叙述成定律的形式为："不可能应用有限个方法使物系的温度达到绝对零度。"这是热力学第三定律的表述方式之一。

"绝对零度不可能达到"这一自然界客观规律的本质意义（即物体分子和原子中和热能有关的各种运动形态不可能全部被停止）与量子力学的观点相符合，也符合辩证唯物主义的观点（运动是物质的不可分割的属性），因此，任何一种运动形态都不可能完全消失。

根据能斯特热定理推出绝对零度不可能达到的推理如下：根据能斯特热定理，物系在接近绝对零度下进行定温过程时，物系的熵不变。物系的熵不变的过程本为孤立系统的可逆绝热过程。所以，在接近绝对零度时绝热过程也具有了定温的特性，这时就不可能再依靠绝热过程来进一步降低物系的温度以达到绝对零度。

可见，热力学第三定律的上述两种表达方式是等效的。

【例 7.2】 在 300K 时，1mol 理想气体由 $p_1=1$MPa 定温膨胀至 $p_2=0.1$MPa，试计算此过程的热力学能变化量 ΔU、焓变化量 ΔH、熵变化量 ΔS、自由能变化量 ΔF 和自由焓变化量 ΔG。

解：因理想气体的热力学能 U 和焓 H 只与温度有关，当温度不变时，有 $\Delta U=0$，$\Delta H=0$，而 ΔS、ΔA 和 ΔG 分别为

$$\Delta S = nR_0 \ln \frac{p_1}{p_2} = 1 \times 8.314 \times \ln \frac{10^6}{10^5} = 19.14 (\text{J/K})$$

$$\Delta F = -\int_{V_1}^{V_2} p\,\mathrm{d}V = -\int_{V_1}^{V_2} \frac{nR_0 T}{V}\mathrm{d}V$$

$$= -nR_0 T \ln \frac{V_2}{V_1} = nR_0 T \ln \frac{p_2}{p_1}$$

$$= 1 \times 8.314 \times 300 \times \ln(10^5/10^6)$$

$$= -5.743 (\text{kJ})$$

$$\Delta G = \int_{p_1}^{p_2} V\,\mathrm{d}p = nR_0 T \ln \frac{p_2}{p_1} = -5.743 (\text{kJ})$$

【例 7.3】 已知 1mol 温度 $T_1=298$K 液体水的饱和蒸汽压力 $p_s=3168$Pa。试计算 $T_1=298$K 及 $p_1=1$atm 的过冷水蒸气变成 $T_1=298$K 和 $p_1=1$atm 的液态水的自由焓变化量 ΔG，并判断过程的性质。

解：假设 $T_1=298$K 及 $p_1=1$atm 的过冷水蒸气变成 $T_1=298$K 和 $p_1=1$atm 的液态水分 3 个可逆过程进行：

(1) $T_1=298\text{K}$ 及 $p_1=1\text{atm}$ 的过冷水蒸气变为 $T_1=298\text{K}$ 和 $p_s=3168\text{Pa}$ 的干饱和蒸汽，其自由焓变化量 ΔG_1 为

$$\Delta G_1 = nR_0 T_1 \ln\frac{p_s}{p_1} = 1\times 8.314\times 298\times \ln\frac{3168}{101325} = -8585(\text{J})$$

(2) $T_1=298\text{K}$ 和 $p_s=3168\text{Pa}$ 的干饱和蒸汽变为 $T_1=298\text{K}$ 和 $p_s=3168\text{Pa}$ 的饱和水，其自由焓变化量 ΔG_2 为

$$\Delta G_2 = 0$$

(3) $T_1=298\text{K}$ 和 $p_s=3168\text{Pa}$ 的饱和水变为 $T_1=298\text{K}$ 和 $p_1=1\text{atm}$ 的液态水，其自由焓变化量 ΔG_3 为

$$\Delta G_3 = \int_{p_s}^{p_1} V_m \, dp = V_m(p_1-p_s) = 18\times 10^{-6}\times(101325-3168) = 1.77 \approx 2.0(\text{J})$$

$$\Delta G = \Delta G_1 + \Delta G_2 + \Delta G_3 = -8585+0+2 = -8583(\text{J}) < 0$$

故此过程是自发的不可逆过程。由此例题可知，凝聚相定温改变压力过程系统的自由焓 ΔG 与气相同类过程自由焓 ΔG 相比较很小，常常可忽略不计。

思 考 题

7.1 对于无化学反应的闭口系统，当给定两个独立参数的值时，系统的状态能否确定？当给定热力过程中某参数的变化规律时，过程的规律能否确定？对于化学反应系统，其状态和过程需要如何确定？

7.2 对于热力学能的定义，有化学反应系统和无化学反应的系统在定义上是否有本质的差别？

7.3 在进行化学反应的物系中是否受到有两个独立的状态参数保持不变则变化过程就不可能进行的限制？

7.4 实际的化学反应都有正向反应与反向反应，两个方向在同时进行，这样的反应是否是可逆反应？

7.5 吉布斯自由焓和亥姆霍兹自由能在分析化学反应过程的进展方向及化学平衡中有什么重要意义？

7.6 能否采用平衡常数来确定定温定压过程及定温定容过程之外其他化学反应过程的化学平衡状态？

7.7 试利用平衡移动原理解释说明化学平衡位置和化学反应的温度、压力及组成气体分数的关系。

习 题

7.1 试求系统的压力 p 分别为 101325Pa 和 1013250Pa，温度为 2000K 下的 CO_2 离解度。

7.2 水蒸气和一氧化碳发生反应生成水煤气，其化学反应方程为 $CO+H_2O \rightarrow H_2+$

CO_2。试求此反应在温度为 2000K 时的平衡常数。

7.3 若 1mol 碳和 2mol 氧气在压力恒定为 $p_0=101325Pa$ 的容器中燃烧，燃烧过程中容器内混合物的温度由 298K 升高到 2800K，试求该燃烧过程中生成物的离解度及摩尔分数。

7.4 一氧化碳在纯氧中燃烧，其当量方程为 $CO+\frac{1}{2}O_2 \to CO_2$。如果温度条件分别为 1000K、2000K 及 3000K，确定上述温度条件下的平衡常数以及在 2000K 及 3000K 时 CO_2 的离解度及平衡成分。

7.5 1mol CO 和 0.5mol O_2 在定温定压下进行化学反应，如温度维持 2600K，试建立达到化学平衡时，CO 的摩尔数与压力 p 之间的函数关系。如果压力分别为 $p=101325Pa$ 和 $p=1013250Pa$，试写出最终的化学平衡成分及化学反应方程。

第 3 篇　热力学典型工程应用

将热力学知识基础与热力学基本理论应用于热能和机械能相互转化的热力工程中，研究热能转化为机械能的新规律、新方法以及怎样提高转化效率和热能利用的经济性，是工程热力学研究的根本目的和任务。为此，本教材重点对典型热力循环（气体压缩循环、蒸汽动力循环、气体动力循环、制冷循环）、气体与蒸汽的可逆流动、热力学基本理论在化学过程的应用等与人们生产生活息息相关的热力学典型工程应用实例进行了阐述，这些热力学典型工程应用所对应的热动力设备开发及其高效节能低耗散利用对人类社会的发展有着十分重要的意义。

第 8 章　气体与蒸汽的流动

对于涡轮机和喷气发动机等动力设备而言，为获得高速的气流，总利用喷管把高压气体的焓转变为高速流动的气体流动动能，并将其再转换为机械功。此外，也有一些能量转换装置总利用扩压管将高速流动的气流速度降低而实现增压。为此，本章主要以喷管为例研究与分析气体与蒸汽在喷管中可逆稳定流动过程，从而得到气体与蒸汽绝热流动的基本特性及有关公式。

8.1　稳定流动基本概念和方程

稳定流动是指流体在流经空间任意一点时，其全部参数（状态参数、运动参数）都不随时间而改变的流动。工程中，流体在管道内的任一截面上不同点，其流速、压力、温度等参数有所差异。为简化计算，常取截面上某参数的平均值作为该截面上各点该参数的值，这样该流动被简化为沿流动方向上的一维问题。实际工质的流动都是接近稳定流动的。

8.1.1　连续性方程

如图 8.1 所示，工质在流道中做稳定流动，则不同截面的质量流量应为定值，不随时间而变。设流经截面 1—1 和截面 2—2 的质量流量分别为 q_{m1}、q_{m2}，流速为 c_{f1} 和 c_{f2}，比体积为 v_1 和 v_2，流道横截面面积为 A_1、A_2。

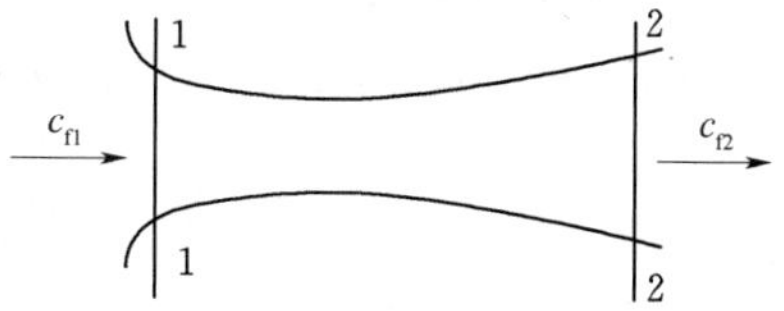

图 8.1　一维稳定流动

$$q_{m1}=q_{m2}=\cdots=q_m=\frac{A_1 c_{f1}}{v_1}=\frac{A_2 c_{f2}}{v_2}=\cdots=\frac{A c_f}{v}=\text{常数} \tag{8.1}$$

微分形式为

$$\frac{dA}{A} + \frac{dc_f}{c_f} - \frac{dv}{v} = 0 \tag{8.2}$$

稳定流动的连续性方程式描述了流道内截面面积 A、流体的流速 c_f、比体积 v 之间的关系。对于不可压缩流体 $dv=0$，流速 c_f 与截面面积 A 与成反比，即流速增大时流道截面积应减小；流速减小时流道截面应扩张。而对于可压缩气体，工质流速的变化不仅取决于流道截面面积，而且还与工质的比体积变化有关。

8.1.2 稳定流动能量方程式

气体或蒸汽在流道内做稳定流动应服从稳定流动能量方程式，即热力学第一定律的稳定流动开口系能量方程式为

$$q = (h_2 - h_1) + \frac{c_{f2}^2 - c_{f1}^2}{2} + g(z_2 - z_1) + w_s \tag{8.3}$$

对于所研究的流道位置高度相差较小时，位能的变化很小，将其忽略不计。在工质流动中气体与外界交换的热量也忽略不计，工质不对外做功，则稳定流动能量方程式简化为

$$h_2 + \frac{c_{f2}^2}{2} = h_1 + \frac{c_{f1}^2}{2} = h + \frac{c_f^2}{2} = 常数 \tag{8.4}$$

式（8.4）表明工质在流道中做稳定流动过程中，每一截面上工质的焓与动能之和为一常数。当气体动能增加时，其焓值应下降。

8.1.3 过程方程式

气体在稳定流动过程中气体与外界交换的热量忽略不计，同时假设无摩擦和扰动，则流动过程视为可逆绝热过程，任意两截面之间气体的状态参数应符合可逆绝热过程的关系式，即

$$p_1 v_1^k = p_2 v_2^k = pv^k = c$$

微分形式为

$$\frac{dp}{p} + k\frac{dv}{v} = 0$$

$$\frac{T_2}{T_1} = \left(\frac{p_2}{p_1}\right)^{\frac{k-1}{k}}$$

$$\frac{T_2}{T_1} = \left(\frac{v_1}{v_2}\right)^k$$

8.1.4 声速方程

声速是微弱扰动在连续介质中所产生的压力波传播的速度。拉普拉斯声速方程为

$$c = \sqrt{\left(\frac{\partial p}{\partial \rho}\right)_s} = \sqrt{-v^2\left(\frac{\partial p}{\partial v}\right)_s} \tag{8.5}$$

据式 $\frac{dp}{p} + k\frac{dv}{v} = 0$，对于理想气体可逆绝热过程有

$$\left(\frac{\partial p}{\partial v}\right)_s = -k\frac{p}{v} \tag{8.6}$$

所以

$$c=\sqrt{kpv}=\sqrt{kR_g T} \tag{8.7}$$

工质流动过程中，流经各个截面上时气体的状态参数不断地变化着，所以不同截面上的工质声速也在不断变化，因此声速不是一个不变的常数，取决于气体的性质与状态，声速是状态参数。为了区分不同截面上的声速，引入"当地声速"的定义。"当地声速"是指所研究的流道某一截面上的声速。通常把某一截面上气体的流速与同一截面声速（当地声速）做比较，其比值称为马赫数，用符号 Ma 表示。

$$Ma=\frac{c_f}{c} \tag{8.8}$$

马赫数是研究气体流动的重要特性参数，可表明同一截面上气流的速度与当地声速的关系。当 $Ma<1$，为亚声速，此时气流速度小于当地声速；当 $Ma=1$ 时，气流速度已与当地声速相同；当 $Ma>1$ 时，气流为超声速，此时气流速度大于当地声速。

上述连续性方程式、可逆绝热过程方程式、稳定流动能量方程式和声速方程式是分析可逆绝热一维稳定流动的基本方程组。

8.2 滞止参数

气体在绝热流动过程中，因受到某种物体的阻碍使流速降低为零的过程称为绝热滞止过程。气体在绝热滞止时的状态为滞止状态，此时的状态参数称为滞止参数。

据能量方程式（8.4），任一截面上气体的焓和流动的动能之和恒为常数，即焓值随流速的减小而增大，在滞止点速度降为零，焓值达到最大值，称为滞止焓，用 h^* 表示，它等于流体的焓与动能的总和。

$$h^*=h_2+\frac{c_{f2}^2}{2}=h_1+\frac{c_{f1}^2}{2}=h+\frac{c_f^2}{2} \tag{8.9}$$

对于理想气体的比热容取定值时，式（8.9）可写成

$$c_p T^*=c_p T_1+\frac{c_{f1}^2}{2}=c_p T_2+\frac{c_{f2}^2}{2}=c_p T+\frac{c_f^2}{2} \tag{8.10}$$

则

$$T^*=T+\frac{c_f^2}{2c_p} \tag{8.11}$$

T^* 称为滞止温度，气流滞止时的压力称为滞止压力，用 p^* 表示，由绝热过程参数之间关系得

$$p^*=p\left(\frac{T^*}{T}\right)^{\frac{k}{k-1}} \tag{8.12}$$

8.3 喷管的计算

若已知气体在喷管进口截面处的状态参数和喷管出口截面外的工作压力，即背压 p_b，在给定流量等条件下进行喷管设计计算，选择喷管的外形及确定喷管的几何尺寸。

8.3.1 喷管截面的变化规律

喷管的设计应该使喷管在给定的进口状态和出口压力下，尽可能获得更多的动能。要求喷管的形状符合流动过程的规律，不产生任何能量损失，使气体在喷管中进行绝热流动，即定熵流动。这时喷管截面积的变化和气体流速变化、状态变化之间的关系，可由上述喷管流动基本方程式求得。

对于喷管定熵稳定流动过程，根据热力学第一定律和热力学第一定律解析式：

$$q = (h_2 - h_1) + \frac{1}{2}(c_{f2}^2 - c_{f1}^2)$$

$$q = (h_2 - h_1) - \int_1^2 v \mathrm{d}p$$

可得

$$\frac{1}{2}(c_{f2}^2 - c_{f1}^2) = -\int_1^2 v \mathrm{d}p \tag{8.13}$$

式（8.13）表明气体在膨胀中产生的技术功未向外传出，而是全部转变为气流的动能，这也正好符合了物理学的动能定理。

将式（8.13）写成微分形式为

$$c_f \mathrm{d}c_f = -v \mathrm{d}p \tag{8.14}$$

式（8.14）两侧乘以 $1/c_f^2$，右侧分子分母乘以 k、p 得

$$\frac{\mathrm{d}c_f}{c_f} = -\frac{kpv}{kc_f^2}\frac{\mathrm{d}p}{p} \tag{8.15}$$

利用声速公式及马赫数的定义式得

$$\frac{kpv}{kc_f^2} = \frac{c^2}{kc_f^2} = \frac{1}{kMa^2} \tag{8.16}$$

式（8.15）移项整理得

$$\frac{\mathrm{d}p}{p} = -kMa^2 \frac{\mathrm{d}c_f}{c_f} \tag{8.17}$$

从式（8.17）可见 $\mathrm{d}c_f$ 和 $\mathrm{d}p$ 的符号是始终相反的。因为压力降低时技术功为正，则气流动能增加，流速也增加；压力升高时技术功是负的，气流动能应减少，流速也应降低。

将可逆绝热过程方程式的微分式：

$$\frac{\mathrm{d}p}{p} + k\frac{\mathrm{d}v}{v} = 0$$

代入式（8.17），可得

$$\frac{\mathrm{d}v}{v} = Ma^2 \frac{\mathrm{d}c_f}{c_f} \tag{8.18}$$

最后将式（8.18）代入连续性方程式 $\frac{\mathrm{d}A}{A} + \frac{\mathrm{d}c_f}{c_f} - \frac{\mathrm{d}v}{v} = 0$，整理可得

$$\frac{\mathrm{d}A}{A} = (Ma^2 - 1)\frac{\mathrm{d}c_f}{c_f} \tag{8.19}$$

式 (8.19) 表明，喷管截面面积与气流速度之间的变化规律取决于 Ma。若使气流速度增加，此时 $dc_f>0$。

当 $Ma<1$ 时，即为亚声速流动时要求 $dA<0$，说明亚声速气流若要加速，其流经喷管的各个截面面积应逐渐收缩。这样的喷管称为渐缩喷管，如图 8.2 (a) 所示。

当 $Ma=1$ 时，气流速度等于声速，$dA=0$。

当 $Ma>1$ 时，若使气流速度增加则要求 $dA>0$，说明对于超声速气流若要加速，其流经喷管的各个截面面积应逐渐扩大。这样的喷管称为渐扩喷管，如图 8.2 (b) 所示。

由式 (8.19) 分析可知，通过渐缩喷管气流的最大速度只能达到声速。要想使气流速度由亚声速连续增加至超声速，其截面的变化应该是先收缩后扩大，即渐缩喷管后连接渐扩喷管，这样的喷管称为缩放喷管，也叫作拉伐尔喷管，如图 8.2 (c) 所示。气流在缩放喷管的渐缩部分时处于亚声速流动，在渐扩部分应处于超声速流动，其喉部截面是气流从 $Ma<1$ 向 $Ma>1$ 的转换面，所以喉部截面也叫临界截面，截面上各参数均称临界参数，临界参数用相应参数加下标 cr 表示，如临界压力 p_{cr}、临界温度 T_{cr}、临界比体积 v_{cr} 和临界流速 $c_{f,cr}$ 等。临界截面上 $c_{f,cr}=c$，即 $Ma=1$，所以

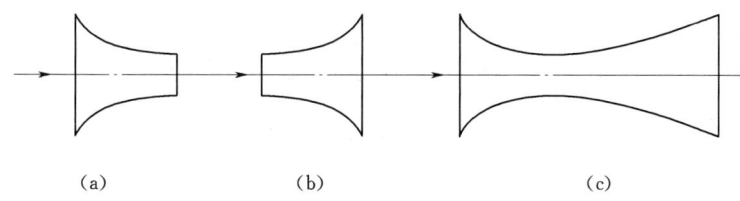

图 8.2 喷管示意图

$$c_{f,cr}=\sqrt{kp_{cr}v_{cr}} \tag{8.20}$$

从上述分析可知在渐缩喷管中气体流速的最大值只能达到当地声速，而且只可能出现在出口截面上；要使气体流速由亚声速转变到超声速，必须采用缩放喷管，缩放喷管的喉部截面是临界截面，其速度等于当地声速。

8.3.2 流速计算及其分析

1. 流速计算公式

据式 (8.9)，可得气体在喷管做绝热流动时任一截面上的流速计算式为

$$c_f=\sqrt{2(h^*-h)} \tag{8.21}$$

喷管出口截面流速为

$$c_{f2}=\sqrt{2(h^*-h_2)}=\sqrt{2(h_1-h_2)+c_{f1}^2} \tag{8.22}$$

式中：c_{f1} 和 c_{f2} 分别为喷管进、出口截面上的气流速度，m/s；h_1、h_2、h^* 分别为喷管进、出口截面上气流的焓值和滞止焓，J/kg。

一般情况下喷管进口流速 c_{f1} 与出口流速 c_{f2} 相比很小，可以忽略不计，则出口截面气体流速为

$$c_{f2}\approx\sqrt{2(h_1-h_2)} \tag{8.23}$$

式 (8.12) 是由能量方程式得出的，所以流动过程是否可逆及气体是理想气体还是实

际气体都是适用的。如果为理想气体可逆绝热流动，即定熵流动，则可根据定熵流动的过程方程式和始末参数间关系求得 T_2，从而求得出口截面上的速度 c_{f2}。

2. 状态参数对流速的影响

假定气体为定值比热容理想气体，且流动可逆，有 $h^* - h_2 = c_p(T^* - T_2)$，将 $c_p = \dfrac{kR_g}{k-1}$ 代入式（8.21）得

$$c_{f2} = \sqrt{\dfrac{2k}{k-1}R_g T^*\left(1 - \dfrac{T_2}{T^*}\right)} = \sqrt{\dfrac{2k}{k-1}R_g T^*\left[1 - \left(\dfrac{p_2}{p^*}\right)^{\frac{k-1}{k}}\right]} = \sqrt{\dfrac{2k}{k-1}p^* v^*\left[1 - \left(\dfrac{p_2}{p^*}\right)^{\frac{k-1}{k}}\right]}$$
(8.24)

可见喷管出口截面的流速取决于工质的性质，进口截面处工质的状态，以及进、出口截面处工质的压力比 p_2/p_1。当工质与进口截面处的状态确定时，喷管出口流速只取决于压力比 p_2/p_1，并且随 p_2/p_1 的减小而增大。当 $Ma=1$ 时的截面称为临界截面，该截面处的压力为临界压力 p_{cr}、流速为临界流速 $c_{f,cr}$。压力比 p_{cr}/p_1 称为临界压力比（如喷管入口初速不等于零，则临界压力比为 p_{cr}/p^*），用 β_{cr} 表示。临界流速计算公式为

$$c_{f,cr} = \sqrt{\dfrac{2k}{k-1}p^* v^*\left[1 - \left(\dfrac{p_{cr}}{p^*}\right)^{\frac{k-1}{k}}\right]} = \sqrt{k p_{cr} v_{cr}} \quad (8.25)$$

由过程方程式 $p^* v^{*k} = p_{cr} v_{cr}^k$，可求得临界压力比为

$$\beta_{cr} = \dfrac{p_{cr}}{p^*} = \left(\dfrac{2}{k+1}\right)^{\frac{k}{k-1}} \quad (8.26)$$

由于 $k = c_p/c_v$，可见临界压力比仅取决于气体的热力性质。当比热容为定值时，对于双原子理想气体：$k=1.4$，$\beta_{cr}=0.528$；三原子理想气体：$k=1.3$，$\beta_{cr}=0.546$；过热水蒸气：$k=1.3$，$\beta_{cr}=0.546$；干饱和水蒸气：$k=1.135$，$\beta_{cr}=0.577$。

临界压力比是喷管设计计算的一个重要参数，是选择喷管形状的重要依据。当 $p_2/p_1 \geqslant \beta_{cr}$（或 $p_2/p^* \geqslant \beta_{cr}$），即 $p_2 \geqslant p_{cr}$ 时，应选择渐缩喷管；当 $p_2/p_1 < \beta_{cr}$（或 $p_2/p^* < \beta_{cr}$），即 $p_2 < p_{cr}$ 时，应选择缩放喷管。

8.3.3　流量计算

由气体稳定流动的连续性方程 $q_m = \dfrac{Ac_f}{v}$ 可知气体通过喷管任何截面的质量流量都相等，所以可按任一个截面计算流量。但各种形式喷管的流量大小都受其最小截面控制，所以常常按最小截面（即收缩喷管的出口截面、缩放喷管的喉部截面）来计算流量，即

$$q_m = \dfrac{A_2 c_{f2}}{v_2} \quad \text{或} \quad q_m = \dfrac{A_{cr} c_{f,cr}}{v_{cr}}$$

式中：A_2、A_{cr} 分别为收缩喷管出口截面面积和缩放喷管喉部截面面积，m^2；c_{f2}、$c_{f,cr}$ 分别为收缩喷管出口截面上的速度和缩放喷管喉部截面上的速度，m/s；v_2、v_{cr} 分别为收缩喷管出口截面上气体的比体积和缩放喷管喉部截面上气体的比体积，m^3/kg。

假定气体工质为理想气体，比热容取定值，下面研究喷管中气体流量随工作参数变化

的关系。将式 (8.24) 和可逆绝热过程方程式 $p_1v_1^k=p_2v_2^k$ 代入式 $q_m=\dfrac{Ac_f}{v}$，化简整理后得

$$q_m=A_2\sqrt{\dfrac{2k}{k-1}p^*v^*\left[1-\left(\dfrac{p_2}{p^*}\right)^{\frac{k-1}{k}}\right]}/v_2 \tag{8.27}$$

由式 (8.27) 可知，当 A_2 及 p_1、v_1 保持不变，也即 A_2 和进口截面参数保持不变时，流量仅随出口截面压力与进口压力之比而变，如图 8.3 所示。

对于收缩喷管，当喷管出口截面外压力，即背压 p_b 从大于临界压力 p_{cr} 开始逐渐降低时，出口截面上的压力 p_2 也将逐渐下降并且在数值上与背压 p_b 相等，此时流量 q_m 逐渐增大；当背压等于临界压力时，即 $p_b=p_{cr}$，p_2 仍等于 p_b，此时 q_m 达到最大值，如图 8.3 所示。当背压 p_b 继续下降时，气流将要继续膨胀，气流的速度要增至超声速，气流的截面要逐渐扩大，而渐缩喷管不能提供气流膨胀所需的空间，所以出口截面压力 p_2 将不随之下降，仍维持等于 p_{cr}，q_m 也保持不变。所以气流在渐缩喷管中只能膨胀到 $p_2=p_{cr}$ 为止，出口截面上的流速也最大只能达到当地声速 $c_{f2}=c_{f,cr}=\sqrt{kp_{cr}v_{cr}}$。

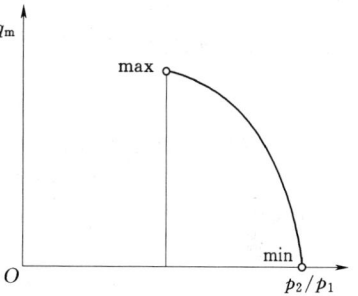

图 8.3 喷管流量 q_m

【例 8.1】 空气可逆绝热流经渐缩喷管时某截面上压力为 $p_x=280\text{kPa}$，温度为 $T_x=345\text{K}$，速度是 $c_{fx}=150\text{m/s}$，该截面面积为 $A_x=9.29\times10^{-3}\text{m}^2$，出口截面上 $Ma=1$，试求出口截面上压力、温度、面积 [空气作理想气体处理，比热容可取定值，$R_g=287\text{J}/(\text{kg}\cdot\text{K})$，$c_p=1004\text{J}/(\text{kg}\cdot\text{K})$]。

解：

$$c_x=\sqrt{kR_gT_x}=\sqrt{1.4\times287\times345}=372.32(\text{m/s})$$
$$Ma=c_{fx}/c_x=150/372.32=0.403$$
$$T^*=T_x+c_{fx}^2/(2c_p)=345+150^2/(2\times1004)=356.21(\text{K})$$
$$p^*=p_x(T^*/T_x)^{k/(k-1)}=280\times(356.21/345)^{1.4/(1.4-1)}=313.16(\text{kPa})$$

出口截面上 $Ma=1$，所以

$$p_2=p_{cr}=\beta_{cr}p^*=0.528\times313.16=165.35(\text{kPa})$$
$$T_2=T^*(p_2/p^*)^{(k-1)k}=356.21\times0.528^{(1.4-1)/1.4}=296.8(\text{K})$$
$$v_x=R_gT_x/p_x=287\times345/(280\times10^3)=0.353625(\text{m}^3/\text{kg})$$
$$v_2=R_gT_2/p_x=287\times296.8/(165.35\times10^3)=0.515(\text{m}^3/\text{kg})$$
$$q_m=A_xc_{fx}/v_x=9.29\times10^{-3}\times150/0.353625=3.941(\text{kg/s})$$
$$c_{f2}=\sqrt{kR_gT_2}=\sqrt{1.4\times287\times296.8}=345.33(\text{m/s})$$
$$A_2=q_mv_2/c_{f2}=3.941\times0.551/345.33=5.9\times10^{-3}(\text{m}^2)$$

【例 8.2】 已知燃气的 $c_p=1.089\text{kJ}/(\text{kg}\cdot\text{K})$，绝热指数 $k=1.36$，$R_g=0.287\text{kJ}/(\text{kg}\cdot\text{K})$，以流量 $G=4.5\text{kg/s}$ 流经一喷管进入压力为 $p_b=0.3\text{bar}$ 的空间。若进口压力

$p_1 = 1\text{bar}$，$T_1 = 1000\text{K}$，流速 $c_{f1} = 180\text{m/s}$，问：①应选择哪种形式的喷管？②若流动过程可逆，则出口截面上的流速和气体温度为多少？③该喷管的最小流通截面积是多少？

解：由于喷管入口处有初速，则先求出滞止参数：滞止温度 T^*，滞止压力 p^*。

$$T^* = T_1 + \frac{c_{f1}^2}{2c_p} = 1000 + \frac{180^2}{2 \times 1089} = 1015(\text{K})$$

$$p^* = p_1\left(\frac{T^*}{T_1}\right)^{\frac{k}{k-1}} = 1 \times 10^5 \times \left(\frac{1015}{1000}\right)^{\frac{1.36}{0.36}} = 1.058(\text{bar})$$

(1) 由于临界压力比 $\beta_{cr} = \left(\frac{2}{k+1}\right)^{\frac{k}{k-1}} = 0.535$，则临界压力 p_{cr} 为

$$p_{cr} = \beta_{cr} p^* = 0.535 \times 1.058 \times 10^5 = 0.566(\text{bar})$$

有临界压力 p_c 大于出口处背压力 p_b，为使燃气充分膨胀，应选择渐缩渐扩型喷管。

(2) 选择渐缩渐扩型喷管时，出口截面上的压力 $p_2 = p_b$。若流动过程可逆，则出口截面上的流速 c_{f2} 和气体温度 T_2 分别为

$$T_2 = T_1\left(\frac{p_2}{p_1}\right)^{\frac{k-1}{k}} = 1000 \times \left(\frac{0.3}{1}\right)^{\frac{0.36}{1.36}} = 727(\text{K})$$

$$c_{f2} = \sqrt{2c_p(T_1 - T_2) + c_{f1}^2} = \sqrt{2 \times 1.089 \times 1000 \times (1000 - 727) + 180^2} = 792.0(\text{m/s})$$

(3) 最小流通截面上的压力为 p_{cr}，最小流通截面上的流速 $c_{f,cr}$ 和气体温度 T_{cr} 分别为

$$T_{cr} = T_1\left(\frac{p_{cr}}{p_1}\right)^{\frac{k-1}{k}} = 1000 \times \left(\frac{0.566}{1}\right)^{\frac{0.36}{1.36}} = 860(\text{K})$$

$$c_{f,cr} = \sqrt{2c_p(T_1 - T_c) + c_{f1}^2} = \sqrt{2 \times 1.089 \times 1000 \times (1000 - 860) + 180^2} = 581(\text{m/s})$$

此时气体的比容为

$$v_{cr} = \frac{R_g T_{cr}}{p_{cr}} = \frac{0.287 \times 1000 \times 860}{0.566 \times 10^5} = 4.361(\text{m}^3/\text{kg})$$

由于最小流通截面上的质量流量 $G = A_{cr} c_{f,cr}/v_{cr}$，则

$$A_{cr} = Gv_{cr}/c_{f,cr} = 4.5 \times 4.361/581 = 0.0338(\text{m}^2)$$

【例 8.3】 储气罐内的温度 $T_1 = 383\text{K}$、压力 $p_1 = 5.0\text{MPa}$ 的空气经渐缩喷管流入背压 $p_b = 3.0\text{MPa}$ 的环境。设渐缩喷管的出口截面积 $A_2 = 30\text{mm}^2$，已知空气的质量气体常数 $R_g = 287\text{J}/(\text{kg}\cdot\text{K})$，定压比热容 $c_p = 1004\text{J}/(\text{kg}\cdot\text{K})$。求：①空气外射的速度及流量；②若初始条件不变，喷管不变，空气经渐缩喷管射入大气，大气环境压力 $p_0 = 0.1\text{MPa}$，求此时的渐缩喷管中空气外射流速及流量。

解：①首先确定喷管出口压力 p_2。

储气罐内压力和温度即为喷管进口截面压力和温度，则

$$p_{cr} = \beta_{cr} p_1 = 0.528 \times 5.0 = 2.64 \text{（MPa）}$$

因 $p_b = 3.0\text{MPa} > p_{cr} = 2.64\text{MPa}$，故 $p_2 = p_b = 3.0\text{MPa}$，则有喷管出口截面处空气温度 T_2 为

$$T_2 = T_1\left(\frac{p_2}{p_1}\right)^{\frac{k-1}{k}} = 383 \times \left(\frac{3.0}{5.0}\right)^{\frac{1.4-1}{1.4}} = 331.0(\text{K})$$

喷管出口截面处空气流速 c_{f2} 为
$$c_{f2} = \sqrt{2(h_1 - h_2)} = \sqrt{2c_p(T_1 - T_2)} = \sqrt{2 \times 1004 \times (383 - 331)} = 323.1 \text{(m/s)}$$
喷管出口截面处空气比容 v_2 为
$$v_2 = \frac{R_g T_2}{p_2} = \frac{287 \times 331.0}{3 \times 10^6} = 0.0317 \text{(m}^3\text{/kg)}$$
喷管出口截面处空气流量 q_{m2} 为
$$q_{m2} = \frac{A_2 c_{f2}}{v_2} = \frac{30 \times 10^{-6} \times 323.1}{0.0317} = 0.3058 \text{(kg/s)}$$

② 因 $p_b < p_{cr}$,所以 $p_2 = p_{cr} = 2.64 \text{MPa}$,则有

喷管出口截面处空气温度 T_2 为
$$T_2 = T_1 \left(\frac{p_2}{p_1}\right)^{\frac{k-1}{k}} = 383 \left(\frac{2.64}{5.0}\right)^{\frac{1.4-1}{1.4}} = 383 \times 0.528^{\frac{1.4-1}{1.4}} = 319.1 \text{(K)}$$

喷管出口截面处空气流速 c_{f2} 为
$$c_{f2} = \sqrt{2c_p(T_1 - T_2)} = \sqrt{2 \times 1004 \times (383 - 319.1)} = 358.2 \text{(m/s)}$$

喷管出口截面处空气比容 v_2 为
$$v_2 = \frac{R_g T_2}{p_2} = \frac{287 \times 319.1}{2.64 \times 10^6} = 0.0347 \text{(m}^3\text{/kg)}$$

喷管出口截面处空气流量 q_{m2} 为
$$q_m = \frac{A_2 c_{f2}}{v_2} = \frac{30 \times 10^{-6} \times 358.2}{0.0347} = 0.3097 \text{(kg/s)}$$

8.4 绝 热 节 流

流体在流经阀门、孔板流量计等设备时其压力将会降低,这种流动过程称为节流现象。如果在节流过程中流体与外界没有热量交换,称为绝热节流。

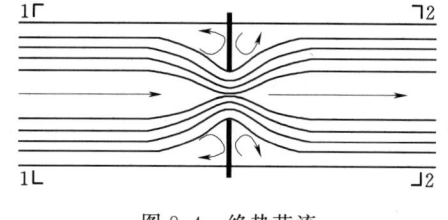

图 8.4 绝热节流

节流过程中存在耗散效应,是不可逆过程。流体流经节流孔口的前后时存在着强烈的扰动及涡流,分析孔口附近的流动状况具有一定难度。在距离孔口两侧一定距离的两个截面,如图 8.4 中截面 1—1 和截面 2—2,流体为平衡状态。在绝热及忽略位能变化的条件下,由稳定流动能量方程式可得

$$h_1 + \frac{1}{2}c_{f1}^2 = h_2 + \frac{1}{2}c_{f2}^2$$

流体在距孔口两侧一定距离的两个截面上的流动速度相差较小,即动能差与焓差相差较小,动能差可以忽略不计,可得

$$h_1 = h_2 \tag{8.28}$$

式 (8.28) 表明,流体经节流过程后其焓值仍为原值,但不能把节流过程看作定焓的

流动过程。也就是说并不是截面 1—1 和截面 2—2 截面间的不同截面其焓值都相等,因为这时的流动状态处于不平衡状态,不能确定截面的焓值。

绝热节流虽然是绝热过程,但它是不可逆过程,存在耗散效应,过程中有熵产,经节流后的熵值应增大。

根据热力学普遍关系式 $Tds = dh - vdp$,考虑到绝热节流前后气体的焓不变,可以按可逆的定焓过程来确定节流前后气体熵的变化。当 $dh = 0$ 时,可以得到

$$s_2 - s_1 = \int -\frac{v}{T} dp \tag{8.29}$$

绝热节流前后气体压力降低,故绝热节流前后气体熵增加,即 $s_2 > s_1$。

*8.5 有摩阻的绝热流动

前面所讨论的是气流在喷管内的可逆绝热流动,即忽略了流动过程的不可逆损失。对于在喷管内的实际流动,由于存在摩擦将发生能量耗散,摩擦损耗的能量转化为热能被气流所吸收,使其焓值比可逆流动的焓值有所增大,即 $h_{2'} > h_2$。

对于气体流经喷管的稳定流动能量方程式并不要求过程是否是可逆流动,也可用于气体的不可逆绝热流动,能量方程式为

$$h^* = h_1 + \frac{1}{2}c_{f1}^2 = h_2 + \frac{1}{2}c_{f2}^2 = h_{2'} + \frac{1}{2}c_{f2'}^2 \tag{8.30}$$

式中:h^* 为滞止焓;h_1、h_2 分别为气流可逆绝热流动时在喷管进、出口截面上的焓值;$\frac{1}{2}c_{f1}^2$、$\frac{1}{2}c_{f2}^2$ 分别为气流可逆绝热流动时在喷管进、出口截面上的动能;$h_{2'}$ 和 $\frac{1}{2}c_{f2'}^2$ 分别为气流不可逆绝热流动时在喷管出口截面上的焓值和动能。

因为 $h_{2'} > h_2$,所以不可逆流动出口动能将小于可逆流动出口动能,其减小量等于焓值的增大量,即

$$h_{2'} - h_2 = \frac{1}{2}c_{f2}^2 - \frac{1}{2}c_{f2'}^2 \tag{8.31}$$

通常采用喷管出口的实际流动动能和定熵流动出口的流动动能之比,作为衡量喷管中能量转换完善程度的指标,称为喷管效率 η_N,即

$$\eta_N = \frac{c_{f2'}^2}{c_{f2}^2} \tag{8.32}$$

式中:$c_{f2'}$ 为气流不可逆绝热流动时在喷管出口截面上的速度;c_{f2} 为理想可逆流动时喷管出口处的流速。

按能量转换关系,喷管效率 η_N 也可表示为

$$\eta_N = \frac{h^* - h_{2'}}{h^* - h_2} \tag{8.33}$$

工程上常把实际出口流速与定熵流动的出口流速之比值称为流速系数 φ,即

$$\varphi = \frac{c_{f2'}}{c_{f2}} \tag{8.34}$$

工程上也常采用能量损失系数 ζ 来表示气流在喷管出口处速度的下降和动能的减少，即

$$\zeta = \frac{损失的动能}{理想动能} = \frac{c_{f2}^2 - c_{f2'}^2}{c_{f2}^2} = 1 - \varphi^2 \tag{8.35}$$

流速系数一般在 0.92~0.98 之间，以喷管的型式、材料及加工精度等而定。计算时可先按理想情况求出喷管出口截面速度 c_{f2}，再根据流速系数 φ 的定义式求得 $c_{f2'}$。

思 考 题

8.1　当地声速就是本地区的声速，这种说法对吗？

8.2　对收缩喷管进行计算时一定要考虑出口截面外的背压，为什么？

8.3　收缩喷管出口截面上工质的压力最低可达临界压力，此说法是否正确？为什么？

8.4　当马赫数小于 1 时，为得到超声速气流，喷管应做成什么形状？当马赫数大于 1 时，为使气流速度增加，喷管又应做成什么形状？

8.5　绝热节流是等焓流动过程，这种说法对吗？为什么？

习　题

8.1　滞止压力为 0.7MPa、滞止温度为 360K 的空气，可逆绝热流经一收缩喷管，在喷管截面积为 2.6×10^{-3} m² 处，气流的马赫数为 0.6。若喷管背压为 0.4MPa，求喷管的出口截面积 A_2。空气的比热容取定值，$c_p = 1.004$ kJ/(kg·K)。

8.2　某种混合气体 $R_g = 0.3183$ kJ/(kg·K)，$c_p = 1.159$ kJ/(kg·K)，以 810℃、0.7MPa 及 100m/s 的速度流入一绝热收缩喷管，若喷管背压 $p_b = 0.2$ MPa、速度系数 $\varphi = 0.92$、喷管出口截面积为 2400mm²，求喷管流量及摩擦引起的做功能力损失。($T_0 = 300$ K)

8.3　压力 $p_1 = 0.5$ MPa，温度 $t_1 = 80$ ℃，速度忽略不计的空气稳定流入渐缩喷管，喷管出口处压力为 $p_2 = 0.3$ MPa。喷管后接水平放置的等截面管道，测得直管道出口截面处空气流的压力 $p_3 = 0.27$ MPa，温度 $t_3 = 15$ ℃。求：

(1) 喷管出口处空气的温度和流速。

(2) 平直管道出口处空气的流速。

(3) 平直管道与外界交换的热量。

8.4　空气可逆绝热流经某个缩放喷管，进口截面的压力为 0.73MPa，温度为 180℃，截面面积为 268cm²，速度近似为零。出口截面上的压力为 0.22MPa，质量流量为 1.63kg/s。求：

(1) 喷管喉部与出口截面的面积。

(2) 空气在出口截面上的流速。

8.5　水蒸气以 95m/s 的速度流入喷管，进口截面处的压力和温度分别为 3.63MPa 和 462℃，可逆绝热膨胀到 2.48MPa 时流出喷管。试确定喷管的形状与尺寸。

第 9 章 气体或蒸汽压缩循环

用来压缩气体的设备叫压气机。气体经压气机消耗机械能被压缩，压力升高，称为压缩气体，它在工程上有广泛的用途，如各种气动机械的动力、颗粒物料气力输送、大中型内燃机的高压空气启动、冶金炉鼓风、高压氧舱、制冷工程以及化学工业中对气体或蒸汽的压缩等。

压气机按其工作原理及构造可分为活塞式压气机、叶轮式压气机（离心式、轴流式、回转容积式）以及引射式压缩器；按其产生压缩气体的压力范围，习惯上常分为通风机（<115kPa）、鼓风机（115～350kPa）和压气机（>350kPa）。

采用活塞式压气机和叶轮式压气机进行气体压缩，其工作原理虽然不同，但从热力学观点来看，气体状态变化过程并没有本质的不同，都是消耗机械能，使气体压缩升压的过程，在正常工况下都可以视为稳定流动过程。气体压缩循环都为开式循环，即吸入的空气在消耗轴功后被压缩，然后以高压气体形式排入储气罐，而下一循环要另行吸入新鲜空气。

9.1 活塞式气体压缩循环

9.1.1 单级活塞式气体压缩循环

1. 工作原理

图 9.1 为单级活塞式压气机的示意图。在实际的活塞式压气机中，因为制造公差、金属材料的热膨胀及安装进排气阀等零件的需要，当活塞运动到行程始点（上死点）位置时，在活塞顶面与气缸盖间留有一定的空隙，该空隙的容积称为余隙容积。

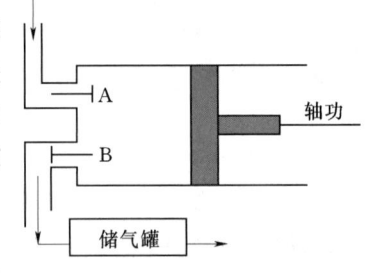

图 9.1 单级活塞式压气机

单级活塞式气体压缩过程可分为 3 个阶段：

（1）吸气过程。当活塞自行程终点向右移动时，进气阀 A 开启，排气阀 B 关闭，初态为 p_1、T_1 的气体被吸入气缸。活塞到达行程始点位置时进气阀 A 关闭，吸气过程完毕。气体自缸外被吸入缸内的整个吸气过程中状态参数 p_1、T_1 没有变化，但质量不断增加。

（2）气体压缩过程。吸气完毕后，进气阀 A、排气阀 B 均关闭，活塞在外力的推动下自行程始点位置向左运动，缸内气体被压缩升压，直到缸内气体压力升高到预定压力为止。在压缩过程中气体质量不变，状态参数由 p_1、T_1 变为 p_2、T_2。

（3）排气过程。气体压缩过程结束后，排气阀 B 被顶开，活塞继续左行把压缩气体排至储气罐或输送管道，直到行程终点，排气完毕。排气过程中气体的热力状态 p_2、T_2 没有变化。

活塞每往返 1 次、完成以上 3 个过程,从而完成了单级活塞式气体压缩循环。压气机不停地进行气体压缩循环就可源源不断地向储气罐输出压缩气体。

若忽略余隙容积,则整个气缸容积均为工作容积,并假定气体压缩过程是可逆的,气体流过进气阀 A、排气阀 B 时没有阻力损失,则气缸中排气压力等于储气罐压力。在这些假定条件下的气体压缩工作过程称为理论气体压缩过程(或理论气体压缩循环)。

图 9.2 为理论气体压缩循环示意图,其中 4—1 为气体吸入气缸;1—2 为气体在缸内气体压缩;2—3 为缸内气体被排出,输向储气罐。且 4—1 和 2—3(即进气和排气过程)都不是热力过程,只是气体的移动过程,气体状态不发生变化,缸内气体的数量发生变化;1—2 是热力过程,气体的参数发生变化。气体压缩过程的耗功可由图 9.2 中过程线 1—2 与 p 轴所包围的面积表示。

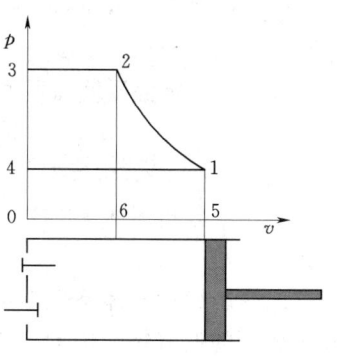

图 9.2 理论气体压缩循环

气体压缩过程有两种极限情况:

(1) 绝热压缩过程。气体压缩过程进行极快,气缸散热较差,气体与外界的换热可以忽略不计,如图 9.3 中 1—2s 所示。

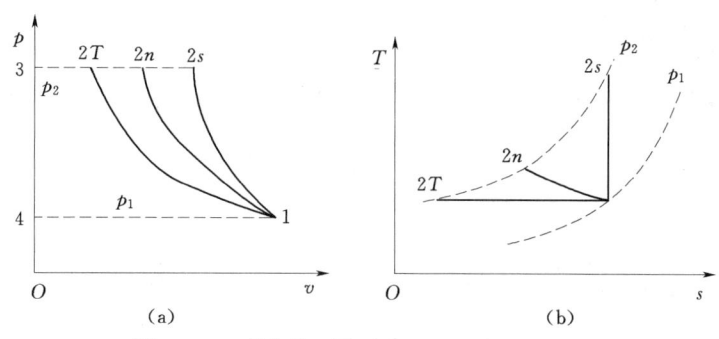

图 9.3 三种气体压缩过程 p-v 图和 T-s 图

(2) 定温压缩过程。气体压缩过程进行得十分缓慢,且气缸散热条件良好,被压缩气体的温度始终保持与初温相同,如图 9.3 中 1—2T 所示。

基于单级活塞式的气体实际压缩过程通常在上述两者之间,压缩过程中有热量传出,气体温度也有所升高,即实际压缩过程是 n 介于 1 与 k 之间的多变过程,如图 9.3 中 1—2n 所示。

2. 气体压缩循环的理论耗功

气体压缩循环过程包括气体的流入、压缩和输出,所以气体压缩循环的理论耗功应以技术功进行计算。通常用符号 W_c 表示气体压缩循环的理论耗功,并令 $W_c = -W_t$。对 1kg 工质,可写成 $w_c = -w_t$。

因此,气体压缩循环的理论耗功多少因压缩过程不同而异,可根据具体过程进行相应计算。

(1) 可逆绝热压缩循环理论耗功 w_{cs} 为
$$w_{cs}=-w_{ts}=k(p_2v_2-p_1v_1)/(k-1)=kR_gT_1[(p_2/p_1)^{(k-1)/k}-1]/(k-1) \quad (9.1)$$
(2) 可逆多变压缩循环理论耗功 w_{cn} 为
$$w_{cn}=-w_{tn}=n(p_2v_2-p_1v_1)/(n-1)=nR_gT_1[(p_2/p_1)^{(n-1)/n}-1]/(n-1) \quad (9.2)$$
(3) 可逆定温压缩循环理论耗功 w_{cT} 为
$$w_{cT}=-w_{tT}=-R_gT_1\ln(v_2/v_1)=R_gT_1\ln(p_2/p_1) \quad (9.3)$$

式（9.1）～式（9.3）中，p_2/p_1 是压缩过程中气体终压和初压之比，称为增压比，用 π 表示。分析图 9.3（a）、(b)，容易得出：$w_{cs}>w_{cn}>w_{cT}$，$T_{2s}>T_{2n}>T_{2T}$，$v_{2s}>v_{2n}>v_{2T}$。

绝热压缩后气体不但温度升高较多，不利于压气机安全运行；而且比容较大，需要容积较大的储气罐。因此，应尽量减小气体压缩过程的多变指数 n，使气体压缩过程接近于定温过程。但是，活塞式气体压缩过程较难成为定温过程，通常，多变指数 $n=1.2\sim1.3$。

【例 9.1】 空气为 $p_1=1\text{bar}$，$T_1=323\text{K}$，$V_1=0.1\text{m}^3$，按多变过程压缩至 $p_2=8\text{bar}$，$V_2=0.02\text{m}^3$。试求：

(1) 多变指数。
(2) 压气机消耗功。
(3) 压缩终点空气温度。
(4) 压缩过程中传出的热量。

解：（1）多变指数。根据 $p_1V_1^n=p_2V_2^n$，可得
$$n=\frac{\ln\dfrac{p_2}{p_1}}{\ln\dfrac{V_1}{V_2}}=\frac{\ln\dfrac{8}{1}}{\ln\dfrac{0.1}{0.02}}=1.292$$

(2) 压气机的耗功为
$$W_c=-W_t=\frac{n}{n-1}(p_2V_2-p_1V_1)$$
$$=1.292\times(8\times0.02-1\times0.1)\times10^5/(1.292-1)$$
$$=26.548(\text{kJ})$$

(3) 压缩终温。根据 $p_1V_1^n=p_2V_2^n$，可得
$$T_2=T_1\left(\frac{p_2}{p_1}\right)^{(n-1)/n}=323\times\left(\frac{8}{1}\right)^{(1.292-1)/1.292}=516.8(\text{K})$$

(4) 压缩过程传热量。根据题设可知空气质量 m 为
$$m=\frac{p_1V_1}{R_gT_1}=\frac{1\times10^5\times0.1}{287\times323}=0.108(\text{kg})$$

根据能量方程，有
$$Q=\Delta H+W_t=mc_p(T_2-T_1)-W_c$$

$$= 0.108 \times 1.004 \times (516.8 - 323) - 26.548$$
$$= -5.534 (\text{kJ})$$

9.1.2 余隙容积对气体压缩循环的影响

图 9.4 是考虑了余隙容积后的气体压缩循环示功图。图 9.4 中 V_c 表示余隙容积（$V_c = V_3$），V_h 是活塞从行程始点（上死点）运动到行程终点（下死点）时活塞扫过的容积，称为气缸排量。图 9.4 中 1—2 为压缩过程，2—3 为排气过程，3—4 为余隙容积 V_c 中剩余气体的膨胀过程，4—1 为有效进气过程。

1. 对产气量的影响

由图 9.4 可以看出，由于余隙容积 V_c 的影响，使活塞在右行之初，因余隙容积内所剩余的气体压力大于压气机进气口处环境气体压力而不能进气，直到气缸余隙容积 V_c 内气体因膨胀而压力小于压气机进气口处环境气体压力时（即余隙容积内气体体积膨胀到 V_4 时）才开始进气。气缸实际进气容积 V 称为有效吸气容积，$V = V_1 - V_4$。可见，余隙容积 V_c 的存在导致 V_4 容积不起压缩作用。

因此，有效吸气容积 V 小于气缸排量 V_h，两者之比称为容积效率，以 η_v 表示，即

$$\eta_v = V/V_h \tag{9.4}$$

如图 9.5 所示，在相同的余隙容积 V_c 下，如增压比 π 增大，则有效吸气容积 V 减小，容积效率 η_v 降低，达到某一极限时将完全不能进气。

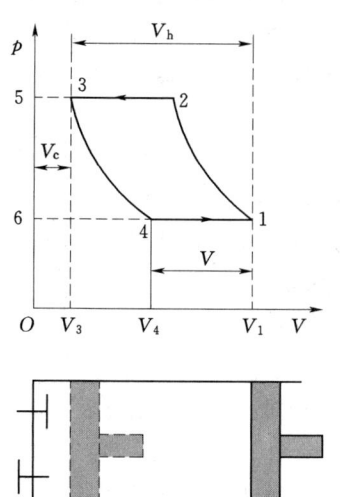
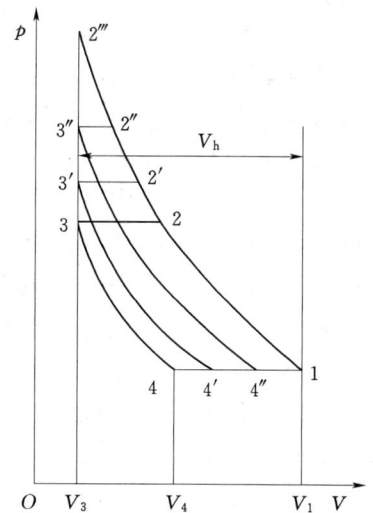

图 9.4　气体压缩循环实际示功图　　图 9.5　余隙容积对气体压缩循环影响

令 $\sigma = V_c/V_h$ 称为余隙容积百分比（或余隙比）。假设气体压缩过程 1—2 和余隙容积中气体膨胀过程 3—4 都是多变过程，且多变指数相等，均为 n，则容积效率 η_v 与增压比 π 的关系可表示为

$$\eta_v = \frac{V}{V_h} = \frac{V_1 - V_4}{V_1 - V_3} = \frac{(V_1 - V_3) - (V_4 - V_3)}{V_1 - V_3} = 1 - \frac{V_4 - V_3}{V_1 - V_3}$$
$$= 1 - \sigma[(p_3/p_4)^{1/n} - 1] = 1 - \sigma[(p_2/p_1)^{1/n} - 1]$$

$$=1-\sigma[\pi^{1/n}-1] \tag{9.5}$$

可见，当余隙容积百分比 σ 和多变指数 n 一定时，增压比 π 越大，则容积效率 η_v 越低，且当 π 增加到某一值时容积效率 $\eta_v=0$；当增压比 π 一定时，余隙容积百分比 σ 越大，容积效率 η_v 越低。

2. 对理论耗功的影响

由图 9.4 可知，气体压缩循环的理论耗功 W_c＝面积 12561－面积 43564，则

$$W_c = \frac{n}{n-1}p_1V_1\left[\left(\frac{p_2}{p_1}\right)^{\frac{n-1}{n}}-1\right] - \frac{n}{n-1}p_4V_4\left[\left(\frac{p_3}{p_4}\right)^{\frac{n-1}{n}}-1\right]$$

由于 $p_1=p_4$、$p_3=p_2$、$V=V_1-V_4$，所以有

$$W_c = \frac{n}{n-1}p_1(V_1-V_4)\left[\left(\frac{p_2}{p_1}\right)^{\frac{n-1}{n}}-1\right] = \frac{n}{n-1}p_1V\left[\left(\frac{p_2}{p_1}\right)^{\frac{n-1}{n}}-1\right]$$

$$= \frac{n}{n-1}mR_gT_1(\pi^{\frac{n-1}{n}}-1) \tag{9.6}$$

式中：V 为有效吸气容积；π 为增压比；m 为压气机生产的压缩气体的质量。

如 1kg 质量气体被压缩时，式 (9.6) 可写为

$$w_c = \frac{n}{n-1}R_gT_1(\pi^{\frac{n-1}{n}}-1) \tag{9.7}$$

可见考虑余隙容积时，对于相同增压比的 1kg 质量相同的同种压缩气体，理论上所消耗的功与无余隙容积时相同。但余隙容积的存在会使容积效率降低。因此，在理论上若需压缩同样数量的气体，有余隙容积时必须使用有较大气缸的机器，这显然是不利的，而且这一有害影响将随着增压比的增大而加剧。

9.1.3 气体多级压缩及级间冷却

气体压缩完毕，温度过高将影响气缸润滑油的性能（要求润滑油温度 $t<160\sim180℃$），并可能造成运行事故。因此，各种气体的压气机对气体压缩终点温度都有相应的限定值。此外，增压比 π 越大，气体压缩终点温度越高。

前面分析表明，气体以等温压缩时最为有利，因此，应设法使气体压缩过程的多变指数 n 减小。其主要措施有：

(1) 水套冷却。采用水套冷却是改善气体压缩过程效果的有效方法，但在转速高、气缸尺寸大的情况下，其效果不明显。

(2) 多级压缩及级间冷却。为避免单级压缩因增压比太高而影响容积效率，常采用多级压缩、级间冷却的方法。

气体分级压缩及级间冷却的基本工作原理：气体逐级在不同气缸中被压缩，每经过一次压缩以后就在中间冷却器中被定压冷却到压缩前的温度，然后进入下一级气缸继续被压缩。如图 9.6 所示，吸入的气体首先在低压缸被压缩（如 1—2 过程）；接着，低压缸中被压缩完毕的压缩气体被排出，并流经冷却器进行定压放热（如 2—3 过程），且满足 $T_3=T_1$；然后，经冷却器冷却后的压缩气体进入高压缸被压缩（如 3—4 过程）；最后，高压缸压缩完毕的气体被排出并输入储气罐。与不分级压缩时所消耗功相比，分级压缩所消耗功（等于两个气缸单独消耗功之和）可节省图 9.6 (c) 中阴影部分 23452 所示的那一块

面积。以此类推,分级越多,逐级采取中间冷却时理论上可节省更多的功。

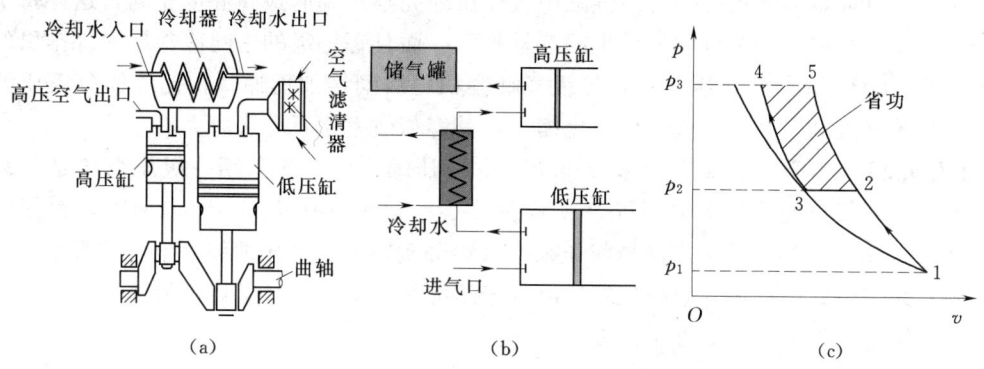

图 9.6 气体两级压缩及中间冷却示意图

理论上,气体被无数级压缩时可趋近定温压缩。但由于受机构复杂、机械摩擦损失和流动阻力等不可逆损失亦将随之增大等限制,实际上视增压比之大小,一般分为两级、三级,最多四级。

采用两级压缩及级间冷却时,最有利的中间压力是使两个气缸中所消耗的功的总和为最小的压力,它可以从消耗功的公式中求得。因余隙容积对理论耗功无影响,故不计余隙容积。同时设中间冷却器能使气体得到最有效的冷却,气体的温度能达到 $T_3=T_1$。又设两级多变指数 n 相同,则

$$w_c = w_{cL} + w_{cH} = \frac{n}{n-1}R_g T_1\left[\left(\frac{p_2}{p_1}\right)^{\frac{n-1}{n}} - 1\right] + \frac{n}{n-1}R_g T_3\left[\left(\frac{p_3}{p_2}\right)^{\frac{n-1}{n}} - 1\right]$$

$$= \frac{n}{n-1}R_g T_1\left[\left(\frac{p_2}{p_1}\right)^{\frac{n-1}{n}} + \left(\frac{p_3}{p_2}\right)^{\frac{n-1}{n}} - 2\right] \tag{9.8}$$

式中:w_{cL} 为低压缸消耗功;w_{cH} 为高压缸消耗功。对 p_2 求导并使之等于零,可得到最有利的中间压力为

$$p_2 = \sqrt{p_1 p_3} \quad \text{或} \quad \frac{p_2}{p_1} = \frac{p_3}{p_2} \tag{9.9}$$

如果采用 m 级压缩,各级压力分别为 p_1、p_2、$\cdots$、p_m、p_{m+1},每级中间冷却器都将气体冷却到初始温度,则气体多级压缩及中间冷却所消耗总功最小时各中间压力应满足:

$$\frac{p_2}{p_1} = \frac{p_3}{p_2} = \cdots = \frac{p_m}{p_{m-1}} = \frac{p_{m+1}}{p_m} \tag{9.10}$$

显然,各级的增压比 π_i 应相同,各级气体压缩所消耗功均相同,则

$$\pi = \pi_i = \sqrt[m]{\frac{p_{m+1}}{p_1}} \qquad i = 1,2,\cdots,m \tag{9.11}$$

$$w_{c1} = w_{c2} = \cdots = w_{cm} = \frac{n}{n-1}R_g T_1[\pi^{(n-1)/n} - 1] \tag{9.12}$$

压气机所消耗的总功为

$$w_c = \sum_{i=1}^{m} w_{ci} = m\frac{n}{n-1}R_g T_1[\pi^{(n-1)/n} - 1] \tag{9.13}$$

可见，气体多级压缩及级间冷却还具有以下有利效果：①每级气体压缩所消耗功相等有利于压气机曲轴的平衡；②各级气缸中气体压缩完毕达到的最高温度相同，这样每个气缸的温度条件相同；③每级向外排出的热量相等，而且每一级的中间冷却器向外排出的热量也相等；④在 m 级气体压缩中，各级气缸容积随级间增加而递减；⑤气体分级压缩对提高容积效率有利，在每一级中增压比缩小，其容积效率比不分级时大。

【例 9.2】 实验室需要压力 $p_2=6.0\text{MPa}$ 的压缩空气，应采用一级压缩还是两级压缩？若采用两级压缩，最佳中间压力 p 应为多少？设大气压力 $p_1=0.1\text{MPa}$，大气温度 $T_1=293\text{K}$，$n=1.25$，采用中冷器将压缩空气冷却到初温，求压缩终了空气的温度 T_2'。

解： 采用一级压缩还是两级压缩，决定于压缩终温是否超过了规定值。
如采用了一级压缩，则终了温度 T_2 为

$$T_2 = T_1 \left(\frac{p_2}{p_1}\right)^{(n-1)/n} = 293 \times \left(\frac{6}{0.1}\right)^{(1.25-1)/1.25} = 664.5(\text{K})$$

显然超过了润滑油允许温度，所以应采用两级压缩中间冷却。最佳中间压力 p 为

$$p = \sqrt{p_1 p_2} = \sqrt{0.1 \times 6} = 0.7746(\text{MPa})$$

两级压缩后的终温 T_2' 则为

$$T_2' = T_1 \left(\frac{p}{p_1}\right)^{(n-1)/n} = 293 \times \left(\frac{0.7746}{0.1}\right)^{(1.25-1)/1.25} = 441(\text{K})$$

9.2 叶轮式气体压缩循环

由于活塞式气体压缩循环中转速不高、间隙性吸气、间隙性排气和余隙容积的影响，单位时间内产气量小。而叶轮式气体压缩循环转速较高，能连续不断地吸气和排气，也没有余隙容积，故其产气量大。但也存在以下缺点：①每级的增压比小，如要得到较高的压力，则需级数较多；②因气流速度相当高，容易造成较大的摩擦损耗，故对叶轮式压气机的设计和制造的技术水平要求较高。

叶轮式压气机分径流式（即离心式）与轴流式两种型式。离心式压气机适用于中小型生产量，高转速，但效率稍低。轴流式压气机则结构紧凑，便于安排较多的级数，且效率较高，适宜于大流量的场合。

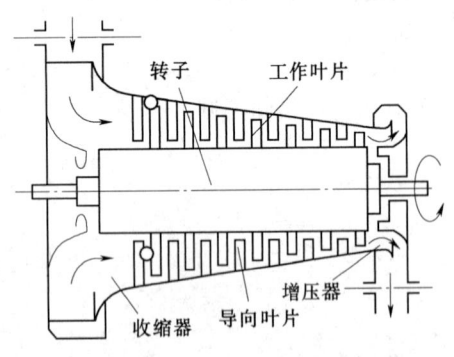

图 9.7 轴流式压气机的构造示意图

图 9.7 为轴流式压气机的构造示意图。气体流入轴流式压气机，经收缩器时流速得到初步提高，进口导向叶片使气流改为轴向，同时还起增压作用（即通过动能减小使压力得到提高）。转子由外力带动，作高速转动，固装其上的工作叶片（亦称动叶片）推动气流，使气流获得很高的流速。高速气流进入固装在机壳上的导向叶片（亦称定叶片）间的通道，使气流的动能降低而压力提高，相邻导向叶片间的通道相当于一个增压器（可参考第 12 章增压器方面内容）。气流经

过每一级（由一排工作叶片和一排导向叶片所构成）时连续进行类似的过程，使气体的压力逐级提高，最后经增压器从出口排出。流经增压器时，气流的余速亦有一部分被利用而提高其压力。

对叶轮式气体压缩循环过程作热力学分析时，如果忽略与环境的热交换，则气体压缩过程可视为绝热的，如图9.8中1—2s所示。但实际压缩过程有相当大的摩擦损失，是不可逆的绝热压缩过程，过程中气体的比熵增大。

理想气体压缩实际过程和水蒸气的压缩实际过程分别如图9.8（a）、（b）中虚线1—2′所示，其所需要的功 w_c' 为

$$w_c' = h_{2'} - h_1 \tag{9.14}$$

实际压缩多耗功 Δw_c 为

$$\Delta w_c = w_c' - w_{cs} = h_{2'} - h_{2s} \tag{9.15}$$

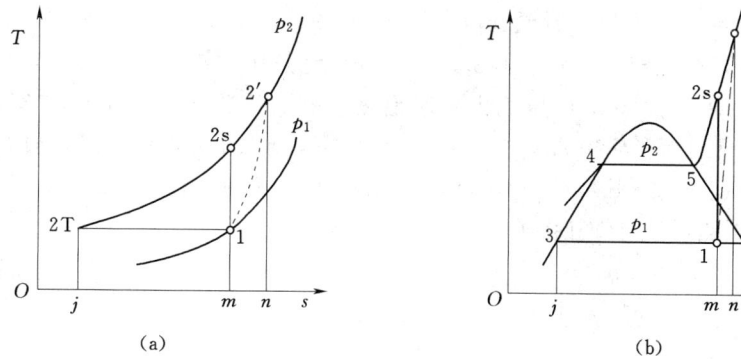

图9.8　叶轮式压气机的压缩过程

9.3 气体压缩效率

不管活塞式气体压缩循环还是叶轮式气体压缩循环，由于气体内部总存在摩擦阻力、扰动等现象，故实际过程是不可逆的，如图9.9所示。实际的压缩终点2′、2″虽然与可逆的压缩终点2s、2T处于同一定压线 p_2 上，但实际的压缩终点的比熵 s_4、s_2 都比相应的可逆过程压缩终点的比熵 s_3、s_1 要大一些。气体压缩过程不可逆损耗的程度可以采用气体压缩效率表示。

在不冷却情况下，常采用绝热效率来衡量气体压缩过程的优劣。把压缩前气体状态相同、压缩后气体的压力也相同的可逆绝热压缩消耗功 w_{cs} 与不可逆绝热压缩消耗功 w_c' 之比称为绝热压缩效率（也称压气机绝热内效率），以 η_{cs} 表示为

$$\eta_{cs} = \frac{w_{cs}}{w_c'} = \frac{h_{2s} - h_1}{h_{2'} - h_1} \tag{9.16}$$

若为理想气体，且比热容为定值，则

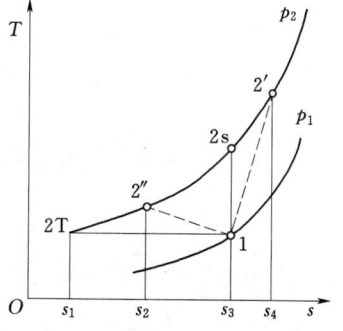

图9.9　不可逆气体压缩过程

$$\eta_{cs} = \frac{T_{2s} - T_1}{T_{2'} - T_1} \tag{9.17}$$

然而，不管活塞式气体压缩循环还是叶轮式气体压缩循环都应尽可能采用冷却措施，力求接近定温压缩。工程上通常采用定温压缩效率来作为气体压缩循环性能优劣的指标。当压缩前气体的状态相同、压缩后气体的压力相同时，可逆定温压缩过程所消耗的功 w_{cT} 和实际压缩过程所消耗的功 w'_c 之比，称为压气机的定温效率，用 η_{cT} 表示，即

$$\eta_{cT} = \frac{w_{cT}}{w'_c} = \frac{h_{2T} - h_1}{h_{2'} - h_1} \tag{9.18}$$

需要指出的是，压气机本身机构的相对运动产生的摩擦阻力损失（活塞式的机械效率为80%～90%，叶轮式的机械效率为95%～98%），使拖动压气机所消耗的功率总是大于理论压缩功率。因此，常引入压气机效率作总的修正，即

$$\text{压气机效率} = \text{理论压缩功率}/\text{实际拖动压气机消耗功率} \tag{9.19}$$

【例9.3】 叶轮式压缩机，氮气进口参数为 $p_1 = 97.2\text{kPa}$，$T_1 = 293\text{K}$，出口压力 $p_2 = 311.11\text{kPa}$，进口处氮气流量 $q_v = 113.3\text{m}^3/\text{min}$，绝热压缩效率 $\eta_{cs} = 0.80$，略去进出口动能差和位能差，求：①1min内压气机可逆绝热压缩的耗功量；②1min内实际耗功量；③1min内由于不可逆而多耗功 Δw_c；④若 $T_0 = 290\text{K}$，求1min内做功能力损失 ΔA_L。已知氮气 $c_p = 1.038\text{kJ}/(\text{kg} \cdot \text{K})$，$R_g = 0.297\text{kJ}/(\text{kg} \cdot \text{K})$，$k = 1.4$。

解：(1) 根据题设，可知压缩终温 T_2 可表示为

$$T_2 = T_1 \left(\frac{p_2}{p_1}\right)^{\frac{k-1}{k}} = 293 \times \left(\frac{311.11}{97.2}\right)^{\frac{1.4-1}{1.4}} = 408.5(\text{K})$$

氮气进口比容 v_1 为

$$v_1 = \frac{R_g T_1}{p_1} = \frac{297 \times 293}{97.2 \times 10^3} = 0.895(\text{m}^3/\text{kg})$$

则氮气进口质量流量 $\dot{m}$ 为

$$\dot{m} = \frac{q_v}{v_1} = \frac{113.3}{0.895} = 126.6(\text{kg/min})$$

故1min内压气机可逆绝热压缩的耗功量 W_{cs} 为

$$W_{cs} = -W_{ts} = \dot{m} c_p (T_2 - T_1) = 126.6 \times 1.038 \times (408.5 - 293) = 15.178(\text{kJ})$$

(2) 1min内实际耗功量 W'_{cs} 为

$$W'_{cs} = W_{cs}/\eta_{cs} = 15.178/0.8 = 18.973(\text{kJ})$$

(3) 1min内由于不可逆而多耗功 Δw_c 为

$$\Delta w_c = W'_{cs} - W_{cs} = 18.973 - 15.178 = 3.795(\text{kJ})$$

(4) 若 $T_0 = 290\text{K}$，求1min内做功能力损失 ΔA_L 为

按绝热压缩效率定义，对于理想气体，实际压缩终温 T'_2 为

$$T'_2 = T_1 + \frac{T_2 - T_1}{\eta_{cs}} = 293 - \frac{293 - 408.5}{0.8} = 437.4(\text{K})$$

故气体绝热压缩过程熵变 ΔS_{12} 为

$$\Delta S_{12} = \dot{m}\left(c_p \ln \frac{T'_2}{T_1} - R_g \ln \frac{p'_2}{p_1}\right)$$

$$= 126.6 \times [1.038 \times \ln(437.4/293) - 0.297 \times \ln(311.11/97.2)]$$
$$= 8.9099 (\text{kJ/K})$$

1min 内做功能力损失为
$$\Delta A_\text{L} = T_0 \times \Delta S_\text{iso} = T_0 \times \Delta S_{12} = 290 \times 8.9099 = 2583.87 (\text{kJ})$$

思 考 题

9.1 压气机高增压比时为什么采用多级压缩、中间冷却的方式？如果多级压缩的分级越多，且每两级之间均设置中间冷却措施，则压气机消耗的轴功将减少得越多，试问压气机消耗的轴功是否存在最小的极限值？

9.2 理想气体从同一初态出发，经可逆和不可逆绝热压缩过程，设消耗功相同，试问它们的终态温度、压力和熵是否都不相同？

9.3 压气机按定温压缩时气体对外放出热量，而按绝热压缩时不向外放热，为什么定温压缩反而比绝热压缩热效率更高？

9.4 气体按定温压缩时，消耗功最小，这是否因定温压缩过程的压缩功最小所致？如工质为理想气体，则气体压缩的消耗功全部转变为过程中气体放出的热量。试分析在此过程中气体的㶲参数如何变化？若过程可逆，试说明过程中㶲平衡关系。

9.5 如果通过各种冷却方法而使压气机的压缩过程实现为定温过程，则采用多级压缩的意义是什么？

9.6 当增压比相同时，可逆定温压缩和可逆绝热压缩的压气机容积效率如何比较？

9.7 试说明余隙容积对气体压缩循环的消耗功是否有影响。

习 题

9.1 质量为1kg，初态为 $p_1=0.1\text{MPa}$、$t_1=15℃$ 的某气体，经压缩后其状态为 $p_2=0.5\text{MPa}$，$t_2=100℃$。若定容比热容 $c_v=0.712\text{kJ/(kg·K)}$，$R_\text{g}=0.287\text{kJ/(kg·K)}$，试求此过程中：

(1) 该气体熵的变化，并判断此过程是放热还是吸热？

(2) 在 $p-v$ 图与 $T-s$ 图上画出过程曲线，并求出过程的多变指数 n 为多少？

9.2 一台二级活塞式压缩机的转速为 300r/min，每小时吸入的空气容积 $V_1=800\text{m}^3$，压力 $p_1=0.1\text{MPa}$，温度 $t_1=27℃$，压缩后的压力 $p_3=3\text{MPa}$，压缩过程的多变指数 $n=1.3$，两气缸的增压比相同，经第一级压缩后，空气经中间冷却器冷却到27℃后再进入第二级压缩机。试求：

(1) 空气在低压缸中被压缩后的压力 p_2 和终温 t_2。

(2) 压缩机每小时所消耗的功和放出热量（包括在中间冷却器中所放出的热量）。

9.3 一台两级压缩中间冷却的往复式空气压缩机与一台中间冷却器组合成开口系统，此中间冷却器为水冷式，其冷却水也用于两压缩气缸的冷却，进水温度 $T_\text{w1}=294\text{K}$，出水温度 $T_2=311\text{K}$，流量 $\dot{m}_\text{w}=136.1\text{kg/h}$，比热容 $c=4.19\text{kJ/(kg·K)}$；压缩机空气流量

$\dot{m}=816.43$kg/h，进气温度 $T_1=944.25$K，排气温度 $T_2=1273$K。求压缩机所需的功率 P。（比热容为定值）

9.4 空气在某压缩机中被绝热压缩。压缩前空气的参数为 $p_1=0.098$MPa、$t_1=25$℃，压缩后空气的参数为 $p_2=0.588$MPa、$t_2=240$℃，设比热为定值。

(1) 求此压缩过程是否可逆？为什么？

(2) 压缩 1kg 空气所消耗的轴功。

(3) 如压缩为可逆等温的，求压缩 1kg 空气所消耗的轴功。

9.5 空气初态为 $p_1=1\times10^5$Pa、$t=20$℃。经过三级活塞式压气机后，压力提高到 12.5MPa。假定各级增压比相同，压缩过程的多变指数 $n=1.3$。试求生产 1kg 压缩空气理论上应消耗的功，并求（各级）气缸出口温度。如果不用中间冷却器，那么压气机消耗的功和各级气缸出口温度又是多少（按定比热理想气体计算）？

9.6 空气在某压缩机中被绝热压缩。压缩前空气的参数为 $p_1=0.098$MPa、$t_1=25$℃，压缩后空气的参数为 $p_2=0.588$MPa、$t_2=240$℃，设比热为定值。

(1) 求此压缩过程是否可逆？为什么？

(2) 压缩 1kg 空气所消耗的轴功。

(3) 如压缩为可逆等温的，求压缩 1kg 空气所消耗的轴功。

9.7 某叶轮式压气机进口处空气压力 $p_1=0.1$MPa，温度 $T_1=293$K，出口处气体压力 $p_2=0.4$MPa。若压气机绝热效率 $\eta_{cs}=0.78$，试计算压气机实际出口温度以及压缩 1kg 空气实际所需的功。

第 10 章 蒸汽动力循环

采用水蒸气作为工质的蒸汽动力装置中,水时而处于液态,时而处于气态,如在蒸汽锅炉中液态水汽化产生蒸汽,经汽轮机膨胀做功后,进入冷凝器又凝结成水再返回锅炉,而且在汽化和凝结时可发生相变换热,且维持恒定温度,因而蒸汽动力循环的热变功的具体实施过程与气体动力循环有很大差别。一般地,欲提高蒸汽动力循环热效率,合理组织蒸汽动力循环过程,在现实条件许可的情况下尽可能提高循环中工质的平均吸热温度,降低平均放热温度是必由之途径。为此,本章针对蒸汽的性质与热力过程,对蒸汽动力循环进行具体的热力分析。

10.1 朗肯循环

10.1.1 蒸汽机概述

工业上最早使用的动力机是用水蒸气作为工质的蒸汽动力装置——蒸汽机,其基本原理如图 10.1 所示。蒸汽机按蒸汽在活塞一侧或两侧工作,可分为单作用式和双作用式;按汽缸布置方式,可分为立式和卧式;按蒸汽是在一个汽缸中膨胀或依次连续在多个汽缸中膨胀,可分为单胀式和多胀式;按蒸汽在汽缸中的流向,可分为回流式和单流式;按排气方式和排气压力可分为凝汽式、大气式和背压式。简单蒸汽机主要由汽缸、底座、活塞、曲柄连

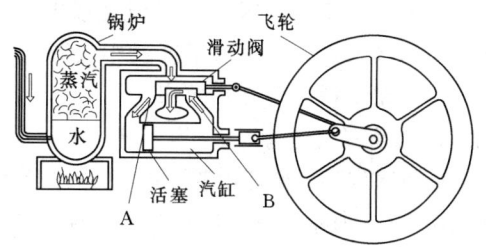

图 10.1 蒸汽机基本原理示意图

杆机构、滑动阀配汽机构、调速机构和飞轮等部分组成,汽缸和底座是静止部分。从锅炉来的新蒸汽,经主汽阀和节流阀沿流动方向 A 进入蒸汽分配装置(滑动阀室),推动活塞右侧蒸汽沿流动方向 B 流出蒸汽分配装置(滑动阀室)。于是,锅炉来的新蒸汽受滑动阀控制交替地进入汽缸的左侧或右侧,推动活塞运动。

蒸汽机的出现曾引起了 18 世纪的工业革命。直到 20 世纪初,它仍然是世界上最重要的动力机。蒸汽机的弱点是:①离不开锅炉,整个装置既笨重又庞大;②新蒸汽的压力和温度不能过高,排气压力不能过低,热效率难以提高;③是一种往复式机器,惯性力限制了转速的提高;④不连续的工作过程致使蒸汽流量受到限制,导致功率提高困难。

因此,抛弃了笨重锅炉的内燃机,最终以其重量轻、容积小、热效率高和操作灵活等优点,在船舶和机车上逐渐取代了蒸汽机。而汽轮机则以其热效率高、单机功率大、转速高、单位功率重量轻和运行平稳等优点,将蒸汽机排挤出了电站。

10.1.2 工质为水蒸气的卡诺循环

热力学第二定律表明,在相同温限内卡诺循环的热效率最高。采用水蒸气作为工质

时，由于水的汽化和蒸汽的凝结，当压力不变时温度也不变，因而实际上也就有了定温加热和放热的可能。更因这时定温过程亦即定压过程，在 $p\text{-}v$ 图上其与绝热线之间的斜率相差也大，故所做功也较大。所以，以水蒸气为工质时原则上可以采用卡诺循环，如图10.2 中循环 6—7—8—5—6 所示。

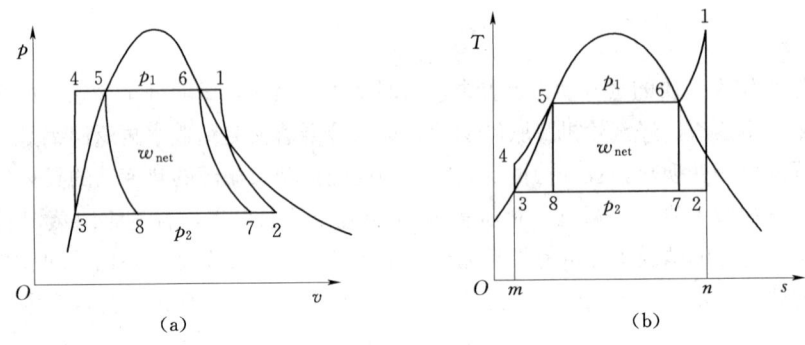

图 10.2　水蒸气的朗肯循环

但实际的蒸汽动力装置中不采用卡诺循环，均以朗肯循环为其基础，其主要原因是：①状态 8 是水和水蒸气混合物，压缩过程中压缩机工作不稳定，同时状态 8 的比容比水的比容大得多，需使用很大的压缩机，因此在压缩机中难于实现绝热压缩过程 8—5；②此卡诺循环局限于饱和区，上限温度受制于临界温度，即使实现卡诺循环，其热效率也不高；③膨胀末期，湿蒸汽干度过小（即含水分甚多），不利于蒸汽动力装置安全。

10.1.3　朗肯循环及其热效率

1. 朗肯循环原理

简单蒸汽动力循环示意图如图 10.3 所示，其理想循环——朗肯循环的 $p\text{-}v$ 图和 $T\text{-}s$ 图如图 10.2 所示。燃料在锅炉中燃烧，放出热量；水在锅炉锅筒中定压吸热，汽化成饱和蒸汽；饱和蒸汽在蒸汽过热器中定压吸热成过热蒸汽，如过程 4—5—6—1。高温高压的新蒸汽在汽轮机（其工作原理如图 10.4 所示）内绝热膨胀做功，如过程 1—2。从汽轮机排出的做过功的乏汽在冷凝器内等压冷凝，向冷却水放热，相应于过程 2—3，这是定压过程同时也是定温过程。冷凝器内的压力通常很低，现代蒸汽电厂冷凝器内压力为 4～5kPa，其相应的饱和温度为 28.95～32.88℃，仅稍高于环境温度。3—4 为凝结水在给水泵内的绝热压缩过程，压力升高后的水再次进入锅炉完成循环。

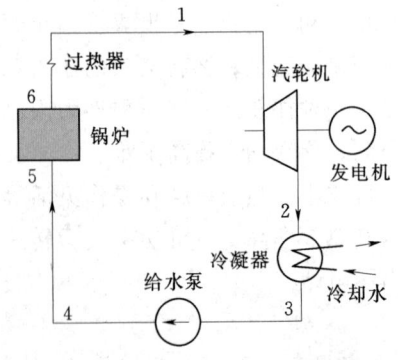

图 10.3　简单蒸汽动力循环示意图

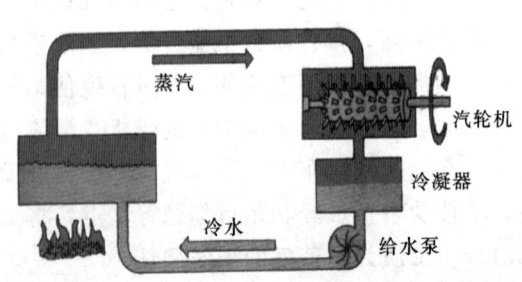

图 10.4　汽轮机工作原理示意图

与水蒸气的卡诺循环不同，朗肯循环的乏汽凝结是完全的，即乏汽完全液化，而不是止于点 8（图 10.2）。此外，采用了过热蒸汽，蒸汽在过热区的加热是定压加热但并不是定温加热（图 10.2 中过程 6—1）。完全凝结使循环中多一段水的加热过程 4—5，减小了循环平均温差，对热效率是不利的。但是对简化设备却是有利的，因压缩水比压缩比容积为 v_8 的水汽混合物方便得多。采用过热蒸汽则增大了循环的平均温差，并使乏汽的干度也提高，这些都是有利的。现今各种较复杂的蒸汽动力循环都是在朗肯循环的基础上改进而得到的。

2. 朗肯循环的热效率

对于 1kg 新蒸汽而言，其在汽轮机内可逆绝热膨胀做出的技术功 w_t 为

$$w_t = h_1 - h_2$$

1kg 乏汽在冷凝器中向冷却水放出的热量 q_2 为

$$q_2 = h_2 - h_3$$

1kg 凝结水流经水泵，水泵消耗的功 w_p 为

$$w_p = h_4 - h_3$$

1kg 新蒸汽从热源吸热量 q_1 为

$$q_1 = h_1 - h_4$$

循环净功 w_{net} 为

$$w_{net} = w_t - w_p = (h_1 - h_2) - (h_4 - h_3)$$

循环净热量 q_{net} 为

$$q_{net} = q_1 - q_2 = (h_1 - h_4) - (h_2 - h_3) = (h_1 - h_2) - (h_4 - h_3)$$

所以循环热效率 η_{net} 为

$$\eta_{net} = \frac{w_{net}}{q_1} = \frac{q_1 - q_2}{q_1} = \frac{w_t - w_p}{q_1} = \frac{(h_1 - h_2) - (h_4 - h_3)}{h_1 - h_4} \tag{10.1}$$

式中：h_1 为新蒸汽的焓；h_2 为乏汽的焓；h_3 和 h_4 分别为压力是 p_2 的凝结水和压力是 p_1 的过冷水的焓。

由于水的压缩性很小，故水流经给水泵消耗的压缩功 $w \approx 0$，又因可以认为 $q = 0$，因此 $\Delta u = u_4 - u_3 \approx 0$。这样，水泵功 w_p 的近似值为 $w_p = h_4 - h_3 = (u_4 + p_4 v_4) - (u_3 + p_3 v_3) \approx (p_4 - p_3) v_3 = (p_1 - p_2) v_3$。将 w_p 的近似值代入式（10.1）可得热效率的近似式为

$$\eta_{net} = \frac{h_1 - h_2 - (h_4 - h_3)}{h_1 - h_3 - (h_4 - h_3)} = \frac{h_1 - h_2 - (p_1 - p_2) v_3}{h_1 - h_3 - (p_1 - p_2) v_3} \tag{10.2}$$

式中：v_3 为乏汽压力下饱和水的比容。

因为 w_p 通常比式中 $(h_1 - h_2)$ 或 $(h_1 - h_3)$ 小得多，略去 w_p 对计算准确度的影响很小，而对分析计算循环热效率变化的大致趋势十分方便，故式（10.2）可进一步简化为

$$\eta_{net} = \frac{h_1 - h_2}{h_1 - h_3} \tag{10.3}$$

当循环的初压力 p_1 甚高时，水泵功 w_p 约占汽轮机做功的 2%。在较粗略的计算

中，仍可将水泵功忽略不计，但在较精确的计算时，即使初压力不高，也不应忽略水泵功。

10.1.4 蒸汽参数对热效率的影响

1. 初温 T_1 对热效率的影响

在相同的初压及背压下，提高新蒸汽的温度可使热效率增大。这是因为，初温从 T_1 提高到 T_1'（图 10.5），增加了循环的高温加热段，使循环温差增大，所以热效率提高。另外，提高初温 T_1 还可使终态 2 的干度 x_2 增大到 $x_{2'}$，这对提高汽轮机相对内效率和延长汽轮机的使用寿命都有利。

提高新蒸汽的温度受材料耐热性能的限制，其最高蒸汽温度很少超过 600℃。蒸汽过热器外面是高温燃气，里面是蒸汽，所以过热器壁面的温度必定高于蒸汽温度。这与内燃机和燃气轮机均不同，其材料可以承受较高的燃气温度，因为内燃机的气缸壁有冷却水和进入气缸的空气冷却，燃气轮机的燃烧室和叶片也都可以被冷却，如内燃机中燃气温度可高达 2000℃。

2. 初压 p_1 对热效率的影响

在相同的初温 T_1 和背压 p_2 下，提高初压 p_1 也可使热效率增大。如图 10.6 所示，当初压 p_1 提高到 $p_{1'}$ 时，循环的平均温差增大，所以循环的热效率提高。

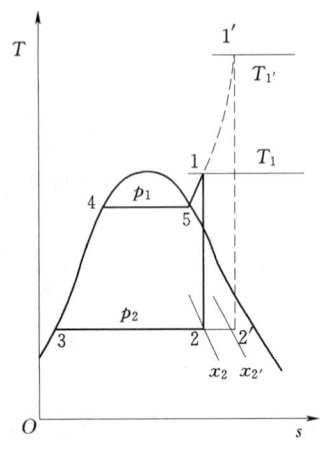

图 10.5 初温 T_1 对 η_t 的影响

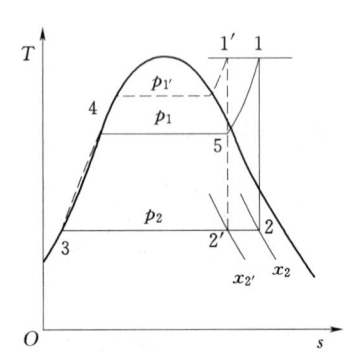

图 10.6 初压 p_1 对 η_t 的影响

提高初压同样受设备的强度性能的限制。随着初压的增加而引起乏汽干度的迅速降低，乏汽中所含的水分增加，这将引起汽轮机内部效率降低。此外，水分超过某一限度时，将引起汽轮机最后几级叶片的侵蚀，缩短汽轮机的使用寿命，并能引起汽轮机的危险震动，故乏汽干度不宜太低，通常不使其低于 88%。在提高 p_1 的同时提高 T_1，可以抵消因提高初压而引起的乏汽干度的降低。

3. 背压 p_2 对热效率的影响

在相同的 p_1、T_1 下降低背压 p_2 也能使热效率提高，这是由于循环温差加大的缘故。从图 10.7 可知，背压较低的循环净功 $1 2' 3' 4 5 1$ 比背压较高的循环净功 $1 2 3 4 5 1$ 大出相当于面积 $2 2' 3' 3 2$ 的数值。

p_2 的降低意味着冷凝器内饱和温度 T_2 降低，而 T_2 必须高于环境温度，故其降低受环境温度的限制。即使是同一设备，因冬、夏季节气温的变化，T_2 也会随之变化，即 p_2 也会有改变。故冬季运行的热效率高于夏季运行的热效率，北方机组的热效率高于南方机组的热效率。

此外，降低 p_2 若不提高 T_1，亦会引起乏汽干度 x_2 降低，其后果与单独提高 p_1 类似。

10.1.5 有摩阻的实际循环

实际蒸汽动力循环都是不可逆过程，尤以蒸汽经过汽轮机的绝热膨胀与理想可逆过程的差别较为显著。以下讨论仅考虑到汽轮机中有摩阻损耗的实际循环。如果考虑到汽轮机中的不可逆损失，则理想循环中的可逆绝热过程 1—2 将代之以不可逆绝热过程 1—2′。这样，在循环中 q_1 不变，而 q_2 增大。如图 10.8 所示，q_2 的增大部分为面积 822′7′8。

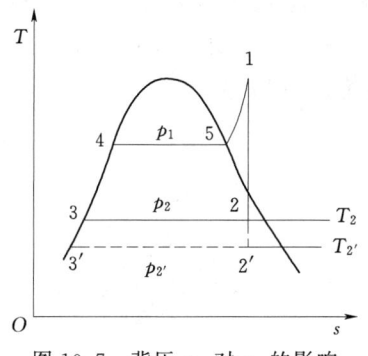

图 10.7 背压 p_2 对 η_t 的影响

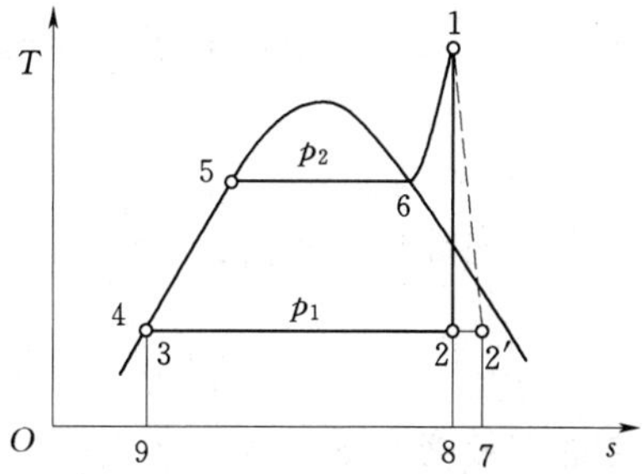

图 10.8 汽轮机中的不可逆过程

蒸汽经过汽轮机时实际所做的技术功 w_t' 为

$$w_t' = h_1 - h_{2'} = (h_1 - h_2) - (h_{2'} - h_2) \tag{10.4}$$

所少做的功等于在冷凝器中多排出的热量 $(h_{2'} - h_2)$。值得指出的是，由于 2′ 与 2 状态不同，故少做的功并不就是不可逆膨胀过程的做功能力损失。做功能力损失仍应由 $T_0 S_g$ 计算。

汽轮机内蒸汽实际做功 w_t' 与理论功 w_t 的比值叫作汽轮机的相对内效率，简称汽轮机效率，以 η_T 表示，即

$$\eta_T = \frac{w_t'}{w_t} = \frac{h_1 - h_{2'}}{h_1 - h_2}$$

即

$$h_{2'} = h_2 + (1 - \eta_T)(h_1 - h_2) \tag{10.5}$$

汽轮机相对内效率 η_T 由生产厂据大量试验结果提供，近代大功率汽轮机的 η_T 在 0.85~0.92 之间。

1kg 蒸汽在实际工作循环中做出的循环净功称为实际循环内部功，用 w_{net}' 表示，$w_{net}' = w_t' - w_p'$。忽略水泵功 w_p'，$w_{net}' \approx w_t' = h_1 - h_{2'}$。

令实际蒸汽循环净功与循环中热源所供给的热量的比值为循环内部热效率 η_i，则蒸汽循环内部热效率 η_i 为

$$\eta_i = \frac{w'_{net}}{q_1} = \frac{h_1 - h_{2'}}{h_1 - h_3} = \frac{\eta_T(h_1 - h_2)}{h_1 - h_3} = \eta_T \eta_t \tag{10.6}$$

若再考虑轴承等处的机械损失 η_m，则汽轮机输出的有效功（即轴功 w_s）为

$$w_s = \eta_m w'_t$$

据式（10.4），有

$$w_s = \eta_m \eta_T w_t \tag{10.7}$$

忽略水泵功，则循环输出净功率的表达式为

$$P_s = \eta_m \eta_T P_0 = \eta_m \eta_T D(h_1 - h_2) \tag{10.8}$$

其中

$$P_0 = D(h_1 - h_2)$$

式中：P_0 为汽轮机理想输出功率，kW；D 为蒸汽耗量，kg/s。

在蒸汽动力循环设计时，耗汽率（即蒸汽动力循环每输出单位功量所消耗的蒸汽量）是一个重要计算参数，用 ω 表示，则理想耗汽率 ω_0（单位为 kg/J）为

$$\omega_0 = \frac{D}{P_0} = \frac{1}{h_1 - h_2} \tag{10.9}$$

若以实际内部功率 P_i 为基准，则内部功耗汽率 ω_i 为

$$\omega_i = \frac{D}{P_i} = \frac{1}{h_1 - h_{2'}} = \frac{1}{\eta_T(h_1 - h_2)} = \frac{\omega_0}{\eta_T} \tag{10.10}$$

若考虑有效功，则有效功耗汽率 ω_s 为

$$\omega_s = \frac{D}{P_s} = \frac{D}{P_0 \eta_m \eta_T} = \frac{\omega_0}{\eta_T \eta_m} \tag{10.11}$$

从以上分析可知，局限于朗肯循环内以调整蒸汽参数来提高动力循环的热效率，潜力有限。应在朗肯循环基础上发展较为复杂的循环，如回热循环、再热循环等。

10.2 再 热 循 环

最初采用再热的目的是为克服汽轮机尾部蒸汽湿度太大造成的危害——使汽轮机的内部效率降低，以及最后几级叶片受到侵蚀。为避免这些危害，将汽轮机高压段中膨胀到一定压力的蒸汽重新引到锅炉再热器中加热升温，然后再送入汽轮机使之继续膨胀做功，这种循环称为中间再过热循环（简称再热循环）。

新汽膨胀到某一中间压力后撤出汽轮机，导入锅炉中特设的再热器或其他换热设备中，使之再加热，然后再导入汽轮机继续膨胀到背压 p_2，这样的循环叫作再热循环，其设备简图如图 10.9 所示，图 10.10 为再热循环的 T-s 图。

从图 10.10 上可以看出，如不用再热，则膨胀到背压 p_2 时的状态为 c；而再热后膨胀到相同的背压时的状态却为点 2，干度增高，这样就避免了由于提高 p_1 而带来的不利影响。

再热循环所做的功（忽略水泵功 w_p）w_{net} 为

$$w_{net} = (h_1 - h_b) + (h_a - h_2) \tag{10.12}$$

加入的热量 q_1 为

$$q_1 = (h_1 - h_3) + (h_a - h_b) \tag{10.13}$$

热效率为

$$\eta_t = \frac{w_{net}}{q_1} = \frac{(h_1 - h_b) + (h_a - h_2)}{(h_1 - h_3) + (h_a - h_b)} \tag{10.14}$$

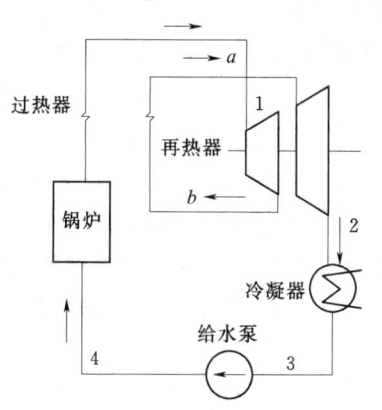

图 10.9 再热循环设备简图   图 10.10 再热循环的 T-s 图

式（10.14）不能反映出再热循环的热效率较朗肯循环的热效率是提高还是降低，但由图 10.10 所示的 T-s 图上可看出，朗肯循环如图 1—c—3—5—6—1 所示，因再热而附加的部分为 b—a—2—c—b。如果附加部分较基本循环效率高，则能够使循环的总效率提高，反之则降低。可见，如所取中间压力 p 较高，则能使 η_t 提高；如中间压力 p 过低，亦会使 η_t 降低。但中间压力 p 取得高对干度 x_2 的改善较少，且如中间压力 p 过高，则附加部分与基本循环相比所占比例甚小，即使其本身效率高，而对整个循环作用不大。根据已有的经验，中间压力在 $0.2p_1 \sim 0.3p_1$ 范围内时对提高 η_t 的作用最大，通过再热循环，可提高热效率 3% 左右。但选取中间压力时必须确保进入冷凝器的乏汽干度在允许范围内。

在采用再热循环后，因为 1kg 蒸汽所做的功增加了，故耗汽率可降低，通过设备的水和蒸汽的质量减少，可减轻水泵和冷凝器的负荷。另一方面，因管道、阀门及换热面增多，增加了投资费用，且使管理运行复杂化。

10.3 回 热 循 环

朗肯循环热效率不高的主要原因是水的加热及水蒸气的过热过程不是定温的，尤其是经水泵加压后未饱和水温度很低，造成加热过程的平均温度不高，致使热效率低下，传热不可逆损失极大。回热循环是利用蒸汽回热对水进行加热，消除朗肯循环中水在较低温度下吸热的不利影响，以提高热效率。

1. 抽汽回热

所谓回热就是把本来要放给冷源的热量利用来加热工质，以减少工质从热源的吸热量。但是在朗肯循环中乏汽温度仅略高于进入锅炉的未饱和水的温度，因此不可能利用乏汽在冷凝器中传给冷却水的那部分热量来加热锅炉给水。目前工程上采用的回热方式是从汽轮机的适当部位抽出尚未完全膨胀的压力、温度相对较高的少量蒸汽,去加热低温凝结水。这部分抽汽并未经过冷凝器,因而没有向冷源放热,但是加热了冷凝水,达到了回热的目的。这种循环称为抽汽回热循环。现代大中型蒸汽动力装置均采用回热循环,抽汽的级数从 2、3 级最多达 7、8 级,参数越高、容量越大的机组,回热级数越多。

以 2 级抽汽回热循环为例进行讨论。2 级抽汽回热循环装置示意图如图 10.11 所示,循环的 T-s 图如图 10.12 所示。1kg 状态为 1 的新蒸汽进入汽轮机,绝热膨胀到压力 p_6 时,即从汽轮机抽出 $\alpha_1$kg 蒸汽引入一号回热器。剩下的 $(1-\alpha_1)$kg 蒸汽在汽轮机内继续膨胀到压力 p_6',再从汽轮机抽出 $\alpha_2$kg 蒸汽引入二号回热器。剩下的 $(1-\alpha_1-\alpha_2)$kg 蒸汽在汽轮机内继续膨胀到压力 p_2,然后进入冷凝器。凝结水离开凝汽器后,依次通过二号回热器和一号回热器,在回热器内先后与两次抽汽混合加热,每次加热终了水温可达到相应抽汽压力下的饱和温度。然后被水泵加压泵入锅炉加热、汽化、过热成新蒸汽,完成循环。图 10.11 中所示回热器为混合式的,实际上,电厂都采用表面式回热器(即蒸汽不与凝结水相混合),其抽汽回热的作用相同。

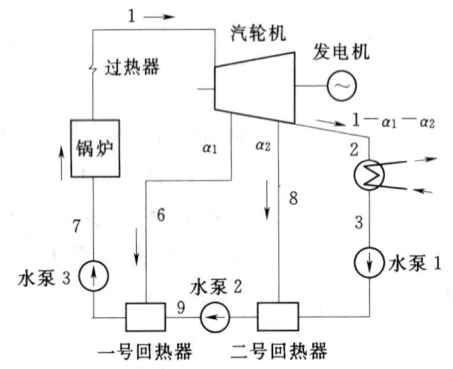

图 10.11 抽汽回热循环装置示意图

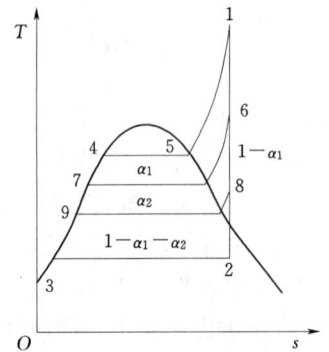

图 10.12 抽汽回热循环的 T-s 图

由以上分析可知,回热循环中,工质经历不同过程时有质量的变化,因此 T-s 图上的面积不能直接代表热量。尽管如此,T-s 图对分析回热循环仍是十分有用的工具。

2. 回热循环计算

回热抽汽率 α_1、α_2 的确定可根据凝结水被加热到相应抽汽压力下的饱和温度以及质量守恒方程和能量守恒方程确定。

取图 10.11 中一号回热器为控制体,有

$$\alpha_1+(1-\alpha_1)=1$$
$$\alpha_1 h_6+(1-\alpha_1)h_9=h_7$$

从而得

$$\alpha_1=(h_7-h_9)/(h_6-h_9)$$

同理,取图 10.11 中二号回热器为控制体,有

$$\alpha_2+(1-\alpha_1-\alpha_2)=1-\alpha_1$$
$$\alpha_2 h_8+(1-\alpha_1-\alpha_2)h_3=(1-\alpha_1)h_9$$

从而得

$$\alpha_2 = (1-\alpha_1)(h_9-h_3)/(h_8-h_3)$$

二级抽汽回热循环热效率 η_t 为

$$\eta_t = \frac{(h_1-h_6)+(1-\alpha_1)(h_6-h_8)+(1-\alpha_1-\alpha_2)(h_8-h_2)}{h_1-h_7} \tag{10.15}$$

蒸汽动力装置采用抽汽回热循环能显著提高循环热效率，但同时增加了回热器、管道、阀门及水泵等设备，使系统更加复杂，而且增加了投资。但这方面的耗费可因下列优点而得到部分弥补：①工质吸热量减少，锅炉热负荷降低，因而可减少受热面，节省金属材料；②汽耗率增大，可使汽轮机高压端的蒸汽流量增加，而低压端因抽汽而流量减小，这样有利于汽轮机设计中解决第一级叶片太短和最末级叶片太长的矛盾，提高单机效率；③进入冷凝器的乏汽量减少，可减少冷凝器的换热面积，节省铜材。

因此，现代大中型蒸汽动力装置都采用回热循环。需要指出的是，虽然理论上抽汽回热次数愈多，最佳给水温度愈高，从而平均吸热温度愈高，热效率也愈高。但是，级数愈多，设备和管路愈复杂，而每增加一级抽汽的获益愈少。因此，当然抽汽级数过多会使系统过于复杂，因而很少超过 8 级。在采用大型机组的现代蒸汽电厂中，广泛采用一次再热与多级抽汽回热的循环。

【例 10.1】 在朗肯循环中，蒸汽进入汽轮机的初压力 $p_1=13.5\text{MPa}$，初温度 $T_1=823\text{K}$，乏汽压力 $p_2=0.004\text{MPa}$，求：①循环净功 w_{net}、加热量 q_1、朗肯循环热效率 η_t、汽耗率 ω 及汽轮机出口干度 x_2；②试从㶲的角度分析能量利用情况。

解：(1) 1—2 为蒸汽在汽轮机内可逆绝热膨胀过程；2—3 为乏汽在冷凝器内可逆定压放热过程；3—4 为水在给水泵内可逆绝热压缩过程。由已知条件查水及水蒸气热力性质图或表，得到各状态点参数。

点 1：$p_1=13.5\text{MPa}$，$T_1=823\text{K}$，得

$$h_1=3464.5\text{kJ/kg}, \quad s_1=6.585\text{kJ/(kg·K)}$$

点 2：$s_2=s_1=6.585\text{kJ/(kg·K)}$，$p_2=0.004\text{MPa}$，根据 $x_2=(s_2-s_2')/(s_2''-s_2')$ 可得

$$x_2=0.765, \quad h_2=x_2 s_2''+(1-x_2)s_2'=1982.4\text{kJ/kg}, \quad T_2=301.95\text{K}$$

点 3：

$$h_3=h_2'=121.41\text{kJ/kg}, \quad s_3=s_2'=0.4224\text{kJ/(kg·K)}$$

点 4：

$$s_4=s_3=0.4224\text{kJ/(kg·K)}, \quad p_4=13.5\text{MPa}, \quad h_4=134.93\text{kJ/kg}$$

汽轮机做功 w_T 为

$$w_T=h_1-h_2=3464.5-1982.4=1482.1(\text{kJ/kg})$$

水泵消耗的功 w_p 为

$$w_p=h_4-h_3=134.93-121.41=13.52(\text{kJ/kg})$$

循环净功 w_{net} 为

$$w_{\text{net}}=w_T-w_p=1482.1-13.52=1468.58(\text{kJ/kg})$$

工质吸热量 q_1 为

$$q_1 = h_1 - h_4 = 3464.5 - 134.93 = 3329.57 (\text{kJ/kg})$$

朗肯循环热效率 η_t 为

$$\eta_t = w_{net}/q_1 = 1468.58/3329.57 = 44.1\%$$

汽耗率 ω 为

$$\omega = 1/w_{net} = 1/(1468.58 \times 1000) = 6.81 \times 10^{-7} (\text{kg/J})$$

汽轮机出口干度 x_2 为

$$x_2 = 0.765$$

(2) 朗肯循环热效率 $\eta_t = 44.1\%$ 说明蒸汽机吸入的热量 q_1 中，只有 44.1% 转变成了功，55.9% 都放给了大气环境 $T_0 = 293\text{K}$，十分可惜。但是，由于实际上排汽温度已较低（$T_2 = 301.95\text{K}$），排出的热量㶲为

$$\begin{aligned}e_{xQ} &= q_2 \left(1 - \frac{T_0}{T_2}\right) = (h_2 - h_3)\left(1 - \frac{T_0}{T_2}\right)\\ &= (1982.4 - 121.41)\left(1 - \frac{293}{301.95}\right)\\ &= 55.16 (\text{kJ/kg})\end{aligned}$$

由数值看，虽然排出的热量较多，但其有效能值较小，说明排汽的热能品质较低，因而动力利用的价值不大。

【例 10.2】 在图 10.11 所示的两级抽汽回热循环中（其 T-s 图如图 10.12 所示），第一级回热加热器为混合式，第二级为表面式。表面式回热器的疏水流回冷凝器。若已知该回热循环的参数为 $p_1 = 13.5\text{MPa}$，$T_1 = 808\text{K}$，$p_2 = 0.004\text{MPa}$，给水回热温度为 423K，抽汽点蒸汽的压力按等温差分配选定。试完成：①回热器级间的温差分配；②各级抽汽参数 p_{01}、p_{02}、h_{01}、h_{02}；③抽汽系数 α_1、α_2；④循环功；⑤循环热效率和汽耗率；⑥与同参数朗肯循环相比较。

解：(1) 两级抽汽回热循环的 T-s 图如图 10.12 所示。由 $p_2 = 0.004\text{MPa}$ 查水蒸气图表得 $T_{2'} = 302\text{K}$，故从冷凝器的凝结水温度升至给水温度间的总温差 $\Delta T = T_7 - T_3 = 423 - 302 = 121$ (K)。

加热级数为 2，故平均每级温差应为

$$\Delta T/2 = 60.5\text{K}$$

由此可算出

$$T_9 = T_3 + \Delta T/2 = 302 + 60.5 = 362.5 (\text{K})$$

(2) 各级抽汽参数。各级抽汽压力是根据所供回热器出口水温要求而确定的。在混合式回热器中，抽汽压力 p_{01} 必须是温度 T_6 对应下的饱和压力，可由饱和蒸汽表上查出 $p_{01} = p_6 = 0.476\text{MPa}$。在表面式回热器中，抽汽压力 p_{02} 应至少相应于温度 T_8 时的饱和压力（本例中忽略冷热流体间的传热温差，即认为凝结水可以被加热至抽汽压力下的饱和温度 $T_8 = T_9$）。于是由 $T_9 = 362.5\text{K}$ 查出 $p_{02} = 0.069\text{MPa}$。

抽汽压力确定之后，即可由水蒸气在 h-s 图上各定压线与定熵线的交点查出各抽汽点的焓为

$$h_1 = 3306\text{kJ/kg}, \quad h_2 = 2090\text{kJ/kg}, \quad h_3 = 121\text{kJ/kg}$$

$$h_{01}=h_6=2804\text{kJ/kg}, \quad h_7=633\text{kJ/kg}$$
$$h_{02}=h_8=2488\text{kJ/kg}, \quad h_9=375\text{kJ/kg}$$

(3) 抽汽系数的计算。取混合式回热器为热力系，由能量平衡可得
$$\alpha_1=(h_7-h_9)/(h_6-h_9)=(633-375)/(2804-375)=0.106$$
取表面式回热器为热力系，并进行能量和质量平衡计算，则
$$\alpha_2 h_8+(1-\alpha_1-\alpha_2)h_3=(1-\alpha_1)h_9$$
即
$$\alpha_2=[(1-\alpha_1)(h_9-h_3)]/(h_8-h_3)=[(1-0.106)\times(375-121)]/(2488-121)$$
$$=0.0959$$

(4) 循环功量计算。
$$w_{\text{net}}\approx w_T=h_1-\alpha_1 h_{01}-\alpha_2 h_{02}-(1-\alpha_1-\alpha_2)h_2$$
$$=3306-0.106\times2804-0.0959\times2488-(1-0.106-0.0959)\times2090$$
$$=1102.1(\text{kJ/kg})$$

(5) 循环热效率和汽耗率。
循环吸热量 q_1：
$$q_1=h_1-h_7=3306-633=2673(\text{kJ/kg})$$
循环热效率 η_t：
$$\eta_t=w_{\text{net}}/q_1=1102.1/2673=0.4123$$
循环汽耗率 ω： $\omega=1/w_{\text{net}}=1/(1102.1\times10^3)=9.0736\times10^{-7}(\text{kg/J})$

(6) 与同参数朗肯循环的比较。同参数朗肯循环的热效率为
$$\eta_t^R=\frac{h_1-h_2}{h_1-h_3}=\frac{3306-2090}{3306-121}=0.3818$$
回热使循环效率提高：$0.4123-0.3818=0.0305$
相对值为：$0.0305/0.3818=7.99\%$

10.4 热电合供循环

蒸汽动力装置采用高参数蒸汽和回热、再热等措施，其热效率仍很少超过 40%。燃料发出的热量中有 60% 左右散发到大气环境中，其中绝大部分是乏汽在冷凝器中排出，通常由冷却水带入电厂附近的水体。大量热量排入自然环境会加剧城市"热岛效应"，并使电厂下游水体变暖，造成水系统的热污染。这种热污染在大型电厂群及核电厂附近特别明显，它能破坏水系统的生态平衡，从而对自然的生命形态构成威胁，而热电合供循环则是提高热量利用率的一种有效措施。

为提高蒸汽动力装置循环的热效率，总是把乏汽压力尽可能降低。现代大型冷凝式汽轮机乏汽压力常低到 3~4kPa，其对应饱和温度仅为 24.11~28.95℃。这种乏汽凝结放出的热量没有利用的价值。但若把乏汽的压力提高到 0.3MPa，则其饱和温度可达 133.56℃。这样温度的热能可在印染工业、造纸工业以及一些化学工业和宾馆、居住区等得到应用。这样，不仅提高了热能利用率，而且可消除这些单位小锅炉带来的污染。所谓

热电合供循环（简称热电循环）就是考虑到这两种需要，使蒸汽在电厂中膨胀做功到某一压力，再以此乏汽或乏汽的热量供给生活或工业之用的方案。同时供热和供电的工厂称为热电厂，图 10.13 表示热电循环 1—2—3—5—6—1，图 10.14 则是热电循环流程示意图，汽轮机的背压（即汽轮机设计排汽压力）通常大于 0.1MPa，这种汽轮机叫作背压式汽轮机。

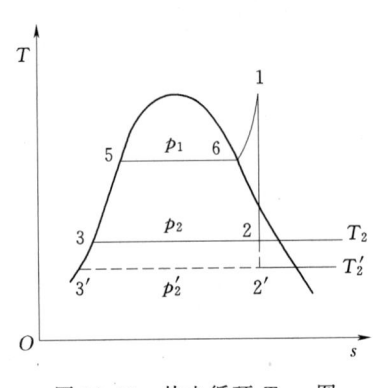

图 10.13 热电循环 $T\text{-}s$ 图

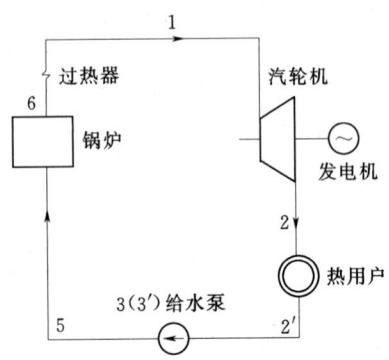

图 10.14 热电循环流程示意图

根据图 10.13，热电循环 1—2—3—5—6—1 的热效率较原循环 1—2′—3′—5—6—1 低，这从热能转变成机械功的角度来看是不利的。但因为热电循环除了输出机械功 w_{net} 外，同时提供了可利用的热 q_2，故衡量其经济性除了热效率外，同时还需考虑热量利用系数 ξ，其定义为

$$\xi = \frac{\text{已利用的热量}}{\text{工质从热源所吸收的热量}} \tag{10.16}$$

在理想情况下 ξ 可以等于 1，实际上，由于各种损失和热电负荷之间的不协调，ξ 值一般在 70% 左右。热电循环中热效率 η_t 仍是一个重要指标，因为机械能（电能）和热能是有实质差别的。η_t 中未考虑低温热能的利用，而 ξ 中又未能区分电能和热能间的差异，二者各有侧重又各有其片面性。

热电厂的热量利用系数以燃料的总释热量为计算基准，若以 ξ' 表示热电厂的热量利用系数，则

$$\xi' = \frac{\text{利用的热量}}{\text{燃料的总释热量}} \tag{10.17}$$

采用背压式汽轮机组的热电厂，其电能生产随热用户对热量需求的变动而变动，且其热效率也较低。为避免这一缺点，热电厂多应用分汽供热冷凝式汽轮机组（也叫作撒汽式汽轮机组），这种热电厂的示意图如图 10.15 所示。在这样的装置中，热用户负荷的变动对电能生产量的变动影响较小且其热效率较背压式汽轮机组热电循环为高。

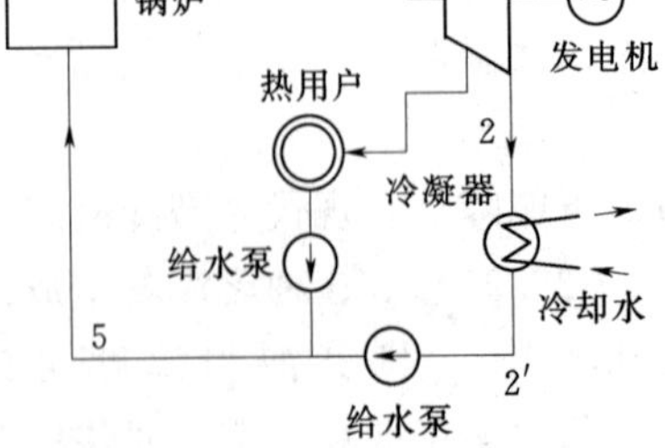

图 10.15 撒汽式汽轮机组示意图

第 10 章 蒸汽动力循环

思 考 题

10.1 在具有相同的蒸汽初压及乏汽压力时分别进行卡诺循环和朗肯循环，试分析卡诺循环和朗肯循环在理论热效率及实际可用性方面何者优越？蒸汽动力装置循环为什么不采用卡诺循环而是采用朗肯循环？

10.2 蒸汽动力循环中，乏汽在冷凝器中向冷却水放出的热量比汽轮机输出的轴功要大得多。如设想直接利用压气机把乏汽加压后送回锅炉，这样做是否可节省许多燃料并且能提高蒸汽动力循环的热效率？为什么？

10.3 蒸汽动力装置再热循环的热效率是否一定比朗肯循环的热效率高？为什么？

10.4 蒸汽动力装置回热循环的热效率是否一定比朗肯循环的热效率高？为什么？

10.5 蒸汽动力装置的蒸汽初温及再热终了温度两者相同且固定时，是否再热过程的压力越高，再热循环的热效率也越高？为什么？

10.6 试分析回热循环中汽轮机的轴功小于朗肯循环而热效率却高于朗肯循环的原因。

10.7 对于一套蒸汽动力装置而言，其朗肯循环的热效率是否总是相等？为什么？

10.8 在简单朗肯循环的基础上采用再热的方法一定能提高循环热效率吗？

10.9 从热力学第二定律出发，分析采用回热循环为什么能够提高蒸汽朗肯循环的热效率。

10.10 分别绘图说明初、终状态参数对朗肯循环热效率的影响，提高初参数和降低终参数受什么限制？

习 题

10.1 在一理想再热循环中，蒸汽在 68.67bar、400℃下进入高压汽轮机，在膨胀至 9.81bar 后，将此蒸汽定压下再热至 400℃，然后此蒸汽在低压汽轮机中膨胀至 0.0981bar，对 1kg 蒸汽求下列各值：

(1) 高压和低压汽轮机输出的等熵功。
(2) 给水泵的等熵压缩功。
(3) 循环热效率。
(4) 蒸汽消耗率。

10.2 在朗肯循环中，蒸汽进入汽轮机的初压为 14.0MPa，初温为 550℃，排汽压力为 0.004MPa，求循环净功、加热量、热效率、汽耗率以及汽轮机出口蒸汽干度。

10.3 某理想蒸汽动力装置锅炉的蒸发量为 2391.5kg/h，锅炉进水压力为 3.0MPa，其温度为 40℃，在冷凝器中凝结水的压力为 0.01MPa，温度为 40℃。冷凝器中冷却水的流量为 1.31106kg/h，冷却水进出口温差为 8.3℃。求：

(1) 冷凝器进出口蒸汽比焓值。
(2) 锅炉出口处水蒸气的比焓值。

(3) 计算该蒸汽轮机的对外输出功率。

10.4 某蒸汽动力循环进入汽轮机的蒸汽状态参数为 $p_1=1.1\text{MPa}$,$t_1=250℃$,蒸汽在汽轮机中定熵膨胀到 $p_2=0.28\text{MPa}$,再定容放热到 $p_3=0.0035\text{MPa}$ 后进入冷凝器,经冷凝器放热变为饱和水,再由泵将水送回锅炉。假定泵功可以忽略,试求:

(1) 循环热效率。
(2) 循环的汽耗率。
(3) 相同温度范围的卡诺循环热效率。

10.5 某蒸汽动力循环,其汽轮机进口蒸汽参数为 $p_1=1.35\text{MPa}$,$t_1=370℃$,汽轮机出口蒸汽为 $p_2=0.008\text{MPa}$ 的干饱和蒸汽,试求汽轮机的实际功量、理想功量、相对内效率。

10.6 某蒸汽动力循环中,汽轮机进口蒸汽参数为 $p_1=13.5\text{bar}$,$t_1=370℃$,汽轮机出口蒸汽参数为 $p_2=0.08\text{bar}$ 的干饱和蒸汽,设环境温度 $t_0=20℃$,试求:

(1) 汽轮机的实际功量、理想功量、相对内效率。
(2) 汽轮机的最大有用功量、熵效率。
(3) 汽轮机的相对内效率和熵效率的比较。

第 11 章 气体动力循环

活塞式内燃机的燃烧过程在气缸中进行,而叶轮式燃气轮机的燃烧过程在外部燃烧室中进行,因而前者称内燃机,后者称外燃机,其动力循环统称气体动力循环。采用气体作工质进行循环时,因可逆定温加热和可逆放热难以进行,而且气体的可逆定温线和可逆绝热线在 $p—v$ 图上的斜率相差不多,致使卡诺循环所做的功并不大,故实际上一般不采用卡诺循环。为此,本章针对气体的性质与热力过程,对气体动力循环进行具体的热力分析。

11.1 气体动力循环概述

11.1.1 气体动力循环分析方法

基于热力学基本定律分析气体动力循环中能量转换的经济性,其目的是寻求提高能量转换过程经济性的方向及途径。

分析简化复杂的、不可逆的实际循环,可采取如下措施:

(1) 将实际问题进行抽象,简化为可逆理论循环。

(2) 分析简化后的可逆理论循环,找出影响该可逆理论循环热效率的主要因素及提高该循环效率的可能措施,以指导实际循环的改善。

(3) 分析理论循环偏离实际循环的程度,分析实际损失大小、原因,以及提出改进措施。

目前,气体动力循环分析方法包括:①热力学第一定律分析法,即以能量数量为基础,以热效率为其指标,从能量转换的数量关系来评价动力循环的经济性。②热力学第二定律分析法,即以热力学第一定律、第二定律作为依据,以做功能力损失和㶲效率为其指标,对气体动力循环过程中的能量数量和质量进行全面分析。

这两种方法所揭示的不完善部位及损失的大小是不同的,为全面地反映气体动力循环的真实经济性,在分析气体动力循环时不仅要考虑能的数量,还应考虑能的质量,即两种方法都应该考虑,不可偏废。

11.1.2 气体动力循环经济性分析

简化气体动力实际循环时,常应用"空气标准"假设:①工作流体是一种理想气体;②工作流体具有与空气相同的热力性质;③将排气过程和燃烧过程用向低温热源的放热过程和自高温热源的吸热过程取代。而气体动力实际循环中的工质主要是燃气,且在循环不同部位的成分不同。考虑到燃气和空气的热物性相近,所以在作理论分析时假定工质全部由空气构成通常不会造成很大的误差。

一般地,在现实条件许可的情况下尽可能提高循环中工质的平均吸热温度、降低平均放热温度是提高气动动力循环热效率和合理组织循环过程的必由途径。由于存在各种不可逆因素，实际循环热效率较相应的可逆理论循环热效率要低。除去散热、泄漏等因素，实际动力循环能量损失（包括工质内部损失和外部损失）是温差传热与耗散效应导致的。考虑了温差传热及摩阻对循环经济性的影响，实际动力循环做功量和循环加热量之比为其内部热效率 η_i，表示为

$$\eta_i = \eta_t \eta_T = \eta_c \eta_o \eta_T \tag{11.1}$$

其中

$$\eta_c = 1 - T_0/T_1, \quad \eta_o = \eta_t/\eta_c$$

式中：η_c 为以燃气为高温热源（假定其温度不变为 T_1）、环境为低温热源（温度为 T_0）时卡诺循环的热效率；η_t 为与实际循环相应的内部可逆循环的热效率；η_o 为相对热效率，反映该内部可逆理论循环因与高、低温热源存在温差（外部不可逆）而造成的损失；η_T 为循环相对内部效率，是循环中实际功量和理论功量之比，可反映内部摩擦引起的损失。

此外，分析整个气体动力装置各个子系统熵产即可找出不可逆性程度最大的薄弱环节，指导实际动力循环的改善，故可利用熵分析法对做功能力损失进行评价，即

$$\Delta A_L = T_0 \sum S_{gi} \tag{11.2}$$

式中：T_0 为环境温度；S_{gi} 为工质流经整个动力装置或热力循环第 i 个子系统的熵产。

也可采用做功能力损失与循环最大做功能力之比 η_A 表示损失的大小，即

$$\eta_A = \Delta A_L / W_{max} \tag{11.3}$$

其中

$$W_{max} = (1 - T_0/T_1) Q_1$$

式中：W_{max} 为在高温热源 T_1 与环境 T_0 间的动力循环能输出的最大功。

而㶲效率 η_{ex} 综合考虑循环最大做功能力中获得的有效做功能力的实际情况，从能量的质和量两方面分析气体动力循环的不可逆损失与评价热力系统热力学完善程度，即

$$\eta_{ex} = 有效㶲/提供的㶲 \tag{11.4}$$

当然，对有效㶲和提供的㶲的理解不同，可能会对同一过程的描述产生差异。

11.2 活塞式内燃机实际循环的简化

由于活塞式内燃机的燃料燃烧、工质压缩、膨胀等过程均在同一带有活塞的气缸中进行，其结构比较紧凑。其分类方式如下：

(1) 按使用的燃料不同，活塞式内燃机可分为煤气机、汽油机和柴油机。

(2) 按点火方式不同，可分为点燃式（如汽油机、煤气机）和压燃式（如柴油机）两大类。点燃式内燃机吸入燃料和空气的混合物，经压缩后由电火花点燃；而压燃式内燃机吸入的仅仅是空气，经压缩后使空气的温度上升到燃料自燃的温度，再喷入燃料燃烧。

(3) 按完成一个循环所需要的冲程不同，可分为四冲程内燃机和二冲程内燃机。四冲程是由进气、压缩、燃烧及膨胀、排气四个冲程完成一次循环；而二冲程是进气、压缩、燃烧、膨胀和排气共用两个冲程即完成一个工作循环。在相同气缸尺寸及相同转速的情况下，二冲程发动机的功率可为四冲程发动机的 1.6～1.7 倍，故广泛应用于轻型交通工具及园艺机械上。

现代内燃机循环都为开式循环,即吸入的空气经和燃料的混合、燃烧,燃气膨胀做功后以废气的形式排入大气,而下一循环要另行吸入新鲜空气。燃烧、排气都是不可逆过程,且燃气的质量和成分与空气都不同。根据"空气标准假设",把实际开式循环抽象成闭式的以空气为工质的理想循环,并按不同燃烧方式归纳为可逆定容加热理想循环、可逆定压加热理想循环和可逆混合加热理想循环。

以四冲程柴油机为例,示功器记录的四冲程柴油机实际循环中压力和容积变化的关系如图 11.1 所示。0—1 是活塞右行的吸气过程,由于进气阀的节流作用,进入气缸的气体的压力略低于大气压力。活塞右行到下止(死)点 1,进气阀关闭。然后活塞回行,进行压缩过程 1—2,由于缸壁夹层中有水冷却,所以压缩过程并不完全绝热。在活塞左行到上止点之前的 2′点时,柴油被高压油泵喷入气缸,此时被压缩的空气的压力可达 3.5~5.0MPa,温度也达到 600~800℃,超过了柴油的自燃温度(约335℃)。但喷入的柴油需有一个滞燃期才会燃烧,加上现代柴油机的

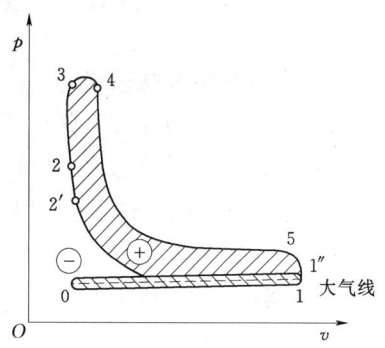

图 11.1 四冲程柴油机的示功图

转速较高,因此要到活塞运行到接近上止点 2 时才燃烧起来。由于燃烧过程十分迅猛,压力迅速上升到 5.0~9.0MPa,而活塞移动并不显著,故其燃烧过程接近于可逆定容过程,如过程 2—3。活塞到达上止点 3 后,又开始右行,此时燃烧继续进行,气缸内气体的压力变化很小,所以过程 3—4 接近于定压过程。到点 4 时缸内气体的温度可高达 1700~1800℃。活塞继续右行,气缸内高温高压气体实现膨胀做功过程 4—5,同时向冷却水放热,所以此过程也不完全绝热。到点 5 时气体的压力可降为 0.3~0.5MPa,温度约为500℃。这时排气阀打开,部分废气排入大气,气缸中压力突然下降,接近于定容降压过程,如过程 5—1″。随着活塞左行,废气在压力稍高于大气压下排出气缸,实现排气过程 1″—0,完成一个循环。该四冲程柴油机循环是开式的不可逆循环,循环中工质成分、质量均在改变。为便于分析,可在忽略次要因素的基础上根据空气标准假设对实际循环进行简化:

(1)把燃料定容及定压燃烧加热燃气的过程简化为工质从高温热源可逆定容及可逆定压吸热的过程,把排气过程简化为向低温热源可逆定容放热过程,因而可将该开式循环视为闭式循环。

(2)把循环工质简化为空气,且作理想气体处理,比热容取定值。

(3)忽略实际过程的摩擦阻力及进、排气阀的节流损失,认为进、排气压力相同,进、排气推动功相抵消(即图 11.1 中 0—1 和 1″—0 重合)。

(4)忽略膨胀和压缩过程中气体与气缸壁之间的热交换,简化为可逆绝热过程。

通过上述简化,整个柴油机循环可理想化为以空气为工质的混合加热理想可逆循环。这种抽象和概括的方法同样适用于其他以气体为工质的热机循环。

在活塞式内燃机的压缩、膨胀过程中压力是变化的,由于假定理想循环经历一系列内部可逆过程,故其净功 w_{net} 可由 $p\text{d}v$ 积分求得。为简化计算并提供一种往复式发动机的比较手段,工程界引进平均有效压力 p_{M} 的概念,其定义为

$$p_M = \frac{循环净功}{活塞排量} = \frac{循环净功}{活塞面积 \times 冲程} \tag{11.5}$$

所谓活塞排量，是指上止点和下止点之间气缸容积之差。当两个相同尺寸的发动机进行性能比较时，p_M 值较大的内燃机较 p_M 值小的内燃机可产生更多的净输出功。

11.3 活塞式内燃机的理想循环

11.3.1 定容加热理想循环

定容加热理想循环又称奥托循环，煤气机和汽油机是最早基于这种循环而制造的活塞式内燃机，其燃烧过程接近于可逆定容过程。该可逆定容加热理想循环的 $p\text{-}v$ 图和 $T\text{-}s$ 图如图 11.2 所示。图 11.2 中，1—2 是可逆绝热压缩过程，2—3 是可逆定容加热过程，3—4 是可逆绝热膨胀过程，4—1 是可逆定容放热过程。

以 1kg 工质为例进行分析。工质在可逆定容加热过程 2—3 中吸热 q_1 为

$$q_1 = c_v(T_3 - T_2)$$

工质可逆定容放热过程 4—1 中放热 $|q_2|$ 为

$$|q_2| = c_v(T_4 - T_1)$$

故其循环的热效率 η_t 为

$$\begin{aligned}\eta_t &= 1 - |q_2|/q_1 \\ &= 1 - (T_4 - T_1)/(T_3 - T_2) \\ &= 1 - (T_1/T_2)[(T_4/T_1 - 1)/(T_3/T_2 - 1)]\end{aligned} \tag{11.6}$$

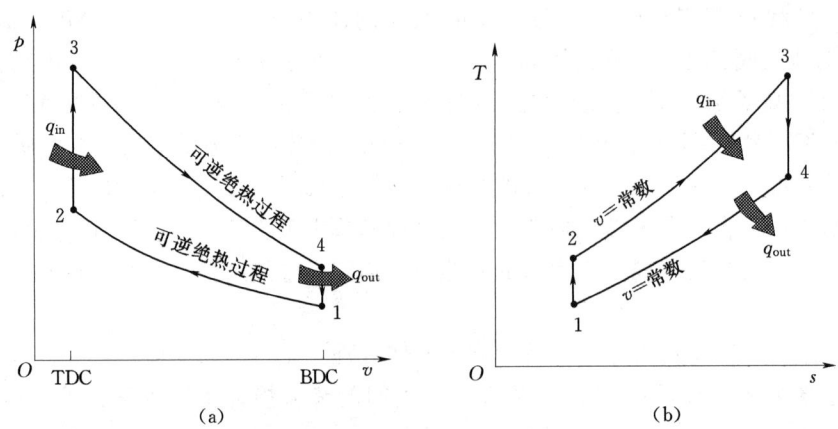

图 11.2 定容加热理想循环的 $p\text{-}v$ 图和 $T\text{-}s$ 图

由于 1—2 及 3—4 均为可逆绝热过程，有：$T_2/T_1 = v_1^{k-1}/v_2^{k-1}$，$T_3/T_4 = v_4^{k-1}/v_3^{k-1}$。又因为 $v_2 = v_3$，$v_4 = v_1$，则有 $T_2 T_4 = T_3 T_1$，代入式 (11.6)，可得

$$\eta_t = 1 - T_1/T_2 = 1 - 1/\varepsilon^{k-1} \tag{11.7}$$

其中

$$\varepsilon = v_1/v_2$$

式中：ε 为压缩比。

式（11.7）表明，可逆定容加热理想循环的热效率 η_t 随着压缩比 ε 的增大而提高。

如可逆定容加热理想循环压缩比 ε 不变，当负荷增加（表现为 q_1 增大）时，其理论热效率并不变化。但是，因循环净功增大，所以输出功率增大。实际上，由于压缩比的增大及吸热量的增加，都会使气体加热过程终点温度上升，造成绝热指数 k 有所减小，而使循环热效率稍稍下降。

由于汽油机里被压缩的是燃料和空气的混合物，要受混合气体自燃温度的限制，当采用大压缩比 ε 时混合气将产生"爆燃"现象，使汽油机不能正常工作。实际汽油机压缩比 ε 大多在 5～12 的范围内，主要应用于轻型设备，如轿车、摩托车、园艺机械、螺旋桨直升机等。

汽油机理论循环分析表明，增大压缩比 ε 可使循环热效率提高。尽管实际汽油机的内部热效率因气体的比热容 c_v、绝热指数 k 随气体温度而变化以及缸内气体燃烧不完全而总小于理想循环热效率，但实际发动机的内部热效率在一定范围内仍然主要取决于压缩比，因此，汽油机理想循环的分析结果对实际汽油机循环仍有指导意义。

11.3.2 定压加热理想循环

定压加热理想循环又称狄塞尔循环，其 $p\text{-}v$ 图和 $T\text{-}s$ 图如图 11.3 所示。其中 1—2 是定熵压缩过程，2—3 是定压加热过程，3—4 是定熵膨胀过程，4—1 定容放热过程。

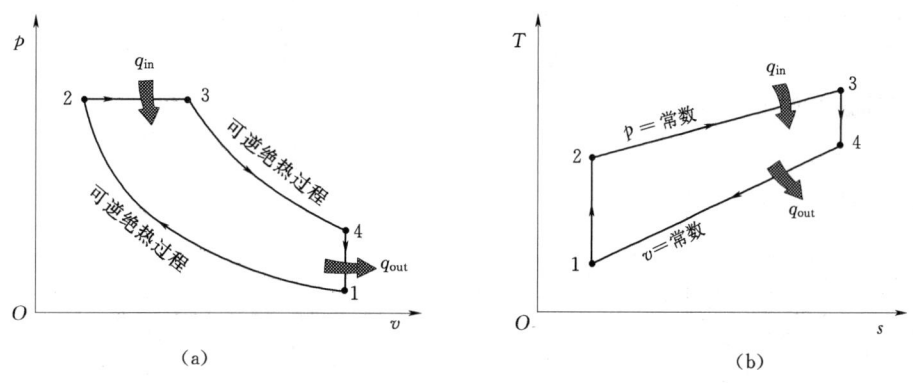

图 11.3 定压加热理想循环的 $p\text{-}v$ 图和 $T\text{-}s$ 图

以 1kg 工质为例进行分析。工质在定压加热过程 2—3 中吸热 q_1 为
$$q_1 = c_p(T_3 - T_2)$$
工质定容放热过程 4—1 中放热 $|q_2|$ 为
$$|q_2| = c_v(T_4 - T_1)$$
令 $\rho = v_3/v_2$，称为预胀比（又称初胀比），而 $T_3 = T_2 v_3/v_2 = T_1 \varepsilon^{k-1} \rho$，$T_4 = T_1 p_4/p_1 = T_1(v_3/v_2)^{k-1} = T_1 \rho^{k-1}$，则其循环的热效率 η_t 为

$$\eta_t = 1 - \frac{|q_2|}{q_1} = 1 - \frac{T_4 - T_1}{(T_3 - T_2)k} = 1 - \frac{\rho^k - 1}{\varepsilon^{k-1}(\rho - 1)k} \tag{11.8}$$

式（11.8）说明，可逆定压加热理想循环的热效率随压缩比 ε 增大而提高，随预胀比 ρ 增大而降低。ε 不变时，ρ 越小，热效率越高；反之热效率越低。ρ 不变时，压缩比 ε 越

大，热效率越高。在重负荷时（即预胀比 ρ 增大，q_1 增大），实际柴油机的内部热效率要降低，除 ρ 的影响外，还有绝热指数 k 的影响。当温度升高时气体的 k 相应地变小，热效率也会降低。因柴油机压缩的是空气，不存在大压缩比引起爆燃的问题，其压缩比较高（在 14～20 的范围内）。柴油机主要用于装备重型机械（如推土机、重型卡车、船舶主机等），其压缩比的提高往往受机械强度等方面的限制，此外，当压缩比增大时，尽管其热效率增大，但其机械效率减小，故需选择适当压缩比，使柴油机有效效率达最大值。

11.3.3 混合加热理想循环

混合加热柴油机的实际循环经上述概括可被简化为混合加热理想可逆循环（又称萨巴德循环），其 $p-v$ 图和 $T-s$ 图如图 11.4 所示。现行的柴油机大都是在这种循环的基础上设计制造的，其循环构成如下：1—2 为可逆绝热压缩过程；2—3 为可逆定容加热过程；3—4 为可逆定压加热过程；4—5 为可逆绝热膨胀过程；5—1 为可逆定容放热过程。

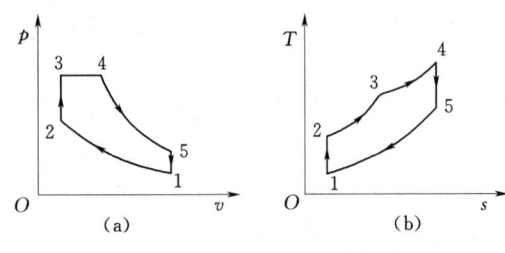

图 11.4 混合加热理想循环的 $p-v$ 图和 $T-s$ 图

表示混合加热循环特征的参数有压缩比 $\varepsilon=v_1/v_2$、定容增压比 $\lambda=p_3/p_2$ 和预胀比 $\rho=v_4/v_3$。以 1kg 工质为例分析混合加热循环的热效率。循环中工质从高温热源吸收热量 q_1 为

$$q_1=c_v(T_3-T_2)+c_p(T_4-T_3)$$

向低温热源放出的热量 q_2 为

$$|q_2|=c_v(T_5-T_1)$$

循环净功 w_{net} 为

$$w_{\text{net}}=q_1-|q_2|$$

据循环热效率定义，有

$$\eta_t=\frac{w_{\text{net}}}{q_1}=1-\frac{|q_2|}{q_1}=1-\frac{c_v(T_5-T_1)}{c_v(T_3-T_2)+c_p(T_4-T_3)}=1-\frac{T_5-T_1}{(T_3-T_2)+(T_4-T_3)k} \tag{11.9}$$

因为 1—2 与 4—5 为可逆绝热过程，故有：$p_1v_1^k=p_2v_2^k$，$p_4v_4^k=p_5v_5^k$，且 $p_4=p_3$，$v_1=v_5$，$v_2=v_3$，可得

$$\frac{p_5}{p_1}=\frac{p_4}{p_2}\left(\frac{v_4}{v_2}\right)^k=\frac{p_3}{p_2}\left(\frac{v_4}{v_3}\right)^k=\lambda\rho^k$$

由于 5—1 为可逆定容过程，则

$$T_5=T_1\frac{p_5}{p_1}=T_1\lambda\rho^k$$

1—2 为可逆绝热过程，有

$$T_2=T_1(v_1/v_2)^{k-1}=T_1\varepsilon^{k-1}$$

2—3 为可逆定容过程，有

第 11 章 气体动力循环

$$T_3 = T_2 \frac{p_3}{p_2} = \lambda T_2 = T_1 \lambda \varepsilon^{k-1}$$

3—4 为可逆定压过程,有

$$T_4 = T_3 \frac{v_4}{v_3} = \rho T_3 = T_1 \lambda \rho \varepsilon^{k-1}$$

把以上各温度代入式 (11.9),可得

$$\eta_t = 1 - \frac{\lambda \rho^k - 1}{\varepsilon^{k-1} [(\lambda - 1) + k\lambda(\rho - 1)]} \tag{11.10}$$

式 (11.10) 表明:①混合加热循环的热效率随压缩比 ε 和定容增压比 λ 的增大而提高,这是因为随压缩比 ε 和定容增压比 λ 的增大,循环平均吸热温度提高而循环平均放热温度不变,故热效率提高;②混合加热循环的热效率随预胀比 ρ 的增大而降低,这是因为定容线比定压线陡,故加大定压加热份额造成的循环平均吸热温度增大不如循环平均放热温度增大快,故而热效率反而降低。

【例 11.1】 内燃机定压加热循环的 $p-v$ 图及 $T-s$ 图如图 11.3 所示。循环初始状态 $p_1 = 0.98 \text{bar}$,$t_1 = 44℃$,压缩比 $\varepsilon = 15$,绝热膨胀比 $v_4/v_3 = 7.5$,膨胀终压力 $p_4 = 2.58 \text{bar}$,工质可视为空气。试计算:

(1) 循环最高温度。
(2) 循环热效率。

解:(1) 循环最高温度。按定容放热过程 4—1 参数间关系,得

$$T_4 = T_1 \frac{p_4}{p_1} = 317 \times \frac{2.58}{0.98} = 835 (\text{K})$$

按绝热膨胀过程 3—4 参数间关系,得

$$T_3 = T_4 \left(\frac{v_4}{v_3}\right)^{k-1} = 835 \times 7.5^{0.4} = 1870 (\text{K})$$

$$t_3 = 1597℃$$

(2) 循环热效率。按可逆绝热过程 1—2 参数间关系,得

$$T_2 = T_1 \left(\frac{v_1}{v_2}\right)^{k-1} = 317 \times 15^{0.4} = 935 (\text{K})$$

则循环热效率 η_{tp} 为

$$\eta_{tp} = 1 - \frac{T_4 - T_1}{k(T_3 - T_2)} = 1 - \frac{835 - 317}{1.4 \times (1870 - 935)} = 0.604$$

【例 11.2】 一内燃机混合加热理想循环,$p_1 = 0.1 \text{MPa}$,$t_1 = 90℃$,$t_2 = 400℃$,$t_3 = 590℃$,$t_5 = 300℃$(参见图 11.4)。试利用定值比热容计算 t_4、循环效率。

解:取定比热容。因 $p_4 = \frac{T_3}{T_2} p_2$,$p_5 = \frac{T_5}{T_1} p_1$,代入 $T_4 = T_5 \left(\frac{p_4}{p_5}\right)^{\frac{k-1}{k}}$,整理可得

$$T_4 = T_5 \left(\frac{T_3}{T_2}\frac{T_1}{T_5}\right)^{\frac{k-1}{k}}\frac{T_2}{T_1}$$
$$= 573.15 \times \left(\frac{863.15 \times 363.15}{673.15 \times 573.15}\right)^{\frac{1.4-1}{1.4}} \times \frac{673.15}{363.15} = 1001.2(\text{K})$$
$$t_4 = 728.2\text{℃}$$

则循环效率 η_t 为

$$\eta_t = 1 - \frac{q_2}{q_1} = 1 - \frac{c_v(T_5 - T_1)}{c_v(T_3 - T_2) + c_p(T_4 - T_3)}$$
$$= 1 - \frac{0.718 \times (573 - 363)}{0.718 \times (863 - 673) + 1.004 \times (1001.2 - 863)}$$
$$= 45.2\%$$

11.3.4 活塞式内燃机理想循环热效率比较

内燃机各种理想循环的热力性能（如循环的热效率）取决于实施循环时的条件，因此在作各种理想循环的比较时，必须在一定参数条件下进行。一般，在初始状态相同的情况下，分别以压缩比、吸热量、最高压力和最高温度相同作为比较基础。在进行分析比较时，应用温熵图最为简便。

1. 压缩比 ε 相同、吸热量 q_1 相同时的比较

图 11.5 为 3 种理想循环的 T-s 图。图 11.5 中 1—2—3—4—1 为定容加热理想循环；1—2—2′—3′—4′—1 为混合加热理想循环；1—2—3″—4″—1 为定压加热理想循环。当压缩比 ε 相同、吸热量 q_1 相同时，3 种循环的等熵压缩线 1—2 重合，同时定容放热过程都在通过点 1 的定容线上。因为工质在加热过程中吸热量 q_1 相同，故图 11.5 中面积 23562＝面积 22′3′5′62＝面积 23″5″62。

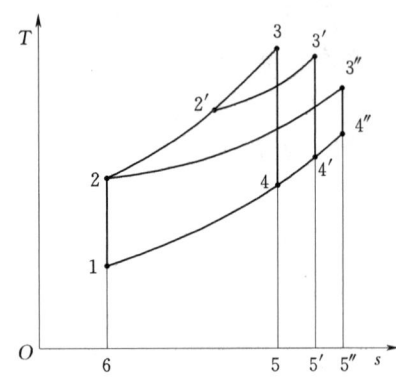

图 11.5 压缩比 ε 相同、吸热量 q_1 相同理想循环的比较

但各循环放热量各不相同，面积 14561＜面积 14′5′61＜面积 14″5″61，即定容加热循环的放热量 q_{2v} 最小，混合加热循环 q_{2m} 次之，定压加热循环的 q_{2p} 最大。根据循环热效率公式 $\eta_t = 1 - |q_2|/q_1$，3 种理想循环热效率之间关系满足：

$$\eta_{tv} > \eta_{tm} > \eta_{tp}$$

从循环的平均吸热温度和平均放热温度来比较，可得出相同的结果。

需说明的是，上述结论是在各循环压缩比相同条件下分析得出的，回避了不同机型可有不同的压缩比的问题，并不完全符合内燃机的实际情况。

2. 循环最高压力 $p_{\max}$ 和最高温度 $T_{\max}$ 相同时的比较

这实际上是热力强度和机械强度相同情况下的比较。图 11.6 中 1—2—3—4—1 为定容加热理想循环；1—2′—3′—3—4—1 为混合加热理想循环；1—2″—3—4—1 为定压加热理想循环。在所给的条件下，3 种循环的最高压力和最高温度重合在点 3，压缩的初始状态都重合在点 1。从 T-s 图上可以看出，3 种循环排出的热量 q_2 相同，都等于面积

14651，而所吸收的热量 q_1 则不同，面积 $2''3652''>$ 面积 $2'3'652'>$ 面积 23652，即

$$q_{1p}>q_{tm}>q_{1v}$$

故循环的热效率的关系满足：

$$\eta_{tp}>\eta_{tm}>\eta_{tv}$$

从循环的平均吸热温度和平均放热温度来比较同样可得出上述结果。可见，在进气状态相同、循环的最高压力和最高温度相同的条件下，定压加热理想循环的热效率最高，混合加热理想循环次之，而定容加热理想循环最低。因此，在内燃机的热强度和机械强度受到限制的情况下，采用定压加热循环可获得较高的热效率，这是符合实际情况的。事实上，柴油机的热效率通常高于汽油机的热效率。

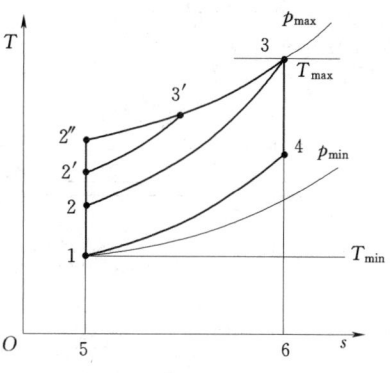

图 11.6 循环最高压力 p_{max} 和最高温度 T_{max} 相同时的比较

读者也可对各循环的最高压力相同、热负荷 q_1 相同的情况进行比较。同时也可体会到，各种场合的条件各不相同，故需要发展出不同的机器以适应各种需要。

11.4 燃气轮机装置循环

11.4.1 燃气轮机装置简介

燃气轮机装置是一种以空气和燃气为工质的热动力设备。简单的定压燃烧燃气轮机装置由压气机、燃烧室和燃气轮机3个基本部分组成，如图 11.7 所示，图 11.8 则为其简化的流程示意图。和内燃机循环中各个过程都在气缸内进行不同，燃气轮机装置中工质在不同设备间流动，完成循环。

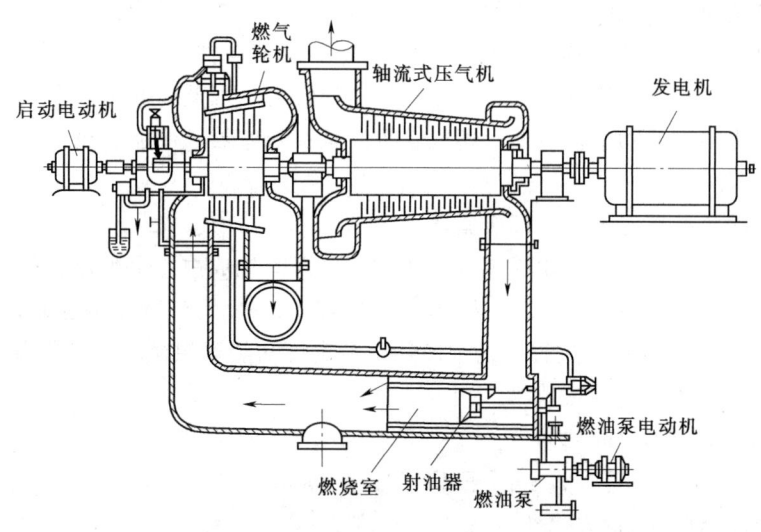

图 11.7 定压燃烧燃气轮机装置简图

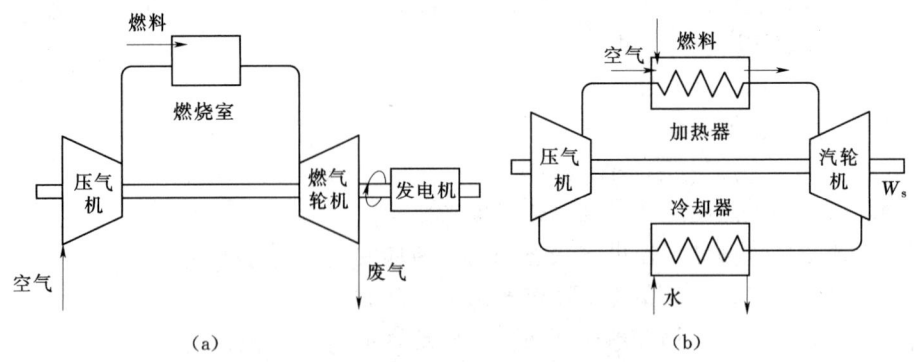

图 11.8 定压燃烧燃气轮机装置流程示意图
(a) 开式燃气轮机；(b) 闭式燃气轮机

空气首先进入轴流式压气机中，压缩到一定压力后送入燃烧室。同时由电动机带动燃油泵，将燃油经由射油器喷入燃烧室中与压缩空气混合燃烧，产生的燃气温度通常可高达 1800~2300K。这时，二次冷却空气（占总空气量的 60%~80%）经通道壁面渗入与高温燃气混合，使混合气体降低到适当的温度，而后进入燃气轮机。在燃气轮机中混合气先在由静叶片组成的喷管中膨胀，把热能部分地转变为动能，形成高速气流，然后冲入固定在转子上的动叶片组成的通道，形成推力推动叶片，使转子转动而输出机械功。燃气轮机做出的功一部分带动压气机，剩余部分（净功量）对外输出。从燃气轮机排出的废气进入大气环境，放热后完成循环。所以，燃气轮机实际循环是开式的、不可逆的。

此外，还有一种闭式燃气轮机装置，一般以氦气为工质。工作时氦气在压气机中压缩升压后，送至加热器定压加热，接着高温高压氦气在燃气轮机内膨胀做功，用以驱动压气机并输出有效功。

由于闭式燃气轮机装置采用外部加热，因此可燃用劣质的固体燃料或应用核反应产生的热量来加热工质。两类装置工质的状态变化过程相似，故可采用同一分析方法。

燃气轮机是一种旋转式热力发动机，没有往复运动部件以及由此引起的不平衡惯性力，故可以设计成很高的转速，并且工作过程是连续的。因此，它可以在重量和尺寸都很小的情况下发出很大的功率。目前，燃气轮机装置在航空器、舰船、机车、峰负电站等得到广泛应用。

11.4.2 燃气轮机装置定压加热理想循环

引用空气标准假设，燃气轮机装置工作循环可以简化成由 4 个可逆过程组成的理想循环，如图 11.9 所示。其中，1—2 是绝热压缩过程；2—3 是定压加热过程；3—4 是绝热膨胀过程；4—1 是定压放热过程。这个循环称为定压加热理想循环，又称布雷顿循环。

下面分析布雷顿循环的热效率。

空气在压气机内消耗的功为

$$w_c = 面积\ f21ef = h_2 - h_1$$

燃气轮机输出的功为

$$w_T = 面积\ f34ef = h_3 - h_4$$

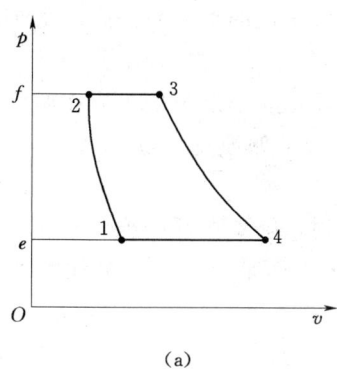 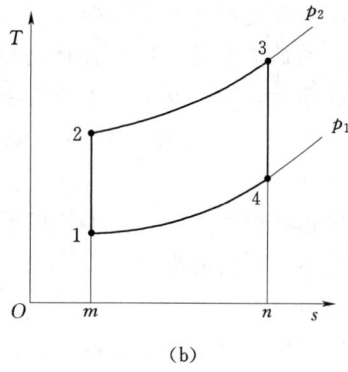

图 11.9 定压加热理想循环

燃气轮机装置的循环净功等于燃气轮机做出的功与压气机耗功之差,即
$$w_{\text{net}} = w_{\text{T}} - w_{\text{c}} = \text{面积 } 12341 = (h_3 - h_4) - (h_2 - h_1)$$

循环吸热量 q_1 和放热量 q_2 可分别用 $T-s$ 图上过程线下的面积表示,即
$$q_1 = \text{面积 } 23nm2 = h_3 - h_4 = c_{\text{pm}}\Big|_{t_2}^{t_3}(T_3 - T_2)$$
$$|q_2| = \text{面积 } 14nm1 = h_4 - h_3 = c_{\text{pm}}\Big|_{t_1}^{t_4}(T_4 - T_1)$$

根据热力学第一定律:
$$w_{\text{net}} = q_{\text{net}} = q_1 - |q_2| = \text{面积 } 12341$$

因而,燃气轮机装置热效率 η_{t} 为
$$\eta_{\text{t}} = \frac{w_{\text{net}}}{q_1} = 1 - \frac{|q_2|}{q_1} = 1 - \frac{h_4 - h_1}{h_3 - h_2} \tag{11.11}$$

令循环过程中循环增压比(即最高压力与最低压力之比)用 π 表示,循环增温比(即循环最高温度与最低温度之比)用 τ 表示,即
$$\pi = \frac{p_2}{p_1}, \quad \tau = \frac{T_3}{T_1}$$

并设比热容为定值,则根据各过程特性可得
$$\frac{T_2}{T_1} = \left(\frac{p_2}{p_1}\right)^{\frac{k-1}{k}} = \left(\frac{p_3}{p_4}\right)^{\frac{k-1}{k}} = \frac{T_3}{T_4} = \pi^{\frac{k-1}{k}}$$

于是燃气轮机装置热效率 η_{t} 可表示为
$$\eta_{\text{t}} = 1 - \frac{h_4 - h_1}{h_3 - h_2} = 1 - \frac{c_{\text{p}}(T_4 - T_1)}{c_{\text{p}}(T_3 - T_2)} = 1 - \frac{T_1\left(\frac{T_4}{T_1} - 1\right)}{T_2\left(\frac{T_3}{T_2} - 1\right)} = 1 - \frac{T_1}{T_2}$$

即
$$\eta_{\text{t}} = 1 - \frac{1}{\pi^{\frac{k-1}{k}}} \tag{11.12}$$

式(11.12)表明,定压加热理想循环的热效率取决于压气机中绝热压缩的初态温度

和终态温度,或者说主要取决于循环增压比 π,且随 π 值的增大而提高。此外,也和工质的绝热指数 k 的数值有关,而与循环增温比 τ 无关。

对于热能动力装置,除了要求热效率高外,还希望单位质量的工质在循环中所做的净功(也称比循环功)w_{net} 越大越好,对于某些场合,如航空、舰船等,后一指标尤为重要。

在定压加热理想循环中,当循环增温比 τ 一定时,随着循环增压比 π 的提高,单位质量的工质在循环中输出的净功 w_{net} 并不是越来越大,而是存在一个最佳增压比,使循环的净功输出为最大。

该最佳增压比可由下述方法确定。因定压加热理想循环的循环净功为燃气轮机做功和压气机耗功之差,即

$$w_{net} = w_T - w_c = (h_3 - h_4) - (h_2 - h_1) = c_p (T_3 - T_4) - (T_2 - T_1)$$
$$= c_p T_1 \left(\frac{T_3}{T_1} - \frac{T_4}{T_1} - \frac{T_2}{T_1} + 1 \right) = c_p T_1 \left(\frac{T_3}{T_1} - \frac{T_4}{T_3} \frac{T_3}{T_1} - \frac{T_2}{T_1} + 1 \right)$$

考虑到过程 1—2 和 3—4 都是定熵过程,并引入循环增温比 τ,上式可写为

$$w_{net} = c_p T_1 \left(\tau - \tau \pi^{\frac{1-k}{k}} - \pi^{\frac{k-1}{k}} + 1 \right) \tag{11.13}$$

式 (11.13) 表明,当 T_1、T_3 确定后,循环净功 w_{net} 仅仅是增压比 π 的函数。将循环净功 w_{net} 对增压比 π 求导并令之为零,即可求得最佳增压比为

$$\pi_{w_{net,max}} = \tau^{\frac{k}{2(k-1)}} \tag{11.14}$$

将式 (11.14) 代入式 (11.13),可以得到最大的循环净功为

$$w_{net,max} = c_p T_1 (\sqrt{\tau} - 1)^2 \tag{11.15}$$

式 (11.14)、式 (11.15) 表明,随 τ 增大,$\pi_{w_{net,max}}$ 增大,$w_{net,max}$ 显著增大。因此在材料热强度许可的前提下应尽可能提高 T_3,从而有利于提高燃气轮机装置的比功率。

11.4.3 燃气轮机装置的定压加热实际循环

燃气轮机装置实际循环的各个过程都存在着不可逆因素,这里主要考虑压缩过程和膨胀过程存在的不可逆性。因为流经叶轮式压气机和燃气轮机的工质通常在很高的流速下实现能量之间的转换,这时流体之间、流体与流道之间的摩擦不能再忽略不计。因此,尽管工质流经压气机和燃气轮机时向外散热可忽略不计,但其压缩过程和膨胀过程都是不可逆的绝热过程,如图 11.10 所示。图 11.10 中虚线 1—2′ 即为压气机中的不可逆绝热压缩过程,3—4′ 为燃气轮机中的不可逆绝热膨胀过程。

根据第 9 章中的压气机绝热效率定义式 (9.15),实际压气机耗功为

$$w'_c = h_{2'} - h_1 = \frac{1}{\eta_{cs}} (h_2 - h_1) \tag{11.16}$$

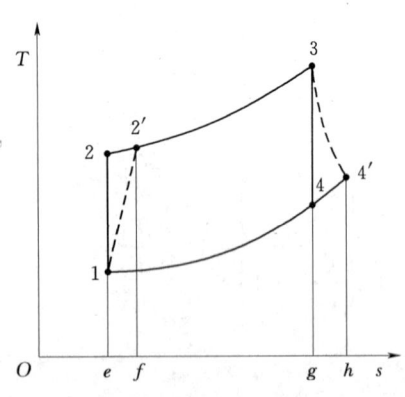

图 11.10 燃气轮机装置实际循环的 T-s 图

燃气轮机的内部损耗通常以相对内效率 η_T 来衡量，即

$$\eta_T = \frac{实际膨胀做出的功}{理想膨胀做出的功} = \frac{w'_T}{w_T} \tag{11.17}$$

则燃气流经燃气轮机时的实际做功为

$$w'_T = h_3 - h_{4'} = \eta_T(h_3 - h_4) \tag{11.18}$$

若仅考虑该两项损失，实际循环的内部净功（或简称循环的内部功）以 w'_{net} 表示为

$$w'_{net} = w'_T - w'_c = \eta_T(h_3 - h_4) - \frac{1}{\eta_{cs}}(h_2 - h_1) \tag{11.19}$$

循环中气体实际吸热量为

$$q'_1 = h_3 - h_{2'} = h_3 - h_1 - \frac{1}{\eta_{cs}}(h_2 - h_1) \tag{11.20}$$

因而循环内部热效率为

$$\eta_i = \frac{w'_{net}}{q'_1} = \frac{\eta_T(h_3 - h_4) - \dfrac{1}{\eta_{cs}}(h_2 - h_1)}{h_3 - h_1 - \dfrac{1}{\eta_{cs}}(h_2 - h_1)} \tag{11.21}$$

当工质的比热容为定值并注意到 $\dfrac{T_2}{T_1} = \dfrac{T_3}{T_4} = \pi^{(k-1)/k}$、$\tau = \dfrac{T_3}{T_1}$ 时，式（11.21）可改写为

$$\eta_i = \frac{\eta_T(T_3 - T_4) - \dfrac{1}{\eta_{cs}}(T_2 - T_1)}{(T_3 - T_1) - \dfrac{1}{\eta_{cs}}(T_2 - T_1)} = \frac{\pi^{\frac{\tau}{(k-1)/k}}\eta_T - \dfrac{1}{\eta_{cs}}}{\dfrac{\tau - 1}{\pi^{(k-1)/k} - 1} - \dfrac{1}{\eta_{cs}}} \tag{11.22}$$

分析式（11.22）可以得出如下结论：

(1) 循环增温比 τ 越大，实际循环的热效率越高。由于温度 T_1 取决于大气环境，故只能借提高循环最高温度 T_3 以增大 τ。但 T_3 受限于金属材料的耐热性能，目前正在研究用陶瓷材料部分甚至全部取代金属材料，以达到更大的循环增温比。

(2) 保持循环增温比 τ 以及 η_{cs}、η_T 一定，随循环增压比的提高，循环内部热效率有一极大值。当循环增温比 τ 增大时，和内部热效率的极大值相对应的增压比的值也提高，因而可进一步提高内部热效率。故从循环特性参数方面说，提高 T_3 是提高循环热效率的主要方向。

(3) 提高压气机的绝热效率和燃气轮机的相对内效率，即减小压气机中压缩过程和燃气轮机中膨胀过程的不可逆性，内部热效率随之提高。目前，一般压气机绝热效率在 0.80～0.90 之间，而燃气轮机的相对内效率在 0.85～0.92 之间。

从热力学角度探讨提高定压加热理想循环的热效率，除上述讨论的通过改变循环特性参数的方法外，还可以从改进循环着手，如采用回热，在回热基础上采用分级压缩中间冷却和在回热基础上采用分级膨胀中间再热等方法。

*11.4.4 提高燃气轮机装置循环热效率的措施

1. 回热

在定压加热简单循环的基础上采用回热是提高燃气轮机装置热效率的一种有效措施。

图 11.11 为具有回热的燃气轮机装置流程的示意图和简化的回热循环的 $T-s$ 图。由于工质在燃气轮机中膨胀做功后温度 T_4 还相当高,向冷源放热会造成很大的热损失。若在装置中增添回热器,利用燃气轮机排气的热量加热压缩后的空气。极限情况下可以把压缩后的空气加热到 $T_6=T_4$,同时燃气轮机的排气可冷却到 $T_5=T_2$。这样,工质自外热源吸热过程为 6—3,吸热量 $q_1=h_3-h_6=$ 面积 $63ab6$。与无回热循环的吸热过程 2—3 比较,吸热量的减少,相当于面积 $26bd2$。同时,循环净功 w_{net} 不变,仍相当于面积 12341。显然,采用回热后循环热效率将提高。

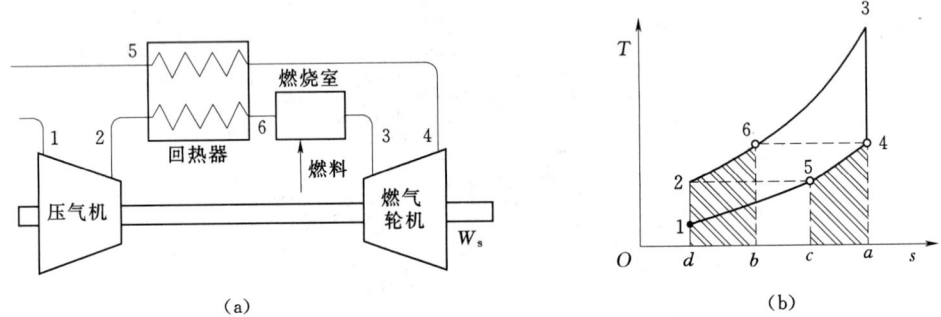

图 11.11 具有回热的燃气轮机装置流程示意图

在燃气轮机装置实际循环 $12'34'1$(图 11.12)中,采用回热同样可以提高装置的内部热效率。如果采用极限回热,可以把压缩后的工质加热到 $T_6=T_4'$,膨胀后的工质冷却到 $T_5=T_2'$。极限同热虽然对提高装置的内部热效率最为有利,但所需的回热器换热面积趋于无穷大,无法实现。实用上只把压缩后工质加热到较 T_5 为低的 T_7。实际利用的热量与理论上极限情况可利用的热量之比称为回热度 σ,即

$$\sigma=\frac{h_7-h_{2'}}{h_{4'}-h_{2'}} \tag{11.23}$$

若近似地将比热容当作定值,则

$$\sigma=\frac{T_7-T_{2'}}{T_{4'}-T_{2'}} \tag{11.24}$$

此时装置加热量 $q_1=h_3-h_7$,较无回热时少了 $h_7-h_{2'}$。装置的内部功未变而加热量减少,使装置的循环热效率提高。采用较大的回热度,可更多地提高内部效率,但同时需配备较大的回热器,使装置投资费用、尺寸、重量增加。实际应用时,应选用适当的 σ。

2. 在回热的基础上分级压缩、中间冷却和分级膨胀、中间再热

如图 11.13 所示,由于叶轮式压气机采用分级压缩、中间冷却可减少压气机耗功,因而燃气轮机装置循环 1—2—3—4—1 中压气机耗功 $w_c=h_2-h_1=h_2-h_8=$ 面积 $21nm82$。若采用分级压缩,工质首先在低压压气机中绝热压缩到某中间压力 p_5(过程 1—5),然后进入中间冷却器进行定压冷却(过程 5—6),再在高压压气机中绝热压缩到终压力 $p_7=p_2$(过程 6—7),两级压气机理论总耗功 $w_c=w_{cL}+w_{cH}=h_5-h_6+h_7-h_8=$ 面积 $8765nm8<$ 面积 $21nm82$。同时,由于采用了回热,从 7 加热到 2 的过程不需要从热源加入额外的热量,从而维持加热量不变($q_1=h_3-h_9$),故与回热循环 1—2—3—4—1 相比,

分级压缩循环的热效率高。假如级数趋向无限多,每级压缩后进行定压冷却,则压缩过程接近定温过程 1—8。

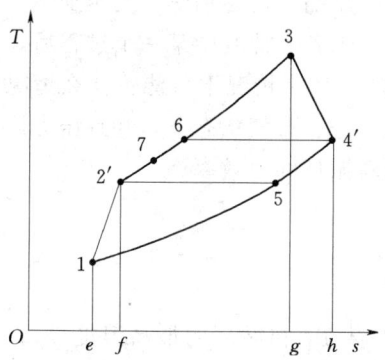

图 11.12 极限回热的实际循环

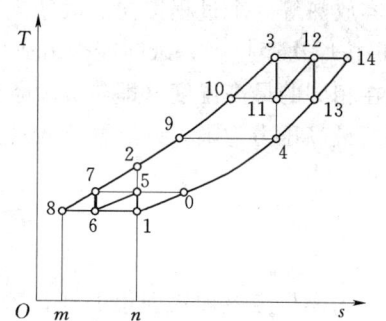

图 11.13 回热基础上的分级压缩中间冷却、分级膨胀中间再热循环的 $T\text{-}s$ 图

图 11.13 中过程 3—11 为燃气在高压燃气轮机中的膨胀过程;11—12 为进入低压燃烧室中的定压再热过程;12—13 为进入低压汽轮机中的绝热膨胀过程;排出的废气先进入回热器定压冷却(过程 13—0),用以加热压缩后的工质(过程 7—10),然后再排向冷源定压放热(过程 0—1)。在回热的基础上分级压缩的同时分级膨胀、中间再热循环放给冷源的热量与上述分级压缩循环相同,都是 $q_2 = h_2 - h_1 + h_5 - h_6$,但循环净功增大,因而循环的热效率进一步提高。

应该强调的是,分级压缩中间冷却、分级膨胀中间再热,只有在回热的基础上进行才能提高装置的热效率;若不采用回热,仅仅分级循环的热效率反将降低。

思 考 题

11.1 总结由热机工作循环抽象为理想的热力循环的基本方法。

11.2 提高热机循环热效率的基本途径是什么?为此可采取什么基本措施?

11.3 燃气轮机装置实际循环的 τ、η_t 及 η_c 一定时,随着增压比的提高,循环热效率有一个极大值,试利用 $T\text{-}s$ 图分析出现极大值的原因。

11.4 回热循环的燃气轮机装置的 τ 及 σ 一定时,随着增压比的提高,回热循环的热效率有一个极大值,试利用 $T\text{-}s$ 图分析出现极大值的原因。

11.5 当燃气轮机装置循环采用多级压缩中间冷却及多级膨胀中间再热时,如不同时采用回热措施会出现什么情况?对热效率有什么影响?

11.6 活塞式内燃机循环理论上能否利用回热来提高热效率?实际中是否采用?为什么?

11.7 燃气轮机理想简单循环的排气温度高达 400~500℃,这部分排气放到大气中的余热很为可观。有人提出下述 3 个方案,试分析是否有效?为什么?

(1) 将燃气轮机出口的排气送入另一个透平做功。

(2) 将排气送于压气机升压后再送入透平做功。

(3) 将排气送入回热器，预热进入压气机前的空气。

11.8 设有混合加热的内燃机理想循环，它由定熵压缩、定容加热、定压加热、定熵膨胀与定容放热等5个过程按先后次序排列组合而成。①若去掉其中某一个过程后，其他4个过程仍按原次序排列，试问能否组成一个新的循环？什么情况下可能？什么情况下不可能？②在相同的最高温度（即热应力条件相同）以及进、排气状态下，并且压力以不超过原循环的最高压力为限，试定性比较这几种可能的新循环的热效率。

习　题

11.1 内燃机定容加热理想循环，若已知压缩初温 T_1 和循环的最高温度 T_3，求循环净功达到最大时的压缩终温和膨胀终温及这时的热效率。

11.2 一活塞式内燃机用混合循环模型来分析。内燃机入口空气温度20℃，压缩至10MPa，燃烧升压至20MPa。预胀比为2，计算循环的热效率及当空气流量为0.1kg/s时，内燃机的输出功。

11.3 某活塞式内燃机定容加热理想循环，压缩比 $\varepsilon=12$，气体在压缩冲程起点的状态是 $p_1=100\text{kPa}$，$T_1=310\text{K}$。加热过程中气体吸热 650kJ/kg。假定比热容为定值，且 $c_p=1.004\text{kJ/(kg·K)}$，$k=1.4$，试求：

(1) 循环中各点的温度和压力。

(2) 循环热效率，并与卡诺循环热效率作比较。

(3) 平均有效压力。

11.4 某狄塞尔循环的压缩比为 19∶1，输入 1kg 空气的热量为 800kJ/kg。若压缩起始时工质状态是 $p_1=100\text{kPa}$，$T_1=300\text{K}$，试计算：

(1) 循环中各点的压力、温度和比体积。

(2) 预胀比。

(3) 循环热效率，并与同温限的卡诺热循环热效率作比较。

(4) 平均有效压力。假定气体比热容 $c_p=1.004\text{kJ/(kg·K)}$，$c_v=0.718\text{kJ/(kg·K)}$。

11.5 某内燃机的狄塞尔循环的压缩比是 17∶1，压缩起始时工质状态为 $p_1=95\text{kPa}$，$T_1=290\text{K}$。若循环最高温度为 1900K，气体比热容为定值，且 $c_p=1.004\text{kJ/(kg·K)}$，$k=1.4$，试确定：

(1) 循环中各点的温度、压力和比体积。

(2) 预胀比。

(3) 循环热效率。

11.6 已知某活塞式内燃机混合加热理想循环的 $p_1=100\text{kPa}$，$T_1=330\text{K}$，$\varepsilon=v_1/v_2=15$，$\lambda=p_3/p_2=1.4$，$\rho=v_4/v_3=1.45$，设工质质量为 1kg，比热容为 $c_p=1.004\text{kJ/(kg·K)}$，$c_v=0.718\text{kJ/(kg·K)}$，试分析计算循环中各点的温度、压力、比体积及循环热效率。

11.7 某定压加热燃气轮机装置理想循环，参数为 $p_1=101150\text{kPa}$，$T_1=300\text{K}$，T_2

$=923\text{K}$，$\pi=p_2/p_1=6$，循环的 $p-v$ 图和 $T-s$ 图如图 11.9 所示。试求：

(1) q_1、q_2。

(2) 循环净功 w_{net}。

(3) 循环热效率。

(4) 平均吸热温度和平均放热温度。假定工质为空气，且比热容 $c_p=1.03\text{kJ}/(\text{kg}\cdot\text{K})$。

11.8 某电厂以燃气轮机装置产生动力，向发电机输出的功率为 20MW，循环简图如图 11.12 所示，循环最低温度为 290K，最高为 1500K，循环最低压力为 95kPa，最高为 950kPa。循环中设一回热器，回热度为 75%。压气机绝热效率 $\eta_{cs}=0.85$，燃气轮机的相对内部效率 $\eta_t=0.87$。

(1) 试求燃气轮机发出的总功率、压气机消耗的功率和循环热效率。

(2) 假设循环中工质向 1800K 的高温热源吸热，向 290K 的低温热源（环境介质）放热，求每一过程的不可逆损失。

第12章 制冷循环

12.1 逆向卡诺循环

可逆循环要求工质与热源之间进行等温吸热、等温放热。逆向卡诺循环是工作于温度分别为 T_1 和 T_2 的两个热源之间的逆向可逆循环,由两个可逆定温过程和两个可逆绝热过程组成。工质为理想气体时的 $p-v$ 图和 $T-s$ 图如图 12.1 所示。图中,$b—a$ 为定温放热;$a—d$ 为绝热膨胀;$d—c$ 为定温吸热;$c—b$ 为绝热压缩。

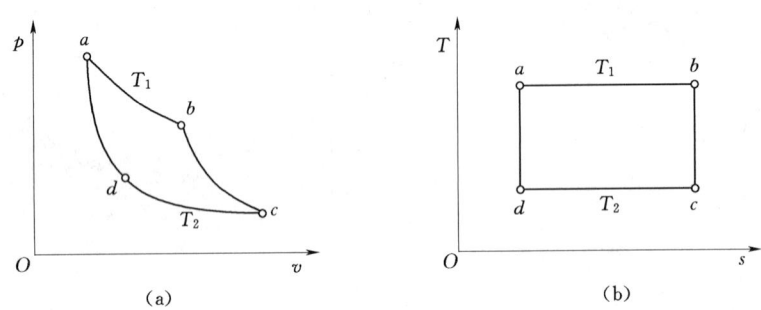

图 12.1　逆向卡诺循环的 $p-v$ 图和 $T-s$ 图

在制冷循环中大气环境通常作为循环的高温热源,温度记为 T_0,$T_1=T_0$,排给高温热源的热量记为 q_0,$q_0=q_1$。低温热源(如冷库)的温度记为 T_c,$T_c=T_2$,从低温热源吸收的热量记为 q_c,$q_c=q_2$。

由 $b—a$ 定温放热和 $d—c$ 定温吸热可得 $q_0=T_0\Delta s_{ab}$;$q_c=T_c\Delta s_{dc}$。由于 $\Delta s_{ab}=\Delta s_{dc}$,得逆向卡诺循环制冷系数为

$$\varepsilon_R=\frac{q_c}{q_0-q_c}=\frac{T_c}{T_0-T_c} \tag{12.1}$$

式(12.1)表明,在一定环境温度下,冷库温度 T_c 越低,制冷系数就越小。因此,为取得良好的经济效益,没有必要把冷库的温度定得超乎需要的低。这也是一切实际制冷循环遵循的原则。

逆向卡诺循环是理想的、经济性最高的制冷循环和热泵循环。由于种种困难,实际的制冷机和热泵难以按逆向卡诺循环工作,但逆向卡诺循环有着极为重要的理论价值,它为提高制冷机和热泵的经济性指出了方向。

12.2 空气压缩式制冷循环

以空气作为制冷工质不能按逆向卡诺循环运行,因为定温加热和定温放热不易实

现。在空气压缩式制冷循环中，以两个定压过程来代替逆向卡诺循环的两个定温过程。图 12.2 是空气压缩式制冷装置流程图，$p-v$ 图和 $T-s$ 图如图 12.3 所示。图中 T_c 为冷库中需要保持的温度，T_0 为环境温度。从冷藏室出来的空气（1 点）的 $T_1 = T_c$，被压缩机绝热压缩到点 2，温度已高于 T_0，在冷却器中定压条件下将热量传给冷却水，实现高温放热后到达点 3，$T_3 = T_0$；通入膨胀机绝热膨胀到点 4，此时的温度已低于 T_c，进入冷库在定压的条件下从冷藏室中完成低温吸收热量，从而完成循环。

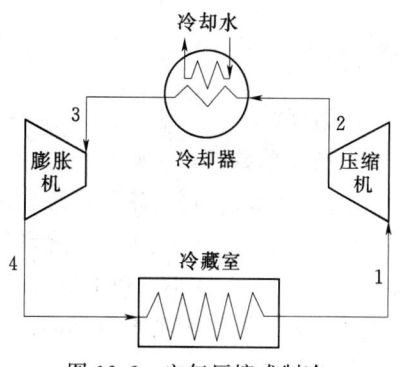

图 12.2 空气压缩式制冷循环装置流程图

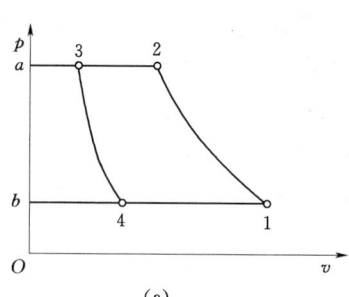 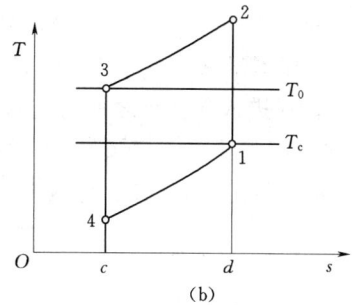

图 12.3 空气压缩式制冷循环

当空气的比热容取为定值，单位质量空气在冷却器中放热量为

$$q_0 = h_2 - h_3 = c_p(T_2 - T_3)$$

自冷藏室中的吸热量为

$$q_c = h_1 - h_4 = c_p(T_1 - T_4)$$

空气压缩式制冷循环的制冷系数为

$$\varepsilon = \frac{q_c}{q_0 - q_c} = \frac{T_1 - T_4}{(T_2 - T_3) - (T_1 - T_4)} = \frac{1}{\frac{T_2 - T_3}{T_1 - T_4} - 1}$$

过程 1—2 和过程 3—4 为可逆绝热过程，得

$$\frac{T_2}{T_1} = \left(\frac{p_2}{p_1}\right)^{\frac{k-1}{k}} = \frac{T_3}{T_4} \tag{12.2}$$

将式（12.2）代入制冷系数表达式，可得

$$\varepsilon_R = \frac{1}{\frac{T_3}{T_4} - 1} = \frac{T_4}{T_3 - T_4} = \frac{T_1}{T_2 - T_1} = \frac{1}{\left(\frac{p_2}{p_1}\right)^{\frac{k-1}{k}} - 1} = \frac{1}{\pi^{\frac{k-1}{k}} - 1} \tag{12.3}$$

式中：π 为循环增压比，$\pi = p_2/p_1$。

在相同的冷藏室温度 T_1 和环境温度 T_3 条件下，逆向卡诺循环的制冷系数为

$$\varepsilon_R = \frac{T_1}{T_3 - T_1} = \frac{1}{\dfrac{T_3}{T_1} - 1}$$

因为 $T_3 < T_2$，与式（12.2）对比可见空气压缩式制冷循环的制冷系数小于逆向卡诺循环的制冷系数。

由式（12.3）可见空气压缩式制冷循环的制冷系数与循环增压比 π 有关，循环增压比越小，则制冷系数越大，而循环增压比越大，则制冷系数越小。而循环增压比减小会导致循环制冷量 q_c 减小。在不破坏经济性的条件下，为获得一定量的制冷量，可采用叶轮式压缩机和膨胀机来增加空气的流量，并采用回热措施，从而组成回热式空气压缩式制冷循环装置，克服以上缺点。

回热式空气压缩式制冷循环装置示意图及 T-s 图如图 12.4 和图 12.5 所示。自冷藏室出来的空气（温度为 $T_1 = T_c$）在进入压缩机之前先进入回热器中被加热升温到高温热源的温度（温度为 $T_2 =$ 环境温度 T_0），升温后进入叶轮式压缩机升温、升压到 T_3、p_3。此时温度已高于环境温度 T_0，进入冷却器在定压的条件下将热量放给大气环境，降温至 T_4（$T_4 = T_0$），在进入膨胀机之前先进入回热器中进一步在定压的条件下放热降温至 T_5（$T_5 = T_c$）。之后进入叶轮式膨胀机实现可逆绝热膨胀，降压至 p_6、降温至 T_6。最后进入冷藏室实现定压吸热，完成制冷过程，升温至 T_1，实现理想的空气压缩式回热循环。

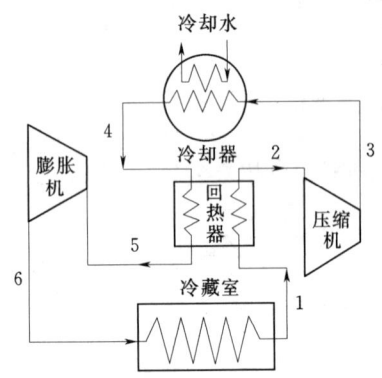
图 12.4　回热式空气压缩式制冷循环装置示意图

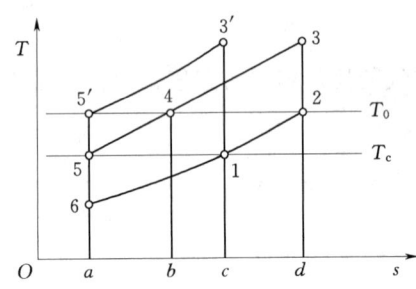
图 12.5　回热式空气压缩制冷循环的 T-s 图

由回热式空气压缩式制冷循环的 T-s 图可知，$T_2 = T_4$，$T_1 = T_5$，所以空气在回热器中 1—2 过程的吸热量等于在回热器中 4—5 过程的放热量。与不采用回热式空气压缩式制冷循环相比，制冷过程仍然是 6—1，即制冷量 q_c 不变，而向外界环境的放热过程由原来的 3'—5' 变成 3—4，但 $T_3 = T_{3'}$，$T_4 = T_{5'}$，所以两循环的 q_0 也相同，从而它们的制冷系数也是相同的。但是循环增压比由 $p_{3'}/p_1$ 下降到 p_3/p_2，为采用叶轮式压气机和膨胀机提供了可能。叶轮式压气机和膨胀机的流量较活塞式压缩机大，因而在不改变单位质量空气制冷量的条件下增加了单位时间内的制冷量。

【**例 12.1**】 空气压缩式制冷循环，空气进入压气机时的状态为 $p_1 = 0.15\text{MPa}$，温度 $t_1 = -22℃$，在压气机内定熵压缩到 $p_2 = 0.6\text{MPa}$，然后进入冷却器。离开冷却器时空气

温度 $t_3=20℃$。若 $t_c=-22℃$，$t_0=20℃$，空气视为定值比热容的理想气体，$k=1.4$。求：此循环制冷系数 ε 及 1kg 空气的制冷量 q_c。

解： $T_1=T_c=251.15\text{K}$，$T_3=T_0=293.15\text{K}$

$$\pi=\frac{p_2}{p_1}=\frac{0.6}{0.15}=4,\quad \frac{T_2}{T_1}=\left(\frac{p_2}{p_1}\right)^{\frac{k-1}{k}}=\frac{T_3}{T_4}$$

所以

$$T_2=T_1\pi^{\frac{k-1}{k}}=251.15\times 4^{\frac{1.4-1}{1.4}}=373.21(\text{K})$$

$$T_4=T_3\pi^{\frac{1-k}{k}}=293.15\times 4^{\frac{1-1.4}{1.4}}=197.28(\text{K})$$

压缩机耗功为

$$\begin{aligned}w_c&=h_2-h_1=c_p(T_2-T_1)\\&=1.005\times(373.21-251.15)\\&=122.67(\text{kJ/kg})\end{aligned}$$

膨胀机做功为

$$w_T=h_3-h_4=c_p(T_3-T_4)=1.005\times(293.15-197.28)=96.35(\text{kJ/kg})$$

空气在冷却器中放热量为

$$q_0=h_2-h_3=c_p(T_2-T_3)=1.005\times(373.21-293.15)=80.46(\text{kJ/kg})$$

1kg 空气在冷库中的热量即 1kg 空气的制冷量为

$$q_c=h_1-h_4=c_p(T_1-T_4)=1.005\times(251.15-197.28)=54.14(\text{kJ/kg})$$

循环输入的净功为

$$w_{\text{net}}=w_c-w_T=122.67-96.35=26.32(\text{kJ/kg})$$

循环的净热量为

$$q_{\text{net}}=q_0-q_c=80.46-54.14=26.32(\text{kJ/kg})$$

循环的制冷系数为

$$\varepsilon_R=\frac{q_c}{w_{\text{net}}}=\frac{54.14}{26.32}=2.06$$

12.3 蒸汽压缩式制冷循环

空气压缩式制冷循环的工质性质决定了不能实现定温吸热和定温排热过程，其制冷循环较大地偏离了逆向卡诺循环，从而降低了经济性，并且空气压缩式制冷循环单位质量工质的制冷量也较小。如果采用低沸点物质（一个大气压下，其沸点 $t_s\leqslant 0$）作为制冷剂，可以利用在定温定压下汽化吸热和凝结放热，实现定温吸热和定温放热过程，从而克服空气压缩式制冷循环的缺点，提高制冷量和经济性。目前，蒸汽压缩式制冷循环是应用较为广泛的一种制冷循环。

图 12.6、图 12.7 分别是蒸汽压缩式制冷循环装置流程图和理想循环 $T-s$ 图。其装

置主要包括蒸发器、压缩机、冷凝器、节流阀。工作原理如下：1—2 为绝热压缩过程，即从蒸发器出来到干饱和蒸汽被压缩机绝热压缩升压、升温至状态点 2；2—4 为定压放热过程，此过程在冷凝器中进行，首先蒸汽由过热状态定压冷却成为干饱和蒸汽状态（点 3），然后由干饱和蒸汽状态保持压力不变，定温凝结为饱和液体（点 4）；4—5 为绝热节流过程，饱和液通过节流阀在降压的同时进行降温，由于此过程是不可逆过程，工质熵增加后到达状态 5，其不可逆过程线用虚线表示；5—1 为定压定温蒸发吸热过程，即制冷过程，完成吸热后成为干饱和蒸汽，从而完成了蒸汽压缩式制冷循环 1—2—3—4—5—1。

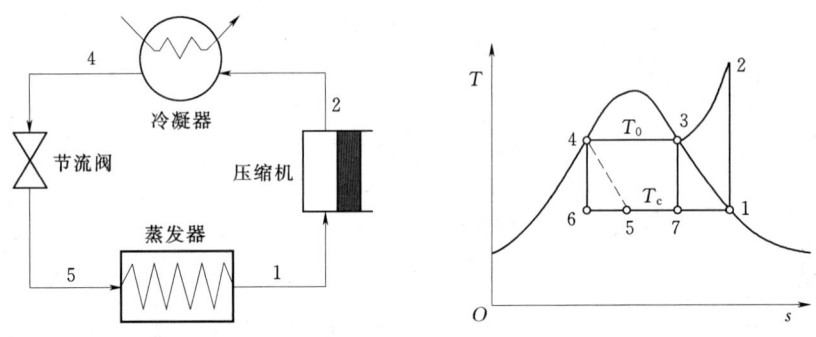

图 12.6　蒸汽压缩式制冷循环装置流程图　　图 12.7　蒸汽压缩式制冷循环的 $T\text{-}s$ 图

当完成一个循环后，1kg 制冷工质在蒸发器中完成的制冷量（吸热量）为

$$q_c = h_1 - h_5 = h_1 - h_4$$

在冷凝器中的放热量为

$$q_0 = h_2 - h_4$$

压缩机耗功即循环耗净功为

$$w_c = h_2 - h_1 = w_{\text{net}}$$

制冷系数为

$$\varepsilon_R = \frac{q_c}{w_{\text{net}}} = \frac{h_1 - h_4}{h_2 - h_1} \tag{12.4}$$

蒸汽压缩式制冷循环的制冷量、放热量和循环功量都与状态点间的比焓差有关系，因此使用压力为纵坐标、焓为横坐标的制冷剂的压焓图进行计算时较为方便，通常纵坐标采用对数坐标。蒸汽压缩式制冷循环的压焓图如图 12.8 所示。由状态 1 的 p_1 或 T_1 可在图上确定干饱和蒸汽状态点 1，由通过 1 点的等熵线与压力为 p_2 的等压线的交点确定出状态点 2，压力为 p_2 的等压线与饱和液线的交点为状态点 4，过点 4 作垂线与压力为 p_1 的等压线的交点为点 5，从而确定出各点的焓值。上述各点的焓值也可由制冷剂的热力性质表查取。

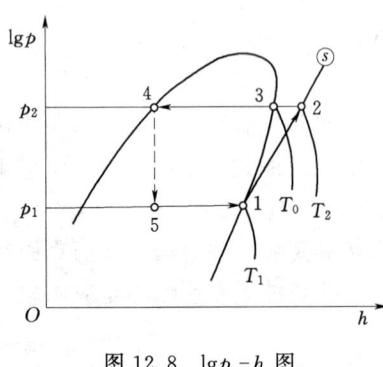

图 12.8　$\lg p\text{-}h$ 图

蒸汽压缩式制冷循环在理论上可以实现逆向卡诺

制冷循环，如图 12.7 中循环 7—3—4—6—7。但点 7 是湿饱和蒸汽状态，即饱和液与干饱和蒸汽的混合物，对这样两相物质的压缩有难以克服的缺点。由于液体的不可压缩性，会造成缸内压力上升到不可允许的程度，是不利的。为避免上述缺点，同时为增加制冷量，使制冷剂汽化到干饱和蒸汽状态 1，采用节流阀（或称膨胀阀）代替膨胀机，这样不但可以简化设备，还可以提高装置运行的可靠性。

12.4 蒸汽喷射制冷循环

由前面所讨论的各种制冷循环可见制冷工质从蒸发器出来后都需要被压缩机进行压缩升温、升压。而蒸汽喷射制冷循环中不采用压缩机，即不消耗外功，它是以消耗温度较高的热能为代价来实现制冷循环的。所消耗的水蒸气压力通常在 0.3~1MPa 范围内，制冷温度在 3~10℃ 范围内。

图 12.9 为蒸汽喷射制冷循环装置的流程图及 T-s 图。蒸汽喷射制冷循环装置由喷管、混合室和扩压管组成喷射器来代替压缩机。制冷装置中还包括提供蒸汽的锅炉、冷凝器、节流阀和蒸发器等装置。

水在锅炉中被加热后形成较高温度与较高压力的蒸汽（状态 1）在喷管中绝热膨胀到较低压力，此时具有了较高的流速（状态 2）。形成的高速气流在混合室中与蒸发器出来的低压蒸汽（状态 3）混合形成速度降低的气流（状态 4）进入扩压管进行升压减速，即过程 4—5，之后在冷凝器中进行凝结放热过程 5—6。凝结水一路由水泵加压后进入锅炉加热汽化成高温高压蒸汽；另一路经节流阀降压、降温（过程 6—5_R）后进入蒸发器完成制冷过程，变成低温低压的蒸汽（状态 3）后被送入混合室，完成蒸汽喷射制冷循环过程。

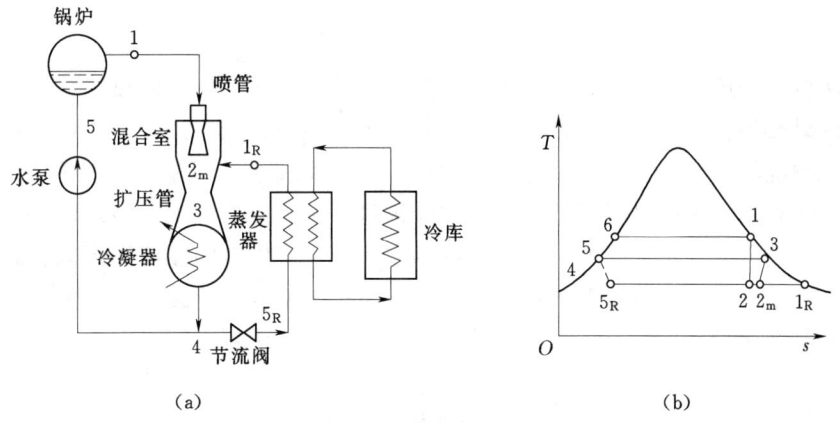

图 12.9 蒸汽喷射制冷循环装置的流程图及 T-s 图

如果忽略水泵所消耗的功，整个制冷装置是不消耗外功的，只消耗热量 Q_1，该热量是锅炉提供的。蒸发器中制冷的效果是将热量 Q_2 从冷库转移到大气环境介质中。蒸汽喷射制冷循环装置的经济性指标用热利用系数 ξ 来衡量，即

$$\xi = \frac{Q_2}{Q_1} \tag{12.5}$$

蒸汽混合过程中的不可逆损失很大，所以热利用系数 ξ 一般都较低。但由于在装置中并没有使用压气机，可以采用低压水蒸气作为制冷剂，所以在有较好蒸汽供应的条件下可考虑使用该装置。因为采用水作为制冷剂，所以仅适用于空调、冷藏，不适用于冷冻。

12.5 热泵循环

热泵循环与制冷循环的原理相同，两种循环都是消耗外能来实现热量从低温热源转移向高温热源，但两者的工作温度范围和达到的效果不同。前已述及，制冷循环是以大气环境为高温热源（温度 T_0）、冷库或空调的房间为低温热源（温度 T_c）之间工作的循环，循环的效果是从冷库或空调的房间移走热量，使其温度维持 T_c 不变。而热泵循环主要用来冬季对房屋进行供暖，它是以供暖房屋为高温热源（温度 T_R）、以室外大气环境为低温热源（T_0），循环效果是房屋内空气获得热能，维持 T_R 不变。所以热泵是将热量从如环境大气、地下土层等这样的低温热源向供暖房屋输送热量的装置。蒸汽压缩式热泵循环装置与 T-s 图可参照蒸汽压缩式制冷循环，两者仅工作的温度界限不同。

热泵的经济性指标是供热系数 ε_H，等于冷凝器的放热量 q_H 与压缩机消耗的功 w_{net} 之比，即

$$\varepsilon_H = \frac{q_H}{w_{net}} \tag{12.6}$$

由热平衡方程式 $q_H = q_L + w_{net}$ 得供热系数与制冷系数的关系为

$$\varepsilon_H = \frac{q_L + w_{net}}{w_{net}} = 1 + \varepsilon_R \tag{12.7}$$

由于冷凝器的放热量 q_H 大于压缩机消耗的功 w_{net}，所以热泵供热系数恒大于 1，这使得热泵的供热经济性高于其他常规供暖装置（如电暖气）。热泵循环不但可以把压缩机所消耗的机械能转移到室内供暖，还可以把在低温热源所吸收的热量也转移到室内供暖。因此热泵是一种较合理的供暖装置，取代锅炉供暖有利于保护大气环境，但如果由于室外温度很低就会造成高温热源与低温热源间的温差很大，使供暖的经济性降低。而且热泵供暖装置的造价较其他采暖装置高出很多，使得热泵技术的推广遇到了很大障碍，但随着全球性节约能源和保护环境的发展趋势，热泵技术会越来越受到重视。

思 考 题

12.1 逆向卡诺循环是理想的、经济性最高的制冷循环，但空气压缩式与蒸汽压缩式制冷循环均不采用逆向卡诺循环，为什么？

12.2 空气压缩式制冷循环通常要采用回热措施，是为了提高制冷系数吗？

12.3 蒸汽压缩式制冷循环中采用节流阀代替膨胀机，而在空气压缩式制冷循环却没

有这么做，为什么？

12.4 空气压缩式与蒸汽压缩式制冷循环的区别与联系。

12.5 为提高家用空调与电冰箱的经济性，从热力学的角度考虑，在使用过程中需要注意哪些问题？

12.6 用电暖气取暖和用热泵取暖相比较，哪一个比较经济？

12.7 热泵与制冷机的区别与联系。

习 题

12.1 逆向卡诺制冷循环，制冷系数 $\varepsilon_R=5$，求高温热源与低温热源温度之比？若输入功率为 2kW，求制冷量为多少千瓦？如果将此系统改作热泵循环，高、低温热源温度及功率维持不变，求供热系数及能提供的热量。

12.2 气体压缩式制冷循环，空气进入压气机时的状态为 $p_1=0.1\text{MPa}$，温度 $t_1=-23.15℃$，在压气机内定熵压缩到 $p_2=0.35\text{MPa}$。离开冷却器时空气温度 $t_3=27.15℃$。若 $t_c=-23.15℃$，$t_0=27.15℃$，求制冷系数 ε_R 及 1kg 空气的制冷量 q_c。

12.3 蒸汽压缩式制冷循环以氨为制冷剂，动力由一台小型柴油机提供。制冷循环冷凝温度为 50℃，蒸发温度为 -30℃，柴油机热效率为 30%。求：

（1）1kg 制冷工质的吸热量、放热量和所需的机械能。

（2）该制冷循环的制冷系数。

（3）在柴油机中 1kg 工质从高温热源吸收的热量。

第13章 热力学基本理论在化学过程中的应用

前面各章所讨论的内容都只与物理变化有关，未涉及化学反应的过程。实际上许多热力学过程都涉及化学反应问题，最为熟知是燃料燃烧过程。其他如水处理、化工过程、物体内热质传递、能量转换也都包括化学热力学过程。本章将运用热力学第一定律与第二定律分析研究具有化学反应的热力学系统，讨论燃料燃烧反应中能量转化的规律、化学反应的方向、化学平衡等问题。

13.1 概 述

如在以前章节中所讨论的一样，研究热力过程首先需要确定热力系统，研究有化学反应过程的能量转换也同样需要选择热力系统。热力系统也分为闭口系统、开口系统等，但此时的系统包含有化学反应。经历了化学反应后的热力系统其工质的组成和成分都会发生变化，而对于没有化学反应的热力系统只有开口系统，即与外界有质量交换时系统的组分与成分才发生变化。前面所学习的简单可压缩系统进行的是物理变化过程，确定其状态的独立状态参数只需两个。而对于有化学反应的热力系统，其物质的成分和浓度会发生变化，所以确定其平衡状态通常都需要两个以上的独立状态参数。有化学反应过程的热力系统可在定温定压或定温定容等条件下进行。

化学反应中热力系统与外界交换的热量称为反应热。向外界放出热量的反应称为放热反应；从外界吸收热量的反应称为吸热反应。例如，氢气燃烧时向外界放出热量，是放热反应，乙炔生成的过程从外界吸收热量，是吸热反应。

$$2H_2 + O_2 = 2H_2O$$
$$2C + H_2 = C_2H_2$$

反应热不是状态参数，它是与经历的过程有关的量，不仅与系统的初、终态有关，还与经历的过程有关。化学反应系统与外界交换的功包括体积变化功、电功等，交换功写成

$$W_{tot} = W + W_u$$

式中：W_{tot} 为总功；W_u 为有用功；W 为体积变化功。以化学反应为主要目的的热力过程，体积变化功一般是不能利用的，所以涉及化学反应的热力过程中有用功不包含体积变化功。化学反应过程中热力系统与外界交换的功同样也是过程量，不是状态参数。

功和反应热符号正负的约定仍和无化学反应的过程一样：系统吸热为正，放热为负；系统对外做功为正，外界对系统做功为负。

在化学反应过程中形成了新的分子，原有的分子被破坏了，物系的化学能应发生变化，热力学能变化应包括化学内能（也称化学能）。化学反应物系物质的量可能增加、减少或者保持不变。

与前面讨论的物理状态变化过程一样,热力系统在完成有化学反应的过程后,当使过程沿相反方向进行时能够使物系和外界都完全恢复到原来状态,不留下任何变化,这样的理想过程就是可逆过程,否则是不可逆过程。而一切含有化学反应的实际过程都是不可逆的,可逆过程仅是理想的极限。少数特殊条件下的化学反应,如蓄电池的放电和充电,接近可逆,而像燃烧反应则是强烈的不可逆过程。

与无化学反应的热力系统过程一样,若正向反应对外做出有用功,那么在逆向反应中外界必须对反应物系做功。对于可逆过程,其正向反应做出的有用功应与逆向反应时所需加入的功绝对值相同,符号相反。可逆正向反应做出的有用功最大,其逆向反应时所需输入的有用功的绝对值最小。

13.2 热力学第一定律在有化学反应中的应用

热力学第一定律是普遍的定律,同样适用于有化学反应的过程。它是对化学过程进行能量平衡分析的理论基础。

13.2.1 热力学第一定律

1. 热力学第一定律解析式

化学反应过程中热力学第一定律解析式可表达成

$$Q = U_2 - U_1 + W_{tot} \tag{13.1}$$

其中

$$W_{tot} = W + W_u$$

式中:W_{tot} 为反应的总功;Q 为系统与外界交换的热量,这里是反应热;U_1 和 U_2 分别为反应前和反应后的热力学能,且热力学能 U_1 包括内热能 U_{th1} 和化学能 U_{ch1},热力学能 U_2 包括内热能 U_{th2} 和化学能 U_{ch2}。

如果热力系统在定温定容条件下发生化学反应,因为体积不变,所以体积变化功 $W = 0$,则有

$$Q = U_2 - U_1 + W_{u,v} \tag{13.2}$$

式中:$W_{u,v}$ 为系统在定温定容条件下的有用功。

如果热力系统在定温定压条件下反应,因为压力不变,所以体积变化功 $W = p(V_2 - V_1)$,用 $W_{u,p}$ 表示定温定压条件下的有用功,有

$$Q = U_2 - U_1 + W_{u,p} + p(V_2 - V_1) \tag{13.3}$$

由焓的定义 $H = U + pV$,式(13.3)可写成

$$Q = H_2 - H_1 + W_{u,p} \tag{13.4}$$

上述公式均由热力学第一定律得出,不论对于系统是开口系统、闭口系统还是可逆与不可逆过程都是适用的。

2. 热效应和反应焓、生成焓

对于不可逆过程,如果系统与外界没有功量上的交换,那么对于定温定容反应和定温定压反应热力学第一定律可写成

$$Q_V = U_2 - U_1 \tag{13.5}$$
$$Q_p = H_2 - H_1 \tag{13.6}$$

此时的热量称为反应的热效应，则 Q_V 和 Q_p 分别称为定容热效应和定压热效应。对于定温定压反应的热效应等于系统反应前后焓值的差，这个焓差 ΔH 称为反应焓。

对于单质元素的化合反应，生成 1mol 化合物时的热效应称为该化合物的生成热。当反应在定温定压条件下进行时，其热效应等于焓差，将定温定压下的生成热又称为生成焓，用 ΔH_f 表示。当化合物分解时，由 1mol 的化合物分解成单质时的热效应称为该化合物的分解热。可见，生成热与分解热的绝对值相等，符号相反。

在不同的温度与压力条件下有不同的热效应，规定 $p = 101325 \text{Pa}$、$T = 298.15 \text{K}$ 为标准状态，在标准状态下的热效应称为标准热效应，标准定容热效应和标准定压热效应分别用 Q_V^0 和 Q_p^0 表示。标准燃烧焓和标准生成焓的定义是在标准状态下的燃烧热和生成热，分别用 ΔH_c^0 和 ΔH_f^0 表示，稳定单质元素的标准生成焓规定为零。

在各种有关的热工手册中载有各种物质的标准生成焓的数值。表 13.1 中列出了在 $p_0 = 101325 \text{Pa}$、$T_0 = 298 \text{K}$ 的条件下常用物质的热值及标准生成焓的数值。

表 13.1　　　　常用物质的热值及标准生成焓的数值　　　　单位：J/mol

名称	符号	物态	高热值$\times 10^{-3}$	低热值$\times 10^{-3}$	$H_{m,f}^0 \times 10^{-3}$
氢	H_2	气	285.8	241.81	0.00
碳	C	固	—	393.52	0.00
一氧化碳	CO	气	—	283.00	−110.53
二氧化碳	CO_2	气	—	—	−393.52
水	H_2O	气	—	—	−241.81
		液	—	—	−285.80
甲烷	CH_4	气	890.4	802.40	−74.85
乙炔	C_2H_2	气	1300.0	1256.00	226.70
乙烯	C_2H_4	气	1411.0	1323.00	52.30
乙烷	C_2H_6	气	1566.0	1428.00	−84.67
丙烯	C_3H_6	气	2059.0	1927.00	20.42
丙烷	C_3H_8	气	2220.0	2044.00	−103.80
丁烷	C_4H_{10}	气	2878.0	2658.00	−125.10
苯	C_6H_6	气	3302.0	3170.00	83.43
		液	3268.0	3136.00	49.04
甲苯	C_7H_8	气	3948.0	3772.00	50.00
		液	3910.0	3734.00	12.01
辛烷	C_8H_{18}	气	5513.0	5116.00	−208.40
		液	5471.0	5075.00	−249.80

13.2.2　盖斯定律

从反应热的定义式上看盖斯定律是热力学能变化的总和，是反应系统与外界交换的热量，它是过程量，而不是状态量。而热效应是在定温时系统与外界没有功量交换的条件下的反应热，对于定温定容反应和定温定压反应其值分别为热力学能的变化和焓的变化，所以热效应是状态量。此结论于1840年由俄国学者盖斯由实验测得，称为盖斯定律。

有些化学反应的热效应很难使用测量的方法得出，可以使用盖斯定律通过间接的方法得到其数值。例如，碳不完全燃烧的反应方程式为

$$C + \frac{1}{2}O_2 = CO + Q_2$$

因为碳燃烧时的生成物不仅有 CO，还有 CO_2，这一反应的热效应难以直接测得，但可通过下列两个反应并借助于盖斯定律将其热效应求得（图13.1）。

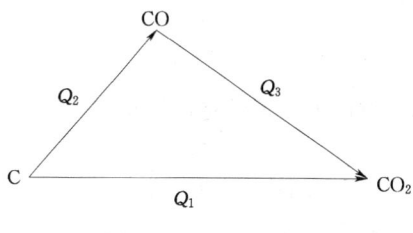

图 13.1　反应热效应

$$C + O_2 = CO_2 + Q_1, \quad Q_1 = -393791 \text{J/mol}$$
$$CO + \frac{1}{2}O_2 = CO_2 + Q_3, \quad Q_3 = -283190 \text{J/mol}$$

据盖斯定律，$Q_1 = Q_2 + Q_3$。

于是

$$Q_2 = Q_1 - Q_3$$

【例题 13.1】 试求在温度为 1000K 的条件下，甲烷（CH_4）燃烧时的定压热值。已知甲烷的定压摩尔热容关系式为

$$\{C_{p,m_0}\}_{J/(mol \cdot K)} = 19.89 + 0.05024\{T\}_K + 12.69 \times 10^{-6}\{T\}_K^2 - 11.01 \times 10^{-9}\{T\}_K^3$$

解：按低热值计算。

甲烷燃烧的化学反应方程式为

$$CH_4 + 2O_2 = CO_2 + 2H_2O(g)$$

按能量转换关系，定压燃烧可表示为

$$Q_p = H_P - H_R = (H_{CO_2} + H_{H_2O}) - (H_{CH_4} + H_{O_2})$$

查表 13.1 得各物质的标准生成焓为

$$(H_{mf}^0)_{CO_2} = -393520 \text{J/mol}$$

$$(H_{mf}^0)_{H_2O} = -241810 \text{J/mol}$$

$$(H_{mf}^0)_{CH_4} = -74850 \text{J/mol}$$

由有关的热工手册查得温度由 298K 升高至 1000K 时各物质焓的变化 $\Delta H_m = H_{m,1000K} - H_{m,298K}$ 为

$$(\Delta H_m)_{CO_2} = 33405 \text{J/mol}$$

$$(\Delta H_m)_{H_2O} = 25978 \text{J/mol}$$

$$(\Delta H_m)_{O_2} = 22707 \text{J/mol}$$

基于题设给出的甲烷的定压摩尔热容关系式,有

$$(\Delta H_m)_{CH_4} = \int_{298}^{1000} C_{p,m0} dT = 38239 \text{J/mol}$$

按任意状态下 1mol 物质的焓的表达式 $H_m = H_{m,f}^0 + \Delta H_m$,可得 1000K 时各物质的焓值为

$$H_{m,CO_2} = -393520 + 33405 = -360115 \text{ (J/mol)}$$

$$H_{m,H_2O} = -241810 + 25978 = -215832 \text{ (J/mol)}$$

$$H_{m,CH_4} = -74850 + 38239 = -36611 \text{ (J/mol)}$$

$$H_{m,O_2} = 22707 \text{ (J/mol)}$$

故可得甲烷的定压燃烧热为

$$Q_p = (H_{m,CO_2} + 2H_{m,H_2O}) - (H_{m,CH_4} + 2H_{m,O_2}) = -800582 \text{(J/mol)}$$

燃烧热的绝对值称为燃料的热值,故在 1000K 时甲烷的定压热值为 800582J/mol。

根据 1000K 时甲烷定压燃烧热的关系式,可导出它和标准状态的定压燃烧热之间的关系式,即

$$(Q_p)_{1000K} = (H_{mf}^0 + \Delta H_m)_{CO_2} + 2(H_{mf}^0 + \Delta H_m)_{H_2O} - (H_{mf}^0 + \Delta H_m)_{CH_4} - 2\Delta H_{m,O_2}$$

$$= [H_{mf,O_2}^0 + 2H_{mf,H_2O}^0 - H_{mf,CH_4}^0] + [(\Delta H_{m,CO_2} + 2\Delta H_{m,H_2O})$$

$$- (\Delta H_{m,CH_4} + 2\Delta H_{m,O_2})]$$

因此,$(Q_p)_{1000K} = (Q_p)_{298K} + (\Delta H_p - \Delta H_R)_{298K \to 1000K}$。

【例题 13.2】 试求乙炔 (C_2H_2) 在温度为 298K 时的定容热值。

解:乙炔燃烧反应的化学反应方程式为

$$C_2H_2 + 2.5O_2 = 2CO_2 + H_2O(l)$$

由定压燃烧热和定容燃烧热之间的关系:

$$Q_p = Q_V + (n_p - n_v)R_0T$$

查表 13.1 可得标准状态下 C_2H_2 的高热值为 1300×10^3 J/mol,故有 $Q_p = -1300 \times 10^3$ J/mol。

则

$$Q_V = -1300 \times 10^3 - (2 - 3.5) \times 8.314 \times 298 = -1296283 \text{(J/mol)}$$

即定容热值为 1296283J/mol。

本例题的计算表明,$(n_p - n_v)R_0T$ 的数值仅为 Q_p 的 0.3%左右,故实际上可忽略不计,即可近似地取定容热值和定压热值相等。

13.3 绝热理论燃烧温度

当化学反应物完全燃烧时理论上所需要的空气量称为理论空气量,而超出理论空气量的部分称为过量空气,所提供的实际空气量与所需的理论空气量之比称为过量空气系数。为了使化学反应的燃烧充分,通常提供比理论空气量更多的空气,尽管多余的空气没有参与燃烧,但对燃烧过程产生一定助燃的影响。

假设化学反应物完全燃烧，反应前后系统的动能和位能的变化忽略不计且没有对外做出有用功，如果燃烧反应在接近绝热的条件下进行，那么燃烧产生的热量全部被燃烧产物吸收，此时燃烧产物所达到的最高温度定义为绝热理论燃烧温度，用 T_{ad} 表示。

图 13.2 中，点 A 为系统的总焓，等于化学反应物在点 1 的总焓 H_1。由盖斯定律得

$$H_{ad}-H_1=(H_{ad}-H_b)+\Delta H^0-(H_1-H_a)$$
$$=0 \qquad (13.7)$$

生成物的焓差与反应物的焓差分别取决于生成物和反应物的温度变化。ΔH^0 是标准状态下的反应热效应，可以通过标准生成焓数据或燃烧焓数据计算得到。

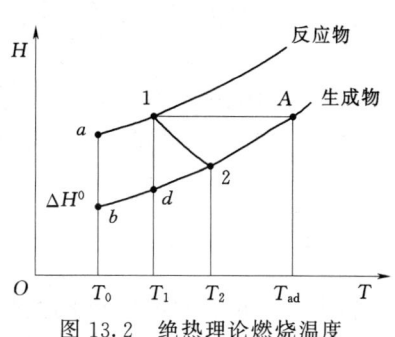

图 13.2 绝热理论燃烧温度

在化学反应中不可能完全绝热，反应也不可能进行完全燃烧，所产生的化合物在高温时也可能分解，所以实际上燃烧产物所达到的温度总是要低于绝热理论燃烧温度。

13.4 热力学第二定律在化学反应中的应用

根据热力学第二定律，一切自发过程都是不可逆过程。而一切不可逆过程的发展总是朝着使系统的熵变 dS 及有关周围物质的熵变 dS_0 的总和趋于增大或保持不变（在理想的可逆过程中两者熵的总和保持不变），即有

$$dS+dS_0 \geqslant 0 \qquad (13.8)$$

把热力学第二定律应用于化学反应，就是要判断化学反应进行的方向以及确定达到化学平衡的条件。对于燃烧过程来说，主要是确定温度、压力和过量空气量对燃烧完全程度的影响，以及计算燃烧不完全的程度。

大多数的化学反应可以按定温定压反应或定温定容反应分析。对于这类反应过程，系统的温度一定且与周围环境温度相同，因而有

$$dS_0=\frac{-\delta Q}{T_0}=\frac{-\delta Q}{T} \qquad (13.9)$$

将式 (13.9) 代入式 (13.8) 所示的熵增原理的表达式，可得

$$TdS-\delta Q \geqslant 0 \qquad (13.10)$$

由式 (13.1) 的热力学第一定律应用于化学反应时的能量方程式可得

$$\delta Q=dU+\delta W_{tot}=dU+\delta W+\delta W_u \qquad (13.11)$$

式中：δW 为容积变化功；δW_u 为有用功。

将式 (13.11) 代入式 (13.10) 可得化学反应过程有用功：

$$\delta W_u \leqslant -(dU-TdS)-\delta W \qquad (13.12)$$

在定温定压反应中，反应系统和外界的温度及压力相等且保持定值，即 $T=T_0$ 及 $p=p_0$，故有 $TdS=d(TS)$、$\delta W=pdV=d(pV)$。于是，由式 (13.12) 可得

$$\delta W_u \leqslant -\mathrm{d}(U+pV-TS) = -\mathrm{d}(H-TS) \tag{13.13}$$

考虑到 $H-TS$ 为一个状态参数，令 $G=H-TS$，则 G 也为状态参数，被称为吉布斯自由焓（也称为吉布斯函数）。

把吉布斯自由焓 G 引入上述定温定压反应过程的有用功关系式，可得

$$\delta W_u \leqslant -\mathrm{d}G \tag{13.14}$$

式中：不等号适用于不可逆过程，等号适用于可逆过程。

由式（13.14）可知，对于可逆的定温定压反应，反应系统可做出最大的有用功为

$$(\delta W_u)_{\max} = -\mathrm{d}G \tag{13.15}$$

或

$$(W_u)_{\max} = G_1 - G_2 \tag{13.16}$$

因此，在可逆的定温定压过程中，系统所做的最大有用功等于系统吉布斯自由焓的降低，即定温定压反应系统的吉布斯自由焓就是可转变为有用功的能量，反应系统的吉布斯自由焓越大，就表示它在定温定压反应中做出有用功的本领越大。

对于不可逆定温定压反应，按式（13.14）、式（13.15）可得其有用功的表达式为

$$\delta W_u < -\mathrm{d}G = (\delta W_u)_{\max} \tag{13.17}$$

或

$$W_u < G_1 - G_2 = (W_u)_{\max} \tag{13.18}$$

当受不可逆因素的影响时，系统所做的有用功小于最大有用功（如燃料电池输出的电功总是小于按电池内物质吉布斯自由焓降低计算的最大有用功的数值）。

此外，当发生自发的不可逆化学反应时（如燃烧反应），系统不做有用功，则式（13.17）或式（13.18）可简化为

$$\mathrm{d}G < 0 \tag{13.19}$$

或

$$G_1 - G_2 > 0 \tag{13.20}$$

当发生自发的不可逆化学反应（即不做有用功）时，自发的定温定压反应过程必然向着使系统吉布斯自由焓降低的方向进行。或者说，只有使系统吉布斯自由焓减小的定温定压反应过程才能自发地实现。

考虑到化学反应系统达到化学平衡时系统内的化学组成不会再发生自发的变化，故化学平衡状态下反应系统的吉布斯自由焓不会再降低而达到极小值，则定温定压反应系统达到化学平衡的判别条件为

$$\begin{cases} \mathrm{d}G = 0 \\ \mathrm{d}^2 G = 0 \end{cases} \tag{13.21}$$

在定温定容反应过程中，由于反应系统的容积保持不变，故容积变化功为零，即 $\delta W = 0$。又因系统的温度保持不变，故 $T\mathrm{d}S = \mathrm{d}(TS)$，则式（13.12）可改写为

$$\delta W_u \leqslant -\mathrm{d}(U-TS) = -\mathrm{d}F \tag{13.22}$$

考虑到 $U-TS$ 为一个状态参数，令 $F=U-TS$，则 F 也为状态参数，被称为亥姆霍兹自由能（也称为亥姆霍兹函数）。

在可逆的定温定容反应过程中，反应系统所做的最大有用功等于系统亥姆霍兹自由能

的降低；而在不可逆的定温定容反应过程中，系统所做的有用功小于系统亥姆霍兹自由能的降低。

当发生自发的不可逆化学反应（即不做有用功）时，式（13.22）就简化为

$$dF < 0 \tag{13.23}$$

或

$$F_1 - F_2 > 0 \tag{13.24}$$

对于发生自发的不可逆化学反应的系统而言，自发的定温定容反应总是使系统的亥姆霍兹自由能降低。换言之，只有使系统亥姆霍兹自由能减小的定温定容反应过程才能自发地实现。当定温定容反应系统达到化学平衡时，亥姆霍兹自由能不再降低而达到极小值，则定温定容反应系统达到化学平衡的判别条件为

$$\begin{cases} dF = 0 \\ d^2F = 0 \end{cases} \tag{13.25}$$

综上所述，根据热力学第二定律，化学反应系统可以采用吉布斯自由焓参数及亥姆霍兹自由能参数的变化，作为判别定温定压反应及定温定容反应进行方向的依据，并可按反应系统吉布斯自由焓或亥姆霍兹自由能的变化为零来确定该两种反应过程是否达到化学平衡。

思 考 题

13.1 为什么平衡移动原理与热力学第二定律对过程方向的论述是相符的？

13.2 甲烷分别在定温定压与定温定容条件下燃烧，什么条件下放出的热量比较多？

13.3 燃烧反应系统温度提高，那么燃烧过程的化学燃烧损失是增大还是减少？

13.4 在分析化学反应过程中的能量转换关系时，为什么要引入生成焓，而不能直接按常规方法进行计算？生成焓的实质是什么？

13.5 根据理论燃烧温度的定义及能量平衡关系，试分析提高燃烧温度的途径。

习 题

13.1 对于化学反应 $CH_4(g) + H_2O \rightarrow CO(g) + 3H_2(g)$，利用生成焓数据计算在 302K 时的标准反应热。

13.2 辛烷（C_8H_{18}）在 92% 理论空气量下燃烧。若燃烧产生物为 CO_2、CO、H_2O、N_2，确定燃烧方程，并计算空燃比。

13.3 $H_2O(g)$ 和 $CH_4(g)$ 的标准生成焓分别为 $\Delta H^0_{f,H_2O(g)} = -2.25 \times 10^5$ J/mol，$\Delta H^0_{f,CH_4(g)} = -7.36 \times 10^4$ J/mol，298K 时 $CH_4(g)$ 的低热值为 $\Delta H^0_{b,CH_4(g)} = -6.6 \times 10^5$ J/mol。求 300K 时反应 $C(s) + 2H_2O(g) = CO_2(g) + 2H_2(g)$ 的 Q_p 和 Q_V。

13.4 在碳燃料电池中，碳完全反应 $C + O_2 \rightarrow CO_2$，求此反应在标准状态下的最大有用功。

13.5 2.5mol 的 CO 和 12mol 的空气反应，在 1 个大气压、3010K 下达到化学平衡。

求平衡时各种气体的组成。

13.6 设有 1mol 碳和 0.9mol 氧燃烧,若反应在压力保持 101325MPa 的条件下进行,燃烧后温度升高到 3000K,试求生成物的摩尔分数。

13.7 CH_4 在温度为 25℃ 的理论空气量下定压燃烧,设反应系统的压力为 101325Pa,并只有 CO 发生离解,试求燃烧温度。

附　录

附表1　　　　　　　饱和水与饱和水蒸气表（按温度排列）

温度 $t/℃$	饱和压力 p_s/MPa	比容/(m^3/kg)		焓/(kJ/kg)		汽化潜能 $r/(\text{kJ/kg})$	熵/$[\text{kJ}/(\text{kg}\cdot\text{K})]$	
		饱和水 v'	饱和蒸汽 v''	饱和水 h'	饱和蒸汽 h''		饱和水 s'	饱和蒸汽 s''
0	0.0006108	0.0010002	206.3210	−0.04	2501.0	2501.0	−0.0002	9.1565
0.01	0.0006112	0.00100022	206.1750	0.000614	2501.0	2501.0	0.0000	9.1562
1	0.0006566	0.0010001	192.6110	4.17	2502.8	2498.6	0.0152	9.1298
2	0.0007054	0.0010001	179.9350	8.39	2504.7	2496.3	0.0306	9.1035
4	0.0008129	0.0010000	157.2670	16.80	2508.3	2491.5	0.0611	9.0514
6	0.0009346	0.0010000	137.7680	25.21	2512.0	2486.8	0.0913	9.0003
8	0.0010721	0.0010001	120.9520	33.60	2515.7	2482.1	0.1213	8.9501
10	0.0012271	0.0010003	106.4190	41.99	2519.4	2477.4	0.1510	8.9009
12	0.0014015	0.0010004	93.8280	50.38	2523.0	2472.6	0.1805	8.2525
14	0.0015974	0.0010007	82.8930	58.75	2526.7	2467.9	0.2098	8.8050
16	0.0018170	0.0010010	73.3760	67.13	2530.4	2463.3	0.2388	8.7583
18	0.0020626	0.0010013	65.0800	75.50	2534.0	2458.5	0.2677	8.7125
20	0.0023368	0.0010017	57.8330	83.86	2537.7	2453.8	0.2963	8.6674
22	0.0026424	0.0010022	51.4880	92.22	2541.4	2449.2	0.3247	8.6232
24	0.0029824	0.0010026	45.9230	100.59	2545.0	2444.4	0.3530	8.5797
26	0.0033600	0.0010032	41.0310	108.95	2548.6	2439.6	0.3810	8.5370
28	0.0037785	0.0010037	36.7260	117.31	2552.3	2435.0	0.4088	8.4950
30	0.0042417	0.0010043	32.9290	125.66	2555.9	2430.2	0.4365	8.4537
35	0.0056217	0.0010060	25.2460	146.56	2565.0	2418.4	0.5049	8.3536
40	0.0073749	0.0010078	19.5480	167.45	2574.0	2406.5	0.5721	8.2576
45	0.0095817	0.0010099	15.2780	188.35	2582.9	2394.5	0.6383	8.1655
50	0.012335	0.0010121	12.0480	209.26	2591.8	2382.5	0.7035	8.0771
55	0.015740	0.0010145	9.5812	230.17	2600.7	2370.5	0.7677	7.9922
60	0.019919	0.0010171	7.6807	251.09	2609.5	2358.4	0.8310	7.9106
65	0.025008	0.0010199	6.2042	272.02	2618.2	2346.2	0.8933	7.8320
70	0.031161	0.0010228	5.0479	292.79	2626.8	2333.8	0.9548	7.7565
75	0.038548	0.0010259	4.1356	313.94	2635.3	2321.4	1.0154	7.6837
80	0.047359	0.0010292	3.4104	334.92	2643.8	2308.9	1.0752	7.6135
85	0.057803	0.0010326	2.8300	355.92	2652.1	2296.2	1.1343	7.5459
90	0.070108	0.0010361	2.3624	376.94	2660.3	2283.4	1.1925	7.4805
95	0.084525	0.0010398	1.9832	397.99	2668.4	2270.4	1.2500	7.4174

续表

温度 $t/℃$	饱和压力 p_s/MPa	比容/(m³/kg) 饱和水 v'	比容/(m³/kg) 饱和蒸汽 v''	焓/(kJ/kg) 饱和水 h'	焓/(kJ/kg) 饱和蒸汽 h''	汽化潜能 r/(kJ/kg)	熵/[kJ/(kg·K)] 饱和水 s'	熵/[kJ/(kg·K)] 饱和蒸汽 s''
100	0.101325	0.0010437	1.6738	419.06	2676.3	2257.2	1.3069	7.3564
110	0.143260	0.0010519	1.2106	461.32	2691.8	2230.5	1.4185	7.2402
120	0.198540	0.0010606	0.89202	503.70	2706.6	2202.9	1.5276	7.1310
130	0.270120	0.0010700	0.66815	546.30	2720.7	2174.4	1.6344	7.0281
140	0.361360	0.0010801	0.50875	589.10	2734.0	2144.9	1.7390	6.9307
150	0.475970	0.0010908	0.39261	632.20	2746.3	2114.1	1.8416	6.8381
160	0.618040	0.0011022	0.30685	675.50	2757.7	2082.2	1.9425	6.7498
170	0.792020	0.0011145	0.24259	719.10	2768.0	2048.9	2.0416	6.6652
180	1.002700	0.0011275	0.19381	763.10	2777.1	2014.0	2.1393	6.5838
190	1.255200	0.0011415	0.15631	807.50	2784.9	1977.4	2.2356	6.5052
200	1.555100	0.0011565	0.12714	852.40	2791.4	1939.0	2.3307	6.1289
210	1.907900	0.0011726	0.10422	897.80	2796.4	1898.6	2.4247	6.3546
220	2.320100	0.0011900	0.08602	943.70	2799.9	1856.2	2.5178	6.2819
230	2.797900	0.0012087	0.07143	990.30	2801.7	1811.4	2.6102	6.2104
240	3.348000	0.0012291	0.05964	1037.60	2801.6	1764.0	2.7021	6.1397
250	3.977600	0.0012513	0.05002	1085.80	2799.5	1713.7	2.7936	6.0693
260	4.694000	0.0012756	0.04212	1135.00	2795.2	1660.2	2.8850	5.9989
270	5.505100	0.0013025	0.03557	1185.40	2788.3	1602.9	2.9676	5.9278
280	6.419100	0.0013324	0.03010	1237.00	2778.6	1541.6	3.0687	5.8555
290	7.444800	0.0013659	0.02551	1290.30	2765.4	1475.1	3.1616	5.7811
300	8.591700	0.0014041	0.02162	1345.40	2748.4	1403.0	3.2559	5.7038
310	9.869700	0.0014480	0.01829	1402.90	2726.8	1323.9	3.3522	5.6224
320	11.290000	0.0014995	0.01544	1463.40	2699.6	1236.2	3.4513	5.5356
330	12.865000	0.0015614	0.01296	1527.50	2665.5	1138.0	3.5546	5.4414
340	14.608000	0.0016390	0.01078	1596.80	2622.3	1025.5	3.6638	5.3363
350	16.537000	0.0017404	0.008822	1672.90	2566.1	893.2	3.7816	5.2149
360	18.674000	0.0018930	0.006970	1763.10	2485.7	722.5	3.9189	5.0603
370①	21.053000	0.002231	0.004958	1896.20	2335.7	439.6	4.1198	4.8031
374.12	22.115000	0.003147	0.003147	2095.20	2095.2	0.0	4.4237	4.4237

① 这一行的数据为临界状态的参数值。

附表2　　饱和水与饱和水蒸气表（按压力排列）

压力 p_s/MPa	饱和温度 $t/℃$	比容/(m³/kg) 饱和水 v'	比容/(m³/kg) 饱和蒸汽 v''	焓/(kJ/kg) 饱和水 h'	焓/(kJ/kg) 饱和蒸汽 h''	汽化潜能 r/(kJ/kg)	熵/[kJ/(kg·K)] 饱和水 s'	熵/[kJ/(kg·K)] 饱和蒸汽 s''
0.0010	6.982	0.0010001	129.20800	29.33	2513.8	2484.5	0.1060	8.9756
0.0020	17.511	0.0010012	67.00600	73.45	2533.2	2459.8	0.2606	8.7236
0.0030	24.098	0.0010027	45.66800	101.00	2545.2	2444.2	0.3543	8.5776
0.0040	28.981	0.0010040	34.80300	121.41	2554.1	2432.7	0.4224	8.4747

续表

压力 p_s/MPa	饱和温度 t/℃	比容/(m³/kg)		焓/(kJ/kg)		汽化潜能 r/(kJ/kg)	熵/[kJ/(kg·K)]	
		饱和水 v'	饱和蒸汽 v''	饱和水 h'	饱和蒸汽 h''		饱和水 s'	饱和蒸汽 s''
0.0050	32.900	0.0010052	28.19600	137.77	2561.2	2423.4	0.4763	8.3952
0.0060	36.180	0.0010064	23.74200	151.50	2567.1	2415.6	0.5209	8.3305
0.0070	39.020	0.0010074	20.53200	163.38	2572.2	2408.8	0.5591	8.2760
0.0080	41.350	0.0010084	18.10600	173.87	2576.7	2402.8	0.5926	8.2289
0.0090	43.790	0.0010094	16.20600	183.28	2580.8	2397.5	0.6224	8.1875
0.0100	45.830	0.0010102	14.67600	191.84	2584.4	2392.6	0.6493	8.1505
0.0150	54.000	0.0010140	10.02500	225.98	2598.9	2372.9	0.7549	8.0089
0.0200	60.090	0.0010172	7.65150	251.46	2609.6	2358.1	0.8321	7.9092
0.0250	64.990	0.0010199	6.20600	271.99	2618.1	2346.1	0.8932	7.8821
0.0300	69.120	0.0010223	5.23080	289.31	2625.3	2336.0	0.9441	7.7695
0.0400	75.890	0.0010265	3.99490	317.65	2636.8	2319.2	1.0261	7.6711
0.0500	81.350	0.0010301	3.24150	340.57	2646.0	2305.4	1.0912	7.5951
0.0600	85.950	0.0010333	2.73290	359.93	2653.6	2293.7	1.1454	7.5332
0.0700	89.960	0.0010361	2.36580	376.77	2660.2	2283.4	1.1921	7.4811
0.0800	93.510	0.0010387	2.08790	391.72	2666.0	2274.3	1.2330	7.4360
0.0900	96.710	0.0010412	1.87010	405.21	2671.1	2265.9	1.2696	7.3963
0.1000	99.630	0.0010434	1.69460	417.51	2675.7	2258.2	1.3027	7.3608
0.1200	104.810	0.0010476	1.42890	439.36	2683.8	2244.4	1.3609	7.2996
0.1400	109.320	0.0010513	1.23700	458.42	2690.8	2232.4	1.4109	7.2480
0.1600	113.320	0.0010547	1.09170	475.38	2696.8	2221.4	1.4550	7.2032
0.1800	116.930	0.0010579	0.97775	490.70	2702.1	2211.4	1.4944	7.1608
0.2000	120.230	0.0010608	0.88592	504.70	2706.9	2202.2	1.5301	7.1286
0.2500	127.430	0.0010675	0.71881	535.40	2717.2	2181.8	1.6072	7.0540
0.3000	133.540	0.0010735	0.60586	561.40	2725.5	2164.1	1.6717	6.9930
0.3500	138.880	0.0010789	0.52425	584.30	2732.5	2148.2	1.7273	6.9414
0.4000	143.620	0.0010839	0.46242	604.70	2738.5	2133.8	1.7764	6.8966
0.4500	147.920	0.0010885	0.41392	623.20	2743.8	2120.6	1.8204	6.8570
0.5000	151.850	0.0010928	0.37481	640.10	2748.5	2108.4	1.8604	6.8215
0.6000	158.840	0.0011009	0.31556	670.40	2756.4	2086.0	1.9308	6.7598
0.7000	164.960	0.0011082	0.27274	697.10	2762.9	2065.8	1.9918	6.7074
0.8000	170.420	0.0011150	0.24030	720.90	2768.4	2047.5	2.0457	6.6618
0.9000	175.360	0.0011213	0.21484	742.60	2773.0	2030.4	2.0941	6.6212
1.0000	179.880	0.0011274	0.19430	762.60	2777.0	2014.4	2.1382	6.5847

续表

压力 p_s/MPa	饱和温度 t/℃	比容/(m³/kg)		焓/(kJ/kg)		汽化潜能 r/(kJ/kg)	熵/[kJ/(kg·K)]	
		饱和水 v'	饱和蒸汽 v''	饱和水 h'	饱和蒸汽 h''		饱和水 s'	饱和蒸汽 s''
1.1000	184.060	0.0011331	0.17739	781.1	2780.4	1999.3	2.1786	6.5515
1.2000	187.960	0.0011386	0.16320	798.4	2783.4	1985.0	2.2160	6.5210
1.3000	191.600	0.0011438	0.15112	814.7	2786.0	1971.3	2.2509	6.4927
1.4000	195.040	0.0011489	0.14072	830.1	2788.4	1958.3	2.2836	6.4665
1.5000	198.280	0.0011538	0.13165	844.7	2790.4	1945.7	2.3144	6.4418
1.6000	201.370	0.0011586	0.12368	858.5	2792.2	1933.6	2.3436	6.4187
1.7000	204.300	0.0011633	0.11661	871.8	2793.8	1922.0	2.3712	6.3967
1.8000	207.100	0.0011678	0.11031	884.6	2795.1	1910.5	2.3976	6.3759
1.9000	209.790	0.0011722	0.10464	896.8	2796.4	1899.6	2.4227	6.3561
2.0000	212.370	0.0011766	0.09953	908.6	2797.4	1888.8	2.4468	6.3373
2.2000	217.240	0.0011850	0.09064	930.9	2799.1	1868.2	2.4922	6.3018
2.4000	221.780	0.0011932	0.08319	951.9	2800.4	1848.5	2.5343	6.2691
2.6000	226.030	0.0012011	0.07685	971.7	2801.2	1829.5	2.5736	6.2386
2.8000	230.040	0.0012088	0.07138	990.5	2801.7	1811.2	2.6106	6.2101
3.0000	233.840	0.0012163	0.06662	1008.4	2801.9	1793.5	2.6455	6.1832
3.5000	242.540	0.0012345	0.05702	1049.8	2801.3	1751.5	2.7253	6.1218
4.0000	250.330	0.0012521	0.04974	1087.5	2799.4	1711.9	2.7967	6.0670
4.5000	257.410	0.0012691	0.04402	1122.2	2796.5	1674.3	2.8614	6.0171
5.0000	263.920	0.0012858	0.03941	1154.6	2792.8	1638.2	2.9209	5.9712
6.0000	275.560	0.0013187	0.03241	1213.9	2783.3	1569.4	3.0277	5.8878
7.0000	285.800	0.0013514	0.02734	1267.7	2771.4	1503.7	3.1225	5.8126
8.0000	294.980	0.0013843	0.02349	1317.5	2757.5	1440.0	3.2083	5.7430
9.0000	303.310	0.0014179	0.02046	1364.2	2741.8	1377.6	3.2875	5.6773
10.0000	310.960	0.0014526	0.01800	1408.6	2724.4	1315.8	3.3616	5.6143
12.0000	324.640	0.0015267	0.01425	1492.6	2684.8	1192.2	3.4986	5.4930
14.0000	336.630	0.0016104	0.01149	1572.8	2638.3	1065.5	3.6262	5.3737
16.0000	347.320	0.0017101	0.009330	1651.5	2582.7	931.2	3.7486	5.2496
18.0000	356.960	0.0018380	0.007534	1733.4	2514.4	781.0	3.8789	5.1135
20.0000	365.710	0.002038	0.005873	1828.8	2413.8	585.0	4.0181	4.9338
22.0000	373.680	0.002675	0.003757	2007.7	2192.5	184.8	4.2891	4.5748
22.1150	374.120	0.003147	0.003147	2095.2	2095.2	0.0	4.4237	4.4237

附表 3   未饱和水与过热蒸汽表[①]

p	0.001MPa			0.005MPa			0.01MPa			0.04MPa		
饱和参数	$t_s=6.982; v''=129.208; h''=2513.8; s''=8.9756$			$t_s=32.90; v''=28.196; h''=2561.2; s''=8.3952$			$t_s=45.83; v''=14.676; h''=2584.4; s''=8.1505$			$t_s=75.89; v''=3.9949; h''=2636.8; s''=7.6711$		
$t/℃$	$v/(m^3/kg)$	$h/(kJ/kg)$	$s/[kJ/(kg·K)]$	$v/(m^3/kg)$	$h/(kJ/kg)$	$s/[kJ/(kg·K)]$	$v/(m^3/kg)$	$h/(kJ/kg)$	$s/[kJ/(kg·K)]$	$v/(m^3/kg)$	$h/(kJ/kg)$	$s/[kJ/(kg·K)]$
0	0.0010002	0.0412	−0.0001	0.0010002	0.0	−0.0001	0.0010002	0.0	0.0	0.0010002	0.0	−0.0001
10	130.60	2519.5	8.9956	0.0010002	42.0	0.1510	0.0010002	42.0	42.0	0.0010002	42.0	0.1510
20	135.23	2538.1	9.0604	0.0010017	83.9	0.2963	0.0010017	83.9	83.9	0.0010017	83.9	0.2963
30	139.85	2556.8	9.1230	0.0010043	125.7	0.4365	0.0010043	125.7	125.7	0.0010043	125.7	0.4365
40	144.47	2575.5	9.1837	0.0010078	2574.6	8.4385	0.0010078	167.4	167.4	0.0010078	167.5	0.5721
50	149.09	2594.2	9.2426	28.86	2593.4	8.4977	0.0010121	2592.3	14.87	0.0010121	209.3	0.7035
60	153.71	2613.0	9.2997	29.78	2612.3	8.5552	0.0010171	2611.3	15.34	0.0010171	251.1	0.8310
70	158.33	2631.8	9.3552	30.71	2631.1	8.6110	0.0010228	2630.3	15.80	0.0010228	293.0	0.9548
80	162.95	2650.6	9.4093	31.64	2650.0	8.6652	8.3437	2649.3	16.27	4.044	2644.9	7.6940
90	167.57	2669.4	9.4619	32.57	2668.9	8.7180	8.3968	2668.3	16.73	4.162	2664.4	7.7485
100	172.19	2688.3	9.5132	33.49	2687.9	8.7695	8.4484	2687.2	17.20	4.280	2683.8	7.8013
120	181.42	2726.2	9.6122	34.42	2725.9	8.8687	8.5479	2725.4	18.12	4.515	2722.6	7.9025
140	190.66	2764.3	9.7066	36.27	2764.0	8.9633	8.6427	2763.6	19.05	4.749	2761.3	7.9986
160	199.89	2802.6	9.7971	38.12	2802.3	9.0539	8.7334	2802.0	19.98	4.983	2800.1	8.0903
180	209.12	2841.0	9.8839	39.97	2840.8	9.1408	8.8204	2840.6	20.90	5.216	2838.9	8.1780
200	218.35	2879.6	9.9672	41.81	2879.5	9.2244	8.9041	2879.3	21.82	5.448	2877.9	8.2621
220	227.58	2918.6	10.0480	43.65	2918.5	9.3049	8.9848	2918.3	22.75	5.680	2917.1	8.3432
240	236.82	2957.5	10.1257	45.51	2957.6	9.3828	9.0626	2957.4	23.67	5.912	2956.4	8.4213
260	246.05	2997.1	10.2010	47.36	2997.0	9.4580	9.1379	2996.8	24.60	6.144	2995.9	8.4969
280	255.28	3036.7	10.2739	49.20	3036.6	9.5310	9.2109	3036.5	25.52	6.375	3035.6	8.5700
300	246.51	3076.5	10.3446	51.05	3076.4	9.6017	9.2817	3076.3	26.44	6.606	3075.6	8.6409
400	310.66	3279.5	10.6709	52.90	3279.4	9.9280	9.6081	3279.4	31.06	7.763	3278.9	8.9678
500	356.81	3489.0	10.9600	62.13	3489.0	10.2180	9.8982	3488.9	35.68	8.918	3488.6	9.2581
600	402.96	3705.3	11.2240	71.36	3705.3	10.4810	10.1610	3705.2	40.29	10.070	3705.0	9.5212

续表

p	0.08MPa			0.1MPa			0.5MPa			1MPa		
饱和参数	$t_s=93.51; v''=2.0879; h''=2666.0; s''=7.4360$			$t_s=99.63; v''=1.6946; h''=2675.7; s''=7.3608$			$t_s=151.85; v''=0.37481; h''=2748.5; s''=6.8215$			$t_s=179.88; v''=0.19430; h''=2777.0; s''=6.5847$		
$t/℃$	$v/(\text{m}^3/\text{kg})$	$h/(\text{kJ/kg})$	$s/[\text{kJ}/(\text{kg}\cdot\text{K})]$	$v/(\text{m}^3/\text{kg})$	$h/(\text{kJ/kg})$	$s/[\text{kJ}/(\text{kg}\cdot\text{K})]$	$v/(\text{m}^3/\text{kg})$	$h/(\text{kJ/kg})$	$s/[\text{kJ}/(\text{kg}\cdot\text{K})]$	$v/(\text{m}^3/\text{kg})$	$h/(\text{kJ/kg})$	$s/[\text{kJ}/(\text{kg}\cdot\text{K})]$
0	0.0010002	0.0	-0.0001	0.0010002	0.1	0.0001	0.0010000	0.5	0.0001	0.0009997	1.0	0.0001
10	0.0010002	42.1	0.1510	0.0010002	42.1	0.1510	0.0010000	42.5	0.1509	0.0009998	43.0	0.1509
20	0.0010017	83.9	0.2963	0.0010017	84.0	0.2963	0.0010015	84.3	0.2962	0.0010013	84.8	0.2961
30	0.0010043	125.7	0.4365	0.0010043	125.8	0.4365	0.0010041	126.1	0.4364	0.0010039	126.6	0.4362
40	0.0010078	167.5	0.5721	0.0010078	167.5	0.5721	0.0010076	167.9	0.5719	0.0010074	168.3	0.5717
50	0.0010121	209.3	0.7035	0.0010121	209.3	0.7035	0.0010119	209.7	0.7033	0.0010117	210.1	0.7030
60	0.0010171	251.1	0.8310	0.0010171	251.2	0.8309	0.0010169	251.5	0.8307	0.0010167	251.9	0.8305
70	0.0010228	293.0	0.9548	0.0010228	293.0	0.9548	0.0010226	293.4	0.9545	0.0010224	293.8	0.9452
80	0.0010292	334.9	1.0752	0.0010292	335.0	1.0752	0.0010290	335.3	1.0750	0.0010287	335.7	1.0746
90	0.0010361	376.9	1.1925	0.0010361	377.0	1.1925	0.0010359	377.3	1.1922	0.0010357	377.7	1.1918
100	2.127	2679.0	7.4712	1.696	2676.5	7.3628	0.0010435	419.4	1.3066	0.0010432	419.7	1.3062
120	2.247	2718.8	7.5750	1.793	2716.8	7.4681	0.0010605	503.9	1.5273	0.0010602	504.3	1.5269
140	2.366	2758.2	7.6729	1.889	2756.6	7.5669	0.0010800	589.2	1.7388	0.0010796	589.5	1.7383
160	2.484	2797.5	7.7658	1.984	2796.2	7.6605	0.3836	2767.4	6.8653	0.0011019	675.7	1.9420
180	2.601	2836.8	7.8544	2.078	2835.7	7.7496	0.4046	2812.1	6.9664	0.1944	2777.0	6.5854
200	2.718	2876.1	7.9393	2.172	2875.2	7.8348	0.4249	2855.4	7.0603	0.2059	2827.5	6.6940
220	2.835	2915.5	8.0208	2.266	2914.7	7.9166	0.4449	2897.9	7.1481	0.2169	2874.9	6.7921
240	2.952	2955.0	8.0994	2.359	2954.3	7.9954	0.4646	2939.9	7.2314	0.2275	2920.5	6.8826
260	3.068	2994.7	8.1753	2.453	2994.1	8.0714	0.4841	2981.4	7.3109	0.2378	2964.8	6.9674
280	3.184	3034.6	8.2486	2.546	3034.0	8.1440	0.5034	3022.8	7.3871	0.2480	3008.3	7.0475
300	3.300	3074.6	8.3198	2.639	3074.1	8.2162	0.5226	3064.2	7.4605	0.2580	3051.3	7.1239
400	3.879	3278.3	8.6472	3.103	3278.0	8.5439	0.6172	3271.8	7.7944	0.3066	3264.0	7.4606
500	4.457	3488.2	8.9378	3.565	3487.9	8.8346	0.7109	3483.6	8.0877	0.3540	3478.3	7.7627
600	5.035	3704.7	9.2011	4.028	3704.5	9.0979	0.8040	3701.4	8.3525	0.4010	3697.4	8.0292

续表

p	2MPa			3MPa			4MPa			5MPa		
饱和参数	$t_s=212.37; v''=0.09953; h''=2797.4; s''=6.3373$			$t_s=233.84; v''=0.06662; h''=2801.9; s''=6.1832$			$t_s=250.33; v''=0.04974; h''=2799.4; s''=6.0670$			$t_s=263.92; v''=0.03941; h''=2792.8; s''=5.9712$		
$t/℃$	$v/(m^3/kg)$	$h/(kJ/kg)$	$s/[kJ/(kg·K)]$	$v/(m^3/kg)$	$h/(kJ/kg)$	$s/[kJ/(kg·K)]$	$v/(m^3/kg)$	$h/(kJ/kg)$	$s/[kJ/(kg·K)]$	$v/(m^3/kg)$	$h/(kJ/kg)$	$s/[kJ/(kg·K)]$
0	0.0009992	2.0	0.0000	0.0009987	3.0	0.0001	0.0009982	4.0	0.0002	0.0009977	5.1	0.0002
10	0.0009993	43.9	0.1508	0.0009988	44.9	0.1507	0.0009984	45.9	0.1506	0.0009979	46.9	0.1505
20	0.0010008	85.7	0.2959	0.0010004	86.7	0.2957	0.0009999	87.6	0.2955	0.0009995	88.6	0.2952
30	0.0010034	127.5	0.4359	0.0010030	128.4	0.4356	0.0010025	129.3	0.4353	0.0010021	130.2	0.4350
40	0.0010069	169.2	0.5713	0.0010065	170.1	0.5709	0.0010060	171.0	0.5706	0.0010056	171.9	0.5702
50	0.0010112	211.0	0.7026	0.0010108	211.8	0.7021	0.0010103	212.7	0.7016	0.0010099	213.6	0.7012
60	0.0010162	252.7	0.8299	0.0010158	253.6	0.8294	0.0010153	254.4	0.8288	0.0010149	255.3	0.8283
70	0.0010219	294.6	0.9536	0.0010215	295.4	0.9530	0.0010210	296.2	0.9524	0.0010205	297.0	0.9518
80	0.0010282	336.5	1.0740	0.0010278	337.3	1.0733	0.0010273	338.1	1.0726	0.0010268	338.8	1.0720
90	0.0010352	378.4	1.1911	0.0010347	379.3	1.1904	0.0010342	380.0	1.1897	0.0010337	380.7	1.1890
100	0.0010427	420.5	1.3054	0.0010422	421.2	1.3046	0.0010417	422.0	1.3038	0.0010412	422.7	1.3030
120	0.0010596	505.0	1.5260	0.0010590	505.7	1.5250	0.0010584	506.4	1.5242	0.0010579	507.1	1.5232
140	0.0010790	590.2	1.7373	0.0010783	590.8	1.7362	0.0010777	591.5	1.7352	0.0010771	592.1	1.7342
160	0.0010012	676.3	1.9408	0.0011005	676.9	1.9396	0.0010100	677.5	1.9385	0.0010990	678.0	1.9373
180	0.0011266	763.6	2.1379	0.0011258	764.1	2.1366	0.0011249	764.8	2.1352	0.0011241	765.2	2.1339
200	0.0011560	852.6	2.3300	0.0011550	853.0	2.3284	0.0011540	853.4	2.3268	0.0011530	853.8	2.3253
220	0.1021	2820.4	6.3842	0.0011891	943.9	2.5166	0.0011878	944.2	2.5147	0.0011866	944.4	2.5129
240	0.1084	2876.3	6.4953	0.06818	2823.0	6.2245	0.0012280	1037.7	2.7007	0.0012264	1037.8	2.6985
260	0.1144	2927.9	6.5941	0.07286	2885.5	5.3440	0.05174	2835.6	6.1355	0.0012750	1135.0	2.8842
280	0.1200	2976.9	6.6842	0.07714	2941.8	6.4477	0.05547	2902.2	6.2581	0.04224	2857.0	6.0889
300	0.1255	3024.0	6.7679	0.08116	2994.2	6.5408	0.05885	2961.5	6.3634	0.04532	2925.4	6.2104
400	0.1512	3248.1	7.1285	0.09933	3231.6	6.9231	0.07339	3214.5	6.7713	0.05780	3196.9	6.6486
500	0.1756	3467.4	7.4323	0.1161	3456.4	7.2345	0.08638	3445.2	7.0909	0.06583	3433.8	6.9768
600	0.1995	3689.5	7.7024	0.1324	3681.5	7.5084	0.09879	3673.4	7.3686	0.07864	3665.4	7.2586

续表

p	6MPa			7MPa			8MPa			9MPa		
饱和参数	$t_s=275.56; v''=0.03241; h''=2783.3; s''=5.8878$			$t_s=285.80; v''=0.02734; h''=2771.4; s''=5.8126$			$t_s=294.98; v''=0.02349; h''=2757.5; s''=5.7430$			$t_s=303.31; v''=0.02046; h''=2741.8; s''=5.6773$		
t/℃	v/(m³/kg)	h/(kJ/kg)	s/[kJ/(kg·K)]	v/(m³/kg)	h/(kJ/kg)	s/[kJ/(kg·K)]	v/(m³/kg)	h/(kJ/kg)	s/[kJ/(kg·K)]	v/(m³/kg)	h/(kJ/kg)	s/[kJ/(kg·K)]
0	0.0009972	6.1	0.0003	0.0009967	7.1	0.004	0.0009962	8.1	0.0004	0.0009958	9.1	0.0005
10	0.0009974	47.8	0.1505	0.0009970	48.8	0.1504	0.0009965	49.8	0.1503	0.0009960	50.7	0.1502
20	0.0009990	89.5	0.2051	0.0009986	90.4	0.2948	0.0009981	91.4	0.2946	0.0009977	92.3	0.2944
30	0.0010016	131.1	0.4347	0.0010012	132.0	0.4344	0.0010008	132.9	0.4340	0.0010003	133.8	0.4337
40	0.0010051	172.7	0.5698	0.0010047	173.6	0.5694	0.0010043	174.5	0.5690	0.0010038	175.4	0.5686
50	0.0010094	214.4	0.7007	0.0010090	215.3	0.7003	0.0010086	216.1	0.6998	0.0010081	217.0	0.6993
60	0.0010144	256.1	0.8278	0.0010140	256.9	0.8273	0.0010135	257.8	0.8267	0.0010131	258.6	0.8262
70	0.0010201	297.8	0.9512	0.0010196	298.7	0.9506	0.0010192	299.5	0.9500	0.0010187	300.3	0.9494
80	0.0010263	339.6	1.0713	0.0010259	340.4	1.0707	0.0010254	341.2	1.0700	0.0010249	342.0	1.0694
90	0.0010332	381.5	1.1882	0.0010327	382.3	1.1875	0.0010322	383.1	1.1868	0.0010317	383.8	1.1861
100	0.0010406	423.5	1.3023	0.0010401	424.2	1.3015	0.0010396	425.0	1.3007	0.0010391	425.8	1.3000
120	0.0010573	507.8	1.5224	0.0010567	508.5	1.5215	0.0010562	509.2	1.5206	0.0010556	509.9	1.5197
140	0.0010764	592.8	1.7332	0.0010758	593.4	1.7321	0.0010752	594.1	1.7311	0.0010745	594.7	1.7301
160	0.0010983	678.6	1.9361	0.0010976	679.2	1.9350	0.0010968	679.8	1.9338	0.0010961	680.4	1.9326
180	0.0011232	765.7	2.1325	0.0011224	766.2	2.1312	0.0011216	766.7	2.1299	0.0011207	767.2	2.1286
200	0.0011519	854.2	2.3237	0.0011510	854.6	2.3222	0.0011500	855.1	2.3207	0.0011490	855.5	2.3191
220	0.0011853	944.7	2.5111	0.0011841	945.0	2.5093	0.0011829	945.3	2.5075	0.0011817	945.6	2.5057
240	0.0012249	1037.9	2.6963	0.0012233	1038.0	2.6941	0.0012218	1038.2	2.6920	0.0012202	1038.3	2.6899
260	0.0012729	1134.8	2.8815	0.0012708	1134.7	2.8789	0.0012687	1134.6	2.8762	0.0012667	1134.4	2.8737
280	0.03317	2804.0	5.9253	0.0013307	1236.7	3.0667	0.0013277	1236.2	3.0633	0.0013249	1235.6	3.0600
300	0.03616	2885.0	6.0693	0.02496	2839.2	5.9322	0.02425	2785.4	5.7918	0.0014022	1344.9	3.2539
400	0.04738	3178.6	6.5438	0.03992	3159.7	6.4511	0.03431	3140.1	6.3670	0.02993	3119.7	6.2891
500	0.05662	3422.2	6.8814	0.04810	3410.5	6.7988	0.04172	3398.5	6.7254	0.03675	3386.4	6.6592
600	0.65210	3657.2	7.1673	0.05561	3649.0	7.0890	0.04841	3640.7	7.0201	0.04281	3632.4	6.9585

续表

p 饱和参数 t/°C	18MPa $t_s=356.96; v''=0.007534; h''=2514.4; s''=5.1135$			20MPa $t_s=365.71; v''=0.005873; h''=2413.8; s''=4.9338$			25MPa			30MPa		
	$v/(m^3/kg)$	$h/(kJ/kg)$	$s/[kJ/(kg·K)]$	$v/(m^3/kg)$	$h/(kJ/kg)$	$s/[kJ/(kg·K)]$	$v/(m^3/kg)$	$h/(kJ/kg)$	$s/[kJ/(kg·K)]$	$v/(m^3/kg)$	$h/(kJ/kg)$	$s/[kJ/(kg·K)]$
0	0.0009914	18.1	0.0008	0.0009904	20.1	0.0008	0.0009881	25.1	0.001	0.000986	30.0	0.0008
10	0.0009919	59.4	0.1491	0.0009910	61.3	0.1489	0.0009888	66.1	0.148	0.000987	70.8	0.1475
20	0.0009937	100.7	0.2924	0.0009929	102.5	0.2919	0.0009907	107.1	0.291	0.000989	111.7	0.2895
30	0.0009965	142.0	0.4309	0.0009956	143.8	0.4303	0.0009935	148.2	0.429	0.000992	152.7	0.4271
40	0.0010000	183.3	0.5651	0.0009992	185.1	0.5643	0.0009971	189.4	0.562	0.000995	193.8	0.5604
50	0.0010043	224.7	0.6952	0.0010034	226.4	0.6943	0.0010013	230.7	0.692	0.000999	235.0	0.6897
60	0.0010092	266.1	0.8215	0.0010083	267.8	0.8204	0.0010062	272.0	0.818	0.001004	276.1	0.8153
70	0.0010147	307.6	0.9442	0.0010138	309.3	0.9430	0.0010116	313.3	0.940	0.001010	317.4	0.9373
80	0.0010208	349.2	1.0636	0.0010199	350.8	1.0623	0.0010177	354.8	1.059	0.001016	358.7	1.0560
90	0.0010274	390.8	1.1798	0.0010265	329.4	1.1784	0.0010242	396.2	1.175	0.001022	400.1	1.1716
100	0.0010346	432.5	1.2931	0.0010337	343.0	1.2916	0.0010313	437.8	1.288	0.001029	441.6	1.2843
120	0.0010507	516.3	1.5118	0.0010496	517.7	1.5101	0.0010470	521.3	1.506	0.001045	524.9	1.5017
140	0.0010691	600.7	1.7212	0.0010679	602.0	1.7192	0.0010650	605.4	1.714	0.001062	608.7	1.7096
160	0.0010899	685.9	1.9225	0.0010886	687.1	1.9203	0.0010853	690.2	1.915	0.001082	693.3	1.9095
180	0.0011136	772.0	2.1170	0.0011120	773.1	2.1145	0.0011082	775.9	2.108	0.001105	778.7	2.1022
200	0.0011405	859.5	2.3058	0.0011387	860.4	2.3030	0.0011343	862.8	2.296	0.001130	865.2	2.2891
220	0.0011714	948.6	2.4903	0.0011693	949.3	2.4870	0.0011640	951.2	2.479	0.001159	953.1	2.4711
240	0.0012074	1039.9	2.6717	0.0012047	1040.3	2.6678	0.0011983	1041.5	2.658	0.001192	1042.8	2.6493
260	0.0012500	1134.0	2.8516	0.0012466	1134.1	2.8470	0.0012384	1134.3	2.836	0.001231	1134.8	2.8252
280	0.0013017	1232.1	3.0323	0.0012971	1231.6	3.0266	0.0012863	1230.5	3.013	0.001276	1229.9	3.0002
300	0.0013672	1336.1	3.2168	0.0013606	1334.6	3.2095	0.0013453	1331.5	3.192	0.001332	1329.0	3.1763
400	0.01191	2889.0	5.6925	0.009952	2820.1	5.5578	0.006009	2583.2	5.147	0.00281	2159.1	4.4854
500	0.01678	3268.7	6.2215	0.014770	3240.2	6.1440	0.011130	3165.0	5.964	0.00868	3083.9	5.7954
600	0.02041	3554.8	6.5701	0.018160	3536.9	6.5055	0.014130	3491.2	6.362	0.01144	3444.2	6.2351

① 粗水平线之上为未饱和水状态，粗水平线之下为过热蒸汽状态。

附表 4　　　　　　　　　　在 0.1MPa 时的饱和空气状态参数表

球温度 t /℃	水蒸气压力 p_s /10^2Pa	含湿量 d_s /(g/kg)	饱和焓 h_s/(kJ/kg)	密度 ρ /(kg/m^3)	汽化热 r /(kJ/kg)
−20	1.03	0.64	−18.5	1.38	2839
−19	1.13	0.71	−17.4	1.37	2839
−18	1.25	0.78	−16.4	1.36	2839
−17	1.37	0.85	−15.0	1.36	2838
−16	1.50	0.94	−13.8	1.35	2838
−15	1.65	1.03	−12.5	1.35	2838
−14	1.81	1.13	−11.3	1.34	2838
−13	1.98	1.23	−10.0	1.34	2838
−12	2.17	1.35	−8.7	1.33	2837
−11	2.37	1.48	−7.4	1.33	2837
−10	2.59	1.62	−6.0	1.32	2837
−9	2.83	1.77	−4.6	1.32	2836
−8	3.09	1.93	−3.2	1.31	2836
−7	3.38	2.11	−1.8	1.31	2836
−6	3.68	2.30	−0.3	1.30	2836
−5	4.01	2.50	1.2	1.30	2835
−4	4.37	2.73	2.8	1.29	2835
−3	4.75	2.97	4.4	1.29	2835
−2	5.17	3.23	6.0	1.28	2834
−1	5.62	3.32	7.8	1.28	2834
0	6.11	3.82	9.5	1.27	2500
1	6.80	4.11	11.3	1.27	2498
2	7.00	4.42	13.1	1.26	2496
3	7.57	4.75	14.9	1.26	2493
4	8.13	5.10	16.8	1.25	2491
5	8.72	5.47	18.7	1.25	2489
6	9.35	5.87	20.7	1.24	2486
7	10.01	6.29	22.8	1.24	2484
8	10.72	6.74	25.0	1.23	2481
9	11.47	7.22	27.2	1.23	2478
10	12.27	7.73	29.5	1.22	2477
11	13.12	8.27	31.9	1.22	2476
12	14.01	8.84	34.4	1.21	2472
13	15.00	9.45	37.0	1.21	2470
14	15.97	10.10	39.5	1.21	2468
15	17.04	10.78	42.3	1.20	2465
16	18.07	11.51	45.2	1.20	2563
17	19.36	12.28	48.2	1.19	2461
18	20.62	13.10	51.3	1.19	2458
19	21.95	13.97	54.5	1.18	2456
20	23.37	14.88	57.9	1.18	2453
21	24.85	15.85	61.4	1.17	2450
22	26.12	16.88	65.0	1.17	2448

续表

球温度 t /℃	水蒸气压力 p_s /10^2Pa	含湿量 d_s /(g/kg)	饱和焓 h_s/(kJ/kg)	密度 ρ /(kg/m³)	汽化热 r /(kJ/kg)
23	28.08	17.97	68.8	1.16	2446
24	29.82	19.13	72.8	1.16	2444
25	31.67	20.34	76.9	1.15	2441
26	33.60	21.63	81.3	1.15	2439
27	35.64	22.99	85.8	1.14	2437
28	37.78	24.42	90.5	1.14	2434
29	40.04	25.94	95.4	1.14	2432
30	42.41	27.52	100.5	1.13	2430
31	44.91	29.25	106.0	1.13	2427
32	47.53	31.07	111.7	1.12	2425
33	50.29	32.94	117.6	1.12	2422
34	53.18	34.94	123.7	1.11	2420
35	56.22	37.05	130.2	1.11	2418
36	59.40	39.28	137.0	1.10	2415
37	62.74	41.64	144.2	1.10	2413
38	66.24	44.12	151.6	1.09	2411
39	69.91	46.75	159.5	1.08	2408
40	73.35	49.52	167.7	1.08	2406
41	77.77	52.45	176.4	1.08	2403
42	81.98	55.54	185.5	1.07	2401
43	86.39	58.82	195.0	1.07	2398
44	91.00	62.26	205.0	1.06	2396
45	95.82	65.92	218.6	1.05	2394
46	100.85	69.76	226.7	1.05	2391
47	106.12	73.84	238.4	1.04	2389
48	111.62	78.15	250.7	1.04	2386
49	117.36	82.70	263.6	1.03	2384
50	123.35	87.52	277.3	1.03	2382
51	128.60	92.62	291.7	1.02	2379
52	136.13	98.01	306.8	1.02	2377
53	142.93	103.73	322.9	1.01	2375
54	150.02	109.80	339.8	1.00	2372
55	157.41	116.19	357.7	1.00	2370
56	165.09	123.00	376.7	0.99	2367
60	199.17	154.72	464.5	0.97	2358
65	250.10	207.44	609.2	0.93	2345
70	311.60	281.54	811.1	0.90	2333
75	385.50	390.20	1105.7	0.86	2320
80	473.60	559.61	1563.0	0.81	2309
85	578.00	851.90	2351.0	0.76	2295
90	701.10	1459.00	3983.0	0.70	2282
95	845.20	3396.00	9190.0	0.64	2269
100	1013.00			0.60	2257

附表5　　　　　　　　　　　压 力 单 位 换 算

压力名称	帕斯卡(Pa)	兆帕(MPa)	公斤力/米^2(mmH$_2$O)	公斤力/厘米^2(at)	毫米汞柱(mmHg)	标准大气压(atm)
帕斯卡	1	10^{-6}	0.101972	0.101972×10^{-6}	7.50062×10^{-3}	9.86923×10^{-6}
兆帕	10^6	1	101972	10.1972	7500.62	9.86923
公斤力/米^2	9.80665	9.80665×10^{-6}	1	10^{-4}	7.35559×10^{-2}	9.67841×10^{-5}
公斤力/厘米^2	9.80665×10^4	0.0980665	10^4	1	735.559	0.967841
毫米汞柱	133.322	1.33322×10^{-4}	13.593	1.3595×10^{-3}	1	1.31176×10^{-2}
标准大气压	101325	0.101325	10332.3	1.03323	760	1

注　1. 英制压力单位采用磅力/英寸。
　　2. 1bar＝10^5Pa＝0.1MPa。

附表6　　　　　　　　　　　功、能和热量的换算

能量名称	千焦(kJ)	国际千卡(kcal)	公斤力·米(kgf·m)	千瓦·时(kW·h)	马力·时(PS·h)	英热单位(Btu)
千焦	1	0.2388	101.972	2.777×10^{-4}	3.7717×10^{-4}	0.9478
国际千卡	4.1868	1	426.94	1.163×10^{-5}	1.581×10^{-5}	3.9682
公斤力·米^2	9.807×10^{-3}	2.342×10^{-3}	1	2.724×10^{-6}	3.703×10^{-6}	9.294×10^{-4}
千瓦·时	3600.65	860	367168.4	1	1.3596	3412.14
马力·时	2648.278	632.53^4	270052.36	0.7355	1	2509.63
英热单位	1.055056	0.2520	107.5862	2.9307×10^{-4}	3.985×10^{-4}	1

参 考 文 献

[1] CENGEL Y C, BOLES M A. Thermodynamics: An Engineering Approach [M]. 4th ed. New York: McGraw Hill, 2002.
[2] 廉乐明, 谭羽非, 吴家正, 等. 工程热力学 [M]. 5版. 北京: 中国建筑工业出版社, 2007.
[3] 沈维道, 童钧耕. 工程热力学 [M]. 5版. 北京: 高等教育出版社, 2016.
[4] 庞麓鸣, 汪孟乐, 冯海仙. 工程热力学 [M]. 2版. 北京: 高等教育出版社, 1986.
[5] 华自强, 张忠进, 高青, 等. 工程热力学 [M]. 4版. 北京: 高等教育出版社, 2009.
[6] 严家騄. 工程热力学 [M]. 6版. 北京: 高等教育出版社, 2021.
[7] 朱明善, 刘颖, 林兆庄, 等. 工程热力学 [M]. 2版. 北京: 清华大学出版社, 2011.
[8] 黄敏超, 胡小平. 工程热力学典型题解析与实战模拟 [M]. 长沙: 国防科技大学出版社, 2005.
[9] 何雅玲. 工程热力学常见题型解析及模拟题 [M]. 西安: 西北工业大学出版社, 2004.